酒店管理概论

Introduction to Hotel Management

主　编　李伟清　黄　崎
副主编　朱福全

北京理工大学出版社
BEIJING INSTITUTE OF TECHNOLOGY PRESS

内 容 提 要

本书是一本以当今酒店管理的成熟理论体系为基础，主要介绍酒店运营与管理的书籍。

本书共有四大部分，十一个项目。其中项目一、二为酒店管理基础部分；项目三、四、五、六、七为酒店运营管理部分；项目八、九为酒店数字化运营管理部分；项目十、十一为酒店管理发展部分。

本书的编写遵循两个指导原则：一是遵循高等职业教育改革的方向和发展趋势的原则；二是遵循全社会、各行业的数字化趋势发展要求的原则。我们力求打造一本关于我国旅游酒店管理的专业人才培养的优秀教材。

本书可以作为旅游管理和酒店管理专业的通用教材，也可以作为酒店行业从业者的参考书。

图书在版编目（CIP）数据

酒店管理概论 / 李伟清，黄崎主编.--北京：北京理工大学出版社，2021.11

ISBN 978-7-5763-0783-2

Ⅰ.①酒… Ⅱ.①李… ②黄… Ⅲ.①饭店－商业企业管理－概论 Ⅳ.①F719.2

中国版本图书馆CIP数据核字（2021）第260977号

出版发行／北京理工大学出版社有限责任公司
社　　址／北京市海淀区中关村南大街5号
邮　　编／100081
电　　话／（010）68914775（总编室）
（010）82562903（教材售后服务热线）
（010）68944723（其他图书服务热线）
网　　址／http: //www.bitpress.com.cn
经　　销／全国各地新华书店
印　　刷／河北鑫彩博图印刷有限公司
开　　本／787毫米×1092毫米　1/16
印　　张／18
字　　数／404千字
版　　次／2021年11月第1版　2021年11月第1次印刷
定　　价／79.00元

责任编辑／阎少华
文案编辑／李　薇
责任校对／周瑞红
责任印制／王美丽

前　言

酒店管理概论是酒店管理与数字化运营专业的核心课程，本书是酒店管理课程的配套教材。

2021年年初，教育部在最新的高职院校招生目录中，将原有的“酒店管理”专业更名升级为“酒店管理与数字化运营”专业。这说明，在数字化发展的背景下，传统的酒店运营管理也将面临向数字化的转型。本书的出版，顺应了这一趋势的发展要求。

酒店管理概论是一门内容广泛、理论性与实践性均较强的专业课程，在课堂教学中，既要强调一定的基础性和理论性，又要注重实践中的实用性和可操作性；使学生既能学到本门课程系统的理论知识，又能在技术和方法上适应现代酒店经营管理运作的需要。在教学内容上，既要注重管理理论与方法，以满足现代酒店管理的需要，又要重视酒店功能性和实务性的管理与操作，以满足现代酒店实际营运的需要；既要对酒店系统的产、供、销运作进行宏、微观管理，又要对酒店各种资源进行有效的开发、利用和管理。这些都应成为酒店管理概论课程教学用书编写的指导思想。

本书在编写的过程中，遵循两个原则：一个是遵循高等职业教育改革的方向和发展趋势的原则；另一个是遵循全社会、各行业的数字化趋势发展要求的原则。在编写中，努力体现高等职业教育技术技能型人才培养的规格和要求。依照“原理先行、实务跟进、案例同步、实训到位”和“从抽象到具体”的原则，循序渐进地展开教材的内容。在结构上，进行了新的布局：各项目设置了“学习导引”“学习目标”和“案例导入”，每个项目结束后，还有“项目小结”和“复习与思考题”等。

本书改变了传统学术型教材只注重课程教学与理论灌输、传统高等职业教材只重视技能训练与实践应用这两个极端，把教材的体系结构聚集在理论延伸与拓展、技术应用与模拟、系统案例分析和技能要点培育等层面上。在项目内容上融指导性的理论知识、应用性技术能力与知识、实践性操作要点与技能知识为一体。同时，注重吸收中外酒店管理的新研究成果，注意贴近现代酒店管理的实践，力求体现系统性、创新性和实用性三大特色。

本书由上海旅游高等专科学校（上海师范大学旅游学院）酒店管理专业资深教授、企业管理硕士生导师、美国佛罗里达州国际大学访问学者李伟清博士，上海旅游高等专科学校黄崎教授担任主编；上海旅游高等专科学校朱福全讲师担任副主编。本书分为四大部分，共十一个项目，具体编写分工为：李伟清编写项目一至项目六、项目十和项目十一，黄崎编写项目八、项目九，朱福全编写项目七。

本书在编写过程中，参考引用了部分专家、学者的成果，在此一并表示诚挚的谢意。囿于学识与时间，书中不足之处在所难免，恳请各位同行和读者批评指正。

编　者

目　录

项目一

酒店与酒店业认知

学习导引

本项目阐述了酒店的基本含义、特点、作用、等级分类等基础性的知识，并详细介绍了中外酒店业的发展历程，让学生对酒店的基本常识和发展历史有一个系统的认识，有助于后面的酒店经营管理内容的学习。

学习目标

1. 理解酒店的含义。
2. 掌握酒店产品的特点及作用。
3. 掌握酒店的分类与等级。
4. 了解世界酒店业的发展历程。
5. 了解中国酒店业的发展历程。
6. 了解进入21世纪后，我国旅游酒店业态发生的变化。

案例导入

“旧时王谢堂前燕，飞入寻常百姓家”

——广州白天鹅酒店30年间两次消费体验之感触

2019年春，笔者与几位朋友去广州开会。夜游广州，途经白天鹅酒店，回想起近30年前，曾入住此酒店，便欲故地重游，邀几位同事入白天鹅酒店大堂喝咖啡休憩。坐在白天鹅酒店大堂内，环顾四周，熙熙攘攘、人来人往，且多为国内游客和广州市民，回想笔者当年入住白天鹅酒店的情景，唐人刘禹锡的诗句：“旧时王谢堂前燕，飞入寻常百姓家”的感慨，油然而生。

近30年前，白天鹅酒店可以称得上是中国内地酒店业的明珠。白天鹅酒店由爱国港商霍英东先生和广东省人民政府投资合作兴建而成，其豪华程度和服务水准，均为国内顶级，是中国内地第一批五星级酒店。当年笔者作为一名酒店管理专业的年轻教师，带学生赴广东进行专业实习时，曾有幸入住白天鹅酒店。

近30年前，中国经济还很落后，民众的工资薪酬很低，“白天鹅”这样的高档五星级酒店一晚上的住宿费，抵得上普通中国人几个月甚至是数十个月的工资。笔者作为一名普通的工薪阶层，能入住当年国内顶级的酒店，也着实令人兴奋了好几天。当年，白天鹅酒店的客人可以说是非富即贵，且大部分为境外客人和港澳台同胞、海外华侨等，很少有国内宾客。

如今，近30年过去了，中国发生了翻天覆地的变化，改革开放取得了巨大的成功，经济建设上取得了举世瞩目的成就，中国酒店业也出现了大批比广州白天鹅酒店档次更高，设备设施更先进、更豪华的国内品牌和国际品牌的高星级酒店。旅游酒店业，作为我国最早对外开放的行业之一，不仅自身飞速发展，而且成为我国改革开放巨大成就的一个重要佐证。

今天，五星级酒店也非富豪和外国客商的专利品了，广大的普通中国民众，也有能力凭自己的薪水进入高星级酒店消费了。旧时的王谢堂前燕，也可飞入寻常百姓家了。

任务一　酒店的含义、特点与分类

一、酒店的称谓和含义

酒店又称为饭店或宾馆等，作为旅行者和当地居民食宿、娱乐、休闲的重要场所，是旅游活动的主要载体之一，因而酒店业成为旅游经济的支柱行业。酒店也是所在地政治经济活动的中心，成为服务业乃至整个国民经济和社会生活的重要组成部分。

一般认为，酒店业是在传统的饮食和住宿业基础上发展起来的，主要由餐饮业（也称饮食业）和住宿业（也称旅馆业）两大部分构成，故又称为餐旅业。

1. 酒店的称谓

酒店一词源于法语，原指招待贵宾的乡间别墅，后来欧美国家沿用了这一名称。在汉语里，表示住宿设施的名词有很多，如旅馆、宾馆等，近年来又引进了新加坡等国家和地区的“酒店”这一名称。这些名称在汉语里是可以通用的。随着旅游业的发展，各种类型的酒店应运而生。无论一个酒店的设施是简单还是豪华，它都必须具备提供餐厅和住宿的功能，否则就不能称为酒店。现代化酒店是由客房、餐厅、宴会厅、多功能厅、酒吧、歌舞厅、商场、邮电所、银行、美容美发厅、健身房、游泳池、网球场等组成的，能够满足宾客吃、住、行、游、购、娱、通信、商务、健身等各种需求的多功能、综合性建筑设施。

我国大部分地区，尤以北方为代表，把这种现代化、商业化的综合服务场所称为饭店。酒店，在我国国家标准中也称为饭店，同时在我国还有着多种（如宾馆、旅馆等）名称，也曾把接待海外游客为主的饭店称为“涉外旅游饭店”。此外，由于历史及功能的原因，又有招待所、旅游饭店、疗养院、休养院、公寓、山庄、度假村等不同的名称。而在南方地区，由于受新加坡等华语地区称谓的影响，习惯称之为“酒店”。“酒店”一词也逐渐为大众所接受。

2. 酒店的定义

对于酒店的概念，曾有多种定义，国外的一些权威辞典是这样界定的：

“酒店一般地说是为公众提供住宿、膳食和服务的建筑与机构。”（《科利尔百科全书》）

“酒店是装备好的公共住宿设施，它一般都提供膳食、酒类与饮料以及其他的服务。”（《美利坚百科全书》）

“酒店是在商业性的基础上向公众提供住宿，也往往提供膳食的建筑物。”（《大不列颠百科全书》）

酒店是指“为公众提供住宿设施与膳食的商业性的建筑设施。”（《简明不列颠百科全书》）

根据上述这些定义，我们认为，作为一个酒店，应具备以下 4 个基本条件。

（1）酒店是由建筑物及装备好的设施组成的接待场所。它可以是一个或多个建筑群组成的接待设施，具有接待应具备的硬件设施，如客房、餐厅、前厅、娱乐中心等场所，而且这些服务部门应配备一系列相关设备、用品。

（2）酒店必须提供餐饮、住宿或同时提供食宿以及其他服务。酒店业是一种服务性行业，酒店除提供满足宾客饮食旅居的基本物质需求外，也要给宾客一种精神和心理的满足，而体现无形产品的服务是一种直接提供客人享受的活动。

（3）酒店的服务对象是公众。不同酒店的具体服务对象是有区别的。有的主要以外地旅游者为主，同时也包括本地居民和其他消费者，有的主要以接待本地消费者为主。还有部分特殊的接待所和接待顾客的家庭住宅，尽管其在酒店业中占很小的比例，但其提供住宿、饮食与其他服务的公用性决定了其作为广泛意义上的住宿、餐饮设施的性质，只是其一般规模较小并在接待人员方面具有一定的局限性。

（4）酒店主要是商业性的，以营利为目的，所以，使用者要支付一定的费用。酒店是从事饮食旅居接待活动，为客人提供综合服务的，要占有社会劳动，为社会产生效益，创造经济效益，以营业收入来抵补支出、上缴税收，平衡整个酒店的收支，继续发展。当然，政府事业、慈善公益等性质的食宿单位，其经营支出和收入核算的区别则另当别论。

综上所述，现代意义的酒店是指获得官方批准，以建筑实体为依托，主要通过客房、餐饮等向公众提供住宿、饮食及康乐休闲等系列综合服务，从而收取费用的经济性组织。

二、酒店产品的特点与作用

（一）酒店产品的特点

1. 酒店产品价值的时效性

一般商品的买卖活动会发生商品的所有权转让，而酒店出租客房、会议室和其他综合服务设施，并同时提供服务，不发生实物转让。宾客买到的只是某一段时间的使用权，而不是所有权。使用权与所有权相脱离的交易行为，导致酒店产品和很多旅游产品一样具有价值的时效性。例如，以每晚房价 200 美元的酒店客房为例，如果此房全天租不出去，那么这 200 美元的价值就无法实现。也就是说，它的价值具有不可储存性，价值实现的机会如果在规定的时间内丧失，便一去不复返。它不同于一般商品，一时销售不出去，可以储存起来以后再销售。因此，酒店业的行家把客房比喻为“寿命极短的商品”，即只有 24 小时寿命的商品。

2. 酒店产品的生产与消费的同步性

一般商品由生产到消费要经过商业这个流通环节才能到达消费者手中。商品的生产过程与宾客的消费过程是分离的，宾客看到的和感受到的只是最终产品。而酒店出售的产品不存在这样“独立”的生产过程，它要受宾客即时需要的制约，其生产过程和消费过程几乎是同步进行的。只有当宾客购买并在现场消费时，酒店的服务和设施相结合才能成为酒店产品。

3. 酒店产品的空间不可转移性

酒店产品通常以相应的建筑为依托，由此决定了酒店无法将自己的产品做空间上的转移。这也是酒店业的经营先驱斯塔特勒说“酒店经营成功的三大法宝：第一是位置；第二是位置；第三还是位置”的原因。由此也说明地理位置因素对酒店经营成功的重要性。

4. 酒店产品经营的易波动性

酒店产品经营的易波动性主要表现在两个方面：一方面是酒店顾客或酒店员工的情感、心理易波动性；另一方面是酒店在季节上的经营易波动性。

酒店的经营受人的心理因素影响较大。人的心理因素具有难以捉摸性。酒店服务是无形的，服务质量的好坏不能像其他商品那样用机械或物理的性能指标来衡量。来自不同国家、地区的不同类型的宾客，由于他们所处的社会经济环境不同，民族习惯、经历、消费水平和结构不同，对服务接待的要求也不尽相同，因此，宾客对服务质量的感受往往带有较大的个人色彩和特点。酒店提供产品服务质量的好坏在一定程度上也受到宾客各自的需要和心理情绪状况的影响。

酒店产品在季节上的经营易波动性更显而易见。现代旅游是一种高级消费形式，酒店必须提供和满足宾客的吃、住、行、购、娱等多种产品和服务。酒店产品往往同时具有生存、享受和发展三种功能，酒店产品必须是能够满足宾客多层次消费的综合性商品。旅游受季节、气候等自然条件和各国休假制度的影响较大。在国际上，各国的休假大多在夏季和秋季，因此，酒店产品的销售具有明显的季节性。旺淡季宾客多寡差别很大，造成宾客住店大起大落的差异。

（二）酒店产品的作用

酒店最基本、最传统的作用就是提供住宿、餐饮及相应服务。由于客源及其需求的变化，酒店的作用也在逐渐增加。现代酒店的作用是随着社会的变化和客人的需求不断完善起来的，其作用日益多样化，也逐步朝自动化、智能化、特色化的方向发展。现代酒店主要有以下作用。

1. 食宿

食宿是现代酒店最基本的作用。酒店为客人提供各种客房，以舒适、清洁的环境和周到、热情的服务，使客人在旅途中得到充分的休息，获得“家”的感受。同时酒店设有不同的、各具特色的餐厅。以精美的菜肴、温馨的环境、安全的卫生条件和规范的服务为客人提供包餐、风味餐、自助餐、点菜、小吃、饮料，以及酒席、宴会等多种形式的餐饮服务。

2. 商务

商务是现代酒店的衍生作用。特别是商务酒店，为商务客人提供各种方便快捷的服务。酒店设置商务中心、商务楼层、商务会议室与商务洽谈室，为客人提供计算机、打印机、国际互联网、国际国内直拨电话和传真等。现代酒店更是出现了客房商务化的趋势，传真机、两条以上的电话线、与电话连接的打印机、计算机互联网接口等都逐步安装。有的酒店还在发展电子会议设备，设有各种网络所需要的终端。未来的酒店将通过高科技的武装而更加智能化、信息化，从而使商务客人的需求得到更大限度的满足。

3. 休闲娱乐

随着人们收入的不断增多和生活水平的不断提高，其对文化、娱乐、康体、休闲等精神生活的要求越来越高。现代酒店作为文化交流和社会活动的高级场所，通过开展健康向上的高质量的文娱体育活动，既可满足客人和当地公众的文化需要，又可拓展经营范围，酒店在获得良好社会效益的同时又能获得可观的经济效益。

4. 会务

酒店可为各种从事商业、贸易展览、科学讲座等客人提供会议、住宿、膳食和其他相关的设施与服务。酒店内有大小规格不等的会议室、谈判间、演讲厅、展览厅。专门的会议酒店还配备有各种召开大型会议和国际会议必需的音响设施和同声传译设备，可供召开远距离的电视会议、电话会议，多国语言同声传译的国际会议，各类企业的新产品推介会、业务洽谈会和新闻发布会等使用。

5. 经济

现代酒店是创造收入，尤其是创造外汇收入的重要部门。改革开放初期，我国外汇收入的很大一部分源于酒店收入；而在旅游收入中，酒店收入占据了“半壁江山”。酒店业的大量创收，为我国社会主义现代化建设和旅游业的快速、健康、持续发展做出了极其重要的贡献。

6. 就业

现代酒店建设是创造社会就业的重要途径。据研究，每增加 1 间酒店客房，可提供 1 人左右的直接就业机会和 2 人左右的间接就业机会。同时，酒店的带动作用很强，它还能刺激国民经济其他部门的发展，间接地解决就业问题。

7. 社交和形象

一个城市的标志性酒店，往往是这个城市的社交活动中心。一个国家酒店的发展水平，往往标志着该国旅游接待事业的发展水平，也反映了一个国家国民经济的发展水平及其社会的文明程度。因此，酒店设施设备完备与否、水平高低，酒店服务质量的高低优劣，不仅影响着旅游者的旅游经历和体验，同时还影响着一个城市、一个地区，乃至一个国家的总体形象。中国的政治文化中心城市北京，中国的经济中心城市上海，从没有一家五星级酒店，到如今各自拥有数十家五星级酒店，成为中国大陆酒店业最为发达的城市。而北京和上海也成为中国经济最为发达的两个城市。这也验证了中国的改革开放政策对中国经济发展的巨大推动作用。

三、酒店的分类

酒店的分类一般根据酒店的经营特色、位置、等级、体制、客源市场、管理方法、规模等多种因素而定，没有统一的标准，也没有严格的界限。在酒店实践中，一个酒店可以选择一个或几个类型标准作为分析和决策的依据。国际上流行的分类方法以及由此划分的酒店类型主要有以下 4 种。

（一）根据酒店的经营特色分类

1. 商务型酒店

商务型酒店也称暂住型酒店。此类酒店主要为从事商业贸易活动的客人提供住宿、餐饮和商务服务，多位于城市的中心或商业区。由于商务客人一般文化层次、消费水平较高，商务型酒店的设施、设备也就比较豪华，一般为四星级、五星级酒店，为满足商务活动需求而提供的各种设施和通信系统一应俱全，如国际直拨电话、互联网、传真、商务中心、洽谈室、会议室，甚至提供秘书和翻译服务等，并配备供客人娱乐、健身和交往的设施及场所，如健身房、游泳池、网球场、桑拿浴室和康乐中心等。

2. 度假型酒店

度假型酒店多位于交通便利的海滨、山区、温泉、海岛、森林等地，一般都远离嘈杂的大都市，设有各种体育娱乐项目，如滑雪、骑马、狩猎、垂钓、划船、潜水、冲浪、高尔夫球、网球等，并以阳光充足、空气新鲜等良好的自然环境条件来吸引游客。由于度假型酒店受制于当地旅游季节客源的变化，经营季节性非常强，无形中酒店的经营风险相对增大，一般一年中有近半年的时间是酒店经营的淡季，而在旺季由于经营压力大增，容易造成设施设备的超负荷运转，从而带来巨大的损耗。目前，我国这类酒店很多，主要分布在青岛、大连、深圳、秦皇岛、三亚、厦门等地。

同商务型酒店相比，度假型酒店除提供一般酒店的服务项目以外，还要尽量满足客人休息、娱乐、健身等方面的需要，为此，酒店要有足够多样的娱乐设施。由于客人需求的多样性，度假型酒店除提供标准化服务外，更重要的是提供人性化服务，所以酒店服务员要努力创造轻松、和谐、方便的环境。

3. 会议型酒店

会议型酒店是接待各种会议（包含交流会、学术会议、展销会、展览会在内）的一种特殊酒店。会议型酒店既可以设在繁华的大都市，也可以设在风景秀丽的城市郊区。由于其特殊的目标市场，会议型酒店除了要提供酒店的基本服务项目外，还要提供满足会议需要的各种会议室、演讲厅、音响设备、谈判间等设施，同时，会议型酒店尤其需要一支能快速完成接待任务的服务员队伍。由于会议客人到来特别集中，所以，会议型酒店为降低经营风险，对酒店的建筑设施往往独具匠心，使酒店会议室可以在很短的时间内快速分合，根据需要分隔成不同的空间。接待国际会议的酒店还要求配备同声传译设备及装置。会议型酒店一般都配备了工作人员帮助会议组织者协调和组织会议各项事务，为其提供高效率的接待服务。

4. 长住型酒店

长住型酒店也称为公寓型酒店。此类酒店一般采用公寓式建筑的造型，适合住宿期较长、在当地短期工作或休假的客人或家庭居住。长住型酒店的设施及管理较其他类型的酒店简单，酒店一般只提供住宿服务，并根据客人的需要提供餐饮及其他辅助性服务。酒店与客人之间通过签订租约的形式，确定租赁的法律关系。长住型酒店的建筑布局与公寓相似，客房多采用家庭式布局，以套房为主，配备适合宾客长住的家具和电器设备，通常都有厨房设备供宾客自理饮食。在服务上讲究家庭式氛围，特点是亲切、周到、针对性强。

5. 汽车酒店（汽车旅馆）

汽车酒店常见于欧美国家的公路干线上。早期，此类酒店设施简单，规模较小，相当一部分汽车酒店只有客房而无餐厅和酒吧，以接待驾车旅行者投宿为主。现在，汽车酒店不仅在设施方面大有改善，趋向豪华，而且多数汽车酒店可提供现代化综合服务。

欧美早期的“假日集团”“华美达酒店集团”等均拥有大量的汽车酒店，而霍华德·约翰逊公司则号称“公路东道主”。

6. 经济型酒店

自20世纪六七十年代以来，经济型酒店在欧美地区发展较为迅速。以美国为例，经济型酒店数量从 40 多万间增加到 70 多万间，增幅超过 70%，而同一时期，高档酒店的增长率仅为 25% 左右。除了“希尔顿”“凯悦”和“最佳西方”等少数主要经营高档酒店的联号以外，世界上规模最大的酒店公司基本上在其品牌系列中都包括一个甚至多个经济型酒店品牌。“圣达特”“巴斯”“马里奥特”“雅高”“普罗姆斯”等几家排名在世界前 10 位的酒店——公司都拥有众多的经济型酒店。

自 20 世纪 90 年代中期，我国第一家经济型酒店锦江之星开业以来，经济型酒店在我国也有了很大发展。第一批经济型酒店或汽车旅馆，通过标准化的建筑设计，降低了最初的建造成本；为客人提供淋浴器而不是浴缸能提高客房部的劳动效率；取消餐厅是减少劳动成本的一种方法；精心选择饭店的地段，适当降低客房面积的标准，这一切都给经济型酒店带来了良好的效益。

以“如家快捷”“锦江之星”和华住酒店集团旗下的“汉庭”为代表的一大批经济型酒店日益受到国内旅游者的青睐。随着国内旅游的进一步发展，经济型酒店在国内旅游酒店市场有着极其广阔的发展空间。

7. 主题酒店

主题酒店包括主题型酒店和特色型酒店。主题型酒店的主要目标群体为相应主题的爱好者。主题型酒店通常体现某一特定的主题，整个酒店的建筑设计、内外装饰为顾客提供个性化的、富有特色的住宿体验。现有的主题型酒店类型多样，包括历史、卡通等主题。主题型酒店要围绕某一主题综合打造，而特色型酒店是一般的、单一要素的。主题型酒店对于酒店的装饰设计、服务设施等要求较高，需要在实际使用需求的基础上体现酒店的主题文化，为顾客带来富有创意的主题文化体验。

1958 年，美国加利福尼亚州的 Madonna Inn 酒店首先推出了 12 个主题房间，随后发展到 109 间主题客房，其中以“美国丽人”为主题的“美国丽人玫瑰房”，深受女性顾客的青睐。这家酒店也成了代表性的主题酒店。

8. 博彩型酒店

在中国，由于法律制约的关系，是不存在合法的博彩型酒店的。在国际上，随着合法化博彩娱乐的蔓延，有迹象表明这种特殊酒店会成为国际酒店业的一个重要组成部分。博彩型酒店的营业情况与传统酒店不同，其主要收入来源是博彩业收入，而不是客房销售额。因此，出租客房数量比出租客房的价格对博彩型酒店更重要。为了扩大博彩人数规模，国外博彩型酒店的房价较低；单人或双人同住一间房价格相同，食品和饮料经常是为了吸引顾客而亏本出售的商品。

（二）根据酒店计价方式分类

1. 欧式计价酒店

欧式计价酒店的客房价格仅包括房租，不含食品、饮料等其他费用。世界各地绝大多数酒店均属此类。

2. 美式计价酒店

美式计价酒店的客房价格包括房租及一日三餐的费用。目前，尚有一些地处偏远地区的度假型酒店采用美式计价法。

3. 修正美式计价酒店

修正美式计价酒店的客房价格包括房租、早餐及一顿正餐（午餐或晚餐）的费用，以便宾客可以自由安排白天的活动。

4. 欧陆式计价酒店

欧陆式计价酒店的客房价格包括房租及一份简单的欧陆式早餐，即咖啡、面包和果汁。此类酒店一般不设高档餐厅，只设有提供早餐的简餐厅。

（三）根据酒店规模大小分类

判断酒店的大小没有明确的标准，一般是以酒店的房间数、占地面积、销售额和纯利润为标准来衡量的，其中主要以房间数为标准。根据目前国际上通用的划分标准，酒店规模主要有以下 3 种类型。

1. 大型酒店

大型酒店是指拥有 500 间以上标准客房的酒店。大型酒店由于客房数量多，客流量大，每个客人的消费需求不同，所以大型酒店的服务项目非常齐全，服务的标准化程度高。大型酒店由于投资大、回收期长、经营风险较大，一般应定位于豪华酒店，建筑位置一般选在城市的商业中心。

2. 中型酒店

中型酒店是指拥有 100 ～ 500 间的标准客房的酒店。这种酒店由于规模适中，适用商业、会议、度假等多种类型的酒店经营。它可以是豪华酒店，也可以是中档酒店（多数为中档酒店）。中型酒店价格合理、服务项目比较齐全，设施相对现代化，所以其目标市场是大众化消费者。

3. 小型酒店

小型酒店是指拥有 100 间以下的标准客房的酒店。一般酒店内的设施和服务能基本满足旅游酒店的标准和要求，由于规模小、服务设施有限，小型酒店在宣传招揽和综合服务等方面的竞争力较弱。

（四）根据其他标准分类

1. 按酒店的隶属及经营形式划分

酒店按隶属及经营形式划分，可分为独立经营酒店（Independent Hotel）和集团连锁经营酒店（Chain Operated Hotel）两大类型。

2. 按酒店的营业时间划分

酒店按营业时间划分，可分为全年性营业酒店及季节性营业酒店两种类型。

3. 按酒店的星级等级和豪华程度划分

中国的酒店按照等级程度，可分为一星级、二星级、三星级、四星级和五星级。

除了星级标准外，还有一种标准是按照酒店豪华程度及相应的产品与服务来划分，如根据美国官方酒店和度假村指南的划分，将酒店根据豪华程度划分为多个级别，分别为豪华型、高级型、经济型，同时又可以进行具体划分，在一些国际酒店中，房间类型也按照这种类型划分，如 Deluxe Room 豪华房等。

4. 按酒店服务程度划分

根据提供服务程度的不同，酒店又可以分为有限服务酒店和全服务型酒店。

有限服务酒店（Limited-service Hotels），类似我国的经济型酒店或三星级及以下星级酒店，酒店为顾客提供有限服务，部分酒店可能不提供餐饮服务，或仅提供简单的早餐，一些服务需要客人自助完成。

全服务型酒店（Full-service Hotels），类似我国四星级及以上星级的酒店，为顾客提供吃、住、行、游、购、娱等全方位的服务。

我国新的酒店星级评定标准，在分类上与国际接轨，将星级酒店划分为有限服务酒店和全服务型酒店。

以上是以酒店各种特点为依据的基本分类，但由于一家酒店常常具有多种特点，因而，往往同时可以被归入上述任何一类。因此，要确定一家酒店的类型，必须根据该酒店的主要特点归类，即最能将其区别于其他酒店的特点来定。

随着世界经济的发展以及旅游者需求的多样化，酒店业的业态发展也越来越多元化。精品酒店、经济型酒店、民宿、客栈等新型住宿业态不断涌现，传统的酒店业已发展成包括上述多种住宿业态在内的大住宿业。

任务二　中外酒店的发展历程

“读史可明鉴，知古可鉴今”。现代酒店业从业人员和每个准备从事酒店业的人应该了解世界酒店业的发展史，并从中吸取充分的养分。酒店的产生和发展过程源远流长。关于酒店业的历史渊源，可追溯到几千年前。

一、世界酒店业的发展历程

（一）中古时期的世界酒店业

1. 世界酒店的起源

关于古代酒店的起源，最早与西亚两河文明相关，这是当今较为普遍认同的一种说法。据历史记载，大约在公元前 4 000 年的美索不达米亚地区，生活在底格里斯河和幼发拉底河两河流域的苏美尔人很多是农民，他们出色的农耕技术在当地肥沃的土地上种植和收获了足够的粮食，除食用外，剩余的可用作交易。苏美尔人还有酿酒技术和烘焙面包技术，啤酒成为苏美尔人社会各阶层最普遍的消费品。当地的苏美尔小酒馆就是提供周围居民喝酒并聚会谈论时事的场所，这要算人类最早的酒店了。记载有苏美尔人涉及酒店税收的巴比伦第一部法典——汉谟拉比法典，距今约 3 700 年。

2. 古埃及的酒店

古埃及在公元前 2 700 年建造了著名的金字塔，这些金字塔成为旅游胜地，吸引人们前去观赏。在古埃及，旅行很普遍，人们除参加观看金字塔等观光活动外，还从事贸易和参加宗教活动。这些旅行活动的兴起促发了旅行者对食宿的需求，于是提供旅行者吃、住的旅店在古埃及出现了。

3. 古希腊的客栈

古希腊人为了经商、航海探险、求学去旅行。古希腊时期更是世界旅游史上宗教旅游最鼎盛的时期，古希腊各个城邦都建有神庙，每当神庙举办节庆活动时，人们便从四面八方赶来，渐渐地，一些节庆活动覆盖了整个希腊。古希腊的提洛岛、特尔斐和奥林匹斯山是当时重要的宗教圣地，最重要的宗教仪式和节日主要在这些地方举行，届时有音乐、体育竞技等活动。

为了寻求圣人的教诲而到特尔斐阿波罗神殿旅行的人很多，政治家、将军和其他一些大人物也去那里寻求神示。奥林匹亚节是最负盛名的盛典，节庆期间举行持械竞走、战车竞赛和角斗等体育活动，前来参加者不绝于道，每次参加奥林匹亚节的人数虽不尽相同，但平均每次都有四五万人参加。

旅行和旅游当然离不开客栈，有充分证据证明，至少早在公元前6世纪时，古希腊就已经出现了专门接待游客的地方，被称为"大众接待者"或"大众接待所"。除前面提道的众多圣地成了旅行者和游客的休息之所外，各地都有小客栈供旅行者吃住。古希腊的客栈一般只为旅行者提供一晚的休息时间，客人可以带着毛巾到最近的公共浴室洗澡，其实浴缸就是一个大盆子，游客斜着身子站在那里，由服务人员往身上泼水。

4. 古罗马帝国的驿站

古罗马帝国是地跨欧、非、亚的大帝国，修建了2 000多千米的御道系统和公路网络，所以就出现了"条条道路通罗马"这句话。古罗马时期，酒店主要是在罗马帝国所设驿站的基础上发展起来的。古罗马道路上每30 km就有一个类似的驿站设置。道边有国王驿馆和设备较完备的驿站。设立驿站的最初目的是为皇帝公使以及其他公务人员提供免费住宿，后来也接待往来的民间旅客。

罗马帝国的驿站一般都较大，面积有200 m^2以上，并设有餐厅，可为旅客提供多种美食，也为古罗马人出行提供了较舒适的旅途休息场所。

随着海上丝绸之路的兴起，古罗马商务旅行相当活跃，极大地推进了酒店业的发展。在今天意大利南部的庞培城遗址，还保存着目前可能是世界上最古老的酒店遗址。人们可以据此窥见距今2 000余年前欧洲的酒店状况。

5. 中世纪时的欧洲酒店业

中世纪是欧洲历史上较为黑暗落后的一个时期，其供旅行者旅途中住宿、饮食的设施以较为简陋的客栈为主。这些客栈只是个歇脚的地方，规模都很小，建筑简单，设施简易，价格低，只提供简单的食宿，客人往往挤在一起睡觉，吃的是和主人差不多的家常饭，基本上无其他服务。

客栈以官办为主，也有一些民间经营的小店，即独立的家庭客栈，是家庭住宅的一部分，家庭是这类客栈的拥有者和经营者。

随着社会的发展和旅游活动种类的增加，欧洲客栈的规模日益扩大，种类也不断增多，如英国的客栈逐渐改善，到15世纪，有些客栈已拥有20～30间客房，较好的客栈还拥有酒窖、食品仓库和厨房。许多古老客栈还有花园、草坪、带壁炉的宴会厅和舞厅。到18世纪，英国客栈已是人们聚会交往、交流信息的地方。这时，世界许多地方的客栈不仅是过路人寄宿的地方，还是当地社会、政治与商业活动的中心。

（二）近代的豪华酒店时期（18世纪末—19世纪末）

近代的豪华酒店时期，又称大酒店时期，起源于欧洲，共同兴盛于欧、美两地。

1. 近代欧洲的豪华酒店时期

文艺复兴的深入开始影响社会的各个方面。随着欧洲工业革命的渐渐兴起，资本主义经济的产生和发展，欧洲资产阶级革命最大的成果是确立了资本主义制度，促进了社会生产力的快速发展，社会财富的增多，出现了自由而富有的有闲阶级，逐渐滋生并形成休闲的观念。旅游开始成为一种经济活动，于是专为上层有闲阶级服务的豪华酒店就应运而生。

在欧洲大陆上，无论是豪华的建筑外形、奢侈的内部装修，还是精美的餐具及服务和用餐的方式，无不反映出王公贵族生活方式的商业化。为酒店的宾客提供食宿服务实质上是一种奢华的享受。因此，这个时期被人们称为“豪华酒店时期”（又称大饭店时期）。欧洲第一个真正可称为饭店的住宿设施是在德国的巴登建起的巴典国别墅（Der Badische Hof）。随后，欧洲颇具代表性的饭店有 1850 年建成的巴黎大饭店、1876 年开业的法兰克福大饭店、1889 年开业的伦敦萨沃伊酒店。这些酒店在豪华酒店时期具有特殊的地位，其雇用享有世界声誉的酒店管理奇才恺撒•里兹和一代名厨埃斯考菲尔，他们在这里创造了极其豪华、非常时髦的酒店服务氛围及精美绝伦、无可比拟的佳肴。

2．近代美国的豪华酒店时期

19 世纪是美国酒店业发展的高峰时期。铁路运输网络的扩展促进了旅行业发展，从而诞生了许多优秀的城市酒店和度假酒店。许多重要的酒店就是在这一时期发展起来的，可以说 19 世纪是旅行业和酒店业蓬勃发展的时期，其发展速度远远超过以往任何时期，美国许多大酒店纷纷建立。由于缺少王室宫殿作为“社交”中心，美国人在社区旅馆内营造出类似的环境。旅馆通常是慷慨大方的私人娱乐中心，也是最重要的公开庆祝活动（这里的活动受到公众的瞩目）中心。旅馆大堂像皇宫的外殿一样，成为人们消磨时间的去处、汇集流言蜚语的中心，以及展示身份、富有和权力的首选地点。在美国许多城市，大酒店成为城市中最优雅、最光彩夺目的建筑，成了“大众殿堂”。闻名世界的纽约广场酒店（Grand Hotel）可以说是美国“大众殿堂”理念的典范，至今一直以豪华酒店形式经营。美国第一个真正的大酒店是位于波士顿的特里蒙特酒店（The Tremont Hotel），其于 1829 年 10 月开张。它创造了很多酒店业的第一，如设立前台员工、行李员、客房门锁、免费肥皂、单人间和双人间、室内盥洗室等，被认为是美国的第一个现代酒店。7 年后，1836 年开张的纽约阿斯特酒店（The Astor Hotel）同样堪称美国早期酒店的代表。

（三）商业酒店时期（20 世纪初—20 世纪中叶）

开始于 20 世纪初期的商业酒店时期，以美国的酒店业最具代表性。20 世纪上半叶是美国酒店历史上最为重要的时期。20 世纪初至 20 年代，美国酒店业出现了前所未有的巨大发展，但 1930 年左右的经济大萧条也导致美国许多酒店破产。

著名的 E.M. 斯塔特勒（E.M.Statler）建立的酒店就是开创于 20 世纪早期并迅速成长起来的，它成功地度过了经济萧条期，最终在以后的数年间得以繁荣兴旺起来。纽约布法罗的布法罗斯塔特勒（Buffalo Statler）酒店是一家拥有 300 间客房的酒店，于 1908 年 1 月 18 日开业，它被看作酒店业历史上的一座里程碑。

布法罗斯塔特勒酒店是首批现代商业性酒店，其主要顾客是商务旅行者，它提供下列服务：每间客房都有私人浴室；每间客房都有电话；每间客房都有带照明设施的衣柜；每天早上都为客人送去一份免费报纸等。在 1908 年，这些特征非同小可，如电话在当时尚属新生事物，只有豪华酒店的客房才有大的衣橱。因此，按当时的标准来看，布法罗斯塔特勒酒店已属现代酒店。这家酒店当时的广告词是“1.5 美元即可享用带有浴室的房间”，对旅行者来说这简直是物超所值、不可思议的。斯塔特勒获得了成功，斯塔特勒继续使用他的名字增开其他酒店。在 1928 年斯塔特勒去世时，其名下控制的酒店超过了酒店业历史上的任何人。

商业酒店的基本特点如下：

（1）商业酒店的服务对象是一般的平民，主要以接待商务客人为主，规模较大，设施设备完善，服务项目齐全，讲求舒适、清洁、安全和实用，不追求豪华与奢侈。

（2）实行低价格政策，使顾客感到收费合理、物有所值。

（3）酒店经营者与拥有者逐渐分离，酒店经营活动完全商品化，讲究经济效益，以营利为目的。

（4）酒店管理逐步科学化和效率化，注重市场调研和市场目标选择，注意训练员工和提高工作效率。

（四）现代新型酒店时期（20 世纪中期至今）

20 世纪 50 年代至今是现代新型酒店时期。20 世纪 50 年代，随着欧美国家战后的经济复苏，人们在国内、国际间的旅行和旅游活动日益频繁，空中交通及高速公路日益普及。在大中城市里，大型高层的酒店数量倍增，公路两旁的汽车旅馆更是星罗棋布。一些有实力的酒店公司，以签订管理合同、授让特许经营权等形式，进行国内甚至跨国的连锁经营，逐渐形成了一大批使用统一名称、统一标志，在酒店建造、设备设施、服务程序、管理方式等方面实行统一标准，联网进行宣传促销、客房预订、物资采购与人才培训的酒店联号公司。其中最早崛起，并在 20 世纪七八十年代相当活跃的大型豪华酒店的酒店联号公司有希尔顿酒店公司（Hiton Hotel Corp.）、希尔顿国际酒店公司（Hilton International）、喜来登酒店公司（Sheraton Corp.）、凯悦国际酒店公司（Hyatt International）、威斯汀酒店公司（Westin Hotels）等；拥有中小型酒店或汽车旅馆的酒店联号公司有假日酒店集团（Holiday Inns Corp.）、华美达酒店集团（Ramada Inns）、雅高集团（Accord Corp.）、百威国际酒店集团（Best Western Inter-national）等。进入 20 世纪 90 年代后，经过大规模的兼并和收购，又出现了更大型的、拥有各种档次、系列品牌的酒店联号集团，如洲际国际酒店集团（IHG）、万豪国际酒店集团（Marrott）等。万豪国际酒店集团在兼并了喜达屋酒店集团后，成为目前全球规模最大的酒店集团。全球规模排名第二至第五的集团依次为中国的锦江集团、美国的希尔顿集团、英国的洲际集团和美国的温德姆集团，现代新型酒店的特点除了注重规模效益、连锁经营外，还表现在为满足现代人的需求，其功能日益多样化。酒店不再是仅仅向客人提供吃、住的场所，还要满足客人对娱乐、健身、购物、通信、商务等多种需求，酒店也是当地社交、会议、展览、表演等活动的场所；在经营管理上，注重用科学的手段进行市场促销、成本控制、人力资源管理等；在设备设施上，注意运用适合客人需求的酒店服务及运行的各种高新科技产品；在社会上，为酒店行业配套服务的专业公司也日臻完善，有酒店管理咨询公司、酒店订房代理公司、酒店会计师事务所、酒店建筑事务所、酒店设备用品公司，开设酒店服务与管理专业的各类院校等。

在现代新型酒店时期，酒店业发达的地区并不仅局限于欧美，而是遍布全世界。值得一提的是亚洲地区的酒店业从 20 世纪 60 年代起步发展至今，其规模、等级、服务水准、管理水平等方面毫不逊色于欧美的酒店业。

在美国《机构投资者》（*Institutional Investor*）杂志每年组织的颇具权威性的世界十大最佳酒店评选中，亚洲地区的酒店往往占半数以上，并名列前茅。由中国香港东方文华酒店集团管理的泰国曼谷东方大酒店，曾经 10 多年来一直在世界十大最佳酒店排行榜上名列榜首。在亚洲地区的酒店中，已涌现出较大规模的酒店集团公司，如日本的大仓酒店集团（Okura Hotels）、日本的新大谷酒店集团（New Otani Hotels）、中国香港东方文华酒店集团（Oriental Mandarin）、中国香港丽晶集团（Regent Hotels）、新加坡香格里拉酒店集团（Shangrila Hotels）、新加坡君华酒店集团（Meritus Hotels& Resorts）等。这些酒店集团公司不仅在亚洲地区投资或管理酒店，而且已扩展到欧美地区。

数十年来，亚洲地区酒店业发展最快的当属中国内地的酒店业。中国内地的上海锦江酒店集团、北京首旅如家集团和华住酒店集团在企业规模上已连续数年排名进入全球酒店业前十位。

亚洲地区酒店的崛起及迅速发展，举世公认。究其原因，一是，得益于20世纪60年代以来这个地区的经济腾飞、发展及繁荣；二是，引进了欧洲酒店业的良好传统和经验丰富的专业人才，借鉴了美国酒店业科学管理的原则和经验；三是，在酒店服务与管理中糅合了东方民族悠久的富有人情味的好客传统，并充分发挥亚洲民族勤勉好学的长处和具有丰富人力资源的优势。

二、中国酒店业的发展历程

中国是世界上最早出现饭店的国家，数千年来，中国的唐、宋、明、清四朝被认为是饭店业得以较大发展的时期。19世纪末，中国饭店业进入近代饭店业阶段，但此后发展缓慢。直到20世纪70年代末，中国推行改革开放政策以后，饭店业才开始快速发展。

在中国现代化饭店中，有一些是经过改造的旧饭店，还有一些是中华人民共和国成立以后建造的宾馆、饭店和招待所，而大部分是20世纪90年代以后兴建的现代化的新型饭店。这三类饭店组成了中国饭店业的主要接待力量。与中国的现代经济发展类似，中国酒店业现代化的起步较晚，也落后于世界酒店业的先进水准，但中国酒店业正如中国的现代经济一样，以一种后来者居上的态势，赶超着世界的先进水平。

（一）古代中国酒店业

最早的住宿设施可追溯到殷商时期的驿站，当时这是一种官办住宿设施，主要是为传递官方文书的往来人员提供膳食和驻马的场所。由于朝代更迭、政令变化等原因，不仅在名称上出现了传舍、驿舍、驿馆、邮亭等不同称谓，而且其功能也在不断地改变。秦汉以后，驿站的接待对象范围开始扩大，一些过往官吏也可以在邮亭或传舍食宿。到了唐、宋时期，由于经济的发展，对外贸易的扩大，在都城长安、汴梁、临安和口岸城市广州、泉州、宁波、扬州等不断涌现出供各阶层人士居住的、不同等级和性质的驿站，还有专门接待外宾的“四方馆”“蕃坊”。元代时，一些建筑宏伟、陈设华丽的驿站除接待信使、公差外，还接待过往商旅及达官贵人。由此可见，驿站虽起源于驿传制度，开始时是专门接待信使、邮卒的住宿设施，但后来逐渐扩大用途范围，也为过往商旅及民间旅行者提供食宿服务。同时，由于官办的驿站在初始时只接待公职人员，所以，为民间提供了沿驿道及在驿站附近大量开设旅店的机会，这在一定程度上促进了民间旅店业的产生和发展。据意大利旅行家马可•波罗叙述，这样的驿站在当时已达到10 000余处。明清时期，官方为了接待外国使者和外民族代表开办了“会同馆”（清末称“迎宾馆”）。中国古代的驿站和迎宾馆作为一种官办接待设施，适应了古代民族交往和中外往来的需要，它对中国古代的政治、经济和文化交流起到了不可忽视的作用。

古代民间旅店被称为“逆旅”，是专门供人在旅途中休息食宿的场所，在几千年前的商周时期就已出现，从古籍中可以读到不少有关当时商旅活动及商人投宿旅店的记载。

春秋战国时期，农业生产的进步，促进了手工业和商业的发展，所谓“士农工商”“行商坐贾”，商人不仅被正式列为行业之一，还出现了分工。从事商贩贸易的人越来越多，频繁的商贸活动增加了对食宿设施的需求，为民间旅店的发展提供了市场。至战国时期，随着商业中心的出现和交通运输的发展，民间旅店业已初步形成。秦、汉两代400余年，是中国古代商业较为兴旺发达的时期，民间旅店业也因此有了发展。“牛马车舆，填塞道路”“船车贾贩，周于四方”“逆旅整设，以通贾商”等，正是对当时商贸活跃、旅店兴旺的描述。两汉以前，由于当时历史条件下城市功能的局限，商业活动迟迟未进入城市内部，虽然后来随着城市功能的变化，商业交换活动逐渐扩大到城市内，但仍受到市场制度在时间与地点方面的限制。“朝市朝时而市，商贾为主；夕市夕时而市，贩夫贩妇为主”描写的是交易者需按规定时间聚散，而他们并不居住在城市中，因而以接待商贩旅客为主的民间旅店一直都只能分布在城外郊区及通衢大道两旁。汉代以后，诸多城市逐渐发展成为商业都市，城市的管理制度及城区布局也发生了变化，从而使民间旅店进入城市，出现在靠近市场的繁华地段。隋、唐时期，由于结束了连年战争造成的长期分裂局面，社会生产力得到了恢复和发展，社会安定，市场兴旺，交通发达，丝绸之路空前繁荣，旅店业也得到了大发展。两宋时期，社会生产力有了进一步提高，商业和手工业兴盛，世代相袭的城市管理制度也发生了变化。各行店铺（包括民间旅店）遍布城内繁华街道，北宋汴梁和南宋临安便是如此。明、清两代，特别是明初洪武、永乐两朝及清乾隆、嘉庆年间，社会经济迅速发展，农业和手工业生产日益进步，商业更加繁荣，民间旅店业也因此更加兴旺。同时，由于明清时期中国封建社会科举制度的进一步发展，在各省城和京城出现了专门接待各地赴试学子的会馆，这些会馆成为当时旅馆业的重要组成部分。

（二）近代中国酒店业

鸦片战争之后，由于西方列强的入侵，酒店业受西方的影响较深。当时的酒店业除传统的旅馆之外，还出现了西式酒店和中西式酒店。

1. 西式酒店

西式酒店是19世纪初由外国资本家建造和经营的酒店统称。这类酒店在建筑式样、设施设备、内部装修、服务与经营对象及方式等方面都与中国的传统旅馆不同。西式酒店的规模宏大、装饰华丽、设备先进，管理人员皆来自英、法、德等国家，接待对象主要是外国人，也包括当时上层社会人物及达官贵人。客房分等经营，按质论价，是这些西式酒店客房经营的一大特色，其中又有美国式和欧洲式之别，并有外国旅行社参与负责介绍客人入店和办理其他事项。西式酒店向客人提供的饮食均是西餐，大致有法国菜、德国菜、英国菜、美国菜和俄国菜等。西式酒店的餐厅除向本店宾客供应饮食外，还对外供应各式西餐、承办西式宴席。早期著名的西式酒店主要有上海的理查饭店、北京的六国饭店以及天津的利顺德酒店等。

西式酒店的服务日趋讲究文明礼貌、规范化、标准化。一方面，西式酒店是西方列强侵入中国的产物，为其政治、经济、文化侵略服务；另一方面，西式酒店的出现在客观上对中国近代酒店业的发展有一定的促进作用。

2. 中西式酒店

西式酒店的大量出现，刺激了中国的民族资本向酒店业投资，因而从清王朝覆灭开始，各地相继兴建了一大批具有半中半西风格的新式酒店。这类酒店多以“旅馆”“酒店”“宾馆”为名，如“华洋旅馆”“中西旅馆”。这类酒店在建筑式样、店内设备、服务项目和经营方式上都受到西式酒店的影响。传统的中国旅店大多为庭院式或园林式设计，并且以平房建筑为多，宋代时虽已出现3层酒楼式的客店，但这类建筑在中国古代并不普遍。由中国资本开办的这类中西式酒店多为楼房建筑，有的则是纯粹的西式建筑，有的虽不如外国租界内的西式酒店那般豪华，但同传统的中国客店相比，显得十分高耸，格外引人注目。早期著名的中西式酒店有上海的金门酒店、静安宾馆、东方饭店和华懋饭店等。其中又以华懋饭店（又称沙逊大厦），即今天的上海和平饭店最为知名。

中西式酒店不仅在建筑上趋于西化，在设备设施、服务项目和经营方式上受西式酒店的影响，而且在经营体制方面也多有仿效，实行酒店、交通、银行等行业联营。这是中西式酒店对旧中国酒店业具有深远影响的一个方面，与中国传统的酒店经营方式形成鲜明的对比。从此，中西式酒店将欧美酒店的经营观念、方法与中国酒店的实际经营环境相融合，为中国近代酒店业进入现代新型酒店时期奠定了良好的基础。

（三）现代中国酒店业

我国现代酒店业的发展历史不长，但速度惊人。自1978年开始实行对外开放政策以来，我国大力发展旅游业，这为我国现代酒店业的兴起和发展创造了前所未有的良好机遇。1978年，我国国际旅游业刚刚起步时，能够接待国际旅游者的酒店仅203座，客房3.2万间。酒店业规模小、数量少，难以满足国际旅游客源迅速增加的形势下对酒店业的要求。同时，由于这些酒店大多为中华人民共和国成立前遗留下来或20世纪五六十年代建造的，酒店功能单一，设备陈旧，难以达到国际旅游所要求的标准。20世纪80年代初期至中期，我国通过引进外资，兴建了一大批中外合资、中外合作的酒店，又利用内资陆续新建和改造了一大批酒店，使我国酒店业进入了一个较快发展时期。到1984年，酒店数量达505座，客房7.7万间。这个规模和数量，比1978年翻了一番，初步缓解了我国酒店供不应求的矛盾和硬件差、管理差的状况。1985年，国家提出了发展旅游服务基础设施，实行国家、地方、部门、集体和个体一起上的方针，调动了各方面的积极性，从而使酒店业发展势头蓬勃高涨。到1988年，酒店数量达到1 496座，客房22万间。1992—1995年，随着全国各地改革开放的进一步深入以及经济建设的热潮，酒店业从数量到质量都得到了进一步的发展。到1995年，全国的酒店数量达3 720座，客房49万间。20世纪90年代中后期，我国酒店业的总量急剧增加，截至2019年年末，全国酒店客房数量为415万间，仅次于美国，规模为全球第二位。与此同时，酒店业档次结构也发生了明显变化，20世纪80年代初，那种只提供一食一宿的招待型酒店，已被当今各种档次、多种类型的酒店住宿设施所取代。可以说，40年来我国酒店建设速度和发展规模超过了同时期世界上的任何国家。

在行业规模扩大、设施质量提升的同时，我国酒店业的经营观念也发生了质的变化，经营管理水平得到了迅速提高。从1978年至今，我国酒店业大体经历了4个发展阶段。

1．开放引进，初步发展时期（1978—1987年）

1978年，在十一届三中全会后，我国实行了“对外开放，对内搞活”政策。旅游酒店业作为中国最早对外开放的行业之一，迎来了发展的良好机遇。锦江饭店集团的改制（1984年）和经国务院批示，由国家旅游局掀起的全国酒店学北京建国饭店活动（1984年），是这一阶段的两大标志性事件。

这一阶段的旅游行政管理部门工作重点围绕3个方面开展，即如何使我国酒店业从招待型管理转轨为企业型管理、如何提高酒店管理水平和服务水平、如何提高管理人员素质以使之掌握现代化酒店管理知识。针对这3个方面的工作，旅游行政管理部门做了大量工作。

1979 年，国家开始尝试首批合资酒店建设，有广州白天鹅酒店、中国大酒店和北京建国饭店。1982 年，北京建国饭店营业，取得了超预期的良好经济效益，建国饭店的经营管理模式，被当时的国家旅游局号召在全国予以推广学习。

1983 年，广州白天鹅酒店营业，此后，大批的三资酒店开始在全国拔地而起，国外著名酒店集团纷纷涌入我国。

1984 年，北京丽都假日酒店、北京长城喜来登饭店营业。1985 年，北京兆龙饭店营业。1987 年，上海华亭喜来登酒店营业。1988 年，中国首家希尔顿品牌上海静安希尔顿酒店营业。

这些国外优秀的酒店企业为中国带来了大批优秀的管理人才、先进的管理模式和管理技术，使我国传统的事业型酒店管理模式逐渐被现代企业管理体制所替代，中国旅游酒店业在政府的宏观政策扶持下，在市场经济的大环境中，逐渐起步和发展起来。

2. 消化吸收、快速成长时期（1988—2001 年）

中国酒店业在前期开放引进、初步发展的基础上进入了一个消化吸收、快速成长期。

自 1988 年，中国开始实施星级评定，酒店业飞速发展，规模快速增长。截至 2001 年年末，全国共有星级酒店 7 358 家，其中四星级酒店 441 家、五星级酒店 129 家。而四、五星级酒店，基本以国际品牌和外方管理为主。而少量中方管理的高星级酒店在各项经营指标上均不及国际品牌酒店。

1987 年，国家旅游局颁发了关于发展国营饭店管理公司的〔1987〕40 号文件，国务院办公厅也于 1988 年 4 月 6 日发布了《国务院办公厅转发国家旅游局关于建立饭店管理公司及有关政策问题请示的通知》。1988 年，《旅游涉外饭店星级标准的划分与评定》颁布并开始实施评定。1990 年，广州白天鹅酒店、广州中国大酒店、广州花园饭店等成为中国首批获批的五星级酒店。

1993 年，国家旅游局下发《饭店管理公司管理暂行办法》，提出“对外管饭店应严格控制，原则上不再增加”“建立我国自己的饭店管理公司，实行专业化、集团化管理”。自此以后，广州白天鹅酒店、上海锦江集团、北京建国饭店和南京金陵酒店集团等纷纷成立酒店管理公司，开启了一个中国国内酒店企业参与国内酒店连锁化经营发展的时代。

2001 年，中国加入世界贸易组织，开始融入世界，中国的酒店业也开启了一个融入世界的新时代。

3. 曲折前行、全面发展时期（2001—2018 年）

自 2001 年中国加入世界贸易组织，中国酒店业经历了入世初期的阵痛，2003 年的非典打击、2008 年源自美国的金融危机冲击、2008 年的北京奥运盛会、2010 年的上海世博盛会、2013—2015 年的严重全行业亏损，中国酒店业挫折与发展交替，但依然曲折前行，全面发展。

截至 2009 年，中国星级酒店数量发展达到最高峰 14 237 家，随后回落，目前，维持在 8 000 ～ 9 000 家。在经济发展、消费升级的背景下，不仅仅是酒店业，经济型酒店、客栈、精品酒店、民宿等，整个大住宿业进入全面、理性的发展时期。根据中国饭店协会发布的 2015—2019 年《中国酒店连锁发展与投资系列报告》中的数据整理，我国酒店行业供给持续增长，中国酒店客房数量从 2015 年的 215.01 万间增长到了 2019 年的 414.97 万间，期间的年均复合增长率为 17.87%。

同期，中国的酒店业开启了海外拓展时期，如锦江集团收购美国洲际、法国卢浮，安邦集团收购纽约希尔顿等。

2003 年，碧桂园广州凤凰城酒店的开业和万达宁波索菲特酒店的开业，标志着地产业进入酒店业。2006 年，南京丁山香格里拉酒店更名为南京丁山花园大酒店，深圳彭年希尔顿酒店业主与希尔顿集团解约，这标志着国际品牌酒店集团的营运能力开始受到怀疑。在困境面前，中国酒店业不再一味照搬和模仿国外饭店集团或管理公司的管理方式和模式，而是开始积极探索适合自身发展的道路。在不断地思考和探索中，人们逐渐认识到，集团化将是未来中国饭店业发展的必然之路。本土酒店企业应通过强强联合、优势互补、优胜劣汰的市场规律等方式来摆脱传统模式的束缚。从 2001 年开始至今，涌现了大量与国际饭店品牌相抗衡的本土著名饭店品牌，如上海锦江、北京首旅如家、上海华住、南京金陵、湖南华天等。中国饭店业在与国际市场不断竞争的过程中，经营管理水平不断提升，整体经营实力不断增强。

在此时期，我国酒店行业发展在行业内部呈现明显的结构分化特征。以五星级酒店为代表的豪华型酒店受国家限制“三公”消费和“中央八项规定”等政策影响，消费需求快速下降，同时受运营成本高居不下、地产投资高峰等多重因素影响，传统五星级豪华型酒店的发展速度和规模增长速度呈现连年降低的态势。

以如家、汉庭等连锁酒店为代表的经济型酒店在经历过高速增长高峰后，由于同质化严重和供给过剩，现已进入洗牌阶段。2018 年全国经济型酒店共 241.99 万间客房，2015—2018 年复合增长率为 12.40%，经济型酒店的规模增长正逐步放缓。

中高端酒店行业受益于消费升级和中产消费群体的快速扩大，加之受经济型酒店和豪华型、奢华型酒店的消费转移影响，近年来中高端酒店迎来行业红利时代，连续多年保持快速发展态势。

我国酒店行业豪华型、中高端、经济型的比例约为 8%、27%、65%，国内酒店市场由低端经济型酒店占主导。而欧美等发达国家成熟的酒店市场通常呈现两边小中间大的“橄榄型”结构。欧美酒店业豪华型、中高端、经济型的比例约为 20%、50%、30%。未来我国酒店行业结构布局将向欧美等发达国家酒店行业结构靠近，呈现中高端酒店为主体的特征。随着中国经济的发展以及消费升级，目前国内酒店市场结构，中端酒店仍有极大发展空间，未来中国的中高端酒店将迎来中长期的快速发展阶段。

4．文旅融合，深度发展；抓住机遇、提升竞争力

2018 年 3 月，中国文化部和中国国家旅游总局合并，中国文化和旅游部正式成立。这开启了中国旅游行业真正的文旅融合、深度发展的新时代。肆虐全球的新冠疫情，极大地改变了世界、改变了中国、改变了中国的旅游酒店业。中国的旅游酒店业在后续的发展中，将应对此危机带来的长久影响。当然，有挑战，也会有机遇。新冠疫情和前期的中美贸易战，促使中国政府在经济领域采取了国内经济大循环为主体，国内经济和国际经济双循环的经济发展策略。注重国内经济的发展，这对中国酒店住宿业来说，是一个极大的发展机遇。

进入 21 世纪，我国酒店业在经营管理上，逐步向专业化、集团化、集约化经营管理迈进；在业态上，我国酒店业也由传统的星级酒店，逐步向民宿、客栈、精品酒店、经济型酒店、星级酒店等多种业态并存的多元化发展迈进。传统的旅游酒店业正在向旅游大住宿业发展。

目前，中国旅游住宿业已经形成了星级标准、品牌标准和非标准住宿 3 种形式并存的住宿业格局，即广义的旅游住宿业态已经形成。旅游住宿业发展进入新常态。国内经济发展、消费升级及中国快速发展的科学信息技术，都为中国旅游酒店住宿业的做精做强，打下了良好的基础。

项目小结

现代酒店业在中国的发展历史并不长，但在中国强大的经济发展基础上，中国现代酒店业获得了快速发展。本项目阐述了酒店的基本定义、特点、作用、等级分类等基础性知识，并详细介绍了中外酒店业的发展历程，让学生对酒店的基本常识和发展历史有了一个系统的认识。

复习与思考题

一、名词解释

1. 商务型酒店
2. 度假型酒店
3. 经济型酒店
4. 汽车酒店

二、简答题

1. 构成酒店企业的主要要素有哪些？
2. 经济型酒店迅速发展的原因是什么？
3. 酒店业具有哪些特点？

三、论述题

1. 试述世界酒店业的发展历程。
2. 试述中国现代酒店业的发展阶段。

项目二

酒店管理理论基础及酒店组织结构

学习导引

本项目主要讲述了酒店经营管理是在企业管理的基础上发展起来的。酒店经营管理结合了一般管理理论与酒店业特有的服务特质。能否将“CI”“CS”“CL”“ES”等理念良好运用到自身的经营管理中，将影响酒店经营管理的成效。本项目还介绍了酒店的主要组织结构以及各部门的职能。

学习目标

1. 了解酒店管理的基本概念及理论基础。
2. 理解酒店经营中“CI”“CS”“CL”及“ES”的理念。
3. 掌握“CS”“CL”及“ES”理念在酒店经营管理中的应用。
4. 了解酒店的组织架构。
5. 熟悉酒店各部门的业务职能。

案例导入

希尔顿酒店的经营理念

美国希尔顿酒店集团由康拉德·希尔顿创立于1919年。在其卓越领导下，数十年的时间里，希尔顿酒店从一家扩展到数百家，遍布世界五大洲的各大城市，成为全球高端酒店之一。希尔顿酒店生意如此之好，财富增长如此之快，其成功的秘诀在于牢牢确立了自己的企业理念，并将这个理念贯彻到每一个员工的思想和行为之中。酒店创造“宾至如归”的文化氛围，注重企业员工礼仪的培养，并通过服务人员的“微笑服务”体现出来。希尔顿酒店成功的关键在于以下4个方面：

1. 企业的形象第一，树立优秀品牌

在员工自我形象的塑造中，企业的一贯礼仪又直接影响员工形象的塑造效果。例如，希尔顿酒店总公司董事长康拉德·希尔顿就十分重视企业礼仪和通过礼仪塑造企业形象。为此，他制定和强化能最终体现出希尔顿酒店礼仪的措施，即“微笑服务”。为了能发挥微笑的魅力，他不辞辛苦，奔波于设在世界各地的希尔顿酒店进行视察。由于希尔顿酒店对企业礼仪的重视，下属员工执行得很出色，并形成了自己的传统和习惯。

2. 志向要远大、想法要宏伟与做法要大方

企业想要有大发展，取得大的成就，就得树立大的志向与理想。企业家对自己的前途应该把目标定得大一些，以实现自己的最大价值。梦想是一种具有想象力的思考，是以热忱、精力、期望做后盾的。康拉德·希尔顿一生做过许多梦，可以说他的事业就是寻梦的历程，从银行家梦到跻身酒店业后的酒店大王梦，他那充满想象力的梦想成了他行动的先导。随着事业的发展，他的梦也越来越多，把一个个美梦变成了现实。

3. 发掘出自己独到的才智

人的才智各有不同，每个人从事的职业可以相同，别为了要花时间找立足之处而烦恼。康拉德·希尔顿说，他就花了32年的时间去发掘自己的长处，开始还是个小职员，但这没有什么可耻的。华盛顿起初也不过是个验货员，他们最终都找到了能充分发挥自己才能的事业，从而走向成功。不要因为长辈或薪金的原因被纳入一条固定的轨道，失掉应当属于自己的天地。别为暂时不知道自己的长处而犹疑不决，勇敢地开拓吧！你就会发现自己到底能干什么。

4. 带有企业家烙印的热忱与执着

热忱是完成任何一件事必不可少的条件，也是一种无穷的动力。或许你的确有才华，但才华也必须借助热忱的精神，才能发挥尽致。

（资料来源：职业餐饮网）

任务一　酒店管理的理论基础

一、酒店管理概述

（一）酒店管理的概念

酒店管理，实际上是酒店经营管理的简称，包括经营和管理两个方面，是指酒店管理者在了解市场需求的前提下，为了有效实现酒店的规定目标，遵循一定的原则，运用各种管理方法，对酒店所拥有的人力、财力、物力、时间、信息等资源，进行计划、组织、指挥、协调和控制等一系列活动的总和。

酒店管理的概念表明了酒店管理的目的、方法、要素和职能。

1. 酒店管理的目的

衡量酒店管理成效的主要依据就是酒店预定目标的实现程度，因此，酒店管理的目的就是实现酒店的预定目标——取得一定的社会效益和经济效益。

酒店是一个开放系统，它和社会有着广泛的联系，它在向社会提供特定的使用价值的同时，也担负着一定的社会责任。酒店的社会效益是指酒店的经营管理活动带给社会的功用和影响，它表现为社会对该酒店和酒店产品的认可程度，如酒店的知名度、美誉度、酒店利用率、酒店和社会的各种关系等。

酒店的经济效益是指酒店通过经营管理所带来的投资增值额。在市场经济条件下，追求酒店利润最大化正是酒店管理的动力所在。对酒店而言，社会效益是经济效益的基础，社会效益不好的酒店，其经济效益必然会受到极大影响，所以酒店业是非常看重自身形象的。另外，随着人类环境问题的日益严重、环境保护意识的日益普及和可持续发展观念的深入人心，酒店还

应考虑环境效益，尽量使酒店的经济效益、社会效益与环境效益达到完美统一。

2. 酒店管理的方法

酒店管理的方法就是酒店管理者在管理过程中要遵循一定的管理原则，把酒店管理的基础理论、原理等通过一定形式和方法转化为实际的运作过程，以提高酒店管理成效，达到酒店管理目标。具体方法主要有经济方法、行政方法、法律方法、数量方法、社会学及心理学方法等。

（1）经济方法。经济方法是指酒店运用价格、成本、工资、奖金、经济合同、经济罚款等经济杠杆，用物质利益来影响、诱导企业员工的一种方法。

（2）行政方法。行政方法是指酒店依靠企业的各级行政管理机构的权力，通过命令、指示、规章制度及其他有约束性的计划等行政手段来管理企业的方法。

（3）法律方法。法律方法是指以法律规范及具有法律规范性质的各种行为规则为管理手段，调节酒店企业内外各种关系的一种方法。

（4）数量方法。数量方法是指运用数学的概念、理论和方法，对研究对象的性质、变化过程以及它们之间的关系进行定量的描述，利用数量关系或建立数量模型等方法对企业的经济活动进行管理的方法。

（5）社会学及心理学方法。社会学及心理学方法是指酒店企业借助社会学和心理学的研究成果与方法，协调处理员工与员工之间、员工与酒店之间的关系，以调动员工的工作积极性，提升企业效益的方法。

3. 酒店管理的要素

酒店管理的要素是指酒店所拥有的人力资源、财力资源、物力资源、信息资源和时间资源等。

（1）在酒店管理所有要素中，人力资源最为重要。它是酒店的主体，是酒店管理成功的关键，也是酒店两个效益的创造者。所以，酒店必须具有一批管理素质良好的管理者和行业素质良好的从业人员。在“以人为本”的酒店管理中，不仅应考虑酒店所需要的人的数量和质量问题，即酒店需要多少人和需要什么样的人，更为关键的是应考虑管理者自身的素质。实际上，一家酒店管理水平、服务质量的高低都取决于酒店管理者的水平。

（2）财力是指酒店的资金运作状况。只有具备一定的财力，酒店才可以购置运转中所需的各种设施设备和原材料，才能支付员工工资及其他各种管理费用等，所以财力是酒店正常运转的基本保证。

（3）酒店的物力资源主要是指酒店运转所必需的物资以及各种技术设备，如酒店的建筑物、电梯、空调、锅炉、客用品、服务用品、原材料等。物力资源是酒店运转的基础，所以也是酒店管理要素之一。物力和财力是紧密联系在一起的，因为物力通常以固定资金和流动资金的形式表现出来。

（4）信息资源是酒店管理者制订计划的依据和决策的基础，也是酒店组织的重要手段和质量控制的有效工具。随着宾客需求的不断变化和酒店之间竞争的日趋激烈，酒店常处于瞬息万变的经营环境之中。因此，信息的取得、整理和利用日益受到酒店管理者的重视，并成为酒店管理的一个要素。

（5）在市场经济条件下，时间的价值越来越被重视。在“时间就是金钱”的今天，时间也成为酒店管理中一种不可忽视的资源，而管理者对时间价值的认识则决定其对时间资源的有效管理。管理者对时间资源的有效管理可以提高酒店的工作效率、降低员工的劳动强度，也有利于提高酒店的服务质量。

4. 酒店管理的职能

在酒店管理的概念中，管理职能是管理者与酒店实体相联系的纽带，是其必不可少的组成内容之一。酒店管理的职能是计划、组织、指挥、协调和控制这5项。酒店管理即管理者通过执行这些不同的管理职能来实现酒店内外要素，不断调整并取得和谐的动态过程，缺少任何一种职能，酒店管理都难以奏效。因此，酒店管理的本质即是管理者科学地执行管理职能。

（二）酒店经营与管理的关系

酒店经营与管理通常被简称为酒店管理，它既包括经营又包括管理。酒店经营和管理有着不同的内涵，侧重点也各不相同，但在现实中两者又是密不可分的。

1. 酒店经营

经营是指企业以独立的商品生产者的身份面向市场，以商品生产和商品交换为手段，满足社会需要并实现企业目标，使企业的经济活动与企业生存的外部环境达成动态均衡的一系列有组织、有计划的活动。酒店经营即在国家政策指导下，根据市场经济的客观规律，对酒店的经营方向、目标、内容、形式等做出决策。

酒店经营的主要内容有做市场调查和状况分析，目标市场的选择与定位，酒店产品的创新与组合，巩固与开拓客源市场，从市场角度运用资金和进行产品成本、利润、价格分析等。经营的侧重点在于市场，是根据市场需求的变化，努力使酒店经营的内容适应宾客的需求，积极面对竞争，从而使酒店得到更大的发展。

2. 酒店管理

管理的侧重点在于酒店内部，针对酒店具体的业务活动，即酒店管理者通过计划、组织、督导、沟通、协调、控制、预算、激励等管理手段，使酒店人、财、物等投入最小，但又能完成酒店的预定目标。酒店管理的主要内容有按科学管理的要求组织和调配酒店的人、财、物，使酒店各项业务正常运转；在业务运转过程中保证和控制服务质量，激励并保持员工工作积极性以提高工作效率，加强成本控制，严格控制管理费用等，并通过核算工作保证达到酒店经营的经济目标，即要以最小的投入实现最大的产出。

总之，酒店经营所面对的是市场，在了解市场、掌握市场趋势的前提下进行各种酒店经营活动，参与市场竞争，提高酒店利用率和市场份额。而酒店管理所面对的主要是酒店内部的各要素，只有通过管理职能的有效执行，使要素合理组合，方可形成最大、最佳的接待能力，也才能在市场竞争中处于有利地位。因此，在酒店业处于买方市场的条件下，酒店若不了解市场，闭门造车，其内部各要素组合得再好，管理得再出色，也会毫无成效。同时，还会造成酒店资源的极大浪费。这就要求酒店必须进行经营性管理，面向市场进行管理。事实上，经营决定制约着管理，管理又是经营的必备条件；经营中蕴含着管理，管理中也蕴含着经营。

二、酒店管理的理论基础

酒店管理是将酒店行业自身业务特点和一般企业的经营管理原理相结合而形成的一门学科。它作为一门独立的学科，是以管理学的一般原理和理论为基础的。把管理学的一般原理及方法，运用于酒店管理实践，形成了酒店管理理论。酒店管理者要进行有效的管理，就必须了解人类管理思想的发展过程，了解酒店管理的理论来源。

（一）古典管理思想

19 世纪末、20 世纪初产生的科学管理思想，使管理实践活动从经验管理跃升到一个崭新的阶段。对科学管理思想的产生发展做出突出贡献的人物主要有泰罗、法约尔、韦伯，他们分别对生产作业活动的管理、组织的一般管理、行政性组织的设计提出了成体系的管理理论。

1. 泰勒的科学管理理论

美国的弗雷德里克·泰勒是最先突破传统经验管理格局的先锋人物，被称为“科学管理之父”。泰勒出生于美国费城一个富裕的律师家庭，从小醉心于科学研究和科学试验。他 18 岁进入钢铁厂当工人，担任过技工、工头、车间主任、总工程师等职。长期的亲身经历使泰勒认识到：落后的管理是造成生产率低下、工人“磨洋工”和劳资冲突的主要原因。他在 1911 年出版的《科学管理原理》一书中提出了通过对工作方法的科学研究来改善生产效率的基本理论和方法。在这本书中，泰勒总结出了 4 条基本的科学管理原理。

（1）通过动作和时间研究法对工人工作过程的每一个环节进行科学的观察分析，制定出标准的操作方法，用以规范工人的工作活动和工作定额。

（2）细致地挑选工人，并对他们进行专门的培训，使他们能按照规定的标准工作法进行操作，以提高生产劳动的效率。

（3）真诚地与工人们合作，以确保劳资双方都能从生产效率的提高中得到好处。为此，泰勒建议实行“差别工资制”，对完成工作定额的工人按较高的计件工资率水平来计算和发放工资，对完不成工作定额的工人则按较低的计件工资率来计算和发放工资。通过金钱激励，促使工人最大限度地提高生产效率。而在生产效率提高幅度超过工资增长幅度的情况下，雇主也就从“做大的馅饼”中得到了更多的效益。

（4）明确管理者和工人各自的工作和责任，实现管理工作与操作工作的分工，并进而对管理工作也按具体职能的不同而进行细分，实行职能制组织设计，并贯彻例外管理原则。泰勒提出科学管理思想的目的，是改变传统的一切凭经验办事（工人凭经验操作机器、管理人员也凭经验进行管理）的落后状态，使经验的管理转变成为一种“科学的”管理。泰勒的主张被认为是管理思想史上的一次“革命”。这种管理理论使劳资双方关注的焦点从盈余的分配比例转到如何设法通过共同努力把盈余的绝对量做大，从而使盈余分配比例的争论成为不必要。同时，泰勒还提出了如何提高劳动生产率等一系列科学的作业管理方法。

2. 法约尔的一般管理理论

当泰勒及其追随者正在美国研究和倡导生产作业现场的科学管理原理和方法时，在大西洋彼岸的法国诞生了关于整个组织的科学管理的理论，这一理论被后人称为“一般管理理论”或“组织管理理论”。与泰勒等人主要侧重研究基层的作业管理不同，“一般管理理论”是站在高层管理者角度研究整个组织的管理问题。该理论的创始人是亨利·法约尔，他是法国一家大矿业公司的总经理。以自己在工业领域的管理经验为基础，法约尔在 1916 年出版了《工业管理与一般管理》一书，提出了适用各类组织的管理 5 大职能和有效管理的 14 条原则。

法约尔将工业企业中的各种活动划分成技术活动、商业活动、财务活动、安全活动、会计活动和管理活动 6 类。其中，管理活动是企业运营中的一项主要的活动。法约尔认为，管理活动本身又包括计划、组织、指挥、协调、控制 5 个要素。管理不仅是工业企业有效运营所不可缺少的，它也存在于一切有组织的人类活动之中，是一种具有普遍性的活动。法约尔认为，管理的成功不完全取决于个人的管理能力，更重要的是管理者要能灵活地贯彻管理的一系列原则。这些原则如下：

（1）劳动分工。法约尔认为，实行劳动的专业化分工可提高雇员的工作效率，从而增加产出。

（2）权责对等。权责对等，即管理者必须拥有命令下级的权力，但这种权力又必须与责任相匹配，不能责大于权或者权大于责。

（3）纪律严明。雇员必须服从和尊重组织的规定，领导者以身作则，使管理者和员工都对组织规章有明确的理解并实行公平的奖惩，这些对于保证纪律的有效性都非常重要。

（4）统一指挥。统一指挥，是指组织中的每个人都应该只接受一个上级的指挥，并向这个上级汇报自己的工作。

（5）统一领导。每一项具有共同目标的活动，都应当在一位管理者和一个计划的指导下进行。

（6）个人利益服从整体利益。任何雇员个人或雇员群体的利益不能够超越组织整体的利益。

（7）报酬。对雇员的劳动必须付以公平合理的报酬。

（8）集权。集权反映下级参与决策的程度。决策制定权是集中于管理当局还是分散给下属，这只是一个适度的问题，管理当局的任务是找到在每一种情况下最合适的集权程度。

（9）等级链。从组织的基层到高层，应建立一个关系明确的等级链系统，使信息的传递按等级链进行。不过，如果顺着这条等级链沟通会造成信息的延误，则应允许越级报告和横向沟通，以保证重要信息的畅通无阻。

（10）秩序。无论是物品还是人员，都应在恰当的时候处在恰当的位置上。

（11）公平。管理者应当友善和公正地对待下属。

（12）人员稳定。每个人适应自己的工作都需要一定的时间，高级雇员不要轻易流动，以免影响工作的连续性和稳定性。管理者应制定规范的人事计划，以保证组织所需人员的供应。

（13）首创性。应鼓励员工发表意见和主动地开展工作。

（14）团结精神。强调团结精神将会促进组织内部的和谐与统一。

法约尔提出的一般管理要素和原则，实际上奠定了后来在20世纪50年代兴盛起来的管理过程研究的基本理论基础。

3. 韦伯的行政组织理论

行政组织理论是科学管理思想的一个重要组成部分。它强调组织活动要通过职务或职位而不是个人或世袭地位来设计和运作。这一理论的创立者是德国社会学家马克斯·韦伯。他从社会学研究中提出了所谓“理想的”行政性组织，为20世纪初的欧洲企业从不正规的业主式管理向正规化的职业性管理过渡提供了一种纯理性化的组织模型，对当时新兴资本主义企业制度的完善起了划时代的作用。因此，后人称韦伯为“组织理论之父”。

韦伯是德国柏林大学的一位教授。他认为，理想的行政性组织应当以合理—合法权力作为组织的基础，而传统组织以世袭的权力或个人的超凡权力为基础。所谓合理—合法权力，就是一种按职位等级合理地分配、经规章制度明确规定，并由能胜任其职责的人依靠合法手段而行使的权力，通称职权。以这种权力作为基础，韦伯设计出具有明确的分工、清晰的等级关系、详尽的规章制度和非人格化的相互关系、人员的正规选拔及职业定向等特征的组织系统。这种组织系统被称为“行政性组织”。

韦伯甚至以工业生产的机械化过程来比喻组织机构的行政组织化过程。他认为一个组织越是能完全地消除个人的、非理性的、不易预见的感情因素或其他因素的影响，那么它的行政组织特征也就发展得越完善，从而越趋于一种“理想的”“纯粹的”状态。而这种状态的组织和其他形式的组织相比，犹如机械化生产与非机械化生产之比，在精确性、稳定性、纪律性和可靠性方面具有绝对的优势。正因如此，行政组织后来被人们通称为“机械式组织”。

以上介绍的3种管理理论，虽然研究的侧重点各有不同，但它们有两个共同的特点：一是都把组织中的人当作“机器”来看待，忽视“人”的因素及人的需要和行为，所以有人称此种管理思想下的组织实际上是“无人的组织”；二是都没有看到组织与外部的联系，关注的只是组织内部的问题，因此，是处于一种“封闭系统”的管理时代中的。由于它们共同的局限性，20世纪初在西方建立起来的这三大管理理论，都被统称为古典管理思想。

（二）行为管理思想

古典管理思想把人看成简单的生产要素，即像机器一样的“工具人”，只考虑如何利用人来达成组织的目标，忽视了人性的特点。20世纪20年代中期以后产生的人际关系学说和行为管理理论开始注意到“人”具有不同于“物”的因素的许多特殊方面，需要管理当局采取一种不同的方式来加以管理。对“人”的因素的重视，首先应归功于梅奥和他在霍桑工厂所进行的试验。

1. 梅奥的霍桑试验与人际关系学说

霍桑试验是在美国西方电气公司的霍桑电话机厂进行的。试验最初开始于1924年，当时试验的目的是根据科学管理理论中关于工作环境影响工人的劳动生产率的假设，进行照明度与生产效率关系的研究，试图通过照明强弱变化与产量变化之间关系的研究来为合理设定工作条件提供依据。结果却发现，工作环境条件的好坏与劳动生产率的提高并没有必然的联系，因为无论照明度是升，是降，还是维持不变，参与试验的人员的劳动生产率都未获得明显提高，这是已有的管理理论所无法解释的。梅奥基于这种结果，进行了一系列的后续调查、试验和采访，结果表明人的心理因素和社会因素对生产效率有极大的影响。梅奥在1933年出版的《工业文明中的人的问题》一书中，对霍桑试验的结果进行了系统总结。其主要观点如下：

（1）员工是“社会人”，具有社会心理方面的需要，而不只是单纯地追求金钱收入和物质条件的满足。例如，在照明度试验中，参加试验的人员就是因为感到自己受到了特别的关注，所以表现出更高的生产效率。因此，企业管理者不能仅着眼于技术经济因素的管理，而要从社会心理方面去鼓励工人提高劳动生产率。

（2）企业中除正式组织外，还存在非正式组织。正式组织是管理当局根据实现组织目标的需要而设立的，非正式组织则是人们在自然接触过程中自发形成的。正式组织中人的行为遵循效率的逻辑，而非正式组织中人的行为往往遵循感情的逻辑，合得来的就聚在一起，合不来的或不愿与之合的就被排除在组织外。哪些人是同一非正式组织的成员，不取决于工种或工作地点的相近，而完全取决于人与人之间的关系。非正式组织是企业中必然会出现的，它对正式组织可能会产生一种冲击，但也可能发挥积极的作用。非正式组织的存在，进一步证实了企业是一个社会系统，受人的社会心理因素的影响。

（3）新的企业领导能力在于通过提高员工的满意度来激发“士气”，从而达到提高生产率的目的。

梅奥的这些结论使人们对组织中的“人”有了一种全新认识。在此之后，人际关系运动在企业界蓬勃开展，致力于人的因素研究的科学家也不断涌现。其中，有影响的代表人物及其主张包括亚当斯的公平理论、马斯洛的需要层次论、赫茨伯格的双因素理论、麦克雷戈的X理论和Y理论等。

2. 亚当斯的公平理论

公平理论是由美国的斯塔西•亚当斯于1965年提出的一种激励理论。这一理论从工资报酬分配的合理性、公平性对员工积极性的影响方面，说明了激励必须以公平为前提。亚当斯的公平理论认为，人们能否获得激励，不仅取决于他们得到了什么，而且取决于他们看见或以为别人得到了什么。人们在得到报酬之后会做一次社会比较，不仅比较自己的劳动付出与所得报酬，而且要将自己的劳动付出与所得报酬之比与他人的劳动付出与所得报酬之比相比较，如果两者比例相等，就会感到公平，从而具有激励作用；如果自己的劳动付出与所得报酬之比低于他人，就会感到不公平，从而产生不满，形成负激励。亚当斯提出的社会比较公平关系模式是

自己所得报酬 ÷ 自己劳动付出 = 他人所得报酬 ÷ 他人劳动付出

心理学的研究表明，不公平感会使人的心理产生紧张不安状况，从而影响人们的行为动机，导致生产积极性的下降和生产效率的降低，旷工率、离职率会相应增加。根据公平理论，在管理中必须充分注意不公平因素对人心理状态及行为动机的消极影响，在工作任务、工资、奖励的分配及对工作成绩的评价中，应力求公平合理，努力消除不公平、不合理的现象，才能有效地调动员工的积极性。

3. 马斯洛的需要层次理论

马斯洛认为，对人的鼓励可以通过满足需要的方法来达到。他把人的需要分为生理的需要、安全的需要、社交的需要、尊重的需要和自我实现的需要5种。上述这5种需要是分层次的，对一般人来说，在较低层次需要未得到满足以前，较低层次的需要就是支配他们行为的主要激励因素，一旦较低层次的需要得到了满足，下一层次的需要就成为他们新的主要激励因素了。根据这种理论，管理者应当了解下属人员的主要激励因素（未满足的需要）是什么，并设法把实现企业的目标和满足员工个人的需要结合起来，以激发员工完成企业目标的积极性。

4. 赫茨伯格的双因素理论

赫茨伯格通过对200名工程师、会计师的询问调查，研究出在工作环境中有两类因素起着不同的作用。一类是保健因素，诸如公司的政策与上级、同级和下级的关系，工资，工作条件以及工作安全等。在工作中，如果缺乏这些因素，工人就会不满意，就会缺勤、离职。但这些因素并不会起到很大激励作用。另一类是激励因素，它们主要包括工作本身有意义，工作能得到赏识，有提升机会，有利于个人的成长和发展等。保健因素涉及的主要是工作的外部环境，激励因素涉及的主要是工作本身。

赫茨伯格的双因素理论把激励理论与人们的工作和工作环境直接联系起来，这就更便于管理者在工作中对员工进行激励。

5. 弗鲁姆的期望值理论

弗鲁姆认为，人们从事某项活动、进行某种行为，其积极性的大小、动机的强烈程度是与期望值和效价成正比的，这个理论可用下列公式来表示：

激发力量 = 期望值 × 效价

上式中，激发力量是指对员工为了达到某个目标（如涨工资、提升、工作上的成就）而进行的行为的激励程度。期望值是该员工根据个人经验判断能够成功地达到该目标的可能性，即概率。效价是指达到该目标对于满足该员工个人需要的价值。

根据这一理论，管理者为了增强员工对做好工作的激励力量，就应当创造条件，使员工有可能选择对他来说效价最高的目标，同时设法提高员工对实现目标的信心。

6. 斯金纳的强化理论

斯金纳认为，强化可分为正强化和负强化两种。如果对某个人的行为给予肯定和奖酬（如表扬、提升或发奖金等），就可以使这种行为巩固起来、保持下去，这就是正强化。相反，如果对某个人的行为给予否定或惩罚（如批评、罚款或处分等），就可以使这种行为减弱、消退，这就是负强化。这种理论认为通过正、负强化可以控制人们的行为按一定方向进行。

7. 麦格雷戈的 X 理论和 Y 理论

麦格雷戈认为，管理者在如何管理下属的问题上基本上有两种做法：一种是专制的办法；另一种是民主的办法。他认为，这两种不同的做法是建立在对人的两种不同假设基础上的。前者假设人先天就是懒惰的，他们生来就不喜欢工作，必须用强迫的办法才能驱使他们工作；后者假设人的本性是愿意把工作做好，是愿意负责的，问题在于管理者怎样创造必要的环境和条件，使员工的积极性能真正发挥出来。麦格雷戈把前一种假设称为 X 理论，把后一种假设称为 Y 理论。

如果按 Y 理论，管理者就要创造一个能多方面满足员工需要的环境，使人们的智慧和能力得以充分的发挥，以更好地实现组织和个人的目标。

8. 超 Y 理论和 Z 理论

在麦格雷戈提出了 X 理论和 Y 理论之后，美国的洛尔施（Joy Lorsch）和莫尔斯（John Morse）对两个工厂和两个研究所进行对比研究后发现，采用 X 理论和采用 Y 理论都有效率高的和效率低的结果，便由此推断出 Y 理论不一定都比 X 理论好。那么，到底在哪种情况下应选用哪种理论呢？他们认为，管理方式要由工作性质、成员素质等来决定，并据此提出了超 Y 理论。其主要观点是，不同的人对管理方式的要求不同。有人希望有正规化的组织与规章条例来要求自己的工作，而不愿参与问题的决策去承担责任，这种人欢迎以 X 理论为指导的管理方式。有的人却需要更多的自治责任和发挥个人创造性的机会，这种人则欢迎以 Y 理论为指导的管理方式。此外，工作的性质、员工的素质也影响管理理论的选择，故不同情况应采取不同的管理方式。

Z 理论是由美国日裔学者威廉•大内（William Ouchi）提出的，其研究的主要内容是人与企业、人与工作的关系。大内通过以美国为代表的西方国家的价值观和以日本为代表的东方国家的价值观对管理效率的不同影响进行了对比研究，他把由领导者个人决策、员工处于被动服从地位的企业称为 A 型组织，并认为当时研究的大部分美国机构都是 A 型组织，而日本的 J 型组织具有与其相对立的特征。大内不仅对 A 型和 J 型组织进行了系统比较，还通过对美国文化和日本文化的比较研究指出，每种文化都赋予其人民以不同的行为环境，从而形成不同的行为模式。

超 Y 理论和 Z 理论的实质在于权变，管理方法的选择和运用必须符合企业自身的特点，才能收到满意的效果。

总之，行为管理思想的产生改变了人们对管理的思考方法，它使管理者把员工视为是需要予以保护和开发的宝贵资源，而不是简单的生产要素，从而强调从人的需求、动机、相互关系和社会环境等方面研究管理活动执行结果对组织目标和个人成长的双重影响。

行为管理思想之所以会产生，是因为前期的科学管理思想尽管在提高劳动生产率方面取得了显著的成绩，但由于它片面强调对员工进行严格的控制和动作的规范化，忽视了员工的情感和成长的需要，从而引起员工的不满和社会的责难。在这种情况下，科学管理已不能适应新的形势，需要有新的管理理论和方法来进一步调动员工的积极性，从而提高劳动生产率。毕竟组织是由一群人所组成的，管理者是通过他人的工作来达成组织的目标，因此，需要对人类工作的行为进行研究，由此说明了行为管理思想提出后为什么很快会在实践中得到广泛的重视和应用。但现实中由于人的行为的复杂性，使实际中对行为进行准确的分析和预测非常困难，因此，行为科学的研究结论从某种程度上说还是与现实有一定的距离。另外行为科学的研究更多是围绕个体或群体进行的，对个体或群体的过度重视有时使人不免感到行为管理思想虽然是在强调“组织中的人”，但实际中往往容易出现“无组织的人”的片面做法。

（三）管理科学理论

管理科学理论是继科学管理理论、行为科学理论之后，管理理论和实践发展的结果。这一理论是运用现代科学技术和方法研究生产、作业等方面的管理问题。它使管理的定量化成分提高，科学性增强，尤其是一些数学模型的建立，使部分管理工作成为程序化的工作，从而使这部分管理工作效率大大提高。管理科学理论可以更好地运用于酒店的投资策划和酒店投资的前期可行性研究。

管理科学的理论特征有以下3点：以决策为主要着眼点、以经济效果标准作为评价的根据、依靠数学模型和电子计算机作为处理问题的方法和手段。

流行的管理科学模型主要有以下7种。

1. 决策理论模型

决策理论模型的目标是要在制定决策的过程中减少艺术成分而增加科学成分。决策理论的重点在于对所有决策通用的某些组成部分，提供一个系统结构，以便决策者能够更好地分析那些含有多种方案和可能后果的复杂情况。这类模型是规范性的，并含有各种随机的变量。

2. 盈亏平衡点模型

盈亏平衡点模型主要帮助决策者确定一个公司的特定产品生产量与成本、售价之间的关系，得到一个确定的盈亏平衡点，在这个水平上总收入恰好等于总成本。这类模型是确定性的描述性模型。

3. 库存模型

库存模型回答库存有多少，什么时候该进货与发货的问题。因此，这类模型就可以使库存适合生产与销售的需求，同时又要考虑减少仓储费用。这类模型的可行解便是经济订购批量（EQC）。

4. 资源配置模型

资源配置模型中的资源主要指自然资源和实物资源，常用的资源配置模型就是线性规划模型，在给定边界约束条件的情况下，考虑产出、利润最大或者成本最小。这类模型是规范性的模型，变量是确定性的。

5. 网络模型

网络模型是随机性的规范模型。两种主要的和最流行的网络模型就是PERT（计划评审技术）和CPM（关键路线法）。PERT是计划和控制非重复性的工程项目的一种方法。CPM这种计划和控制技术用于那些有过去的成本数据可查的项目。

6. 排队模型

在生产过程中，员工排队等待领取所需的工具或原料所花费的时间是要计入成本的。在给顾客服务的过程中，如果顾客需要排队等候很长时间，就会使顾客失去耐心而一走了之，但如果开设很多服务台或售货柜，却很少有人光顾，则又会导致成本提高。因此，排队模型试图解决这类问题，以便能找到一个最优解。

7. 模拟模型

模拟是指具有与某种事物相同的外表和形式，但不是真实的事物。由于真实事物所具有的复杂性，以及对其管理作用的不可重复性，为了得到预计成果，就有必要建立模拟的模型，在此模型上探讨最佳行动方案或政策，以便最后能用于实践的操作。模拟模型是描述性的，含有各种随机性的变量。

（四）当代管理理论的发展

当代管理理论是指20世纪70年代开始出现的管理理论，这一时期，国外的管理理论有了新的发展。

1. 20世纪70—90年代的理论发展

（1）权变管理理论。20世纪70年代，面临复杂多变的周围环境，人们越来越感到不可能找到一个以不变应万变的管理模式。管理的指导思想上出现了强调灵活应变的“权变观点”。

权变管理的基本含义：成功的管理无定式，一定要因地、因时、因人而异。这种观点是针对系统管理学派中的学者们建立万能管理模式的倾向而提出的。它强调针对不同情况，应采用不同的管理模式和方法，反对千篇一律的通用管理模式。

（2）战略管理理论。如果说在20世纪50年代以前，企业管理的重心是生产，20世纪60年代企业管理的重心是市场，20世纪70年代企业管理的重心是财务，那么，自20世纪80年代起，企业管理的重心便转移到战略管理。这是现代社会生产力发展水平和社会经济发展的必然结果。企业依靠过去那种传统的计划方法来制订未来的计划已显得不合时宜，而应该高瞻远瞩、审时度势，对外部环境的可能变化做出预测和判断，并在此基础上制订企业的战略计划，谋求长远的生存和发展。

（3）企业文化理论。20世纪80年代，管理理论的另一个新发展是注重比较管理学和管理哲学，强调的重点是“企业文化”。通常认为，“企业文化热”的直接动因是美国企业全球统治地位在受到日本企业威胁的情况下人们对管理的一种反思。企业文化的研究主要集中在把企业看成一种特殊的社会组织，并承认文化现象普遍存在于不同组织之中，这些文化代表着组织成员所共同拥有的信仰、期待、思想、价值观、态度和行为等，它是企业最稳定的核心部分，体现了企业的行为方式和经营风格。

2. 20世纪90年代后的管理理论的新发展

（1）学习型组织理论。企业组织的管理模式问题一直是管理理论研究的核心问题之一。20世纪80年代以来，随着信息革命、知识经济时代进程的加快，企业面临着前所未有的竞争环境的变化，传统的组织模式和管理理念已越来越不适合新的环境。因此，研究企业组织如何适应新的知识经济环境，增强自身的竞争能力，延长组织寿命，成为世界企业界和理论界关注的焦点。

美国人彼得·圣吉于1990年出版了《第五项修炼——学习型组织的艺术与实务》。圣吉认为，要使企业茁壮成长，必须建立学习型组织，也就是将企业变成一种学习型的组织，以增强企业的整体能力，提高整体素质。

学习型组织是指通过培养弥漫于整个组织的学习气氛，充分发挥员工的创造性思维能力而建立起来的一种有机的、高度柔性的、扁平的、符合人性的、能够持续发展的组织。通过培育学习型组织的工作氛围和企业文化，引领人们不断学习、不断进步、不断调整新观念，从而使组织更具有长盛不衰的生命力。

学习作为学习型组织的真谛，一方面可以使企业组织具备不断改进的能力，提高企业组织的竞争力；另一方面，可以实现个人与工作的真正融合，使人们在工作中体会到生命的意义。当然，建立学习型组织并非易事，这需要突破以往线性思维的方式排除个人及群体的学习障碍，重新就管理的价值观念、管理的方式方法进行革新。因此，圣吉提出了建立学习型组织的5项修炼。

学习型组织的出现不是简单地依靠各项修炼，而是5项修炼整合而成的新质。其基本理念不仅有助于企业的改革与发展，而且它对其他组织的创新与发展也有启示。人们可以运用学习型组织的基本理念，去开发各自所置身的组织创造未来的潜能，反省当前存在于整个社会的种种学习障碍，思考如何使整个社会早日向学习型社会迈进，或许，这才是学习型组织所产生的更深远的影响。

（2）企业再造理论。企业再造也译为“公司再造”“再造工程”。它是1993年开始在美国出现的关于企业经营管理方式的一种新的理论和方法。企业再造是指为了在衡量绩效的关键指标上取得显著改善，从根本上重新思考、彻底改造业务流程。其中，衡量绩效的关键指标包括产品质量、服务质量、顾客满意度、成本、员工工作效率等。

企业再造在欧美的企业中已得到迅速推广，受到高度重视，也带来了显著的经济效益，涌现出大批成功的范例。企业再造理论顺应了通过变革创造企业新活力的需要，这使越来越多的学者加入流程再造的研究。作为一个新的管理理论和方法，企业再造理论仍在继续发展。

任务二　酒店经营管理理念的提升

现代酒店企业销售的最基本的要素是什么？不是那些看得见的产品，而是那些看不见的企业经营者的理念和思想。纵观世界著名的企业家，无不是以一种独创及全新的理念来引导企业、适应市场发展，从而使企业迈上一个个更高台阶的。在世界酒店业发展史上，正是希尔顿的“七大信条”、里兹·卡尔顿的“黄金标准”、马里奥特的“经营哲学”、喜来登的“十诫”等全新的经营思想和理念，引导这些企业进入世界最著名的酒店行列。

一、“CI”到“CS”的演变，从注重企业形象到注重顾客满意的变化

如果你是一位酒店企业的经营者，你是否经常在思考这样一些问题。

①谁是我们的顾客？

②我们了解顾客的需求吗？

③顾客为什么会表现出满意或不满意？

④顾客满意或不满意对企业意味着什么？

⑤如何才能使顾客满意？

在今天，绝大多数酒店经营者认识到，只有使顾客满意，企业才能生存和发展，但这种顾客满意的理念，是在企业生存发展环境、社会消费习惯、产品概念及企业经营战略等发生深刻变化的背景下逐步确立起来的。

（一）从“CI”到“CS”

“CI”（Corporate Identity）即企业形象，是一种以塑造和传播企业形象为宗旨的经营战略，成型于 20 世纪 50 年代，20 世纪 70 年代风靡全球，20 世纪 80 年代中后期导入我国企业界，并为国内酒店业所接受。

CI 也是指企业为了使自己的形象在众多的竞争对手中让顾客容易识别并留下良好的印象，通过对企业的形象进行设计，有计划地将企业自身的各种鲜明特征向社会公众展示和传播，从而在市场环境中形成企业的一种标准化、差异化的形象活动。

实践证明，CI 对酒店企业加强市场营销及公共关系发挥了非常直接的作用。随着市场竞争日益激烈和人们对市场经济规律认识的深化，CI 也逐渐暴露出它的局限性。CI 的整个运作过程完全是按照企业的意志加以自我设计（包装），通过无数次重复性地向社会公众展示，“强迫”顾客去加以识别并接受企业的形象。因此，CI 的经营战略依旧停留在“企业生产什么、顾客接受什么”的传统经营理念上。

随着市场从推销时代进入营销时代，在 CI 的基础上产生了 CS。“CS”（Customer Satisfaction）即顾客满意理念，是指企业为了不断地满足顾客的要求，通过客观地、系统地测量顾客满意程度，了解顾客的需求和期望，并针对测量结果采取措施，一体化地改进产品和服务质量，从而获得持续改进的业绩的一种企业经营理念。

CS 理念及其在此基础上形成的 CS 战略，在 20 世纪 80 年代末超越了 CI 战略，在世界发达国家盛行并于 20 世纪 90 年代中期，被我国企业界认识和接受。尽管构成顾客满意的主要思想和观念方法很早就有企业实践过，但是作为一种潮流，CS 战略则发生于 20 世纪 90 年代。

CS 战略关注的焦点是顾客，核心是顾客满意，其主要方法是通过顾客满意度指数的测定来推进产品和服务，满足顾客的需求，其目标是赢得顾客，从而赢得市场、赢得利润。CS 理念实现了从“企业生产什么，顾客接受什么”转向“顾客需要什么，企业生产什么”的变革。

（二）“CS”理念在酒店中的运用

CS 理念强调要从顾客视角出发来开展企业的一切经营活动，以实现顾客满意和企业目标实现的目的。那么，现代酒店企业如何吸引顾客呢？

1.“让客价值”理论的提出

近年来，美国市场营销学家菲力普·科特勒提出了“让客价值”（Customer Delivered Value，CDV）的新概念。其主要含义是，顾客购买一种产品或服务，要付出的是一笔“顾客总成本”，而获得的是一笔“顾客总价值”，而“顾客总价值”与“顾客总成本”的差值就是让客价值，即

$$让客价值 = 顾客总价值 - 顾客总成本$$

顾客在购买产品时，总希望把有关成本降到最低限度，而同时希望从中获得更多的实际利益，以使自己的需要得到最大限度的满足。因此，顾客在选购产品时，往往在价值与成本两个方面进行比较分析，从中选择价值最高、成本最低的产品，即让客价值最大的产品作为优先选购的对象。让客价值中的顾客总价值主要由产品价值、服务价值、人员价值、形象价值等要素构成；让客价值中的顾客总成本主要由货币成本、时间成本、体力成本等要素构成。

酒店要在竞争中战胜竞争对手、吸引更多的顾客，就必须向顾客提供比竞争对手具有更多“让客价值”的产品，这样，才能使自己的产品进入消费者的“选择组合”，最后使顾客购买本企业的产品。因此，酒店可从两个方面改进自己的工作：一是通过提高酒店的产品、服务、

人员及形象的价值，从而提高产品的总价值；二是通过降低生产和销售成本，减少顾客购买产品或服务的时间、精神和体力的耗费，从而降低货币与非货币成本的耗费与支出。凡是需要顾客付诸体力的活动，就会使顾客支付体力成本。

2. 提高让客价值的途径

酒店企业可从以下 5 个方面来设法提高让客价值：

（1）确定目标顾客。酒店要十分清楚地掌握顾客的动态和特征，首先应区分哪些是对本酒店有重要影响的目标顾客。要将有限的资金和精力用在刀刃上，到处撒网只能枉费资源。同时，真正做到以顾客为中心。大多数企业在面对顾客时都是尽量拉拢，不敢得罪，然而美国的一家市场研究公司（CRI 公司）将原有顾客砍掉了一半。美国市场研究公司发展到第 14 个年头时，生意越来越好，不少商界巨头也被列入不断增长的顾客名单，但令人奇怪的是该公司首次出现了利润大幅下降的情况，着实让该公司的决策者纳闷。通过分析顾客对公司贡献的重要程度后，情况一下子明朗了，原来该公司将太多的精力及人力投入到了一些对自己根本没有利润的顾客身上。这种无谓的消耗将公司的业务带入不景气的阶段。一些名气大但贡献微薄的公司，让人难以拒绝。但为重新获得发展，该公司必须无情地放弃很大一部分现有顾客，同时再去争取有利可图的新顾客。这种决定是戏剧性的，因为，这意味着公司一方面要砍掉收入的一部分来源，另一方面又要积极地寻找增加收入的途径。这种策略很独特，而且效果不错。不过，这种做法在有些情况下让人感到痛苦。该公司的财务经理在对一个顾客进行分析后发现这个顾客应被列入“拒绝服务”清单，便对上级抱怨：“拒绝这样的客户真是太令人难过了！”但他得到的回答是：“当你在努力开拓市场的时候，你一定不希望新的生意会给以后更多的生意带来阻碍吧？放弃有时也是一种积极的策略。”

（2）降低顾客成本。顾客成本是顾客在交易中的费用和付出，它表现为金钱、时间、精力和其他方面的损耗。企业经常忘了顾客在交易过程中同样有成本。酒店对降低自己的交易成本有一整套的方法与规程，却很少考虑如何降低顾客的成本。酒店要吸引顾客，首先要评估顾客的关键要求。然后，设法降低顾客的总成本，提高让客价值。因此，分析和控制成本，不能只站在酒店的立场上，还要从顾客的角度，进行全面、系统、综合的评价，才能得到正确的答案。为此，酒店应鼓励从事顾客服务工作的员工，树立顾客总成本的概念和意识，不要把眼光只盯在酒店的成本上。

（3）理顺服务流程。酒店要提高顾客总价值、降低顾客总成本而实现更多的让客价值，使自己的产品和服务满足并超出顾客的预期，就必须对酒店的组织和业务流程进行重新的设计，认真分析酒店的业务流程，进行重新规划和整理，加强内部协作，建立一个保证顾客满意的企业经营团队。要实现这种业务流程重组，必须首先以顾客需求为出发点来确定服务规范和工作流程；然后，以此为标准重新考虑各个相关部门的工作流程应如何调整，以相互配合，达到预期的目标。让酒店所有经营活动都指向一个目标，就能为顾客获得更多的让客价值。

（4）重视内部顾客。顾客的购买行为是一个在消费中寻求尊重的过程，而员工在经营中的参与程度和积极性，很大程度上影响着顾客的满意度。据研究，当企业内部顾客的满意率提高到 85% 时，企业外部顾客的满意度高达 95%。一些跨国企业在他们对顾客服务的研究中，清楚地发现员工满意度与企业利润之间是一个“价值链”关系，即利润增长主要是由顾客忠诚度刺激的；忠诚是顾客满意的直接结果；满意在很大程度上受到提供给顾客的服务价值的影响；服务价值是由满意、忠诚和有效率的员工创造的；员工满意主要来自企业高质量的支持和激励。

提高内部顾客满意度绝不能仅仅依靠金钱，开放式交流、充分授权及员工教育和培训也是好办法。特别注意要赋予一线员工现场决策权。对许多企业来说，控制权掌握在中层管理人员手中，但直接面对顾客的是一线员工，为使顾客满意，应当赋予一线员工在现场采取行动的决策权。因此，高层管理人员应让中层管理人员承担新的角色，他们必须由原来的政策控制者和严格执行者变成政策执行的疏通者，使一线的行动更加便捷，冲破束缚，使顾客满意。

（5）改进绩效考核。成功和领先的酒店都把顾客满意度作为最重要的竞争要素，经营的唯一宗旨是让顾客满意。因此，他们评价各部门的绩效指标和对管理人员、营销人员的考核指标都是顾客满意度及与顾客满意度有关的指标。如果管理人员和营销人员的目的只在于“成交”，成交又意味着顾客的付出，这使买卖双方站在对立面。以顾客满意度作为考核的绩效指标，便使双方的关系发生了微妙的变化。他们的共同点都在于“满意”，而利益的一致使双方变得亲近，服务也更发自内心，这样酒店的销售量自然就会不断提高。

二、“CS”到“CL”的发展，从顾客满意到顾客忠诚的进化

随着商品经济的不断发展和完善，市场竞争逐渐加剧、升级，酒店企业的经营理念和管理理念也随之变化和升华。

（一）从顾客满意到顾客忠诚的延伸

20 世纪 90 年代末，正当我国企业界在强调 CS 理念时，CS 理念又开始向更高的境界拓展和延伸，这就是“CL”（Customer Loyal），即“顾客忠诚”。需要说明的是，企业经营理念几次跨越相互间的关系是一种包容而非排斥的关系，前者是后者的基础，即顾客满意需要良好的企业形象，顾客忠诚必须建立在顾客满意的基础之上，缺一不可。图 2.1 描绘了半个世纪以来企业经营理念变革发展的轨迹。

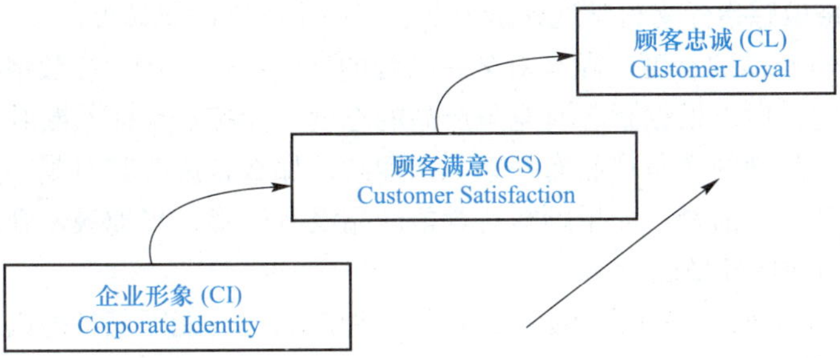

图 2.1　企业经营理念的进化轨迹

从 CI 到 CS，再从 CS 到 CL，这是人类经济发展和社会进步的一种反映，是市场经济发展规律的体现。每一家酒店企业，都需要遵循这个规律，不断提高顾客满意度，培育一大批忠诚的顾客。

1. “CL”理念的基本含义

CL 理念的基本含义：企业以满足顾客的需求和期望为目标，有效地消除和预防顾客的抱怨和投诉，不断提高顾客满意度，在企业与顾客之间建立一种相互信任、相互依赖的“质量价值链”。

“CL”侧重于企业的长远利益，注重将近期利益与长远利益相结合，着眼于培养一批忠诚顾客，并通过这个基本消费群去带动和影响更多的潜在消费者接受企业的产品与服务。以顾客

忠诚度为标志的市场份额的质量取代了市场份额的规模，成为企业的首要目标。“顾客永远是对的”这一哲学被“顾客不全是忠诚的”思想所取代。

2. 顾客忠诚度的衡量标准

顾客忠诚度的高低，一般可从以下6个方面进行衡量：

（1）顾客重复购买的次数。在一定时期内，顾客对某一品牌产品重复购买的次数越多，说明顾客对这一品牌的忠诚度越高；反之，则越低。酒店企业产品的特性等因素会影响顾客重复购买的次数，因此，在确定这一指标的合理界限时，需根据不同产品的性质区别对待，不可一概而论。

（2）顾客购买挑选的时间。消费心理研究者认为，顾客购买产品都要经过挑选这一过程。但由于依赖程度的差异，对不同产品，顾客购买时的挑选时间不尽相同。因此，从购买挑选时间的长短也可以鉴别其对某一品牌的忠诚度。一般来说，顾客挑选时间越短，说明他对这一品牌的忠诚度越高；反之，则说明他对这一品牌的忠诚度越低。

（3）顾客对价格的敏感程度。顾客对企业的产品价格都非常重视，但这并不意味着顾客对各种产品价格的敏感程度相同。事实表明，对于顾客喜爱和信赖的产品，顾客对其价格变动的承受能力强，即敏感度低；而对于顾客不喜爱和不信赖的产品，顾客对其价格变动的承受能力弱，即敏感度高。因此，可根据这一标准来衡量顾客对某一品牌的忠诚度。

在运用这一标准时，要注意产品对于顾客的必需程度。产品的必需程度越高，顾客对价格的敏感度越低；而必需程度越低，顾客对价格的敏感度越高。当某种产品供不应求时，顾客对价格不敏感，价格的上涨往往不会导致需求的大幅度减少；当供过于求时，顾客对价格变动就非常敏感，价格稍有上涨，就可能滞销。

产品的市场竞争程度也会影响顾客对产品价格的敏感度。当某种产品在市场上替代品种多、竞争激烈，顾客对其价格的敏感度就高；当某种产品在市场上还处于垄断地位，没有任何竞争对手，那么，顾客对它的价格敏感度就低。在实际工作中，只有排除上面几个方面因素的干扰，才能通过价格敏感指标来科学地评价消费者对一个品牌的忠诚度。

（4）顾客对竞争产品的态度。顾客对某一品牌的态度变化，在大多数情况下是通过与竞争产品的比较而产生的。所以根据顾客对竞争产品的态度，能够从反面判断其对某一品牌的忠诚度。如果顾客对某一品牌的竞争产品有好感、兴趣浓，那么就说明其对某一品牌的忠诚度低，购买时很有可能以其取代前者；如果顾客对竞争产品没有好感、兴趣淡，则说明其对某一品牌的忠诚度高，购买指向比较稳定。

（5）顾客对产品质量问题的承受能力。任何一种产品都可能因某种原因出现质量问题，即使是名牌产品也很难避免。若顾客对某一品牌的忠诚度高，则对出现的质量问题会以宽容和同情的态度对待，不会因此而拒绝购买这一产品。若顾客对某一品牌的忠诚度低，产品出现质量问题（即使是偶然的质量问题），顾客也会非常反感，很有可能从此不买该产品。当然，运用这一标准衡量顾客对某一品牌的忠诚度时，要注意区别产品质量问题的性质，即是严重问题还是一般性问题，是经常发生的问题还是偶然发生的问题。

（6）购买周期。我们用“购买周期”来描述两次购买产品间隔的时间。购买周期是一个非常关键的因素。因为，如果购买周期较长，顾客就可能淡忘原有的消费经历，竞争对手就会乘虚而入。企业可以通过有效的方式，保持与老顾客的联系。显然，顾客忠诚度的高低是由许多因素决定的，而且每一个因素的重要性及影响程度也不同。因此，衡量顾客忠诚度必须综合考虑各种因素指标。

3. 培育忠诚顾客的意义

忠诚的顾客是成功企业最宝贵的财富。美国商业研究报告指出：多次光顾的顾客比初次登门者，可为企业多带来 20% ～ 85% 的利润；固定顾客数目每增长 5%，企业的利润则增加 25%。对酒店企业来讲，培育忠诚顾客的意义可以归纳为以下 3 点：

（1）有利于降低市场开发费用。任何企业的产品和服务都必须为市场所接受，否则这个企业就不可能生存下去，而市场开发的费用一般是很高的。由于酒店产品与服务的相对固定性，建立顾客忠诚度更有特殊意义。如能达到引导顾客多次反复购买，就可大大降低市场开发费用。

据美国管理协会（AMA）估计，保住一个老顾客的费用只相当于吸引一个新顾客费用的 1/6，而且由于老顾客对企业的忠诚、对该企业产品与服务高度的信任和崇尚，还会吸引和带来更多的新顾客。在企业推广新产品时，也由于忠诚顾客的存在，可以很快打入市场、打开销路，从而节省新产品的开发费用。

（2）有利于增加酒店经营利润。越来越多的酒店企业认识到拥有一批忠诚顾客是企业的依靠力量和宝贵财富。正如美国商业研究报告的调查结论指出的那样，多次惠顾的顾客比初次登门者可多为企业带来利润；随着企业忠诚顾客的增加，企业利润也随之大幅增加。

（3）有利于增加酒店竞争力。酒店企业之间的竞争，主要在于争夺顾客。实施 CL 战略，不仅可以有效地防止原有顾客转移，而且有助于酒店赢取正面口碑，树立良好形象。借助忠诚顾客的影响，还有助于化解不满意顾客的抱怨，扩大忠诚顾客队伍，使酒店企业走上良性循环的发展之路。

（二）“CL”理念在酒店中的运用

“CL”理念侧重于企业的长远利益，注重于营造一批忠诚顾客。那么，现代酒店经营者如何培养忠诚顾客队伍呢？

1. “消费者非常满意”理论的提出

美国营销大师菲力普•科特勒曾提出了“消费者非常满意”（Customer Delight）的理论。该理论认为，顾客在购买一家企业的产品以后是否会再次购买，取决于顾客对所购产品消费结果是否满意的判断。如果产品提供的实际利益低于顾客的期望，顾客就会不满意，就不会再购买这一产品；如果产品提供的实际利益等于顾客的期望，顾客就会感到满意，但是否继续购买这一产品，仍具有很大的不确定性；如果产品提供的实际利益超过了顾客的期望，顾客就会非常满意，就会产生继续购买的行为。因此，顾客的购后行为取决于他的购买评价，而购买评价又源于购买结果。企业要创造出重复购买企业产品的忠诚顾客，就要使顾客感到非常满意。一般来说，顾客对产品的期望源于他们过去的购买经历、朋友和同事的介绍以及企业的广告承诺等。因此，要超越顾客期望值，关键在于酒店企业首先要将顾客的期望值调节到适当的水平。在调整好顾客期望值的同时，设法超越顾客期望值，给顾客一份意外的惊喜。

（1）做好顾客期望管理。酒店可通过对所做承诺进行管理，可靠地执行所承诺的服务，并与顾客进行有效的沟通来对期望进行有效的管理。

（2）设法超越顾客期望。期望管理为超出期望铺垫了道路。期望管理失败的一个主要原因是无法超出期望。受到管理的期望为超出顾客的期望提供了坚实的基础，可利用服务传送和服务重现所提供的机会来超出顾客的期望。

2. 顾客关系管理的推行

在现代市场竞争中，酒店企业的生存不再靠一成不变的产品来维持，而是靠为顾客创造全新服务、全新价值来换取长期的顾客忠诚，形成竞争者难以取代的竞争力，并与顾客建立长期的互惠互存关系，才能得以生存。在当今竞争激烈的市场环境中，越来越多的酒店企业开始通过“顾客关系管理”（Customer Relationship Management，CRM）来赢得更多的顾客，从而提高顾客忠诚度。

（1）顾客关系管理的概念。顾客关系管理是一个通过详细掌握顾客有关资料，对酒店企业与顾客之间关系实施有效的控制并不断加以改进，以实现顾客价值最大化的协调活动。顾客关系管理源于“以顾客为中心”的新型经营模式，它是一个不断加强与顾客交流、不断了解顾客需求、不断对产品及服务进行改进和提高，以满足顾客需求的连续过程。它要求向酒店的销售、服务等部门和人员提供全面的、个性化的顾客资料，并强化跟踪服务和信息分析能力，与顾客协同建立一系列卓有成效的“一对一关系”，以使酒店企业得以提供更快捷和更周到的优质服务，提高顾客满意度，吸引和保持更多的顾客。

（2）顾客关系管理的运作流程。要做好顾客关系管理，首先要形成完整的运作流程，其流程主要包括以下 5 个方面：

①收集资料。

②对顾客进行分类。

③规划与设计营销活动。

④例行活动的管理。

⑤建立标准化分析与评价模型。

以上各个环节必须环环相扣，形成一个不断循环的运作流程，从而以最适当的途径，在正确的节点上传递最适当的产品和服务给真正有需求的顾客，创造企业与顾客双赢的局面。

（3）顾客关系管理的重点。现代酒店企业为了提高顾客关系管理的水平，应重点抓好以下 4 个方面：

①不断识别顾客，分析顾客的变化情况。

②识别不同顾客对酒店的影响，抓住重点顾客或“金牌顾客”。

③加强与顾客接触。

④根据分析的结果，提出改善顾客关系的对策。

三、“CS”到“ES”的升华，从顾客满意到员工满意的升华

20 世纪末，随着“服务利润链”理论研究的深入，企业的经营理念又开始向更深的层次演变，那就是“ES”战略（“员工满意”战略）的实施。

（一）从顾客满意到员工满意的拓展

赢得顾客，最终赢得企业利润，是现代企业的经营目的。但越来越多的研究表明，员工满意与顾客满意有着不可分割的联系，满意的顾客源于满意的员工，企业只有赢得员工的满意，才能赢得顾客的满意，因此，企业从“CS”理念又向“ES”理念升华。

1. “ES”理念的基本含义

“ES”（Employee Satisfaction）理念的基本含义：现代企业只有赢得员工满意，才会赢得顾客满意。因为面向顾客的员工是联系企业与顾客的纽带，他们的行为及行为结果是顾客评估服务质量的直接依据。服务企业必须有效地选择、培训和激励与顾客接触的员工，在他们满意

的同时营造满意的顾客。

ES 战略注重企业文化建设和员工忠诚度的培育，把人力资源管理作为企业竞争优势的最初源泉，把员工满意作为达到顾客满意这一企业目标的出发点。

2. 员工满意的内涵

世界蒙华酒店公司“四季集团”的主席夏奕斯有一句名言，“我们怎样地尊重自己的员工，他们就会以同样的尊重回报我们的客人”。这始终是“四季”成功的驱动力！现代酒店重视员工满意的理念，主要体现在以下 6 个“两”字：

（1）两个第一。两个第一是指对内员工第一，对外顾客第一。只有做到对内员工第一，才有可能做到对外顾客第一。

（2）两个之家。两个之家即酒店是“员工之家”和“宾客之家”。只有使酒店成为“员工之家”，才有可能使酒店成为“宾客之家”。

（3）两个理解。两个理解是指管理者理解员工，员工理解顾客。只有做到管理者理解员工，才有可能使员工理解顾客。

（4）两个微笑。两个微笑是指管理者对员工露出真诚微笑，员工对顾客露出真诚微笑。只有管理者对员工露出真诚微笑，才会有员工对顾客的真诚微笑。

（5）两个服务。两个服务是指管理者服务于员工，员工服务于顾客。要让员工对顾客提供好的服务，管理者首先要对员工提供好的服务。

（6）两个满意。两个满意是指员工满意，顾客满意。只有赢得员工满意，才能最终赢得顾客的满意。

3. 员工满意的意义

员工满意理念的强化，源于“服务利润链”理论研究的结果。“服务利润链”理论认为，在企业利润、顾客忠诚度、顾客满意度、提供给顾客的产品与服务的价值、员工满意度、员工忠诚度及效率之间存在直接相关的联系，如图 2.2 所示。

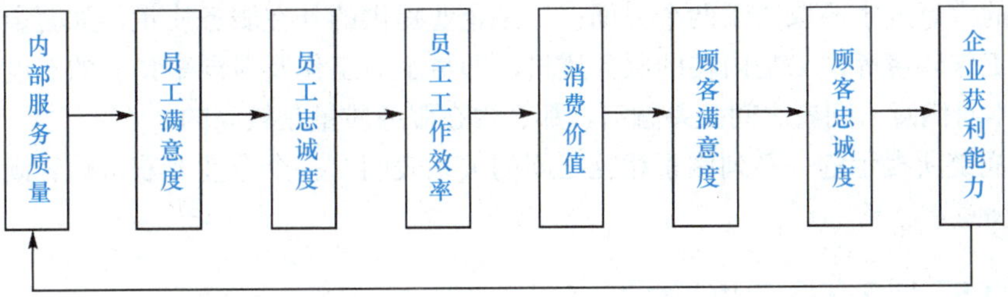

图 2.2　服务利润链构成因素

（1）顾客忠诚度决定企业获利能力。顾客忠诚度的提高能促进企业获利能力的增强。忠诚顾客所提供的销售收入和利润往往在企业的销售额和利润总额中占有很高的比例。这些收入不仅是企业所有利润的主要来源，同时还弥补了企业在与非忠诚顾客交易时所发生的损失。因此，忠诚顾客的多少决定了市场份额的质量，这比用实际顾客的多少来衡量市场份额的“规模”更有意义。

（2）顾客满意度决定顾客忠诚度。顾客忠诚度是由顾客的满意度决定的。顾客之所以对某企业的产品或服务表现出忠诚，视其为最佳和唯一的选择，首先是因为他对企业提供的产品和服务满意。在经历了几次满意的购买和使用后，顾客的忠诚度就会随之提高。1991 年，施乐公司曾对全球 48 万个用户进行调查，要求他们对公司的产品和服务给予评价。评分标准从 1 分到

5 分，分别表示其满意程度。结果发现，给 4 分（满意）和 5 分（非常满意）的顾客，其忠诚度相差很大：给 5 分的顾客购买施乐设备的倾向性高出给 4 分顾客的 6 倍！

（3）消费价值决定顾客满意度。顾客满意度由其所获得的价值大小决定。顾客获得的总价值是指顾客购买某一产品或服务所获得的全部利益，它包括产品价值、服务价值、人员价值和形象价值等。顾客的总成本是指顾客为购买某一产品所耗费的时间、精力、体力以及交付的货币资金等。顾客的价值是指顾客获得的总价值与顾客付出的总成本之间的差距。顾客在购买产品时，总希望成本越低，利益越大，以使自己的需要得到最大限度的满足。因此，顾客所获得的价值越大，其满意度越高。

（4）员工工作效率决定消费价值。高价值源于企业员工的高效率。企业员工的工作是价值产生的必然途径，员工的工作效率直接决定了其创造价值的高低。美国西北航空公司便是以高工作效率创造出高服务价值的一个典范。公司在进行岗位设计时尽可能使每个员工独立负责更多的工作以提高工作效率，该公司 14 000 位职员中有 80% 是独立工作，而飞机利用率比其主要竞争对手高出 40%；其驾驶员平均每月飞行 70 小时，而其他航空公司只有 50 小时；每天承运量比竞争对手高出 3 ～ 4 倍。事实证明，顾客因员工的高效率而获得更高的价值。

（5）员工忠诚度决定员工工作效率。员工忠诚度的提高能促进其工作效率的提高。员工的忠诚度意味着员工对企业的未来发展有信心，为成为企业的一员而感到骄傲，关心企业的经营发展状况，并愿意为之效力。因此，忠诚度高的员工自觉担当起一定的工作责任，为企业努力地工作，工作效率自然就提高了。

（6）员工满意度决定员工忠诚度。正如顾客的忠诚度取决于对企业产品和服务的满意度一样，员工的忠诚度同样取决于员工对企业的满意度。根据 1991 年美国一家公司对其员工的调查，在所有对公司不满意的员工中，30% 的人有意离开公司，其潜在的离职率比满意的员工高出 3 倍。这一结果显示出员工忠诚度与其满意度之间的内在联系。

（7）内在服务质量决定员工满意度。企业的内在服务质量是决定员工满意度的重要因素。员工对企业的满意度主要取决于两个方面：一是企业提供的外在服务质量，如薪金、红包、福利和舒适的工作环境等；二是内在的服务质量，即员工对工作及对同事持有的态度和感情，若员工对工作本身满意，同事之间关系融洽，那么内在服务质量是较高的。

服务利润链所揭示的一系列因素相互之间的关系表明，一个企业要获得顾客满意，首先必须赢得员工满意。

（二）“ES”理念在酒店中的运用

“ES”理念注意员工忠诚度的培育，将员工满意作为达到顾客满意目标的出发点。那么，现代酒店经营者应如何提高员工满意度呢？

1. 内部营销理论的提出

“内部营销”（Internal Marketing）是指成功地选择、培训和尽可能激励员工很好地为顾客服务的工作。它包括两个要点：一是服务企业的员工是内部顾客，企业的部门是内部供应商，当企业员工在内部受到最好服务而向外部提供最好服务时，企业的运行可以达到最优；二是所有员工一致地认同本企业的任务、战略和目标，并在对顾客的服务中成为企业的忠实代理人。

对大多数服务来说，服务人员与服务是不可分的。会计师是财会服务的主要部分，医生是健康服务的主要部分。服务首先是一种行为，这种行为又是劳动密集型的。因此，服务企业，特别是劳动密集型的酒店企业，员工的素质影响服务的质量，进而影响市场营销的效率。为了成功地实现市场营销，现代酒店首先必须进行成功的内部营销，必须向企业的员工和潜在员工推销。对待内部顾客要像对待外部顾客一样，其竞争同样激烈、富于想象力和挑战性。

内部营销是一项管理战略，其核心是发展对员工的顾客意识。在把产品和服务通过营销活动推向外部市场之前，应将其对内部员工进行营销。任何一家企业都应认识到，企业中存在着一个内部员工市场。内部营销作为一种管理过程，能以两种方式将企业的各种功能结合起来。首先，内部营销能保证企业所有级别的员工理解并体验企业的业务及各种活动；其次，它能保证所有员工能够得到足够的激励并准备以服务为导向进行工作。内部营销强调的是企业在成功实现与外部市场有关的目标之前，必须有效地完成组织与其员工之间的内部交换过程。

内部营销颇具吸引力。企业通过向员工提供让其满意的“工作产品”，吸引、发展、促进和稳定高水平的员工队伍。内部营销的宗旨是把员工当作顾客看待，它是创造“工作产品”，使其符合个人需求的策略。

内部营销的最终目标是鼓励高效的市场营销行为。建立这样一个营销组织，其成员能够而且愿意为企业创造“真正的顾客”。内部营销的最终策略是把员工培养成“真正的顾客”。

从管理角度看，内部营销的功能主要是将目标设定在争取到自发又具有顾客意识的员工；从策略层次上看，内部营销的目标是创造一种内部环境，以促使员工之间维持顾客意识和销售关心度；从战术层次看，内部营销的目标是向员工推销服务、宣传并激励营销工作。

2. 企业文化的培育

现代酒店的“ES”战略注重企业文化。所谓企业文化，就是企业员工在长期的生产经营活动过程中培育形成并共同遵守的最高目标、价值标准、基本信念及行为规范。其主要包括企业的最高目标和宗旨、共同的价值观、作风及传统习惯、行为规范和规章制度、企业环境和公共关系、企业形象识别系统、培育和造就杰出的团队英雄人物。

（1）企业文化的内涵。

①企业文化是一种经济文化。企业是通过一定的资源投入获得产出的基本经济单位，因此，企业文化必然反映企业的最高经营目标、经营思想、经营哲学、发展战略及有关制度等。换句话说，没有企业的经营活动就没有企业文化的产生。另外，企业文化会伴随着内外环境的变化而动态地运行，有时需要局部的调整，有时则要做较大的变动，根本原因在于企业文化是为经营目标服务的。反之，企业文化也会成为企业变革的障碍。企业文化一经确立，就会有持久的稳定性，从而与环境的动态性发生矛盾，抵制新观念、新思想。企业经营活动中的物质形态也会折射出企业文化的不同层面，产品的特色反映了企业的经营观和顾客观，工作环境折射出企业的审美观和对员工的情感。总之，企业文化会渗透到酒店生产、经营、管理、技术等经济活动的方方面面，影响经济活动的效果。

②企业文化是一种管理文化。管理是通过有效配置企业的资源，以达到组织目标的过程。人是管理中最核心、最复杂的要素，只有人才能调动、利用其他资源；只有人创造性的活动才能使企业的管理有条不紊。因此，管理中的核心内容就是如何发挥人的主动性、积极性、创造性，并与其他资源有机结合起来，提高资源的配置效率，从而为实现企业的目标服务。企业文化对调节管理中人的因素将发挥巨大的作用，通过群体意识的软约束机制，可以在酒店内部形成互相尊重、互相关心、人际关系和谐、团结一致的人文主义氛围，使管理效能得到有效的发挥。

③企业文化是一种组织文化。为了实现既定的企业目标，经由分工与合作及不同的权力层

次和责任制度构成的组织，必须要设置一定的组织原则、组织结构、组织过程及规章制度作为保障，这是组织的外在保障体系；而内在的约束机制是企业文化，通过它可以形成共同的群体意识及行为标准，使组织内部的权力、责任明确，利益均衡，团结互助气氛强烈。双层的约束机制可以有效保证组织目标的实现。另外，企业文化产生于特定的组织，当组织原则、组织结构、组织过程及组织环境发生变化时，企业文化的动态性就要表现出来，否则企业文化将制约组织目标的实现。

（2）企业文化的功能。

①引导功能。企业文化以各种方式暗示企业中提倡什么、崇尚什么、员工应追求什么，以此来引导员工为实现企业的目标而自觉努力。一方面是直接引导员工的性格、心理、思维和行为，这是浅层次的导向功能；另一方面是通过整体价值观的认同，引导员工进行自我约束，调整公私之间的平衡，这是深层次的导向功能。良好的企业文化应当引导员工自觉投身于企业的发展和建设，而使烦琐的硬性规章制度显得不是那么生硬。

②整合功能。在社会系统中，凝聚个体的主要力量来自心理的作用。企业文化以微妙的方式来沟通与员工的感情，在无形中将群体的不同信念、理想、作风、情操融合在一起，形成群体的认同感，将组织成员团结在一起。员工通过亲身的感受，产生对企业的归属感从而自觉地将自己的思维、感情和行为方式与企业的目标联系起来，形成使命感，以最大限度地发挥自己的能动性。

③激励功能。激励是通过外部的刺激，使个体的心理状态迸发出进取、向上的力量。在企业中，对员工最好的激励是尊重的气氛和自我发展的空间。企业文化通过创造人文主义的氛围，使员工感受到企业对他们的尊重，从而激发出极大的创造热情。另外，企业文化通过塑造一种和谐、宽松的气氛，为员工创造自由发挥的空间，使他们把自我实现的心理需求与企业的崇高目标有机地结合起来，从而产生一种极大的激励作用。激励功能的深层次含义是一种精神的促进作用，其效果是长久的。

④约束功能。企业要正常运转，需要约束机制将不同个性员工的思想和行为统一化，企业文化在这方面发挥着巨大的作用。酒店中有店规店纪、奖惩制度、文件命令等文字形式的管理制度，这是企业文化的表层约束机制。企业文化更注重深层次的约束，即通过社会文化亲和力来实现约束功能。人生活在一定的社会文化环境中，受特定文化的熏陶与感染，会不自觉地向群体靠拢，接受组织文化的约束以期获得组织成员的认同；反之，则会产生心理的挫折感。

⑤辐射功能。在企业发展的初始阶段，企业文化的影响力较小，仅限于组织内部。当企业实力逐渐增强，企业与外界交往日渐增多，强势企业文化开始向外扩展，通过公共关系、业务关系、企业形象等渠道，将丰富的文化内涵展现在公众面前，这种辐射力作用会传递到周围区域，使某些社区带上企业文化的特征。

⑥稳定功能。企业文化是一代甚至几代人努力的结果，其精神内容会逐渐渗透到企业的各个层面，一旦确立就很难在短期内改变，其作用的发挥将持续较长时期，甚至当外界环境发生变化时，都不会轻易改变。稳定功能可以使企业文化中的精华长久地保存下去，促进企业健康地发展；但其也有不利的一面，即企业文化中保守的东西会排斥新文化，阻碍变革的实施。

（3）企业文化的建设。现代酒店企业文化建设是一项长期的任务，需要广泛而持久的行动计划的支持。其做法如下：

①确立服务战略。根据市场竞争的需要确立服务导向战略，战略主要反映在服务理念、工

作宗旨和人际关系、用人哲学上，由此引导企业文化的建立。

②优化组织结构模式。优化组织结构模式主要反映在组织结构的改进上。组织结构设计因素必须同服务的生产和输送相配合。组织结构越复杂、传递的环节越多，遇到的问题也会越多，不利于酒店快捷服务和灵活决策。通过组织的扁平化减少管理层次，实现人力资源结构的合理配置，充实直接面向顾客的服务队伍，保证服务组织的有效性，同时进行运作体系、日常规程和工作流程的改进。

③提高领导能力。通过建立服务导向的领导体系可以促进良好服务的实现，领导的作用主要反映在训导、沟通、组织方面。酒店的服务宗旨、制度的实现需要领导以身作则。领导要与员工沟通、关心员工，由此形成融洽的工作氛围，促进企业文化成为所有员工的“共同愿景”。

④服务培训引导。自上而下的培训是形成企业文化的重要保证，对员工进行必要的知识和态度的培训，可以促进优良服务的实现。如果期望高层管理、中层管理及相关工作人员都以服务导向为动机去思考和行动，就要让他们掌握以下知识：组织如何运作、顾客关系由什么构成，以及对个人希望做些什么。如果一个人不了解企业正在进行什么及为什么这样，他就不可能主动地做好工作。知识的培训和态度的培训应相辅相成。

任务三　酒店管理的组织结构

一、酒店组织管理概述

酒店组织管理就是酒店通过制定合理的组织机构和组织形式，并建立组织的规章制度、行为规范、监督机制等将酒店的人力、物力和财力及其他各种资源进行有效的整合利用，从而形成一个完整的系统，促进组织目标的实现。

（一）酒店组织管理的内容

酒店组织管理的主要内容包括酒店组织机构的建立、酒店组织机构中的人员配置与整合等。

1. 酒店组织机构的建立

每一个组织机构都有自己的组织机构框架，酒店的组织机构通常用组织机构图表示。酒店各个部门、各部门的层次以及它们之间的相互关系共同构成了酒店的组织机构。酒店组织机构建立的主要工作如下：

（1）设置酒店的各个部门。酒店根据自己经营管理的需要将酒店分成不同的部门。通常划分为业务部门和职能部门两大类别。业务部门包括前厅部、客房部和餐饮部 3 大主要部门。职能部门在不同的酒店有不同的划分，通常的职能部门主要有人事部、工程部、财务部、康乐部、安保部、市场销售部及其他职能部门。各个部门有自己的职责权限和业务归属，并且在具体的酒店经营管理中相互协作配合，共同维护酒店的正常运转。

（2）划分酒店的各个机构层次。酒店组织部门都有一定跨度，有横向跨度也有纵向跨度。由于业务范围的不同，在横向跨度上就形成了部门，纵向跨度则从上至下形成不同的层次划分，层次的划分主要通过岗位的设置来确立。以酒店客房部为例，从上至下依次是部门经理、经理助理、主管，再到下面的领班、服务员，以及基层的清扫员，他们在管理范围上都有自己的权限和职责，从而形成组织机构上的层次等级，各个层次通过等级连接起来，从而形成酒店的组织机构框架。

（3）建立岗位责任制。形成酒店组织机构框架后，还需要把酒店的具体业务工作落实到各个部门和岗位。需要建立岗位责任制，以明确各个岗位的工作内容、工作任务、作业规范、岗位职责、权利和义务，使酒店的各项工作都有具体的岗位负责，防止多头管理以及管理漏洞的发生。此外，酒店组织内的各个岗位和部门之间以及从上至下各个层次之间都要进行有效的衔接，以形成畅通的运作流程，并通过制定相关的规章制度进行约束和督导，从而保证酒店的业务正常运转。

2. 酒店组织机构中的人员配置与整合

酒店设立了岗位并给各个岗位分配了具体的任务，接下来的任务就是为每个岗位配备人员，因为酒店大大小小的事务都需要通过人的操作来实现，因此，确定酒店的组织机构后，管理人员的配备就是至关重要的事情。管理人员的配备通常是根据酒店的需要，或由酒店的上级主管直接从现有人员中任命，或通过对外招聘纳贤。无论以何种方式进行人员的配备，都需要关注以下两点：

（1）确定用人标准和用工人数。管理人员要根据岗位的需要和业务量的大小确定合理的用人标准和具体的人数配备。一般来说，管理人员除要具备过硬的专业技能，能够胜任本职工作以外，还必须具备一定的道德素质、品德素养和气质等。酒店用人有自己制定的标准，通常通过设定具体的用人标准进行考核，或考核专业知识、业务能力，或考核个人的思想品德、言谈气质和行为等。酒店的用人关系到酒店的生存和发展，人员的选拔录用非常重要，必须由专门的考核人员进行选拔考核，只有通过了考核，达到部门和岗位的要求，才能录用和上任。不同的酒店有不同的编制定员的方法和标准，或通过定量的分析来确定人员数量，或通过岗位排班与日工作量来确定，或以班组为单位进行确定等。总之，应以适合酒店的需要为宜，配备人员过多或过少都会影响酒店的正常经营。

（2）合理地进行授权和员工的使用。合理地使用人才是酒店顺利经营运转的关键，而要使用人才，就必须先对他们进行授权。授权要以酒店明文规定的规章制度为依据，同时，对每个岗位人员赋予的权力要与其职责相一致。其一，要创造良好的工作环境，营造良好的工作氛围，要让每一位管理者及普通员工能满足自己的工作岗位，满足工作环境和薪酬待遇，愉快地工作；其二，除将酒店的每一位工作者安排在适合的工作岗位上，除做到人尽其才之外，还必须经常对员工进行考核，有针对性地培训，不断提高其专业技能和专业素质；其三，对每一位在岗的管理者和员工，在赋予他们应有权力的同时，也应给予他们一定的能力发展空间，使他们能够充分发挥自己的才智，要有创新的酒店激励机制，为酒店管理者和员工提供实现个人价值的空间。

酒店的组织管理工作需要将酒店各个工作岗位有效整合，组建酒店的业务流程并协调各个岗位和部门之间的协作，这中间需要制定各岗位的作业内容、岗位服务规程、岗位的排班、业务的作业程序、信息的传递等，由于酒店的业务内容很多，各业务工作又复杂多变，因此，酒店组织形式也是一项非常复杂的工作，需要酒店各级管理者慎重对待，共同设计和维护。

（二）酒店组织机构设置的原则

酒店组织机构设置的原则是指酒店组织构建的准则和要求。它是评价酒店组织结构设计是否合理的必要条件。一般情况下，酒店组织机构的设立应遵循以下几个基本原则。

1. 目标导向原则

在组织职能运作过程中，每一项工作均应为总目标服务，也就是说，酒店组织部门的划分应以企业经营目标为导向，酒店的组织形式必须要以能产生最佳效益为原则，组织层次和岗位的设置必须以切实符合酒店需要、提高经营运作效率为依据，对于任何妨碍目标实现的部门或岗位都应予以撤销、合并或改造。在总的目标导向下，组织会有许多大大小小的任务要完成，因此，在组织结构设计中，要求“以任务建机构，以任务设职务，以任务配人员”。同时，考虑酒店提供的服务和产品的复杂性和灵活性，在具体的酒店服务工作实践中有时会无法真正找到与职位要求完全相符的人员，因此，酒店组织在遵循“因事设人”原则的前提下，应根据员工的具体情况，适当地调整职务的位置，以利于发挥每一位员工的主观能动性。

2. 等级链原则

法约尔在《工业管理与一般管理》一书中阐述了一般管理的 14 条原则，并提出了著名的“等级链和跳板”原则，它形象地表述了企业的组织原则，即从最上级到最下级各层权力形成的等级结构。它是一条权力线，用以贯彻执行统一的命令和保证信息传递的秩序。酒店组织结构的层次性、等级性使等级链原则成为酒店组织必须遵循的重要准则。对酒店来说，等级链原则包含 3 个重要的内容：其一，等级链是组织系统从上到下形成的各管理层次的链条结构，因此，酒店高层在向各个部门发布命令时，对酒店各部门和各管理层而言必须是统一的，各项指令之间不能有任何的冲突和矛盾，否则就会影响酒店组织的正常运行；同时，任何下一级对上级发布的命令必须严格执行，因为等级链是一环接一环，中间任何层次的断裂都会影响整个组织工作的进行。其二，等级链表明了各级管理层的权力和职责。等级链本身就是一条权力线，是从酒店组织的最高权威逐层下放到下面的各管理层的一条“指挥链”，酒店组织中每个管理层及每个工作岗位的成员都必须清楚自己该对谁负责、该承担什么义务和职责，责、权、利非常清楚明了。其三，等级链反映了上级的决策、指令和工作任务由上至下逐层传递的过程，也反映了基层人员工作的执行情况，以及将信息反馈给上一级领导的信息传递路线，等级链越明确，酒店组织的决策、信息传递及工作效率和效果就会越好。

3. 控制跨度原则

由于个人能力和精力有限，每个管理人员直接管辖的下属人数应该有一定的范围，不可能无限多，也不能太少。控制跨度原则就涉及对特定管理人员直接管辖和控制下属人数范围的确定问题，也即是管理跨度的大小问题。跨度太大，管理人员管辖下属的人数过多，会影响信息的传递，容易造成人浮于事，效率低下；而跨度太小容易造成组织任务不明确，工作任务执行不力，同样也会影响组织的运作效率。因此，正确控制管理跨度，是提高酒店工作效率、促进组织活动顺利开展的重要保障。现代管理学家对管理跨度问题也进行过广泛的研究，管理跨度与管理者的岗位和管理者本人的素质有关，它受到个人能力、业务的复杂程度、任务量、机构空间分布等多方面因素的影响，还要考虑上下级之间接触的频繁程度，上级的交际与领导能力等多方面的因素。

一般来说，针对酒店服务和产品的特点，高层管理人员的管理跨度小于中层管理人员的管理跨度，中层管理人员的管理跨度又小于基层管理人员的管理跨度。例如，一个部门经理管理 5 ～ 6 位部门主管就不是一件容易的事情，而一个客房部主管管理 10 位客房服务员则是轻而易举的事情。因此，管理跨度的确定必须综合考虑各方面因素，且需要在实践中不断进行调整。

4. 分工协作原则

在社会化大生产中，适度的分工可以提高工作专业化程度，从而达到提高劳动生产率的目的。酒店提供的服务产品的复杂性和机动灵活性要求酒店组织对具体的工作任务进行合理分工，并进行有效的协调，分工与协作是促进组织任务顺利完成的保障，也是酒店组织要遵循的重要原则。组织分工有利于提高人员的工作技能、工作责任心，提高员工服务质量和效率。但是，分工过细往往导致协作困难，协作搞不好，分工再合理也难以取得良好的整体效益。因而在具体职责权限划分中，在依据需要设置岗位的基础上，应秉承提高工作效率的原则，灵活地进行工作分配和任务安排，给员工以足够的自我展示空间，同时也要安排中间协调机构，做好中间协调与整合工作促进组织内部的良好合作。

5. 有效制约原则

酒店组织作为一个整体，其各项业务的运转离不开各部门的分工与合作。在分工协作原则的基础上，还应有对由这种分工所引发出的部门与岗位彼此间的牵制与约束；适当的约束机制可以确保各部门按计划顺利完成目标任务，实现组织的总目标。有效的约束机制不仅是上级对下级的有效监督和制约，还包括下级对上级的监督和制约。上级对下级的制约可以促进员工更好地完成本职工作，提高工作效率与服务质量；下级对上级的监督和制约则是通过员工层或低一级的管理层对上级的监督，从而提高酒店管理层的决策和执行能力，如对领导人的约束机制可以避免其独断专行；对财务工作进行监督，可以避免财务漏洞等。下级对上级的有效制约必须是在下级对上级的命令坚决执行的前提下进行的，应同时遵循统一指挥，确保酒店的组织运作井然有序。

6. 动态适应原则

动态适应原则要求酒店组织在发展过程中以动态的眼光看待环境变化和组织调整问题，当变化的外部环境要求组织进行适当调整甚至产生变革时，组织要有能力做出相应的反应，组织结构该调整的要调整，人员岗位该变动的要变动。而且反应速度要快，改变要及时，从而得以应付竞争日益加剧的外部环境。当前酒店的集团化和全球化扩张的趋势对我国酒店组织结构也提出了新的要求，我国各大旅游酒店必须迅速适应这种市场竞争态势，尤其是组织结构的动态适应，应不断优化酒店的组织结构，提高酒店的日常经营管理能力，提供更优质的酒店产品和服务，从而不断提升酒店的核心竞争能力。

二、酒店的组织结构

酒店的组织结构是指酒店内各组织机构的架构体系，体现了酒店各部门职责范围、同级部门及上下级之间的关系。由于酒店所处的内外部环境不断变化，因此，酒店的组织结构也会随之变化。酒店组织结构的设置并没有统一的标准，而是因各企业规模、类型等的不同而存在差异，各企业均应根据自身的特点和经营目标来设置组织机构，以发挥组织管理职能，保证组织目标的实现。

酒店组织结构是酒店组织管理的指挥系统。组织结构的设置合理性直接影响酒店经营管理活动的开展，因此，酒店组织结构的设置必须有利于提高酒店组织的工作效率，保证酒店各项工作能协调、有秩序地进行。酒店组织结构，从单体酒店到连锁集团酒店，主要有以下 4 种模式。

1. 直线制组织结构

直线制组织结构的特点：酒店中各种职位从最高层到最低层按垂直系统直接排列，每一个下属部门只接受一个上级部门的指挥。组织中只设业务部门，不设或仅仅设一两个职能部门，兼及多项职能。直线制组织结构如图 2.3 所示。

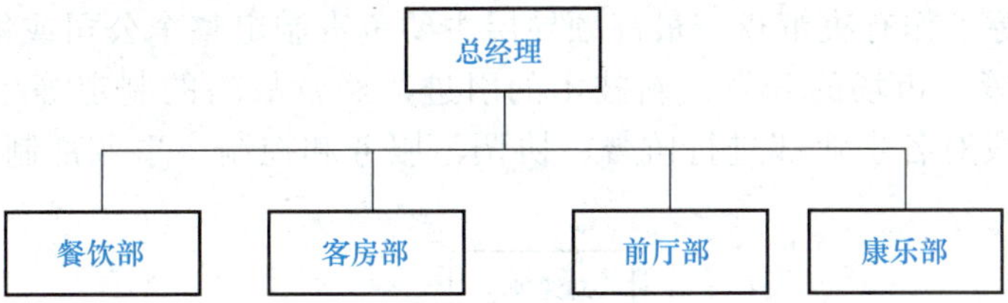

图 2.3　直线制组织结构

直线制组织结构的优点：结构简单；权责分明；指挥统一，不致令出多头；信息上下传递迅速；责任明确、反应快速灵活。缺点：不利于同级部门的协调与联系，缺乏合理的劳动分工，业务部门既要承担对顾客接待服务工作，同时还要兼顾本应属于职能部门的工作。例如，餐饮部既要对顾客提供餐饮服务，同时还要负责本部门员工的招聘、培训等工作。直线制组织结构模式对高层管理者的素质要求较高。由于管理职权的集中，高层管理者负担过重，甚至经常处于乱忙状态。这种形式一般只适用小型酒店。

2. 直线职能制组织结构

直线职能制组织结构将酒店部门划分为业务部门和职能部门两大类。业务部门是对顾客服务的一线部门，这类部门（如餐饮部、客房部、康乐部等）的工作直接影响酒店的收入；职能部门不直接与顾客发生联系，而是为一线业务部门服务的部门，如财务部、人力资源部等。各职能部门分别从事专业的管理工作，这些职能部门作为管理者的参谋部门，一般对一线业务部门并无指挥权。直线职能制组织结构如图 2.4 所示。

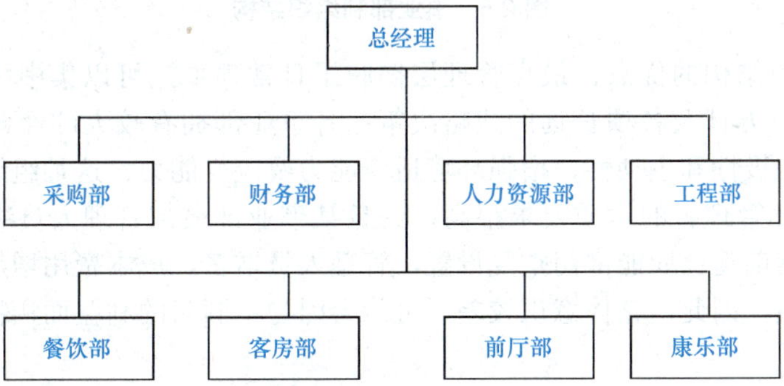

图 2.4　直线职能制组织结构

直线职能制组织结构模式目前被我国大多数酒店普遍采用。这种组织形式的优点：吸收了直线制组织模式的优点，权力高度集中，政令统一；工作效率高。由于增加了职能部门使得部门分工明确，并且有利于发挥职能部门和员工的专业特长，能够弥补管理者的不足之处，并能在一定程度上减轻管理者的负担。缺点：权力高度集中，下级缺乏必要的自主权，积极性和灵活性得不到很好的发挥；高层管理者常为琐事困扰，不利于集中精力研究酒店经营决策等重大问题；各部门之间横向沟通和协调性差，容易从本部门利益出发考虑问题，而忽视酒店的整体利益。

3. 事业部制组织结构

事业部制组织结构是一种适用酒店公司或酒店集团的组织形式，其特点是集中决策、分散经营，即酒店集团按照地区或酒店星级标准等因素，成立若干个事业部，每一个事业部即为一个酒店，每一个酒店都具有法人地位，进行独立的经济核算，对本酒店内的计划、财务、销售等工作有决策权。最高领导层主要负责制定整个公司或集团的战略决策，如重要的人事决策、市场的开发、新技术的引进、经营战略的制定等，并采用一定的经济手段和行政手段对各事业部进行监督、协调、服务和控制。事业部制组织结构如图 2.5 所示。

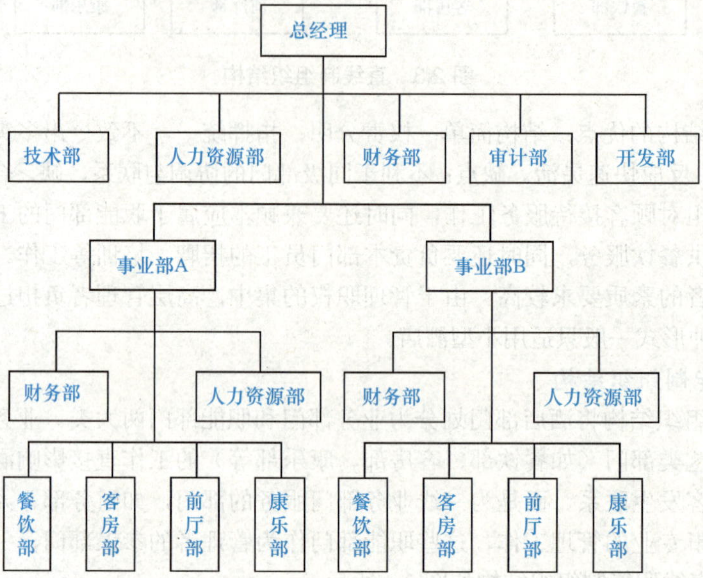

图 2.5 事业部制组织结构

事业部制组织结构的优点：最高管理层摆脱了日常琐事，可以集中精力制定整个企业发展的总目标、总方针及各项长远的战略决策；各事业部拥有较大的经营管理权，利于充分发挥管理者的积极性和主动性，增强环境适应能力及应变能力。这种组织形式也有明显的缺点：对各事业部管理者的素质要求很高，一旦某事业部最高管理人员决策不当，可能会影响该酒店的发展前途；职能部门重复设置，管理人员增多，成本费用增加；各事业部协调少，有独立的利益，因此，整体意识较差，可能会因为本酒店的利益而牺牲酒店集团的整体利益。

4. 区域型组织结构

区域型组织结构实际上是事业部制组织结构的一种变异方式。其多见于国外的大型旅游酒店集团，如图 2.6 所示。

酒店集团因为发展的需要不断向国际市场延伸，实施全球扩张战略，酒店提供产品或服务的生产所需要的全部活动都基于地理位置而集中，因此产生了酒店的区域型组织结构模式。这种结构的设置一般针对酒店主要目标市场的销售区域来建立。区域型组织结构有较强的灵活性，它将权力和责任授予基层管理层次，能较好地适应各个不同地区的竞争情况，增进区域内营销、组织、财务等活动的协调。但该结构模式也可能增加了酒店集团在保持发展战略一致性上的困难，有些机构的重复设置也可能导致成本的增加。

以上几种组织结构形式各有利弊，采用哪种形式最为合理，要视酒店具体情况而定。总之，组织结构的设计应有利于酒店提高经营管理水平和工作效率，充分发挥组织管理的最大效能。

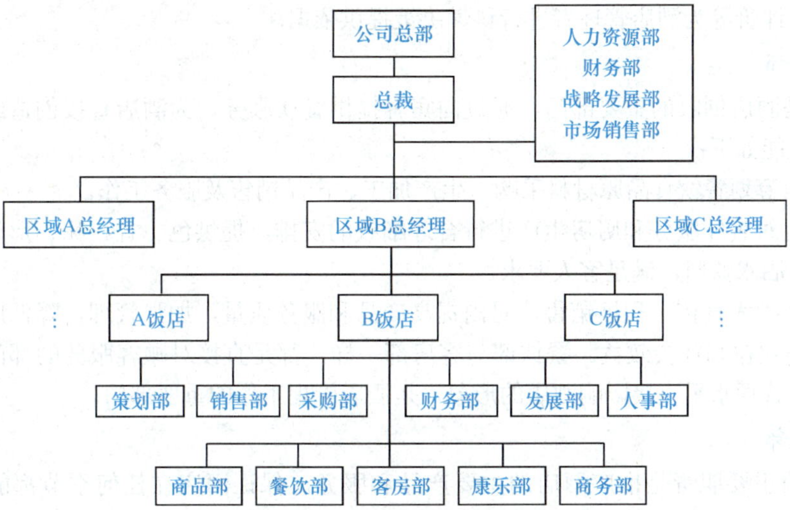

图 2.6　区域型组织结构

三、酒店的主要部门及职能

现代酒店的部门机构设置，因各酒店规模和性质的不同而不同，但各部门的职能基本是一致的。一般来说，酒店的部门机构是根据酒店为客人提供的产品和服务来设置的，主要有以下10个部门。

1. 客房部

客房部是酒店的基本设施和主体，是酒店出售的主要产品之一，其营业收入是酒店经营收入的重要来源。客房部服务质量是酒店产品质量的重要组成部分。客房部的主要职能如下：

（1）为宾客提供整洁而舒适的客房及热情周到的服务。

（2）管理好客房的各项设施设备，使其保持良好的工作状态，为实现较高的客房出租率创造必备的条件。由于住店客人通常也是酒店其他部门（如餐饮部、康乐部等部门）产品的主要消费群体，因而若能保持较高的客房出租率，酒店的其他设施便能充分发挥作用。

（3）应搞好公共区域的清洁工作。客房部作为直接与宾客接触的部门，服务质量的好坏直接关系到宾客对酒店的评价，也是带动其他部门经营活动的关键。

2. 前厅部

前厅部是宾客与酒店接触的起点，其形象及服务质量直接影响宾客对酒店的第一印象。前厅部在酒店组织中占有举足轻重的地位，其职能可以概括为以下3个方面：

（1）前厅部作为酒店经营活动的枢纽，业务工作贯穿酒店与宾客接触和交易往来的始终，工作内容主要有预订客房、办理入住登记手续、安排房间、提供委托代办服务、接受问询、处理投诉、结账等，业务复杂，涉及面广。

（2）除对客人提供服务外，前厅部又是酒店组织客源、创造经济收入的关键部门，前厅部通过自身的有效运转能提高客房出租率，增加客房销售收入，这是前厅部十分重要的工作。

（3）前厅部作为酒店信息集散中心，通过提供各种市场信息、建立客户档案、反映经营情况和服务质量评价等为酒店管理者进行科学决策提供依据。

3. 餐饮部

餐饮部是酒店创收的重要部门，通过向宾客提供餐饮服务，为酒店直接创造经济效益。餐饮部的主要职能如下：

（1）全面筹划餐饮食品原材料采购、生产加工、产品销售及服务工作。

（2）通过对餐厅服务和厨房生产进行合理细致的安排，提供色、香、味、形俱全且健康、安全的食品及酒水饮料，满足客人要求。

（3）对外扩大宣传，积极销售，对内提高产品和服务质量，加强管理，降低成本，力争取得最大的经济效益和社会效益。餐饮部与客房部一样，都是直接对顾客服务的部门，员工形象及服务质量、管理水平直接影响酒店的形象，是酒店管理工作的重要部门。

4. 营销部

营销部的主要职责是推广酒店的主要产品和服务，保证酒店在任何季节都能有充足的客源，维护酒店的声誉，树立酒店的形象，扩大酒店的市场知名度，打造酒店的品牌。营销部的规模大小也与酒店的规模大小相关，大型酒店的营销部由经理、主管、市场营销的专兼职人员组成，为保证酒店客源，酒店营销部还会不定期地组织专门人员进行市场调研，了解市场行情和游客的需求，从而指导酒店组织提供尽可能满足客人需求的产品。

5. 康乐部

随着康乐业的发展，酒店康乐部受到越来越多的关注。客人进入酒店除有基本的住宿及饮食需求外，康乐需求日益增长。通常四星级、五星级酒店及度假型酒店中都设有康乐部，康乐部借助场地和各种设施设备为客人提供运动健身和休闲娱乐服务。康乐活动项目多种多样，主要有运动类（如球类、器械类活动、游泳）、保健类（如桑拿浴、美容美发）、休闲娱乐类（如棋牌、歌舞）等。

康乐部的职能：通过自身服务，满足客人的运动健身需求；做好康乐中心的卫生工作；保证各种运动设施设备正常运转，做好各种器械及活动场地的安全保障工作，消除安全隐患；对于新型器械的使用及技术性很强的活动项目，给客人提供必要的指导服务等。康乐部也是为酒店直接创收的部门。

6. 工程部

酒店的设施设备是酒店经营所依托的物质基础。工程部的主要职责就是保证酒店所有设施设备，如客房和大厅的室内装修与陈设，水电、空调系统、电话系统、卫生间设备系统等的正常运转与使用。工程部不仅要对各种设施设备出现的问题进行及时的修理，保证其正常使用，还应经常对酒店的各项设施设备进行保养和更新，使之始终处于良好的工作状态，避免客人使用时发生故障。可以说，工程部的工作关系到酒店员工的操作安全及来店客人的使用安全，关系到客房出租率，也关系酒店服务质量的高低，是酒店重要的后台保障部门。

7. 人力资源部

酒店主要依靠人的活动完成经营管理，兑现服务产品。因此，员工的积极性、创造性、业务水平等直接决定酒店服务质量的高低，决定客人的满意程度，也是决定酒店竞争成败的重要因素。人力资源部是酒店中的一个非常重要的部门，它一般直接受总经理的领导和制约，其主要职责是满足酒店经营管理的需要，协助其他部门做好酒店管理人员和服务人员的选聘、培训工作，提高员工素质和技能，使之符合各个岗位的需要；向各岗位科学配置员工，实现人与事的最佳组合，从而提高工作效率；利用各种激励措施激发员工潜能和工作的积极性、主动性，从而增强企业活力和市场竞争力，为酒店的发展发挥积极作用。

8. 安全部

在我国，酒店被列为特种行业，即易于被犯罪分子当成落脚藏身处并进行违法犯罪活动的场所。酒店是一个公共场所，来往人员复杂，同时，因其容易存放各种物资及资产容易成为犯罪分子的作案目标，因此，酒店的安全保卫工作难度较大。酒店安全部的职责就是制定安全工作计划，完善安全管理规范，对员工进行安全教育，消除安全隐患，及时制止各种犯罪行为的发生，从而保障宾客和员工的人身、财产安全及整个酒店的安全，给酒店员工一个安全的工作环境，给顾客一个安全、放心的饮食、住宿场所。

9. 财务部

财务部负责处理酒店经营活动中的财务管理和会计核算工作，主要职责包括建立各种会计账目；处理酒店的日常财务工作，稽核酒店各类营业收入和支出；制定酒店对商业往来客户的信贷政策并负责执行；负责酒店产品成本控制和定价事宜；处理各项应收应付款事宜；配合人力资源部办理发薪事宜；编制财务预算；代表酒店对外处理银行信贷、外汇、税务、统计等事宜；定期向酒店管理层提供各种财务报告及经营统计资料，为管理层决策提供依据；审核各部门提出的采购申请计划；召集营业部门的财务分析会议。

10. 商场部

商场部即酒店所设的购物商场或购物中心。酒店商场部出售的产品有日常生活用品，主要用于满足客人的生活需求；也出售当地特有的旅游产品，以满足旅客馈赠亲友或者留做纪念的需要。商品的销售不仅能满足顾客的需要，增加酒店收入，那些刻有酒店标志的商品，对酒店也能起到一定的宣传促销作用，因此，不能忽视商场部的作用，应增强商场的经营特色，提高管理水平，更好地实现酒店的经营目标。

项目小结

酒店的经营管理是在企业管理的基础上发展起来的，一般的企业管理理论是酒店经营管理的理论基础。泰勒、法约尔等的科学管理理论，梅奥等的行为科学理论及其他的一般管理理论，都是酒店经营管理的基础理论。但酒店业特有的服务性质，又使它与普通的企业在经营管理上有明显的不同。酒店业如何将“CI”“CS”“CL”“ES”等理念的变换运用到自身的经营管理上，将最终影响酒店经营管理的成效。本项目还介绍了酒店企业的组织管理和组织机构，分析了组织管理要求，介绍了组织管理内容，阐述了现代酒店组织管理制度，重点探讨了现代酒店组织机构设计原则，列举了4种常见的酒店组织机构设置模式，并分析了每种模式的优缺点，同时也介绍了现代酒店设置的主要部门及其各自的职责。

复习与思考题

一、名词解释

1. 酒店管理
2. 需要层次论
3. 双因素理论
4. 公平理论

二、简答题

1. 酒店管理的方法有哪些？

2. 一个大型酒店通常包括哪些部门？

3. 酒店管理的主要理论基础有哪些？

三、论述题

1. 试述酒店经营与管理的关系。

2. 行为科学理论的主要观点是什么？它比古典管理思想先进、合理在哪里？它对酒店管理有什么启迪作用？

3. 试述酒店经营管理理念的提升过程。

4. 试述酒店主要的组织结构类型，并分析各自的利弊之处。

项目三

酒店对客服务部门的运营管理

学习导引

本项目主要介绍了酒店一线对客服务部门的运营管理。酒店的一线服务部门主要包括客房部、前厅部、餐饮部等直接给客人提供服务的部门。这些部门的工作好坏将直接影响整个酒店对客服务的质量，乃至整个酒店的声誉，最终也将影响酒店的经营业绩。

学习目标

1. 了解酒店客房部的组织结构、岗位职责与主要运营管理任务。
2. 了解酒店前厅部的组织结构、岗位职责与主要运营管理任务。
3. 了解酒店餐饮部的组织结构、岗位职责与主要运营管理任务。

案例导入

坐落于东京的帝国大厦最初是于1890年修建的文艺复兴风格的建筑，后来由美国建筑师弗兰克•劳埃德•赖特设计，完成它以前的东配楼主楼。后来作为酒店，被称为帝国饭店。饭店开业以来，接待了来自世界各地的无数宾客，无论是入住还是在此饮茶小憩，帝国饭店为这里的每一位客人所奉献的，始终是周到和真诚，它的服务是被世人公认的。

通过几个小故事，我们就可以看出它的服务水准了。

一个是它的门童服务。帝国饭店的洗衣房，每天都要洗100多双白手套。这是为何？原来是为门童洗的。由于门童必须替客人搬行李，手套难免弄脏，帝国饭店规定门童每30分钟换一次白手套。

门童被称作“饭店的门面”，因为他是饭店最早接触客人的员工，也是最后一个目送客人离开的员工。为了让客人从打开车门那一刻起就感受到帝国饭店的贴心，当客人搭计程车到门口时，门童会先从身上拿出日元替客人付费，让客人不会因找不到零钱或忘了换日元而手足无措。这是帝国饭店标准的服务程序，已经被写进饭店新进员工的培训教材里。这样独一无二的服务不仅让客人满意，还受到计程车司机的好评。

另一个是鞠躬服务。如果采访帝国饭店员工，问他们引以为傲的是哪项服务，他们十之八九都会提道：客房服务人员对着已关上门的客房，45°深深鞠躬。这其中还有一个故事呢。

很久以前，曾有一位服务人员每次送餐到房间，退出房间关上门后，总会对着房间深深鞠一躬。按理说，鞠躬已没必要，因为客人根本看不到，但她坚持这么做。

有一次她的这个举动被其他路过的客人看到，感动不已，还特意写了一封表扬信给饭店。从那以后，其他客房服务人员纷纷仿效她。“无论是否在客人视线内，表达感谢是很重要的。”帝国饭店社长肯定地说。

帝国饭店摆花也十分讲究，全店没有一朵人工塑胶花，不管是客房或餐厅，还是摆在大厅正中央的那一大盆花，都是真花。花苞紧闭或过于盛开都不合格，唯有含苞待放时最美。

任务一　酒店客房部的运营与管理

酒店最主要的产品是客房，它是酒店向客人提供住宿和休息的场所，是酒店经济收入的重要来源，客房经营管理的好坏，直接关系酒店的声誉，影响酒店产品的质量。客房部担负着客人住店期间的大部分服务工作，其业务范围涉及整个酒店和公共区域的清洁卫生、物资用品消耗的控制、设备的维修保养等。客房管理是连接客房产品生产和消费的纽带与桥梁。客房管理的好坏，能否根据客人类型、客人心理尽量满足客人需求，则成为直接影响客源的重要条件。同时，因客房使用低值易耗品多，物料比例大，如何最大限度地降低成本，提高利润，也是客房管理的重要任务。

一、酒店客房部的组织结构与岗位职责

（一）酒店客房部的组织结构

客房部组织机构的模式，因酒店的性质、规模、管理和运行机制的不同而不同。大、中型酒店客房部规模大，机构健全，层次较多，工种齐全，各个分支机构及每一位员工的职责、分工很明确。图 3.1 所示是大、中型酒店客房部的组织结构设置模式。

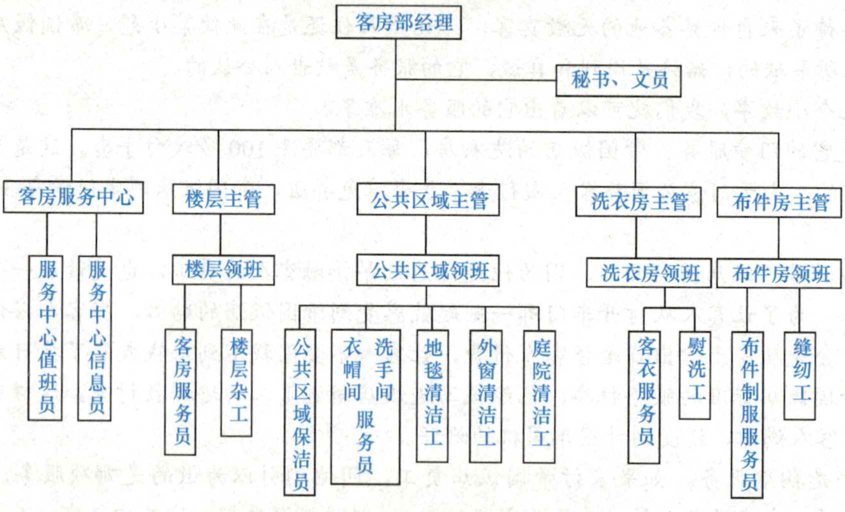

图 3.1　大、中型酒店客房部的组织结构

（二）酒店客房部的主要岗位职责

由于各酒店客房部的规模、管理体制不同，因此，各岗位的基本职责也不同。这里只介绍主要岗位的基本职责。

1. 客房部经理

客房部经理全权负责客房部的运行与管理，督导下属管理人员的日常工作，确保为客人提供优质高效的住店服务。其直接管理对象是客房部助理、经理和客房部秘书，并且对酒店的总经理或房务行政总监负责。工作内容如下：

（1）主持客房部工作，对总经理或房务总监负责。

（2）负责计划、组织、指挥及控制所有房务事宜，确保客房部的正常运转和各项计划指标的完成。

（3）根据酒店等级，制定客房部员工的岗位职责和工作程序，确定用人标准和培训计划，并监督执行。

（4）同有关部门沟通协作，保证客房部工作顺利完成。

（5）巡视客房部管辖范围，检查卫生绿化、服务质量和设备设施运行情况，发现问题及时研究改进。

（6）提出客房更新改造计划和陈设布置方案，确定客房物品、劳动用品用具的配备选购，提供采购方案。

（7）制定房务预算，控制支出，降低客房成本，增强获利能力。

（8）处理投诉，收集客人的要求及建议，改进工作。

（9）建立合理的客房劳动组织，制定劳动定额。

（10）对员工进行考核，选拔培养，调动员工工作积极性。

（11）抽查客房，检查 VIP 房。

（12）探访病客和常住客人。

（13）监督客人遗留物品的处理。

（14）检查各项安全工作。

2. 客房部文员（秘书）

客房部文员（秘书）负责信息的收发传递，辅助客房经理完成统计、抄写档案等文字性案头工作。其工作对客房部经理和助理经理负责。其工作内容如下：

（1）处理客房部经理的一切文书工作，如代表经理对外发布通知，准备文稿，每日按时收发报纸、信件，接待客人等。

（2）参加部门例会，做好会议记录及存档工作。

（3）处理客房部人事档案，包括进出员工手续办理，过失单据的分类、统计。

（4）处理办公用品的领取发放，保持办公室干净、整洁。

（5）统计考勤，每月向部门经理及人事部门提供员工考勤报告表。

（6）向新来的员工讲解客房部的有关规定。

（7）接受部门经理临时指派的工作。

3. 客房楼层主管

客房楼层主管主要负责楼层的清洁保养和对客服务工作，加强服务现场的督导和检查，保障楼面的安全，使楼层服务的各环节顺利运行，对客房部助理经理负责。其工作内容如下：

（1）接受客房部经理指挥，主持所分管楼层的房务工作。

（2）督导楼层领班和服务员的工作。
（3）巡视楼层，抽查客房卫生，查看 VIP 房和走客房。
（4）处理夜间突发事件及投诉。
（5）与前厅接待处密切合作，提供准确的客房状况。
（6）负责所管楼层的物资、设备和用品的管理。
（7）处理客人的投诉。
（8）处理下属员工报告的特殊情况和疑难问题。
（9）对下属员工进行培训和考核。
（10）保持楼层的安全和服务台的安静。
（11）负责员工每月服务质量的评估工作。

4. 客房楼层领班

客房楼层领班直接对楼层主管负责，负责管理一个班的接待任务和督导，检查卫生班服务，按规定标准清扫房间。有些酒店不设领班，只设主管。其工作内容如下：

（1）安排指导所分管楼层的服务员和其他人员工作。
（2）负责楼层物品存储消耗的统计与管理。
（3）巡视楼层，全面检查客房卫生、设备维修保养、安全设施和服务质量，确保达到规定标准。
（4）熟练掌握操作程序与服务技能，能亲自示范和训练服务员。
（5）填写领班报告，向主管报告房况，住客特殊动向和客房、客人物品遗失损坏等情况。
（6）安排客房计划卫生。
（7）随时处理楼层的突发事件，随时解决客人的疑难，组织好对客接待服务工作。
（8）掌握所属员工的工作思想情况和疑难问题，并及时向领导汇报。

5. 客房服务员

客房服务员岗位职责和工作范围如下：

（1）清洁整理客房，补充客用消耗品。
（2）填写做房报告，登记房态。
（3）为住客提供日常接待服务和委托代办服务。
（4）报告客房小酒吧的消耗情况并按规定补充。
（5）熟悉住客姓名、相貌特征，留心观察并报告特殊情况。
（6）检查及报告客房设备、物品遗失损坏情况。
（7）当有关部门员工需进房工作时应为其开门并在旁边照看。

6. 客房服务中心值班员

客房服务中心值班员岗位职责和工作范围如下：

（1）接受住客电话提出的服务要求，迅速通知楼层服务员，对该楼层无法解决的难题，与主管协商或请总台协助。
（2）与前厅部、工程部等有关部门保持密切联系，尤其是与楼层和总台定时核对房态。
（3）接受楼层的客房消耗酒水报账，转报总台收银处入账，并与餐饮部联系补充事宜。
（4）负责楼层工作钥匙的保管分发，严格执行借还制度。
（5）受理住客投诉。
（6）负责对客借用物品的保管和保养。

（7）负责客房报纸的派发，并为 VIP 客人准备礼品。

（8）负责做好各种记录，填写统计报表。

（9）负责酒店拾、遗物品的保存和认领。

（10）负责员工考勤。

7. 公共区主管

公共区主管岗位职责和工作范围如下：

（1）主管酒店所有公共区域的清洁卫生、绿化美化工作。

（2）督导领班和清扫员的工作。

（3）巡视公共区域，重点检查卫生。

（4）指导检查地毯保养、虫害防治、外窗清洁、庭院绿化等专业性工作。

（5）安排全面清洁工作。

（6）控制清洁物料的耗用。

（7）协助部门经理对下属员工进行培训考评。

（8）安排工作班次和休假。

8. 布件房主管

布件房主管岗位职责和工作范围如下：

（1）主管酒店一切布件及员工制服事宜。

（2）督导下属员工工作。

（3）安排酒店员工量体定做制服。

（4）与客房楼面、餐饮部及洗衣房密切联系，保证工作任务顺利完成。

（5）控制布件和制服的运转、储存、缝补和再利用，制定保管领用制度，监察盘点工作。

（6）定期报告布件制服损耗量，提出补充或更新计划。

二、酒店客房部的主要运营管理业务

（一）酒店客房部的主要职能

1. 客房部向客人提供基本的酒店产品

客房是客人旅游投宿的物质承担者，是住店顾客购买的最大、最主要的产品。所以，酒店的客房是酒店存在的基础，没有了客房，实际意义上的酒店就不复存在了。

2. 客房部的收入是酒店的主要收入来源

客房是酒店最主要的产品之一，客房部是酒店的主要创利部门，销售收入十分可观，一般要占酒店全部营业收入的 50% ～ 70%。

3. 客房部负责整个酒店的公共卫生及布件洗涤发放工作

客房部也是酒店管家部门，不仅负责整个酒店公共部分的清洁保养及绿化工作，还担负着整个酒店布件的洗涤、熨烫、保管、发放的重任，对酒店其他部门的正常运转给予不可缺少的支持。

（二）酒店客房部主要的日常运营管理业务

酒店客房部日常业务管理的主要目的是保证客人住宿期间使用设施与享用物资的需求，为客人提供清洁卫生、设备用品齐全、舒适美观的客房，满足客人享受各种服务的要求，为客人提供物质和精神上的享受。酒店客房部日常运营管理通常包括客房清洁卫生管理、客房接待服务管理、客房安全业务管理和客房设备用品管理。

1. 客房清洁卫生管理

客房的清洁卫生工作是客房部的重要工作之一。客房卫生质量是客人最关心和最敏感的问题，也是酒店服务质量管理的重要内容，酒店必须制定严格的质量标准与操作程序进行管理。客房清洁卫生管理工作一般包括以下内容：

（1）客房日常卫生管理。客房日常卫生是客房部的重要工作内容，也是衡量酒店服务质量的重要标准。卫生工作做得好，就能满足客人的需要。对客房的日常清扫，我国主要采用的是两进房制。其主要内容包括 3 个方面，即清洁整理客房、更换补充物品、检查保养设备。根据酒店的具体情况，应制定相关的工作程序与质量标准。管理人员要加强监督与指导。由于客房状态的不同，清洁卫生工作会有所不同，但基本内容与基本要求是相同的，其基本程序如下所述：

第一，整理、清扫、除尘。按照酒店的规格与清洁卫生工作的要求，整理和铺放客人使用过的床铺，整理客人使用后放乱的各种用品、用具，整理客人放乱的个人衣物、用品，清扫垃圾，抹尘、吸尘。在房间整理、清扫、除尘过程中，应严格按照酒店规定的程序和质量标准进行。

第二，整理、擦洗卫生间。整理各种卫生用品及客人用具，清扫垃圾，擦洗卫生洁具及瓷砖墙面与地面。在卫生间整理、擦洗过程中，应严格按照规定的卫生标准与工作程序，杜绝一条抹布一抹到底的不道德行为。

第三，更换、补充用品。在房间整理清洁过程中，按照标准要求更换布件，补充用品。

（2）客房计划卫生管理。客房部除日常卫生清洁工作外，还有诸如窗帘、地毯、房顶吸尘、顶灯除尘等卫生项目需要定期循环清洁。因此，应根据酒店的具体情况，制定切实可行的工作计划和卫生清洁标准，科学地安排时间、人员，保证酒店的服务水准。

（3）公共区域卫生管理。客房部除承担客房区域的清洁卫生工作外，还承担酒店公共区域卫生的清洁整理工作。由于公共区域面积大，人员分散，不利于控制与监督，因此，公共区域的清洁卫生工作要根据所管辖的区域和范围及规定的卫生项目与标准，划片定岗，实行岗位责任制，使员工明确自己的责任与质量标准，管理人员应加强巡视检查，进行监督。

2. 客房接待服务管理

客房接待服务工作围绕客人的到店、居住、离店 3 个环节进行，接待服务工作的管理也是以此为基础制定相应的管理程序与管理办法。

（1）迎客服务管理（目前此项服务一般仅向 VIP 客人提供）。客人到达楼层后，希望在人格上得到服务人员的尊重，在生活上得到服务人员的关心。根据“顾客至上”的原则，酒店应制定相应的程序与要求，规范与约束员工的日常行为。员工迎客彬彬有礼，会给客人留下美好的印象，使之有一个好心情，也会对酒店产生一个好印象。

（2）客人居住期间服务管理。客人住店期间，希望生活起居方便，他们的风俗习惯得到尊重。客人的需求变化莫测，酒店仅有规范化的服务仍然不能满足客人需求，酒店应针对不同客人的生活习惯与需求，在规范化服务的基础上，对不同客人提供合理的个性化服务项目以满足其需求。

（3）客人离店服务管理。客人离店是酒店接待客人工作的结束。服务人员的良好服务，会给客人留下美好的印象。客房部员工应按酒店服务程序的规定，做好客人离开楼层前的准备工作、客人离开楼层时的送别工作和客人离开楼层后的检查工作。

3. 客房安全业务管理

客房部管理面积大，接待客人多，工作比较复杂，容易出问题。对整个酒店来讲，安全保卫工作由保卫部门负责，但客房部应积极配合，保证客人人身与财产的安全。客房安全是指顾客在客房范围内的人身、财产及其正当权益不受侵害，也不存在可能导致客人受侵害的因素。

（1）客房安全。客房是顾客的暂居地及财物的存放处，故客房安全至关重要。客房门必须有能双锁的门锁、广角窥镜及安全链，其他凡能进入客房的入口处，均应能上锁或闩。客房内各种电器设备应确保安全，卫生间的地面及浴缸应有防滑设施，所有茶具、杯具等应按时消毒，对于家具应经常检查其牢固程度；引领客人进房的服务人员应向客人介绍安全装置的作用及使用方法，并提醒客人注意阅读客房内所展示的有关安全告示及说明；客房服务人员清扫客房时，应将房门保持打开状态，不能随意将客房钥匙放在清洁车上，并检查客房内各安全装置；前厅问讯处等各部门也应严格为住客保密。

（2）走道安全。客房走道的照明应正常，地毯应平整；酒店保安人员应对客房走道进行巡视，注意有无外来陌生人违规进入客房区，提醒客人将门关好；楼层服务员如发现异常情况应及时向安保部报告；配有闭路电视监视系统的酒店，可以更好地进行客房走道的安全监控。

（3）伤病、醉酒客人的处理。酒店一旦有客人出现伤病，应有紧急处理措施及能胜任抢救的专业医护人员或员工救护，并配备各种急救的设备器材与药品。任何员工尤其是客房部员工，在任何场所若发现伤病客人，应立即向保安或经理报告，总机也应注意伤病客人的求助电话；对一直到下午仍挂有“请勿打扰”牌的住客，应电话或进房询问；如有伤病客人，应实施急救或送医院治疗。事后由安保部写出伤病报告，呈报总经理，并存档备查。对不同类型及特征的醉酒客人，应区别对待。对轻者，要适时劝其回房休息；对重者，应协助保安使其安静，以免打扰或伤害其他客人。客房服务员应特别注意醉酒客人房内的动静，以免发生意外。

（4）火灾的防范。酒店应有缜密的防火安全计划，包括成立防火安全委员会，制定防范措施和检查方法，规定各岗位工作人员的职责和任务；制定火警时的紧急疏散计划，如客人及员工如何疏散及资金财产等如何保护；配备、维修、保养防火灭火设备及用具，培训员工掌握必要的防火知识和灭火技能，并定期举办消防演习；对住客加强防火知识宣传，如在客房门后张贴安全门通道示意图及在客房内放置防火宣传材料等；一旦发生火警，总机应向消防部门报警并用紧急广播系统通知客人及员工，要求他们从紧急出口和安全楼梯离开酒店建筑，电梯应放至底层并禁止使用；前厅部应在底层安全梯出口处引领疏散客人，保安人员应严密保护现场。

4. 客房设备用品管理

客房设备用品种类繁多，在酒店固定资产中占有很大的比重。客房设备和用品是开展客房服务工作的物质基础。管理好客房的设备和物资，是客房业务管理的重要内容之一，也是降低客房营业成本的重要途径。客房部要具体制定设备、物资的管理制度，明确规定各级管理人员在这一方面的职责，合理使用设备物资，努力降低成本，力求得到最大的经济效益。客房内的各种设备应始终处于齐全、完好状态，客房服务员及管理人员在日常服务工作和管理工作中，随时注意检查设备使用情况，配合工程部对设备进行保养、维修，管理人员要定时向客房部汇报设备使用情况。客房内各种供客人使用的物品，应备足、备齐，以满足服务工作的需要，保证服务质量。要控制好床单、毛巾等棉织品的周转，控制好消耗物资的领用，建立发放记录和消耗记录，在满足客人使用、保证服务质量的前提下，提倡节约，减少浪费，堵塞漏洞，实行节约奖励、浪费受罚的奖惩制度。

（1）客房设备用品采购管理。根据客房等级、种类、标准及数量，核定设备用品的品种、规格、等级及需求数量，按照各部门提出的设备用品采购计划，进行综合平衡后确定采购计划并采购。

（2）客房设备用品使用管理。做好设备的分类、编号及登记工作。制定分级归类管理制度，建立岗位责任制。实行客房用品消耗定额管理。

（3）客房设备用品更新管理。客房部应与工程设备部门一起制定固定资产定额、设备的添置、折旧、大修和更新改造计划，以及低值易耗品的摊销计划，减少盲目性。设备无论是由于有形磨损还是无形磨损，客房部都应按计划进行更新改造。在更新改造设备时，客房部要协助设备部进行拆装，并尽快熟悉各项设备的性能及使用、保养方法，以便投入使用。

任务二 酒店前厅部的运营与管理

酒店前厅部是酒店接待客人的重要部门，是酒店直接对客服务的起点，是客人在店消费的联络中心和客人离店的终点。其主要任务是负责销售酒店的主要产品，即客房，联络和协调酒店各部门的对客服务，为客人提供前厅部的综合性服务。前厅部工作质量的高低不仅直接影响客房的出租率和酒店的经济效益，而且能反映出酒店的工作效率、服务质量和管理水平的高低。

一、酒店前厅部的组织结构与岗位职责

（一）酒店前厅部的组织结构

前厅部的组织结构需要根据本酒店等级的不同、规模的大小、业务量的多少、饭店客源的特色而设置。一般酒店前厅部的组织结构应具备预订、接待、问讯、收银、行李、商务等服务功能，如图 3.2 所示。现代酒店企业由于信息技术的发展和劳动力成本上升的压力，很多岗位已经合并了，比如问讯员、接待员和收银员这三个岗位，在很多酒店就合而为一了。

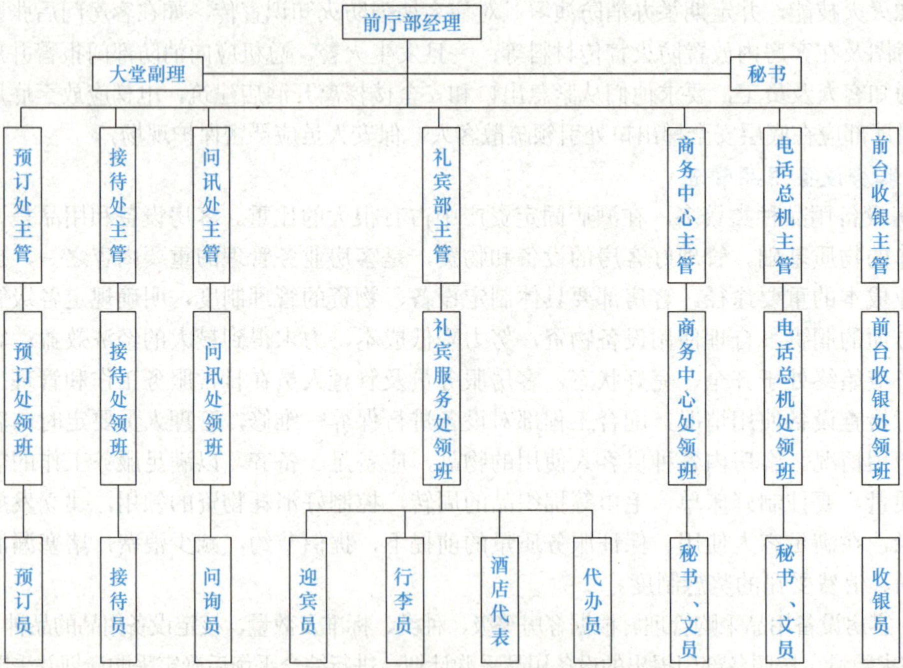

图 3.2 酒店前厅部的组织结构

（二）酒店前厅部的主要岗位职责

1. 预订处

预订处是酒店订房业务的部门，可以说是前厅部的“心脏”。其人员配备由预订主管、领班与订房员组成。其主要职能是熟悉掌握酒店的房价政策和预订业务；接受客人的电话、互联网、传真、信函及口头等形式的预订；加强与总台接待处联系；及时向前厅部经理及总台有关部门提供有关客房预订资料和数据；参与客情预测工作，向上级提供VIP抵店信息；负责与有关公司、旅行社等单位建立业务关系，尽量销售客房产品；制定各种预订报表；参与前厅部对外订房业务的谈判及合同的签订；完善订房记录及客史档案等。

2. 接待处

接待处也称开房处，它通常配备主管、领班和接待员。其主要职能是介绍、销售客房；接待入住客人，为客人办理入住手续，分配房间；掌握住客动态及信息资料，控制房间状态；制定客房营业日报表格等；与预订处、客房部等保持密切联系，及时掌握客房出租情况；协调对客系列服务工作。

3. 问讯处

问讯处通常配有主管、领班与问讯员。其主要职能是负责回答客人问讯（包括介绍酒店服务项目及有关信息、市内旅游景点、市内观光、交通情况、社团活动等相关信息）；接待来访客人；及时处理客人邮件、留言、访客等项事宜；分发和保管客房钥匙等。

4. 总机处

总机处通常由总机主管、领班与话务员组成。其主要职能是转接电话；提供叫醒服务和“请勿打扰”（DND）电话服务；回答客人电话问讯；提供电话找人服务；接待电话预订及电话访客；接待电话投诉；并在紧急情况下充当指挥中心；播放背景音乐。

5. 商务处

商务处也称商务中心，它通常由商务主管、领班与秘书组成。其主要职能是为客人提供打字、传真、复印、翻译、长途电话及互联网服务等商务服务；也可充当秘书、管家及翻译；提供代办邮件和特快专递服务；还可为客人提供特殊服务。

6. 礼宾处

礼宾处也有人称作“金钥匙”，它通常由大厅服务主管（金钥匙）、领班、迎宾员、行李员、委托代办员等组成。其主要职能是在门厅或机场、车站迎送宾客；雨伞的寄存和出租；引领客人进客房，并向客人介绍服务项目、服务特色等；分送客用报纸、信件和留言；提供行李、出租和泊车服务；负责酒店大门内外的安全和秩序；负责客人其他委托代办事项。

7. 收银处

收银处也称结账处，它通常由领班、收银员及外币兑换员组成。因其业务性质，收银处一般隶属于酒店的财务部，由财务部直接管辖。但由于收银处位于前台，与接待处、问讯处共同构成总服务台，直接为客人提供服务，因此，前厅部也对其实施管理和考核。其主要职能是受理入住酒店客人住房预付金；提供外币兑换服务及零钱兑换服务；同酒店各营业部门的收款员联系，催收、审核账单；建立客人账卡，管理住店客人的账目；夜间审核酒店营业收入及各种账目；制作营业和销售报表；负责应收账款的转账；办理离店客人结账手续等项事宜。

二、酒店前厅部的主要运营管理业务

（一）酒店前厅部的主要职能

酒店前厅部的主要职能具体表现在以下 6 个方面。

1. 立足客房销售

客房产品的销售是前厅部的中心工作，其他一切工作都是围绕这个中心进行的。客房是酒店的主要产品，是酒店经济收入的主要来源，客房产品具有所有权的相对稳定性、地理位置的固定性、价值补偿的易逝性等特点，受时间、空间和数量的限制。因此，能否积极发挥销售作用，做好客房产品的销售，将会影响整个酒店的盈利水平。

2. 掌握正确房态

客房状况的正确显示是酒店服务质量与管理水平的体现，也是客房产品顺利销售的基础。前厅部的客房状况显示系统包括客房预订显示系统、客房现状显示系统。只有做好客房状况的实时显示，掌握正确的房态，才能更好地开展对客服务。

3. 协调对客服务

前厅部将通过销售所掌握的客源市场预测、客房预订与到客情况以及客人的需求及时通报给其他相关业务部门，使各部门能够相互配合协调，有计划地完成本部门应该承担的工作任务。前厅部通过对客售后服务，及时地将客人的意见反馈给有关部门，以改善酒店的服务质量。

4. 提供各类对客服务

前厅部直接为客人提供各种服务，为住店客人办理住宿手续、接送行李、委托代办业务、记账结账等。酒店前、后台之间以及各部门与客人之间的联络、协调关系等也需要前厅部来牵头。

5. 提供客账管理

目前，国内大多数酒店为了方便客人、促进消费，已向客人提供统一结账服务。客人提供必要的信用证明或预付账款后，可在酒店各部门签单消费，客人的账单可在预订客房或办理入住登记手续时建立。前厅部的责任是区别每位客人的消费情况，建立正确的客账，以保证酒店的良好信誉及应有的经营收入。

6. 建立客史档案

由于前厅部为客人提供入住及离店服务，因而，自然就成为酒店对客服务的调度中心及资料档案中心。大部分酒店为住店一次以上的散客建立了客史档案，记录了酒店接待客人的主要资料，这是酒店给客人提供个性化服务的依据，也是酒店寻找客源、研究市场营销的信息来源。

（二）酒店前厅部的主要日常运营管理业务

1. 前厅客房预订业务

客房预订是推销客房产品的重要手段之一。目前，随着旅游业的发展和酒店业的激烈竞争，订房已不仅是客人为了使住宿有保证而进行的单方面联系客房的活动，还成为酒店争取客源、保证经济效益的实现而进行的主动式推销，这是双向预约客房的行为。随着客源市场竞争的加剧，主动式推销客房越来越引起酒店管理人员的重视，订房已成为酒店重要的推销工作。客房预订的种类，一般有以下 4 种形式：

（1）保证类预订。这使酒店与未来的住客之间有了更为牢靠的关系。通过信用卡、预付订金、订立合同 3 种方法来保证酒店和客人双方的利益，但使用时要注意其效果。一是信用卡，客人使用信用卡，收银人员要注意信用查询，防止出现恶意透支的现象；二是预付订金，这是酒店最欢迎的，特别是在旺季，一般由酒店和客人双方商定，订金可以是一天的，也可以是整个住宿期间的；三是订立合同，是指酒店与有关单位签订的供房合同，但应注意合同履行的方法、主要签单人及对方的信用，注意防止呆账的发生，明确规定最高挂账限额和双方的违约责任。

（2）确认类预订。客人向酒店提出订房要求时，酒店根据具体情况，以口头或书面的形式表示接受客人的预订要求。一般不要求客人预付订金，但客人必须在规定的时间内到达酒店，否则，在用房紧张的情况下，酒店可将客房出租给未经预订而直接抵店的客人。

（3）等待类订房。酒店在订房已满的情况下，为了防止由于客人未到或提前离店而给酒店带来的经济损失，仍然接受一定数量的客人订房。但对这类订房客人，酒店不确认订房，只是通知客人，在其他订房客人取消预订或有客人提前离店的情况下可优先予以安排。

（4）超额预订。在用房旺季时，酒店为防止因订房客人未到或住店客人提前离店而造成客房闲置现象的发生，适当增加订房数量，以弥补酒店经济损失。但超额预订会因为客人的全部到达而出现无法供房的现象，并可能造成酒店的经济损失和酒店形象的损坏。

2. 前厅入住接待业务管理

客房预订并没有完成客房产品的最终销售，它只是提高了客房出租率的可能性，接待服务和分房管理才是最终完成客房产品销售的程序。其中，分房管理是直接出售客房产品，是一种艺术，分房工作管理得好，就能将高价客房或闲置客房售出，从而减少闲置，增加销售量。

前厅部主要的接待业务工作如下：

（1）按有关规定做好入住登记工作。入住登记的过程是客人与酒店第一次面对面接触的过程。对于酒店总台来说，入住登记手续是对客服务的第一个关键阶段，这一阶段的工作效果将直接影响前厅部客房产品的销售。提供信息、协调对客服务、与客人建立正式合法的租住关系，是办理入住登记手续的目的。需要注意的是，在办理入住登记手续时应做到：遵守国家法律法规中户籍管理的有关规定，如没有身份证等有效证件，不办理入住登记手续；获取住店客人必需的个人资料；满足客人对房价的合理要求；建立正确的客人账户。酒店为了维护自身和入住客人的合法权益，保障酒店和入住客人的生命财产不受伤害，可行使“拒绝入住权”。

（2）客房状况的实时控制。在前厅部的业务运转中，客房状况的实时控制是一项重要内容。客房状况的实时控制是确保客房状况准确的有效手段，它往往是前厅部业务运转的一个核心。酒店的客房状况及其变化，应引起管理者的高度重视。在客房状况的实时控制过程中，客房状况信息的及时传递、有效信息的及时沟通是十分重要的。客房状况的变化取决于客人住宿活动。客人住宿登记后，其对应的客房状况就由原来的空房或待租状况变为住客房；客人结账后客房状况变为走客房，然后变为空房，客房状况就是这样不停地随着客人住宿的变化而变化。客房状况的变化情况主要通过客房部、开房处和收银处 3 个部门的信息及时传递。这 3 个部门在沟通和控制客房状况方面应负主要责任。客房部要及时、准确地向开房处报告房态，接待员以此作为接待客人、分派客房的依据。客人离店结账退房时，收银员负责通知客房部，客房部在清理完客房后，再次将最新客房状况通知开房处。使用酒店管理信息系统的酒店，其房态在计算机系统中会实时更新。

3. 前厅日常服务管理

（1）迎送服务管理。迎送工作是酒店显示档次与服务质量的关键。客人抵店或离店时，迎宾员应主动相迎，热情服务，将车辆引领到合适的地方，并主动帮助行李员清点客人的行李，以免出现差错。迎宾员还负责维持大厅门前的秩序，指挥、引导、疏散车辆，保证酒店门前的交通畅通无阻。

（2）问讯、邮件服务管理。客人有了疑难问题，会向酒店有关人员询问，酒店有责任与义务帮助客人排忧解难。酒店应对问讯处的工作人员进行相关知识的培训。而问讯员除必须有较广的知识面以外，还需要掌握大量最新的信息和书面材料，以保证在工作中能给客人以准确而满意的答复。

（3）行李服务管理。行李服务是由行李员负责进行的。行李服务中需要注意的问题是运送的行李，需要得到客人的确认，以防行李出现差错而给客人的行程带来不必要的麻烦。团队行李的交接过程，应注意行李的检查验收，并办理必要的手续，防止行李的损坏和财物的丢失。多个团队出现时，应采取必要的方法加以区分，防止出现混乱错失现象。

（4）电话总机服务管理。电话总机是酒店内外信息沟通、联络的通信枢纽。绝大多数客人对酒店的第一印象是在与话务员的第一次声音接触中产生的。话务员热情、礼貌、耐心、快捷和高效的对客服务，起到了客人与酒店之间的桥梁作用。电话总机服务包括接转电话、问询服务、叫醒服务和联络服务 4 个方面的内容。

（5）客人投诉管理。投诉是客人对酒店服务工作不满而提出的意见。一般酒店前厅部设有大堂副经理来接受和处理客人的投诉。通过客人的投诉，酒店可以及时了解工作中存在的问题，这有利于酒店不断改进和提高服务质量和管理水平。正确处理客人投诉，可以加深酒店与客人之间的相互了解，处理好酒店与客人之间的关系，改变客人对酒店工作的不良印象，圆满处理客人投诉，可以树立酒店良好的声誉，让客人对酒店的不满降低到最低限度。酒店大堂副经理应掌握接待处理客人投诉的方法、原则和技巧。

（6）商务中心服务管理。为满足客人日益增长的商务需要，酒店通过商务中心向客人提供打字、复印、传真、秘书、翻译、代办邮件、会议室出租、文件整理和装订服务。酒店商务中心除应拥有计算机、复印机、传真机、装订机、有关商务刊物和报纸、办公用品和其他必要的设备外，还要配备有一定专业知识和经验的工作人员，以提供高水平、高效率的对客服务。

（7）其他服务管理。为满足客人多方面的需要，酒店前厅部还向客人提供旅游代办、机（车、船）票预订、出租汽车预约、收发邮件等服务。这些服务可以由旅行社、出租汽车公司、邮电局等专业部门在酒店设置专业机构办理，也可以由酒店代理进行。

任务三　酒店餐饮部的运营与管理

现代酒店的餐饮业务管理已成为酒店企业管理的重要组成部分，现代化酒店的规模越大，管理工作专业化的程度就越高。现代化酒店的餐厅已不仅是供应餐饮产品的场所，而且是具有休闲、宴会、交际等多重功能的场所。餐饮产品是满足客人某种需要或得到某种享受的物质形态的实体和非物质形态的服务。构成餐饮产品的物质实体称为有形产品，如餐厅的外观、餐饮产品的生产与服务设施、菜肴与酒水的外观及颜色式样等；餐饮产品的非物质实体称为无形产品，如餐厅的声誉、等级、位置、特色、气氛、服务等。

一、酒店餐饮部的组织结构与岗位职责

（一）酒店餐饮部的组织结构

酒店餐饮部是酒店内负责食品饮料的生产和服务部门，是酒店重要的对客营业部门。酒店

餐饮部的组织结构是其内部各部门之间相互协调、配合和支持的关系的一种体现。其目的是提升餐饮部内部之间的协调能力，加强员工的管理，增强实现部门经营目标的能力。酒店餐饮部的组织结构设置因酒店的类型、等级规模和服务内容的不同而不同。餐饮部一般由餐厅部、宴会部、酒水部、厨房部、管事部、采购部等部门组成。酒店餐饮部的人员组成如图 3.3 所示。

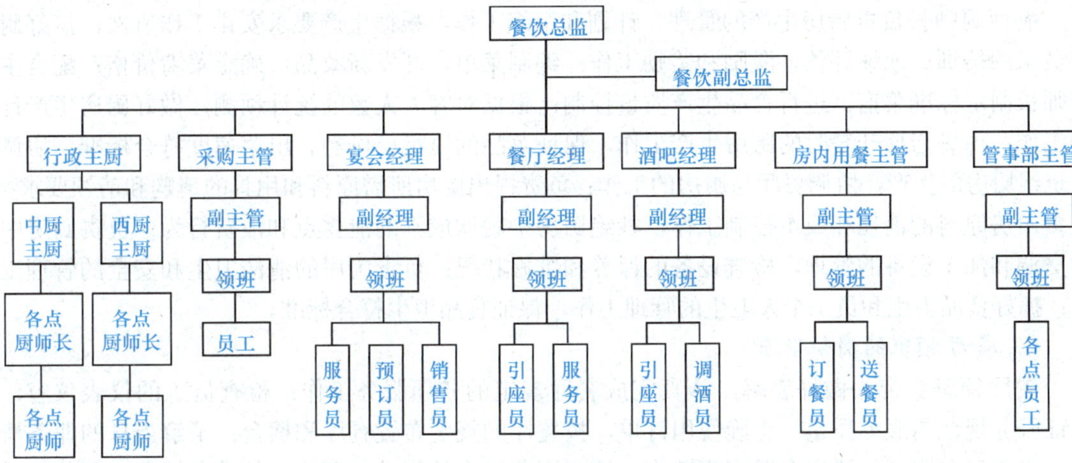

图 3.3　酒店餐饮部的人员组成

（二）酒店餐饮部的主要岗位职责

1. 餐饮部经理（总监）的岗位职责

餐饮部经理负责餐饮部门的全面经营管理工作，在酒店的日常餐饮活动中发挥着重要作用。作为餐饮部门的经理要明确自身的重要职责，了解该项工作所必须具备的素质要求，并合理地安排自身的日常工作，只有这样才能真正发挥自身的作用。

餐饮部经理要熟悉本酒店的主要目标市场，了解消费者的餐饮需求并有针对性地开发和提供能满足他们需求的餐饮产品和服务；要与厨师长一起，进行固定菜单和变动菜单的筹划与设计，不断推出新的菜肴品种；要加强对餐饮采购、验收和储存的管理与控制，降低成本，减少浪费；要督促主厨对厨房生产进行科学管理，健全厨房组织，合理进行布局，保证菜肴质量，减少生产中的浪费，调动厨房工作人员的积极性；要加强餐厅的日常管理，提高对客服务质量，培养餐厅经理的管理督导水平；要促进宴会销售，加强宴会组织与管理，提高宴会服务质量；要每周与厨师长、采购员一起巡视市场，检查储藏室、冷库等，了解存货和市场行情；要每周召开餐饮成本分析会议，审查菜肴和酒水的成本情况；要对酒水和酒吧的销售管理进行控制，维持酒吧的经营特色；要制定餐饮推销、促销计划，扩大餐饮销售渠道，提高餐饮销售量；要发挥全体员工的积极性，监督本部门培训计划的实施，实施有效的激励手段。

2. 餐厅经理的岗位职责

餐厅经理负责指导和监督餐厅每天的业务活动，保证餐厅服务质量，巡视和检查餐厅营业区域，确保服务工作的高效率；检查餐厅的物品、摆台及卫生；组织安排服务员，监督制定服务排班表；选择新员工，培训员工，评估员工的业绩，执行酒店和餐厅的各项规章制度；发展良好的客际关系，安排客人预订的宴会便餐，欢迎顾客，为客人引座，需要时向客人介绍餐厅的产品；与厨房密切联系，共同提供优质的餐饮产品，及时处理客人的投诉；出席餐饮部召开的业务会议，安排好餐厅的预订业务，研究和统计菜单情况；保管好每天服务的记录，编制餐厅服务程序；根据客人的预订及客人人数制定出一周的工作计划；签发设备维修与保养单，填写服务用具和餐具申请单；观察与记录员工的服务情况，提出员工升职、降职和辞退的建议。

3. 餐厅厨师长的岗位职责

餐厅厨师长负责厨房生产的管理、计划和组织工作，根据生产要求安排工作班次，搞好厨房员工的培训、成绩评估、激励和奖励工作；编制菜单，开发新菜品，确定菜肴价格；配合主厨师长制定标准菜谱，进行食品生产质量控制；根据对客人人数的统计预测，做好厨房生产计划工作；现场指挥开餐时的厨房生产工作，保证菜品的质量、份额、出菜速度符合标准，协调各班组厨房的生产，协调餐厅与厨房的工作；负责提出厨房所需原料和用具的请购和请领要求；负责厨房原料的消耗和成本控制工作，杜绝厨房中餐饮成本的泄露点和浪费行为；负责厨房中的烹调和加工设备的管理，检查设备的保养和维修状况；负责厨房的清洁卫生和安全的管理工作；抓好食品卫生和员工个人卫生的管理工作，保证食品卫生符合标准。

4. 餐厅领班的岗位职责

餐厅领班要带头做好表率，认真完成餐厅规定的各项服务工作；检查员工的仪表仪容，保证服务规范与服务质量；正确使用订单，按餐厅的规定布置餐厅和摆台；了解当日的业务情况，必要时向服务员详细布置当班工作；检查服务柜中的用品和调味品的准备情况；开餐时，监督和参加餐饮服务，与厨房协调，保证按时上菜；接受顾客投诉，并向餐厅经理汇报；为客人点菜，推销餐厅的特色产品，亲自为重要客人服务；核对账单，保证在客人签字之前账目无误；下班前，为下一班布置好台面；当班结束后，填写领班工作日志；负责培训新员工和实习生。

5. 餐厅服务员的岗位职责

餐厅服务员要守时、有礼貌、服从领班的指导；要负责擦净餐具、服务用具；要负责餐厅卫生、餐厅棉织品送洗、点数、记录工作；要负责餐桌摆台，保证餐具和玻璃器皿的清洁；要负责装满调味罐和补充工作台的餐具用品；要按餐厅规定的服务程序和标准，为客人提供尽善尽美的服务；要将用过的餐具送到洗涤间分类摆放，及时补充应有的餐具；要做好翻台，餐厅营业的工作。餐厅服务员的具体工作有时很难确定，主要根据企业的经营目标、管理模式而定。许多餐厅使用传菜员以协助服务员工作，如为服务台装满用具、饮料、调味品、摆桌椅、摆台、准备冰桶及冰块、清理餐桌等。

二、酒店餐饮部的主要运营管理业务

（一）酒店餐饮部的主要职能

餐饮产品与餐饮管理的特点，决定了餐饮管理的基本任务。加强市场调查，提高服务水平与菜肴质量，满足客人需求，有效地利用人力、物力、财力，合理组织餐饮产品生产的各项经营业务活动，争取良好的经济效益。餐饮部管理的职能主要有以下 4 个方面。

1. 餐饮产品的市场定位

餐饮部管理的首要任务是做好市场调查工作，选定目标市场，进行餐饮产品的市场定位，根据本酒店的具体情况策划餐饮服务项目、餐饮服务内容，并根据市场环境与酒店条件的变化，适时调整酒店的经营方针与经营策略，增强酒店餐饮产品的竞争能力。

2. 餐饮产品的生产管理

餐饮产品的生产过程是一个复杂的过程，由于参与人员多、使用原材料品种多、生产种类多，使生产过程的控制显得特别重要。因此，必须加强餐饮部管理，努力降低成本，对餐饮产品的生产过程实行全程管理。

3. 餐饮前台对客人的服务管理

在客人对餐饮产品的消费过程中，前台员工的服务质量对餐饮产品的销售起着相当重要的作用，应制定餐饮服务标准、服务程序、服务规范，为顾客提供主动、热情、耐心、周到的服务，争取更多的客源市场份额。

4. 餐饮产品的销售管理

要实现餐饮部的经营目标，保证完成经营收入计划，餐饮部管理人员就应加强对市场形势的分析与研究，适时调整经营策略，采取灵活多样的营销方式开发市场。

（二）酒店餐饮部主要的日常运营管理业务

1. 餐饮清洁卫生管理

酒店餐饮卫生管理的主要目的是为客人提供符合卫生标准、对人体安全有益的餐食。餐饮卫生是保证就餐者健康的首要条件，也是影响餐饮产品质量的重要因素。为了保证食品卫生，杜绝食品污染和有害因素对人体的危害，保障就餐者的身体健康，酒店应切实抓好餐饮卫生管理工作。餐饮卫生管理工作的主要内容有食品卫生管理、员工卫生管理、环境卫生管理及设备餐具卫生管理。

（1）食品卫生管理。酒店提供的食品必须是没有受过污染、干净、卫生和富有营养的食品。食品如果受到污染将会给客人带来疾病危害，造成食物中毒。导致食品受到污染的主要是病菌、寄生虫或有害化学物质以及有毒的动植物。因此，必须做好食品污染的预防工作，保证食品卫生。

（2）员工卫生管理。员工卫生管理包括员工个人卫生和操作卫生管理。员工良好的个人卫生可以保证良好的健康状态和高效率的工作，而且可以防止疾病的传播，避免食物污染，并防止食物中毒事件的发生。员工在被雇用后每年必须主动进行健康检查，并取得健康证明。员工个人卫生管理除依靠严格的上岗规章制度外，还应从根本处着手，即培养员工良好的卫生习惯。

员工卫生管理的目的是防止工作人员因操作时的疏忽而导致食品、用具遭受污染。员工在操作时，禁止饮食、吸烟，并尽量不交谈；员工在拿取餐具时不能用手直接接触餐具上客人入口的部位；不能用手直接抓取食品，应戴好清洁的工作手套，并且在操作结束后处理好使用过的手套；工作时不使用破裂器皿；器皿、器具若掉落在地上，应洗净后再使用；若熟食掉落在地上，则应弃置，不可再食用；注意成品的保鲜、保洁，避免污染。

（3）环境卫生管理。餐饮产品的卫生情况与环境卫生管理大为相关，这里所指的环境包括餐厅，厨房，所有食品加工、储藏室，销售场所，洗涤间，卫生间及垃圾房等。按照餐饮产品储存、加工、生产、消费等流程，各环节的卫生管理都必须严格到位，不容忽视。

（4）设备餐具卫生管理。由于设备餐具卫生管理不善而污染食品导致食品中毒的事件常有发生，因设备餐具不符合卫生要求而被罚款或勒令停业整顿的餐饮企业也屡见不鲜。制定出设备卫生计划及各种设备洗涤操作规程并培训员工，是搞好设备、餐具卫生的关键。因此，餐饮部应格外重视加工设备、烹调设备、冷藏设备、清洁消毒设备、储藏和输送设备等各类设备与餐具卫生管理。设备及餐具的卫生管理，应能保证供应食品不受污染，符合卫生要求。

2. 餐饮生产管理

餐饮产品的生产管理是餐饮部管理的重要组成部分，餐饮产品的生产水平和产品质量直接关系到餐饮的特色和形象。高水准餐饮产品的生产，既反映了餐饮的等级档次，又体现出了酒店餐饮的特色。餐饮产品的生产管理还影响酒店经济效益的实现，因为餐饮产品的成本和利润在很大程度上受生产过程的支配，控制生产过程的成本费用可以获得良好的经济效益。

餐饮产品生产管理的关键是菜肴生产管理。菜肴生产管理，主要是指厨房的生产预测与计划、食品原料的折损率控制、菜肴的份额数量控制及编写标准食谱与执行标准食谱等。菜肴成本加大的原因之一是产品过量生产。预防菜肴的过量生产，可以控制无效的食品成本发生。菜肴成本加大的原因之二是食品原料的净料率控制不当。由于菜肴生产的需要，食品原料需要经过一系列的加工，才能符合制作要求，食品原料加工方法适宜，会增加它的净料率，提高菜肴的出品率，减少食品原料浪费，从而有效地降低菜肴成本。值得注意的是，提高食品原料的净料率应当在保证产品制作质量的前提下进行。另外，菜肴原料份额也会影响菜肴的成本，应给予高度的重视。

3. 餐饮推销管理

餐饮业务的经营管理者必须清醒地认识到，餐饮产品的生产销售是以市场为中心、以满足客人需求为目标。餐饮产品的市场推销是从对餐饮市场经营环境的调查与预测开始的。通过餐饮产品的推销活动，促进生产者与消费者之间的信息交流，消除障碍，刺激客人消费。推销过程实质上是一个信息传递过程，通过推销使消费者对本酒店经营的餐饮产品知晓、理解，成为潜在的消费者。推销是推动餐饮产品从生产领域向消费领域转移的过程，也是促使餐饮产品价值实现的过程。但餐饮产品要真正达到销售目的，除推销者要选用适当的推销方式外，还要认真做好推销的思想准备，了解客源市场状况，将重心放在客人身上。

餐饮产品的推销可利用报刊、电视、广播等新闻媒介形式进行，也可采用户外广告的形式，如道路指示牌、屋顶标牌、灯箱广告牌、餐厅布告栏等。餐饮产品的推销还可通过推销人员与潜在客人面对面交谈，向客人提供本酒店的信息，说服潜在的消费者购买本酒店的餐饮产品。酒店还可采用特殊的推销方式，如利用赠券、品尝样品、套餐折扣、赠送礼品等方式进行。

在餐饮产品推销过程中，首先应注意餐厅主题设计，力求办出自己的特色，拥有自己鲜明独特的形象，使客人在消费后能留下深刻的印象。在餐饮产品推销中，餐饮部门的形象设计可以突出自己的个性，环境情调的不同可以给人一种新鲜的感觉。餐饮部门提供的额外服务，会吸引众多的客人，如时装表演、音乐晚会、优惠供餐等。服务人员的建议式推销也会收到意想不到的效果。有的餐厅采用现场烹饪的方法，可引起客人的极大兴趣。有的餐厅，在推出一种新的菜肴时，采用特价或奉送品尝的方式，会产生良好的推销效果。利用节假日进行餐饮产品的推销活动，是餐饮部门经常采用的一种方式。各种节假日是难得的推销时机，餐饮部门这时都会制定节日推销计划，可根据企业自身的特点，使推销活动生动活泼、有创意，争取获得良好的经济效益。

4. 餐饮成本管理

餐饮产品的成本管理是餐饮管理的关键。餐饮成本控制贯穿餐饮产品生产的全过程，凡在餐饮产品制作与经营过程中产生的影响成本的因素，都是餐饮成本管理的对象。餐饮产品成本管理，关键的问题是做好餐饮产品的控制程序。制定并确定餐饮产品的各项标准成本；实施成本控制，对餐饮产品的实际成本进行抽查和定期评估；确定成本差异，分析造成成本差异的原因与责任；消除成本差异，找出解决成本差异的具体方法。

餐饮产品的制作是一个系统工程。餐饮产品的成本控制需要从以下 3 个方面努力：

（1）食品原料的成本控制。食品原料是菜肴制作的主要成本，包括主料成本、辅料成本、调料成本。主料成本是菜肴的主要原料成本，一般来说，主料在菜肴中占的份额最多、价格最高，是控制的重点。辅料成本又称为配料成本，在菜肴制作过程中，辅料起着衬托主料的作用，也是不可忽视的成本。调料成本是指菜肴生产过程中调味品成本，在菜肴生产过程中关系到菜肴的质量，是餐饮产品成本中一项重要的开支，有时甚至超过主料成本。食品原料的成本控制从两个方面入手：一是做好食品原料的采购保管控制，同质论价、同价论质，减少采购中间环节，入库后合理储备，努力降低成本；二是食品原料的使用控制，管理人员应做好食品原料使用的监督工作，一旦发现问题，应及时分析原因，并采取有效措施进行纠正。

（2）人工劳务成本控制。菜肴的制作是手工劳动，人的因素起着相当重要的作用。人工劳务成本控制包括 2 个方面：一是用工数量的控制，尽量减少缺勤工时，控制非生产和服务工时，提高生产效率，严格执行劳动定额；二是做好工资总额的控制，人员配备比例适当，高技术岗位的人员过多，会增加人力资源成本，造成人力资源成本过高，低技术岗位的人员过多，又会影响菜肴生产质量。

（3）燃料能源成本控制。燃料能源成本是菜肴生产与经营中不可忽视的成本，尽管其在菜肴成本中可能占有的成本比例很小，但在餐饮产品的生产中，仍有一定数量。教育员工重视节约能源、做好节省燃料的工作是非常必要的。在餐饮产品的生产过程中，管理人员应坚持对能源工作和节能效果的经常性检查，以保证燃料能源控制工作的有效性。燃料能源成本的控制方法很多，管理者可以结合本单位的具体情况加以总结，使餐饮产品的生产程序化、标准化，把燃料能源的成本控制到最低限度。

5. 菜单筹划管理

在餐饮产品的生产销售过程中，菜单起着重要作用。餐厅的主要产品是菜肴与食品，它们不宜过久存放，许多菜肴在客人点菜之前不能制作。酒店通过菜单把本餐厅的产品介绍给客人，通过菜单与客人沟通，客人只有通过菜单来了解菜肴的特点。因此，菜单成为餐厅销售餐饮产品的重要工具。菜单还成为酒店控制成本的重要工具。菜肴原材料的采购、菜肴的生产、服务人员进行菜肴产品的推销、酒店餐饮产品的效益，基本上都以菜单为依据。

（1）菜单的基本类别。根据菜单的不同划分标准，菜单有以下不同的分类。

①根据菜单价格形式分类。

a. 套餐菜单：根据客人的需要，将不同的营养成分、不同的食品原料、不同的制作方法、不同类型与价格的菜肴产品合理地搭配在一起形成套餐。套餐菜单上的菜肴产品的品种、数量、价格是固定的。套餐菜单的优点是节省了客人点菜的时间，而且在价格上也较为优惠。特别是现在许多酒店在套餐菜单上增加了不同档次和标准，方便客人进行选择。

b. 零点菜单：是酒店最基本的菜单。客人可根据菜单上列举的菜肴品种选择购买。一般酒店餐厅零点菜单的排列顺序按人们的进餐习惯排列，西餐是开胃菜类、汤类、沙拉类、主菜类、三明治类、甜品类等；中餐则以菜肴食品原料的内容排列，如冷盘、热菜、汤类、主食、酒水等。

②根据菜单特点（周期）分类。

a. 固定菜单：是指每天都提供相同菜品的菜单。它适用就餐客人较多，且客人流动性大的商业餐厅。许多风味餐厅、大众餐厅、吧房、咖啡厅和快餐厅都有自己的固定菜单，这种固定菜单一般是该餐厅经过精心研制并在多年销售过程中深受客人欢迎并具有特色的菜品品种。

b. 周期循环菜单：是指按一定天数周期循环使用的菜单。这些菜单上供应的品种可以是部分不同或全部不同，厨房按照当天菜单上规定的品种进行生产。它适用企事业单位长住型酒店的餐厅。周期循环菜单的优点是满足了客人对特色菜肴的需求，天天可以品尝新的菜肴产品，但餐厅应注意剩余食品原料的妥善处理。

c. 宴会菜单：是酒店与餐厅推销餐饮产品的一种技术性菜单。宴会菜单要体现酒店与餐厅的经营特色，根据不同季节和不同客源安排时令菜肴。宴会菜单要根据宴请对象、宴请特点、宴请标准、宴请者的意见随时制定。宴会菜单还可细分为传统式宴会菜单、鸡尾酒会式菜单、自助式宴会菜单等。

（2）菜单的设计管理。菜单作为酒店与客人沟通的媒介、餐饮产品推销的重要工具，应根据本酒店的经营特色进行精心设计，力求外观设计科学、内容清楚真实。在菜单设计中，一定要选择适合不同需求的字体，其中包括字体的大小和形状，如中文的仿宋体容易阅读，适合作为菜肴的名称和菜肴的介绍，而行书体或草书体有自己的风格，使用时应当谨慎。英语字体包括印刷体和手写体。

菜单质量的优劣与菜单选用的纸张质量有很大的关系。由于菜单代表了餐厅的形象，其光洁度和手感与菜单的推销功能有直接的联系，因此，纸张的选择应引起管理者的高度重视。一次性使用的菜单应选用价格较低的纸张；对于使用周期较长的菜单，应选用耐用性能较好或经过塑料压膜处理过的纸张。菜单的颜色具有增加菜肴推销的作用，使菜单更具有吸引力。鲜艳的色彩能够反映餐厅的经营特色，而柔和清淡的色彩使菜单显得典雅大方。除非菜单上带有图片，否则菜单上使用的颜色最好不要超过 4 种。色彩种类太多会给客人留下华而不实的感觉，不利于菜肴的营销。同时，为增加菜单的营销功能，可适当配备必要的照片与文字，这将会产生更好的效果。

菜肴的命名应注意贴切、易懂，特别是中文菜单要能够反映原材料的配制、菜肴的形状、菜肴产生的历史渊源、菜肴名称的寓意。如果能将一些特色菜的配料、营养成分、烹制方法加以简单的介绍，将会产生更好的效果。

设计菜单时应注意，有的餐厅经常只换内页而不注意更换封面，时间久了，菜单封面就会肮脏破旧，影响客人的情绪和食欲。因为许多客人会从菜单的整洁美观上来判断餐厅菜肴的质量。同时，菜单上的菜肴切忌按价格的高低来排列，否则客人会根据菜肴价格来点菜。按照一些餐厅的经验，把餐厅重点推销的菜肴放在菜单的首尾，或许这是一种比较好的办法，因为许多客人点的菜肴里总有菜肴排列在菜单的首尾部分。

菜单策划设计的关键还要货真价实，不能只做表面文章。菜单设计得非常好，但与菜肴的实际内容不相符合，菜肴质量达不到菜单所介绍的标准，只会引起客人的不满而失去客人。

项目小结

本项目主要阐述了酒店一线对客服务部门的运营管理工作。酒店的一线服务部门主要包括客房部、前厅部、餐饮部等直接给客人提供服务的部门。酒店客房部主要以给客人提供清洁、干净的客房和保持整个酒店的清洁为主；酒店前厅部是酒店经营管理工作的中枢机构，其主要负责客人入住登记、接待等工作，以保证酒店客房产品的最终销售工作得以顺利完成；酒店餐饮部给客人提供美味可口的餐饮产品和优质的餐饮服务。这些部门工作的好坏，将直接影响整个酒店对客服务的质量，整个酒店的声誉，最终也将影响酒店的经营业绩。

复习与思考题

一、名词解释

1．酒店大堂经理
2．客房确认类预定
3．固定菜单

二、简答题

1．客房设备用品管理包括哪几个方面？
2．客房预订业务的程序通常由哪几个阶段构成？
3．餐饮管理的职能主要有几个方面？

三、论述题

1．试述前厅主要的接待业务工作。
2．试述客房预订的种类。
3．试述客房部接待服务工作，围绕客人的到店、居住、离店三个环节。

项目四

酒店营销部门的运营管理

学习导引

本项目主要介绍了酒店是如何进行市场营销管理的。酒店的市场营销是指酒店企业为了让目标顾客满意，并实现酒店的经营目标，在“4P”策略基础上而展开的一系列有计划、有步骤、有组织的活动。它是现代酒店企业经营的一项主要工作。

学习目标

1. 了解酒店市场营销部的组织机构与岗位设置。
2. 掌握酒店市场营销部在酒店中的地位与作用。
3. 掌握酒店市场营销部的工作特点和范围。
4. 掌握酒店市场营销中的不同策略组合。

案例导入

香格里拉的营销理念

香格里拉酒店集团是亚洲酒店业的龙头，是世界酒店业的后起之秀，其骄人业绩的获得与其自始至终坚持的营销理念息息相关。香格里拉酒店集团创始于20世纪70年代，自1972年首家酒店在新加坡正式归属郭氏集团以来，20年间其酒店规模已有40多家，经营范围覆盖东南亚、东亚及北美地区，尤其令人称颂的是在每年评选的世界十大酒店排行榜上，每次都有多家香格里拉酒店入围。

在香格里拉的营销理念中，顾客为重、员工利益为重及领导行业潮流是其重要组成部分。为了使其经营理念融入经营体系，酒店集团开展了系列化的培训活动和服务体系的完善活动，包括“超值服务”“殷勤好客亚洲情”及新近推出的“金环计划”等。为了配合这些理念酒店又针对住店客人需求，进一步推出了服务中心的概念，将原来的分散服务变为高效便捷和顾客亲切化的集中服务。同时，推出了许多针对回头客的常客优惠计划，包括给予常客的价格优惠、客房升级优惠、免费机场接送、免费洗衣服务等。

在香格里拉的营销理念中，保持与顾客的联系，建立长期稳固的业务关系是其最根本的层面。香格里拉酒店集团认为，当顾客的合理需求与酒店现行的服务程序和政策发生矛盾时，酒店应该以顾客的需求满足为原则；当满足顾客的需求将给酒店带来一定的经济损失时，酒店员工应该考虑的不仅是客人此次能为酒店创造的利益，而且更应考虑赢得顾客忠诚而带来顾客的终身价值。

任务一　酒店市场营销部的组织机构、岗位设置与工作任务

酒店的市场营销是指酒店企业为了让目标顾客满意，并实现酒店的经营目标，在“4P”（产品、价格、渠道、促销）策略基础上而展开的一系列有计划、有步骤、有组织的活动。它是现代酒店企业经营的一项主要工作。酒店营销的出发点是创造客人，酒店营销的重点是不断达成供求双方之间的交易行为和过程。酒店营销的目的是使供求双方满意。

一、酒店市场营销部及其地位和作用

酒店市场营销部是酒店全面负责制定、实施和管理市场营销策略和行动的组织机构。在酒店业的经营实践中，对这类组织所赋予的称谓可能不尽相同，例如，市场营销部、市场销售部、市场开发部、销售部、销售公关部、营销部等。但不管其称谓如何，只要其全面负责和管理酒店的市场营销工作，都是酒店营销组织。其设置是根据酒店的具体情况及特殊需要而定的，与酒店的规模有密切的关系。一个小型酒店也许只有一个人负责营销工作，没有专职的营销部门，而一个大型酒店需要较多的专职营销人员和营销机构，营销机构的规模可能大而齐全，下设客房销售、餐饮销售、公关部、广告部、营销办公室等。另外，酒店营销组织还与酒店经营范围有关，如果酒店不经营会议业务，就不必设会议推销部。

（一）市场营销部在酒店中的地位

市场营销部在酒店经营管理中，通常起龙头作用。在酒店各部门中，它是总经理经营决策所必需的顾问参谋和信息中心，负责酒店对内、对外形象的创立与维护，同时也是负责酒店市场调查研究和推销的职能部门。

市场营销部同酒店一线各部门有着直接的联系，在部门之间开展具体经营活动中常常是协调关系，在客人接待方面，是下达计划指令与执行计划指令的关系。

（二）市场营销工作的作用

在市场调查的基础上，确定目标市场。根据目标市场的需求，策划与建议酒店各部门推出适应客人需求的产品，包括创新产品。

根据市场细分，选择酒店最佳的产品组合、营销渠道，制定营销目标、阶段性营销计划和具有市场竞争力的房价，追求最大的营销量和最高的平均房价及两者的最佳组合，使酒店获得最佳的经济效益。

及时收集旅游市场信息，注重酒店内部接待、促销过程中的信息反馈，定期向酒店营销会议报告各种发展动态，汇总情况，并做好各种市场预测。

二、酒店市场营销部的组织机构与岗位设置

（一）酒店市场营销部的组织机构

1. 组织机构

一般中、小型酒店销售部与公关部设置在一起，大型酒店则将市场销售部和公关部单独设

置。一般酒店市场营销部编制为 9 ～ 10 人。文员负责客史资料、档案管理和秘书工作。公关部设 2 ～ 3 人。团体销售及散客销售视酒店实际情况而定，哪一种比较重要就相应地增加哪一方面的营销力量，图 4.1 所示为酒店市场营销部人员组成。

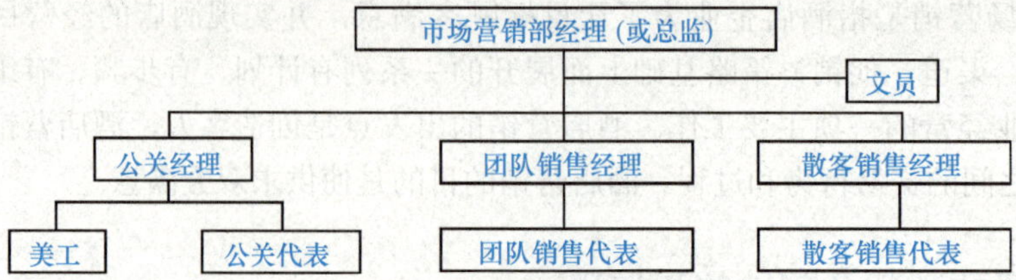

图 4.1　酒店市场营销部人员组成

2. 组织机构设置的注意事项

有些酒店将宴会营销划归市场营销部，而有些酒店将其划归餐饮部，并无固定模式。在实际工作过程中，如将宴会营销划归市场营销部，则对于一些既订客房，又订餐饮的顾客考虑包价更为简便易行，在完成客房、餐饮两类指标上更易协调。因为这属于内部协调，而划归餐饮部涉及部门之间的协商。宴会营销划归餐饮部的优点是在菜肴等方面更易满足客人的要求，只需通过与厨房的内部协调即可。

（二）酒店市场营销部的岗位设置

酒店市场营销部具体岗位设置如下：

（1）市场营销部经理（或总监）；

（2）团队销售经理；

（3）团队销售代表；

（4）散客销售经理；

（5）散客销售代表；

（6）公共关系代表；

（7）美工；

（8）文员。

三、酒店市场营销部的工作特点及范围

（一）酒店市场营销部的工作特点

1. 贯彻总经理的营销意图

在总经理的领导下，市场营销部全面负责酒店营销工作，这就需要部门员工认真领会和贯彻总经理的营销意图，使营销策略符合酒店总体的长期经营策略。

2. 与各部门的合作性

作为酒店中一个专门招徕顾客的部门，市场营销部的工作需要依靠酒店各部门的合作，因此，市场营销部必须与酒店各部门保持良好的合作。

3. 对各部门工作的指导性

由于营销活动需要关注顾客从入住登记到结账离店全过程的服务和反映，并借此来获取最全面、最详尽的信息，这便决定了市场营销部对其他各部门的工作具有指导性，围绕顾客满意

这一最终目标，可帮助其他各部门随时改进和完善服务。此外，酒店市场营销部也是酒店内信息来源最为广泛的部门，搜集从各种渠道传来的信息，对酒店经营策略的调整和正确决策也起重要的作用，从而也影响各部门的工作调整和改善等。

（二）酒店市场营销部的工作范围

（1）与有关旅行社、旅游公司、外贸公司、金融机构、学术团体及其他社会团体、经济实体和机构进行洽谈，签订住房合同及其他各类合同。

（2）走访旅行社、旅游公司及其他旅游中间商，与他们保持良好的关系，积极宣传自己酒店的产品和服务，以提高酒店的知名度，为旅游者所信赖和接受。

（3）制定客房的各类价格标准，包括门市房价、包间价格、长包房价格、淡季客房推销价格、特殊促销活动价格，制定价格的折扣、价格的调整策略，并制定预订金、佣金的标准和支付方法等。

（4）策划特别促销活动，如策划情人节、母亲节、成人节、父亲节、圣诞节、春节、各种食品节的促销活动等。

（5）进行人员推销，争取提高客房出租率、会议设施使用率。

（6）安排团体客人的食宿及其他事宜。

（7）参加国际、国内旅游博览会、旅游展销会，借机扩大酒店的影响，争取直接预订。

（8）建立海外营销办事处或营销代理机构。

（9）选择与加入酒店预订网络。

（10）发送往来业务信函、电报、电传、传真，回答客户关于酒店的价格、产品和服务等的询问，向旅行社报价，有可能的话，酒店自行组团等。

任务二　酒店市场营销的策略运用

我们把影响酒店经营的各种因素划分为两大类：一类是不可控因素，主要是指各种经营环境影响因素；另一类是可控因素，包括酒店的产品和服务、价格、销售方式和销售渠道、销售促销等因素。酒店的市场营销策略运用，就是对酒店可控因素进行最佳组合和运用，以适应市场环境不断变化的营销战略。市场营销组合的基本要求及目的就是要用最合适的酒店产品及服务、最合适的价格、最合适的销售方式和渠道、最合适的促销方法及最佳的组合，更好地满足客人的需求，以取得最佳的经济效益和社会效益。有关酒店市场营销策略组合的分类理论有很多，最著名的为美国学者麦克塞斯的“4P”分类方法，他把市场营销组合的因素分为产品（Product）、价格（Price）、渠道（Place）、促销（Promotion）4 个方面，简称为市场营销组合的“4P”战略。这 4 个因素的不同组合及变化，必须适应酒店经营环境的变化要求，从而产生出许多的营销组合策略。

一、酒店市场营销中的产品策略

（一）酒店产品的概念和层次

酒店市场营销学中的酒店产品是指顾客参加酒店活动整个过程中所需产品和服务的总和，

是具有以提供酒店服务为核心利益的整体产品。

酒店市场营销管理者应理解酒店产品的5个层次并对其进行运用。酒店产品包括基本服务与扩展服务，它们共同组成服务产品策略。基本服务是服务产品赖以存在的基础，扩展服务是使基本产品区分于竞争者产品的操作部分。酒店市场营销的起点在于如何从整体产品的5个层次来满足顾客的需求。

对酒店产品5个层次的理解由内层到外层依次进行，越内层的越基本，越具有一般性；越外层的越能体现产品的特色。由此，第一层次是最基本层次，是无差别的顾客真正所购买的服务和利益，实际上就是酒店对顾客需求的满足。也就是说，酒店产品是以客户需求为中心的，因此，衡量酒店产品的价值，是由顾客决定的，而不是由酒店决定的。第二层次，抽象的核心利益转化为提供这个真正服务所需的基础产品。第三层次，需要考虑的便是期望价值，这里的期望价值是顾客购买酒店产品时希望并默示可得的与酒店产品匹配的条件与属性。第四层次是附加价值，是指增加的服务和利益。这个层次是形成酒店产品与竞争者产品的差异化的关键，"未来竞争的关键，就在于其产品所提供的附加价值"。第五层次是潜在价值，是指酒店产品的用途转变，由所有可能吸引顾客的因素组成。

（二）酒店产品的构成要素

1. 地理位置

地理位置的好坏意味着交通是否方便，周围环境是否良好。有的酒店位于市中心、商业区，也有的位于风景区或市郊，不同的地理位置构成了酒店产品某些不同的内容。

2. 建筑

建筑式样会影响顾客对酒店的选择，因此，酒店的建筑也成为酒店产品的构成要素之一。

3. 设施

设施包括客房、餐厅、酒吧、功能厅、会议厅、娱乐设施等。酒店设施在不同的酒店类型中，其规模大小、面积、接待量和容量也不相同。而且这些设施的内外装潢、体现的气氛也不一样。酒店设施是酒店产品的一个重要组成部分。

4. 服务

服务包括服务内容、方式、态度、速度、效率等，各种酒店的服务种类、服务水平是不可能完全相同的。

5. 价格

价格既表示酒店通过其地理位置、设施与设备、服务和形象给予客人的价值，也表示客人从价格中认识到产品的不同质量。

6. 氛围

酒店的硬件和服务人员的行为共同构成了酒店的氛围，直接影响顾客的消费行为。

（三）酒店产品的组合

大多数客人进酒店不是来消费分类产品的，而是分类产品的组合。虽说整体产品代表了酒店的整体功能，但客人往往只是根据自己的需要选择其中若干项的组合。因此，对酒店来说，要考虑产品的有效组合。

产品组合由酒店产品的广度、长度、深度和一致性所决定。广度是指酒店共有多少项分类产品，如客房、餐饮、商场、桑拿房、游泳池、网球场、舞厅、健身房等。长度是指每一项分类产品中可以提供多少种不同项目的服务，如餐饮有咖啡厅、吧房、粤菜厅、川味厅等。深度是指每一项目中又能提供多少品种，如上述各餐厅能提供的菜肴、酒类和饮料的品种。一致性是指各分类产品的使用功能、生产条件、销售渠道或其他方面关联的程度。一致性并不是一个固定的概念，从不同角度来看会产生不同的评价。例如，对酒店而言，客房与餐饮在生产条件上绝不存在一致性，但从销售渠道上可能有较好的一致性。在价格与服务上更能达到一致，比如住店 3 天以上的客人免费提供自助早餐等。酒店在以上 4 个方面根据市场需求形式不同组合的“局部产品”，将是增加客源和提高收益的一个重要方法。

从数学角度讲，广度、长度和深度的内容越多，组合出来的局部产品就越多，但这并不一定是经济有效的。产品越多，成本越高，投入的服务越多，质量也越难保证。因此，酒店一定要视实际可能来确定组合规模。现在许多酒店在基础条件不足、财力拮据、服务质量还很低的情况下，一味追求攀“星”升级，不断增加新的设施项目，致使酒店经营难以收到预期的效果。

客人的需求是无限的，酒店的能力永远是有限的，如何在这“无限”与“有限”之间找到一个最佳的结合点，这才是酒店经营者的任务。

（四）酒店产品的设计要点

目前，全世界同类产品的竞争往往表现在两个方面。一是表现在对核心产品的准确认识上。假如顾客乘飞机需要的是经济舱，你设计出的是头等舱，那么，就不会有顾客来订机座；反过来顾客需要的是头等舱，你设计出的是经济舱，你既不能使顾客满意，又损失了赚大钱的机会。二是适当地扩大附加产品。酒店增加附加产品的目的，往往是使顾客获得意外的惊喜，如酒店的宾客可在傍晚时，在他们的床头发现一块巧克力薄荷糖，或者一只小水果篮。正如许多酒店经理常说的那样，要用宾客所喜欢的特殊方法来为宾客服务。

这里需要注意的问题是，这些增加的附加产品也会增加成本支出，营销者必须考虑顾客是否愿意为享受这些附加产品而增加支出。一种情况是原来的附加产品很快会变成顾客预期的利益，如现在宾客都期望在酒店客房里有闭路电视、化妆品盘。这意味着想保持优势的酒店必须不断寻找更多的附加产品来与对手拉开差距。另一种情况是随着一些酒店提高了具有许多附加利益的产品价格，一些酒店又返回到用更加低的价格提供更加基本的产品上去的策略。以美国酒店业为例，伴随着追求尽善尽美的四季酒店、威斯汀酒店和凯悦酒店的发展，我们看到费用较低的酒店也在迅速发展，如红屋顶客栈、汽车旅馆和汉普顿旅馆等。住这些酒店的顾客只需要有可过夜的住宿服务，最多再加上早餐服务。

成功的酒店产品设计要点可以概括为以下 5 条原则：产品便于使用；顾客买得起这一产品；产品便于代理商，如旅行社销售；具有良好的售后服务系统，如质量保证系统；产品也易于被酒店提供出来。

（五）酒店产品设计的具体内容与方法

1. 酒店产品质量的设计内容与原则

（1）酒店产品质量的设计内容。简单地说，就是酒店消费者能享有他们所购买的标准可靠和舒适方便的住房、食品等产品和其他服务，以满足他们生理和心理上两个方面的需要。具体包括酒店的建筑、装潢、设备、设施条件和维修保养、清洁卫生状况、管理水平和服务质量等各个方面。

（2）酒店产品质量设计的原则。酒店产品质量设计的原则包括适合性与适度性两个方面。

酒店产品质量设计的适合性是指酒店的建筑、装潢、设备、设施条件和维修保养、清洁卫生状况、餐饮、客房管理水平和服务质量等要适合酒店各类目标客源的要求。

酒店产品质量设计的适度性是指根据目标客源的等级要求即付费标准，以合理的成本，为目标客源提供满意的具有适度质量的酒店产品，以实现酒店产品长期利润最大化的目标。在这里，如果有些质量不是目标客源付费所要求的，那就是多余的质量，应省去。

值得注意的是，适合的质量与适度的质量这两者又是紧密联系在一起的。“适合”强调要投顾客需要类型之好，“适度”强调要投顾客需求等级之好，这两者都是在使顾客满意的基础上，为实现酒店长期利润最大化的目标服务的。

2. 酒店产品功能的设计方法

一种产品可以附加不同的功能。不附加额外功能的产品被称为裸体产品，它是任何一种产品发展的起点。酒店也可通过增加更多的功能来创造较高等级的产品，同时，增加功能也是取得竞争性优势的一种重要手段。

那么一种产品应该有多少种功能？酒店应定期对顾客进行调查，调查的问题如下：

（1）你喜欢这一产品吗？

（2）这种产品的哪一种功能你最喜欢？

（3）我们可以通过增加什么样的功能来改进这一产品？

（4）你愿意为增加的功能支付多少钱？

这些问题的答案可以为酒店提供改进产品功能作参考。酒店可以从增加费用与增加顾客利益两个方面对某一功能进行评价。

现代酒店有两种基本功能：一种是经济功能。这就是要在满足顾客需要，不断维持与扩大客源时或提高客源质量的同时，使酒店的长期利润最大化。另一种是效用功能。这就是要在合理的价格与成本限制下，尽可能多地满足不同目标顾客的各种欲望，解决他们的各种需求问题。

这里需要进一步注意以下两个问题：一是合理的价格与成本限制；二是尽可能多地满足不同目标顾客的各种欲望，解决他们的各种需求问题。

显然，酒店作为产品的效用功能要服从于酒店的经济功能。由于酒店的建筑与装修是为了更好地发挥与完成酒店产品的效用功能服务的，因此，它也要服从于酒店的经济功能。

（六）酒店产品的评价与筛选

酒店产品投入市场并非产品设计过程的终结，酒店还应对产品进行定期的检查与评价，从中选出畅销及经济效益好的产品和具有发展前途的产品，并淘汰滞销及经济效益差的产品和没有发展前途的产品。酒店评价与筛选产品一般采用四象限评价法、矩阵评价法或产品生命周期评价法对现有产品进行分析和评价。具体酒店产品的评价与筛选方法，可参阅酒店市场营销教材。

二、酒店市场营销中的价格策略

影响酒店服务产品定价的因素主要有 3 个方面，即成本费用、市场需求和市场竞争。成本费用是酒店产品价值的基础部分，它决定着酒店产品价格的最低界限，如果价格低于成本，酒店便无利可图；市场需求影响顾客对酒店产品价值的认识，这种认识决定着酒店产品价格的上限；市场竞争状况调节着价格在上限和下限之间不断波动的幅度，并最终确定酒店产品的市场价格。值得强调的是，在研究酒店服务产品成本、市场供求和竞争状况时，必须同酒店服务的基本特征联系起来进行研究。

（一）酒店定价目标

酒店在定价以前，要考虑一个和酒店总目标、市场营销目标相一致的定价目标，作为定价的依据，传统定价目标一般有最大利润、投资回报、市场份额、社会目的、多重目的、非战略的战术等。综合来看，主要分属两类定价目标：利润导向目标和数量导向目标。前者强调从组织的资源及劳动力的投资中获取高额的利润，后者更为注重提供更多的服务数量或拥有更大数量的顾客。

1. 定价原则

（1）生存。在不利的市场条件下，为确保能生存下去的定价，可能会放弃一些利润。

（2）利润最大化。利润最大化为保证一定时期内取得最大利润的定价。这一时期是与服务生命周期有关的。

（3）销售最大化。销售最大化为占据市场份额而定价。这可能包括最初用亏损销售以赢得最大的市场份额。

（4）信誉。信誉是希望用定价确立其独占者的地位。星级酒店和大型商场就是典型例子。

（5）投资回报。投资回报是基于实现所期望的投资回报价而定价。

2. 两类定价目标

（1）利润导向目标。利润导向目标包括最大利润目标、投资回报目标和适当利润目标。

①最大利润目标。最大利润目标是指酒店希望获取最大限度的销售利润或投资收益。以追求最大利润为定价目标的有很多。追求最大利润是指酒店长期目标的总利润，如酒店可以有意识地牺牲一些容易引起人们注意的酒店产品的价格，借以带动其他酒店产品的销路，甚至可以带动高价、高利润酒店产品的销路。最大利润目标并不等于最高价格，且并不必然导致高价，产品价格过高，迟早会引起各方面的对抗行为，人们很难找到高价垄断能维持很长时间的例子。

②投资回报目标。投资回报目标就是酒店把预期收益水平，规定为投资额或销售额的一定百分比，称为投资收益率或投资回报率。定价是在成本的基础上，加入了预期收益。这样，酒店要事先估算，酒店产品按什么价格、多长时间才能达到预期利润水平。采用这种定价目标的酒店，应具备两个条件：第一，该酒店具有较强的实力，在行业中处于领导地位；第二，采用这种定价目标的多为新产品、独家产品以及低单价高质量的标准化产品。

③适当利润目标。适当利润目标是酒店为保全自己、减少风险，或者囿于力量不足，满足适当利润作为定价目标。比如按成本加成法决定价格，就可以使酒店投资得到适当的收益。而“适当”的水平，则根据市场可接受程度等因素有所变化。

（2）数量导向目标。数量导向目标包括最大销售额、满意销售额、维持或争取市场份额、吸引主要的早期使用者、市场渗透率，以下两种为代表。

①以销量最大化为定价目标。销量最大化包括增加服务产品的销量，从而争取最大的销售收入。采用此种目标的酒店有大也有小。每个酒店对本酒店在市场中的所占份额是容易掌握的，因而，以此作为保持或增加份额的定价目标和依据，比较切实可行。

②以适应竞争，争取尽可能多的顾客数量为定价目标。大多数酒店对竞争者价格都很敏感，定价前更多方搜集信息，把自己产品的质量、特点同竞争者的产品进行比较，然后做出不同抉择：以低于竞争者的价格出售；以与竞争者相同的价格出售；以高于竞争者的价格出售。市场存在领导者价格时，新的酒店要进入市场，只有采用与竞争者相同的价格。一些小企业因生产、销售费用较低，或一个企业着力提高市场占有率，定价会低于竞争者。

3. 酒店价格的构成

从酒店经营者角度考虑，酒店价格应在扣除自己所支付的一切成本和费用以后还可获得利润。这样，酒店经营者价格是由该商品的成本加利润构成的。这种商品的价格构成：

酒店商品的经营者价格 = 成本 + 利润

这里的成本包括酒店会计科目上的经营成本、经营费用与管理费用。

（二）酒店定价方法

1. 基于企业视角的成本导向定价法

基于企业的视角，以产品的经营成本为基础的定价方法，即产品的价格由产品的经营成本加上产品的利润而构成，主要包括成本加成定价法和目标收益率定价法。

（1）成本加成定价法。成本加成定价法是指酒店按服务过程中耗费的直接成本、分摊的间接费用和边际利润进行定价。其计算公式如下：

定价 = 直接成本 + 间接成本 + 利润加成

直接成本或直接费用是指酒店服务过程中消耗的原材料、能源和直接人工。间接成本是指酒店服务过程中分摊的固定资产折旧费、管理费和租金、保险费等。

利润加成是指按成本（直接成本 + 间接成本）的某一个比例计算的利润目标。

餐饮产品的定价基本采用以成本为导向的定价方法，有两种：一种是销售毛利率定价法，又称为内扣毛利率定价法；另一种是成本毛利率定价法。

①销售毛利率定价法。销售毛利率定价法，是以商品的销售价格为基础，按照毛利与销售价格的比值计算价格的方法。由于这种毛利率是由毛利与售价之间的比率关系推导出来的，因此，称为销售毛利率定价法，其计算公式如下：

商品理论售价 = 原料总成本 ÷（1- 销售毛利率）

【例 4.1】 鲜百合炒肾球：用鲜百合 100 克，肾球 100 克，配料 50 克。其中，鲜百合进价每 500 克为 6 元，起货成率是 95%，无副料值；鸭肾每 500 克进价是 13 元，起货成率是 85%，无副料值；配料成本和调味成本共计 2 元，销售毛利率是 53.3%，这个品种的理论售价是多少？

解：第一步，计算原料总成本：

鲜百合起货成本 = [（6÷95%）×（100÷500）] 元 =1.26（元）

鸭肾起货成本 = [（13÷85%）×（100÷500）] 元 =3.06（元）

第二步，代入公式：

商品理论售价 =（1.26+3.06+2）÷（1-53.3%）= 13.53（元）

答：鲜百合炒肾球的理论售价是 13.53 元。

②成本毛利率定价法。成本毛利率定价法，又称为外加毛利率定价法，是指以品种成本为基数，按确定的成本毛利率加成本计算售价的方法。由于这是由毛利与成本之比的关系推导出来的，所以称为成本毛利率定价法。其计算公式如下：

商品理论售价 = 原料总成本 ×（1+ 成本毛利率）

【例 4.2】 荔茸鲜带子：用荔茸馅 150 克，鲜带子 6 只，菜心 100 克。其中荔茸馅每 500 克为 8 元，鲜带子每只 2 元，菜心每 500 克为 0.6 元，起货成率 30%，无副料值；调味成本是 1 元，成本毛利率是 41.3%，这个菜肴商品的理论售价是多少？

解： 第一步，计算原料总成本：

鲜带子起货成本 =2×6=12（元）

荔茸起货成本 =（150÷500）×8=2.40（元）

菜心起货成本 =（0.6÷30%）×（100÷500）=0.40（元）

第二步，代入公式：

商品理论售价 =（12+2.40+0.40+1）×（1+41.3%）=22.33（元）

答：荔茸鲜带子的理论售价是 22.33 元。

注意，这里计算出来的只是理论售价，或者只是一个参考价格，因为在实际操作中，还要根据该品种的档次及促销因素来最后确定品种的实际售价。

（2）目标收益率定价法。目标收益率定价法是根据总成本和估计的总销售量，确定一个目标收益率，作为核算定价的标准。其计算公式为

$$单价=\frac{固定成本+单位变动成本\times产品数量+目标利润}{产品数量}$$

目标收益率定价法具有易于使用的优点，并为酒店制定房价提供了指南，但这种方法没有考虑市场需求的程度和宾客的心理，不能适应不同细分市场需求。因此，在实际生活中，只能把目标收益率定价法作为制定价格的出发点。

酒店房价定价的千分之一定价法和赫伯特定价法以及菜肴定价时使用的计划利润法，都是这种定价法的形式。

①千分之一定价法。千分之一定价法是指房价为平均每间客房建筑造价的千分之一。其计算公式为

$$每日客房价格=\frac{酒店建造总成本}{酒店客房总数}\div 1\ 000$$

例如，酒店有 100 个房间，总投资 200 万美元，那么，200 万美元的 1/1 000 是 2 000 美元，即为 100 个房间的总价格，而每个房间的平均价格是 20 美元。千分之一法是在假定酒店平均开房率为 70% 的条件下制定的。在这种条件下，单房租收入就有足够可能赚取酒店毛利中的 55%，扣除其他费用后，房租收入可以使酒店每年还本 6%。

需要说明的是，用千分之一定价法计算出来的房价是每日客房的平均价格，实际每间客房的价格可以有差别，有的高于它，有的低于它，但平均价格不能低于此数。千分之一定价法的实际经济含义：通过 3 年左右的经营，建造总成本应通过客房的销售额收回来。

②赫伯特定价法。赫伯特公式是由 20 世纪 50 年代美国旅馆和汽车旅馆协会主席罗伊 • 赫伯特主持发明的。其实质就是以目标投资回报率这个经济指标作为定价的出发点，预测酒店经营的各项收入和费用，测算出计划平均房价。这个公式的定价原理：计划投资回收率指标与投资额相乘，就是要求获得的净利润。客房应获得的销售额，连同其他部门的经营利润一起扣除支付酒店管理费用和其他各项营业费用外，还必须包括要求的净利润，即

$$客房部需要达到销售额=酒店总投资\times目标投资回收率+酒店管理营业费用-其他部门经营利润+客房部经营费用$$

根据客房部需要达到的销售额和预测客房出租率，便可算出计划平均房价：

$$计划平均房价=\frac{客房部需要达到的销售额}{可供出租客房数\times计划期天数\times预测出租率}$$

下面试以一家800间客房的酒店为例，说明如果要获取15%的投资回收率，如何运用赫伯特公式来测算平均房价。

目标投资回收率	15%
总投资额	80 000 000 元
目标净利润	15 000 000 元
折旧	8 500 000 元
建筑物	5 000 000 元
家具、设备用具	3 500 000 元
税金和保险	3 000 000 元
税金	2 500 000 元
保险	500 000 元
行政管理和推销广告费用	15 500 000 元
维修与保养	2 530 000 元
热源、光源和动力	3 200 000 元
广告推销	2 700 000 元
行政管理	5 200 000 元
其他费用	1 870 000 元
减：餐饮部门利润	394 000 元
加：电话部门亏损	780 000 元
客房部经营费用	17 720 000 元
客房部要求达到的收入	57 106 000 元
可供出租客房数	800 间
计划期天数	365 天
预计客房出租率	75%
计划平均房价	260.76 元

客房部要求达到的收入=80 000 000×15%+8 500 000+3 000 000+15 500 000−394 000+780 000+17 720 000=57 106 000（元）

$$计划平均房价=\frac{57\ 106\ 000}{800\times365\times75\%}=260.76（元）$$

赫伯特法比千分之一定价法合理。使用这一方法时，酒店是根据计划的销售量、固定费用和需达到的合理的投资收益率来决定每天每间客房的平均房价。因此，由这个公式决定的房价是否合理，是由计算过程中所使用的各种假设是否有效和正确决定的。这种方法的缺点是客房部必须承担实现计划投资收益率的最终责任。但是，其他营业部门经济效率低，不应由高昂的、缺乏竞争力的房价来弥补，同样，其他部门的高额利润也不应成为制定过低房价的理由。此外，这个公式还有一个概念性的错误：它是根据预计的营业额来确定房价的，而价格又是影响营业额的一个重要因素。可见，这个公式是从盈利的需要出发的，而没有考虑顾客需求这个变动因素。

2. 基于顾客消费需求视角的需求导向定价法

需求导向定价法，是从顾客的需求出发，认为产品的价格应取决于顾客对产品的需求程度和对产品价值的认识程度。需求导向定价法主要包括理解价值定价法、区分需求定价法、心理定价法和声望定价法。

（1）理解价值定价法。理解价值定价法即根据顾客理解的价值，就是根据顾客的价值观念。这要求运用经营组合中那些价格因素影响顾客，如顾客心目中对酒店产品价值的印象，并根据顾客的价值观念制定相应的价格。

例如，一位消费者在商店的小卖部喝一杯咖啡要付 15 元，在一个小酒店就要付 25 元，而在大型酒店就要付 40 元，如果要送到酒店的房间内饮用，则要付 50 元。在这里，价格一级比一级高并非由成本所决定，而是由于附加的服务和环境气氛增加了顾客对商品的满意程度，而为商品增添了价值。

运用理解价值定价法的关键是，要将自己的产品同竞争对手的产品相比较，找到比较准确的理解价值。因此，在定价前必须做好营销调研，否则，定价过高或过低，都会造成损失。定价高于买方的理解价值，顾客就会转移到其他地方，销售量就会受到损失；定价低于买方的理解价值，销售额便会减少，同样受到损失。

理解价值定价法认为，某一产品在市场上的价格和该产品的质量、服务水平等，在宾客心目中都有特定的价值，销售的产品的价格和宾客的认知价值是否一致是产品能否销售出去的关键。因此，运用这种方法要做到两点：一是酒店产品的价格尽可能地靠拢宾客的认知价值。这需要运用各种市场调研手段及实销经验，尽可能全面地收集宾客对酒店产品价值的评价，从而为制定宾客可以接受的价格提供客观的依据。二是改变宾客的主观价值评价。这就需要运用各种市场宣传手段，改变宾客既定的价值评价，对酒店制定的现行价格认可。

（2）区分需求定价法。在产品成本相同或基本相同的情况下，根据消费者对同一种产品的需求效用评价差别来制定差别价格。它包括以下几种形式：

①区别对待不同顾客：同一产品或服务，对不同顾客价格不同。

②区别不同的产品形式：不同的产品形式成本不同，但酒店并不按各种形式产品的成本差比例规定不同的售价。

③区分不同的地点：在不同地点出售相同的产品和服务，虽然边际成本可能没有发生变化，但仍可制定不同的价格。

④区分不同的时间：可以在不同的季节、不同的日期，甚至不同的种类，规定不同的价格。

若要有效地实行区分需求定价法，需要具有一定的条件：

第一，市场能细分，而且不同的细分市场必须表现出不同的需求强度。

第二，低价细分市场的买主不能有机会向高价细分市场的买主转售。

第三，高价竞争几乎没有压低价格进行竞争销售的可能。

第四，分割市场和控制市场价需要的费用不能超过采用区分需求定价所能增加的营业额。

第五，差别定价不应引起顾客的反感，以免导致销售量和营业额的减少。

顾客是根据他们的经历、消费能力和意图来比较价格的。某一价格对于富有的顾客来说是低的，而对低收入的顾客而言被认为很高。同一旅客在不同时间到不同地点去旅行，对于同一价格也会有不同的反应。因此，制定不同的旅游价格，便于吸引不同类型的顾客。需求导向定价不再是以成本为基础，而是以宾客对产品价值的理解和认识程度为依据。

（3）心理定价法。针对消费者对产品价格的心理反应，刺激消费者购买更多的产品，这就是价格策略中的心理定价法。

①产品价格中的第一个数字最重要。宾客通常根据价格的第一个数字做出消费决策，他们认为，价格中第一个数字要比其他数字重要。例如，一般宾客认为29美元与31美元两种价格之差要比27美元与29美元两种价格之差大。因此，酒店比较愿意将某菜肴的价格从27美元提价至29美元，却不大愿将菜肴的价格从29美元调整至31美元。

②价格数字的位数应该尽量少一些。宾客对价格数字的位数是很敏感的。他们认为，99美元与101美元两种价格之差要比97美元和99美元两种价格之差大得多。因此，很多企业在给产品定价时，尽可能使商品的价格低于100美元或10美元，即尽可能减少价格数字的位数。这样制定的价格，就不大会引起顾客的抵触情绪。

③调价频率不宜过快，幅度不宜过大。调价过于频繁或调价幅度过大，会引起顾客的反感。通常每次菜肴的调价幅度应为2～5美分。快餐厅一年内调价次数不应超过3次。

④菜肴价格之差不应过大。如果菜单上菜肴的价格相差过大，宾客就会产生价格结构不合理的感觉，他们就可能会选择低价菜肴。

（4）声望定价法。酒店企业有意识地通过将某些产品的价格定得高些这一手段，来提高产品和企业的档次与声望，此即声望定价法。

豪华产品的定价，特别是如果曾有名人消费过此类产品，则定以高价，这既提高了产品的身价，又衬托出消费者的身份、地位和能力，给人们以自我实现的心理满足。著名作家J.K. 罗琳（J.K Rowling）在位于英国苏格兰首府爱丁堡市的Balmoral酒店，完成了哈利·波特系列的最后一本书，她所住的套房也被冠以J.K. 罗琳套房。意大利威尼斯Gritti宫廷酒店的总统套房，也因海明威入住过，而被冠以海明威套房。这些酒店客房皆借着名人声望，以不菲价格对外出租，也受到这些名人粉丝们的青睐。

3. 基于市场视角的竞争导向定价法

竞争导向定价法，是以市场供求竞争为准绳，定价时主要以竞争对手的价格为考虑因素，其特点是只要竞争者的价格不动，即使成本或需求变动，价格也不动；反之亦然。

（1）领头定价法。如果所制定的价格能符合市场的实际要求，采用领头定价姿态的，即使在竞争激烈的市场环境中，也是可以获得较大收益的。

（2）随行就市定价法。随行就市定价法根据同一行业的平均价格或其直接对手的平均价格决定自己的价格。他们认为，市价反映了行业集体智慧，因此，随行就市定价法能使本酒店获取理想的收益率。

（3）追随定价法。在酒店市场上，一些有名望、市场份额占有率高的酒店往往左右着酒店价格水平的波动，在一些多少存在着酒店集团有点垄断性的市场上，它们的价格决策往往影响更大。精明的酒店市场营销人员在激烈的竞争中会用眼睛时时盯着别人，特别是竞争对手，以及对市场价格起主导作用的酒店动向。

竞争导向定价法中采用最普遍的是追随定价法。之所以普遍，主要是因为许多酒店对于宾客和竞争者的反应难以做出准确的估计，自己也难以制定出合理的价格，于是追随竞争者的价格，你升我也升，你降我也降。在高度竞争的同一产品市场上，宾客，特别是大客户旅行社对酒店的行情了如指掌，价格稍有变化，宾客就会涌向价低的酒店。因此，一家酒店降价，其他酒店也追随降价，否则便要失去一定的市场份额。针对一个产品不能储存的行业来说，竞争者之间的相互制约关系表现得特别突出。相反，竞争对手提高价格，也会促使酒店做出涨价的决策，以期获得较高的经济效益。

三、酒店市场营销中的渠道策略

（一）酒店销售渠道的含义与模式

1．酒店销售渠道的含义

酒店销售渠道是促使把酒店服务产品交付给顾客的一整套的相互依存、相互协调的有机性系统组织。在酒店市场营销中，为了获得竞争优势，应寻找酒店产品分销商，扩大和方便顾客对酒店服务产品的购买。该过程涉及参与从起点到终点之间流通活动的个人和机构。

酒店销售渠道按照其到顾客手中是否经过中间商可分为直销服务渠道和经过中间商的服务渠道。

2．酒店销售渠道模式

在产品和服务从酒店转移至宾客的过程中，任何一个对产品和服务拥有所有权（使用权），或负有推销责任的机构和个人，就称作一个渠道层次，渠道层次的构成即销售渠道模式。

酒店销售渠道模式如图 4.2 所示。

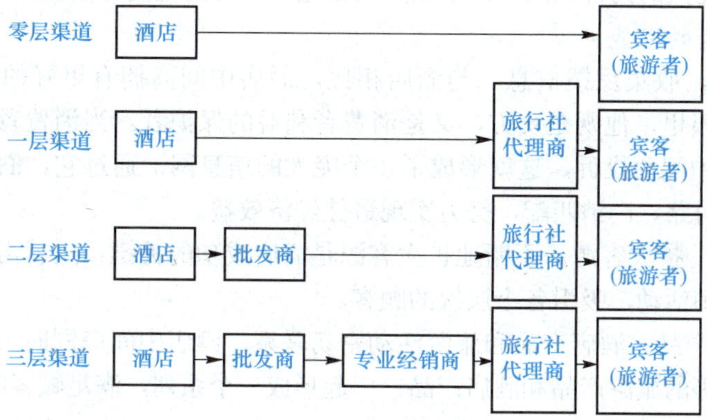

图 4.2　酒店销售渠道模式

（二）酒店销售渠道的特点和作用

1．酒店市场直销方式的特点

直销是指不经过中间商，而直接向最终顾客提供酒店服务的过程，其特点如下：

（1）对服务的供应与表现，可以保持较好的控制，若经由中介机构处理，往往造成失去控制的问题。

（2）实现真正个人化服务方式，能在其他标准化、一致化以外的市场，产生有特色的服务产品，使服务产品具有差异化。

（3）可以直接反馈同顾客接触时，顾客需求的变化，也可以快速反馈对竞争对手产品内容的意见。

（4）在应对某一特定专业个人的需求（如著名的辩护律师）时，公司业务的扩充便会遇到种种问题。

（5）采取直销方式有时便意味着局限于某个地区性市场，尤其是在人的因素所占比重很大的服务产品中，更是如此。因为，此时不能使用任何科技手段作为酒店与顾客之间的桥梁。

2. 酒店中间商的作用

酒店也经常通过中介机构来销售酒店服务产品，这些中介机构便是中间商。酒店市场中间商将酒店与酒店客户连接起来，这也意味着他们将介入酒店的销售工作，同时在很大程度上影响着酒店的产品销售。

（1）酒店中间商起着沟通酒店与顾客的作用。消费者是“上帝”，而“上帝”对本酒店生产的产品感觉如何呢？这需要酒店花大力气去调查和研究。例如，对一个酒店产品，参加者是否觉得安排合理？对它的服务，顾客是否满意？这些问题对酒店的生存发展至关重要。而酒店要生产、要销售、要调研市场，精力难免有限，此时如果有一些优秀的酒店中间商，他们就能及时地汇总顾客的意见和建议，转达给酒店，以达到提高酒店产品质量的目的。

（2）参与酒店市场经营活动，如市场调研、市场预测、促销活动。因为酒店中间商一般都拥有自己的消费者，所以易与消费者联络，收集第一手资料。

（3）简化了酒店与消费者接触的程序，降低了交通费用与成本。假设有 3 家酒店，他们要接触到 3 位消费者就需要 9 次活动，而通过同一个中间商，只需要 6 次活动，这意味此 3 家酒店既可以不用具备庞大的销售队伍、推销设备及设施，又可简化交易联系，节省大量的时间。

3. 酒店中间商的职能

（1）调查市场，收集反馈信息。与酒店相比，酒店中间商拥有更好的调查研究市场的条件。因为在消费者眼里，他既是卖方，又是消费者利益的保护者。当消费者对产品的质量有所不满，便会向酒店中间商投诉，这就形成了一个庞大的信息网，通过它，酒店中间商向生产商提出建议，使产需对路、产销匹配，努力实现最佳经济效益。

（2）参与促销，扩大客源。不断地扩大客源是酒店成功的关键，这就需要中间商共同开发市场，参与各种促销活动，吸引各个层次的顾客。

（3）组合酒店产品。酒店产品和旅游活动密切联系，酒店中间商同时可以向顾客提供包括食宿、交通、购物等的旅游产品和酒店产品，一起形成一个系列，满足顾客的要求。

（三）酒店和酒店中间销售渠道的关系

酒店与其中间销售渠道之间的关系，应该是一种竞合关系，即既有竞争，又有合作。

目前，国际上，主要有 Tripadvisor（猫途鹰）、Booking（缤客）；国内主要有携程、途牛等这些主要的旅游产品中间销售渠道（OTA）。若酒店过于依赖（OTA）渠道，其利润空间，就会受到打压。

现阶段，国内绝大多数单体酒店，其客源的很大一部分不得不依赖携程、途牛、驴妈妈等这些旅游酒店线上预定商务平台（OTA），酒店利润的很大一部分被 OTA 所盘剥，最终影响到酒店的生存与发展。而大型连锁酒店集团由于其自身的规模与实力，在与 OTA 系统合作的同时，也在积极地发展自身的官网，尤其是建设自身的 App 平台，打造自己的线上预定系统，这样，在与 OTA 合作时，就处于较为有利的境地。在这一点上，国内目前做得比较好的是华住酒店集团。

四、酒店市场营销中的促销策略

在现代酒店经营中，市场营销的作用越来越重要。促销作为营销的一个组成部分，所包含的内容越来越多，分工越来越细。因此，各种促销手段的使用，将直接影响营销活动的效果。

（一）酒店市场营销中的促销要素组合与沟通系统

1. 促销及促销组合

所谓促销，是让顾客及时和尽可能多地了解酒店产品，以达到加快销售速度的目的。促销组合主要有 4 种促销手段：大众推广（Mass Selling）、人员推销（Personal Selling）、销售促进（Sales Promotion）和网络营销（Online Marketing），如图 4.3 所示。其中，大众推广又可细分为制作广告和出版各类宣传品。

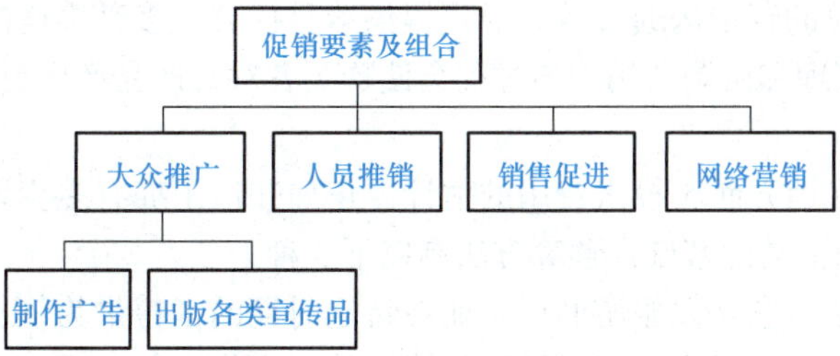

图 4.3　促销及促销组合

人员推销是指推销员与消费者直接交流，促成买卖交易的实现。大众推广又称为非人员推销，主要是向大众传播信息，增强客源市场的公众对自己所提供的产品的了解，提高自身的知名度。大众推广包括为了刺激需求而采取的能够较快产生作用的促销措施，如举办或参加展览会，开展有奖推销，示范表演，放映介绍产品的电影、录像、幻灯片等。

可见，酒店促销行为又可分为两部分：第一，鼓动型宣传，又称形象宣传，旨在树立本国或本地旅游的形象，提高在客源市场的知名度，促使人们做出倾向性选择（这主要是政府及酒店市场开发和促销部门任务）；第二，推销型宣传，重在向那些已经有意选择自己产品的人提供详细的销售信息，如酒店内容、交通、到达目的地后的住宿条件、旅行内容等，促使其下决心购买（这部分工作主要由酒店、旅行社、航空公司的销售部门来承担）。

2. 建立一个有效的营销沟通系统

大型酒店要管理一个复杂的营销沟通系统。与中间商、顾客和各类公众进行沟通，中间商又与他们的顾客和各类公众进行沟通，顾客彼此之间与其他公众之间又经口头的方式进行沟通，同时，每个群体提供的信息又反馈给其他各个群体。要使信息传递有效、迅速，必须建立有效的营销沟通系统。其主要步骤：确定目标视听公众→确定信息传播目标→设计信息→选择信息的传播渠道→管理和协调总的营销沟通过程。

（1）确定目标视听公众。营销信息的传播者，必须一开始就在心中有明确的目标视听公众。这些视听公众，可能是酒店产品的潜在购买者、目前使用者、决策者或影响者。信息传播者应研究视听公众的需求、态度、偏好和其他特征，作为确定信息沟通目标的前提。

（2）确定信息传播目标。确认目标视听公众及其特点后，营销信息传播者必须确定寻求什么样的反应。当然，最终的反应是购买，但购买行为是消费者进行决策的长期进程的最终结果，营销信息传播者需要知道如何把目标公众从他们目前所处的位置引向更高的准备购买阶段，营销人员要寻找目标视听公众的认知、感情和行为反应。

（3）设计信息。信息的设计需要解决 4 个问题：说什么（信息内容）、如何合乎逻辑地叙述（信息结构）、以什么符号进行叙述（信息形式）、谁来说（信息源）。

（4）选择信息的传播渠道。

①人员的信息沟通渠道。人员的信息沟通渠道利用人的直接交流进行信息传递，它们可能是推销人员在旅游市场上与顾客接触时构成，也可能是推销人员在与朋友、邻居、父母、姐妹等潜在顾客交谈中构成的。

②媒介信息沟通渠道。媒介信息沟通渠道是通过大众媒介，如报纸、电视、电台、杂志、广告牌、招贴等传递信息。媒介信息沟通渠道虽不如人员信息沟通渠道那么直接而有效，但它是促使产品走向千家万户的主要手段。

（5）管理和协调总的营销沟通过程。要想提供给目标公众多种多样的信息，就应对沟通工具加以管理和协调。管理和协调营销沟通过程会使购买者对其产品产生更多的购买意向。

3. 建立促销预算

促销预算是指对促销方面应投入费用的估计。正如知道了拥有多少资金才能对行动做出计划一样，它是进行促销活动的基础，预算方法有以下 3 种。

（1）销售百分比法。它是以旅游酒店企业在特定时期的销售量为依据确定其促销费用。一家酒店在当年的 7 月 1 日决定下一年的促销预算拨款，它将上年 7 月 1 日至本年 7 月 1 日的销售额乘以 5%，得出的金额即为下一年的促销费用。这种方法将促销与产品价格、利润、销售量结合起来，推动促销活动更积极地开展，但同时，这又限制了促销的创造性发展，因为拨款根据的是销售额而不是市场出现的机会，它不鼓励设立确定每种酒店产品和地区值得开支多少的促销预算。

（2）竞争对手相似法。它是根据竞争对手预算费用来决定自己的促销费用，这对一家刚开始进入运行的酒店来说较为合适。但一家已成熟的酒店不应用这种方法，因为各自情况不同，别人的促销策略不一定适合自己，站在自己的立场处理问题才更符合实际。

（3）目标法。它是促销人员确立自己的目标，并估算出达到这些目标所要用的资金，由此来决定促销费用。这种方法将销售看成促销的结果，使销售随着对市场的不断深入而得以扩大。

4. 酒店促销策略组合

每个酒店对促销手段的侧重点不同。展览场馆可能注重公共关系，因为展览场馆本身就是人与人接触的地方，搞好公共关系能提高顾客的回头率，并吸引新的顾客；酒店代理商则侧重人员推销。不论将促销手段如何组合，首先需要考虑它们的特性与成本。

大众推广具有高度公开性、普及性和引人注目的特点，它能为酒店树立一个长期的形象。例如，上海科技馆举办亚太非正式会议，通过电视节目的转播，使人们留下了深刻的印象。

电视广告还能提升销售速度，一个广告只要不停地在电视、报纸等媒介中出现，它就会给人们留下深刻的印象，并在其今后的购物行动中产生影响。比如像脑白金这样的电视广告，没有什么特色，但在电视广告中不断重复、反复播出，就会给观看者留下深刻的印象。

短期促销具有刺激性。它能产生强烈、迅速的反应，如赠送小礼品、价格优惠等，但它的效果只是短时期的，对建立长期的品牌不甚有效。

公共关系具有沟通性。它通过各种有效的社会手段，把社会公众所需了解的本酒店信息和社会公众及本酒店员工提出的要求与意见进行双向传递和处理，进而增加本酒店商品和服务的品种和数量，改善并提高服务的质量，使之在各方面最大限度地与公众的要求利益取得一致，从根本上树立本酒店的形象和声誉，提高酒店的市场占有率，获得理想的经济效益和社会效益。

人员推销具有与顾客接触的直接性。它是建立在彼此的信任上，一名好的推销人员，能使顾客与酒店建立一种长期关系，所以现代酒店市场，人员推销正在受到越来越多的重视，但同时，它的花费也是促销手段中最高的。

网络营销具有虚拟性。促销组合要受到酒店到底是选择“推”还是“拉”的战略的影响。所谓“推”的战略，就是酒店运用人员推销和其他手段，把产品推销给中间商，中间商再推销给消费者；“拉”的战略则用广告等措施，吸引顾客购买酒店产品。

不同的目的、不同的时期采用的战略会不同，例如，展览场馆吸引顾客，就积极开展公共关系，并用广告等宣传工具引起大家注意，这是“拉”的策略；而酒店代理商要扩大对零售商的销售，就会派推销人员，上门推销，这是“推”的策略。但不管酒店侧重于哪一种战略，促销组合都要与之相适应，而且还要考虑酒店本身的能力和顾客能否接受的心理。

（1）酒店广告促销策略。酒店广告是指利用一定的媒介，把各种酒店产品或服务的信息传送到潜在的顾客中去，以达到促销的目的。现在，人们的生活被形式各异的广告充斥。人们在打开手机、电视机、上网冲浪或走在街上时可随处发现广告的存在。广告是一种投资手段，是顾客得到商品信息的主要渠道之一。因此，有效地利用酒店广告，制定好广告策略，也是酒店的重要任务之一。

（2）酒店公共关系促销策略。公共关系的主要功能是沟通信息、协调社会组织与公众之间的关系、扫除相互关系中的障碍、谋求合作和支持。它主要是通过各种现代化的传播手段，及时掌握来自公众的各类信息，使自己不断适应所处的环境，并为制定正确的经营方针和策略提供咨询。同时，通过向公众及时传达各类信息，来赢得社会各方面的理解和支持。

公共关系，作为一种管理概念，在国外已有较长的发展历史。欧美国家将其广泛用于整个社会的各个部门，它在经营管理、市场营运、大众传播领域也发挥着独特的功能。工商和社会机构普遍设置公共关系协会；不少高等院校开设公共关系专业；国际上也成立了世界公共关系协会和国际公共关系学会。公共关系已越来越受到国际社会的广泛重视。

（3）网络营销促销。网络营销促销是借助网络技术和网络渠道所进行的营销活动。从网络营销促销概念内涵与外延的界定上不难看出，酒店网络营销促销的实质不是简单的网络技术应用，而是网络化的市场营销活动。网络营销促销也不单是网上销售或网上广告，而是市场营销战略和策略在网络环境中各种实现途径的综合体现，包括形象塑造、市场策略组合、预订销售、客户服务、市场调查、营销评估等各个方面。同时，网络营销促销是整体营销体系的组成部分和分支，必须与总体营销目标保持一致，与各种传统营销手段互补协调。在此意义上，可以把网络营销促销定义为市场营销总体战略在网络环境下的具体体现与实施。

（4）酒店其他宣传促销手段。

①酒店招贴画和宣传照片。在各类酒店宣传品中，招贴画和宣传照片的作用和功能十分突出，它以张贴的形式、视觉信息的传递、文字语言和视觉形象的有机结合等特征，给人以瞬间强烈而又清晰的印象，是各种酒店招徕宣传场合比较“抢眼”的宣传品，越来越受到各国各地区酒店宣传部门的重视。

②酒店宣传小册子的设计。酒店小册子是酒店为了介绍酒店产品服务及其他信息而印制的宣传手册，它是酒店进行促销的有力手段。在酒店产品的销售中，由于宾客与酒店之间通常存在较大的空间距离，因而，宾客在做出购买决策时，在很大程度上依赖于间接信息，而小册子便是间接信息的传递手段之一。此外，由于酒店产品在销售上的超前性，宾客不可能在看到实际产品后再预订，他们的预订决策往往依赖于事先在小册子上读到和看到的一切服务项目、服务设施与价格标准。由于小册子是宾客购买决策的依据，酒店必须重视小册子的制作和发放，

使之成为酒店有力的销售工具。

③直邮推销。直邮推销（直接通信推销）和其他方式的广告相比较，其明显的优点是能准确地投递给某些特定的对象，从而提高推销效果。直邮推销只是推销的方式之一，而非一个与其他推销活动脱节、独立而不借助于其他形式的推销活动。

直邮推销一般包括函件、通知、传单、明信片及附在信封里的其他附寄品。

寄发的邮件可用下面的一种或数种形式：信函、回复、宣传纸夹、小册子、对内发行的刊物、照片、海报、翻印文件、唱片、日历、菜单、明信片，以及各种印刷品。

项目小结

酒店的市场营销是指酒店企业为了让目标顾客满意，并实现酒店的经营目标而开展的有计划、有步骤、有组织的系列活动，它是现代酒店企业经营的龙头。根据不同的市场需求状况，酒店应确定相应的营销管理任务。

酒店在市场定位的基础上，通过产品、价格、渠道及促销 4 大营销组合策略，组织和实施营销活动，形成的“4P”的服务营销组合理论，是酒店企业营销活动的基本内容。

酒店营销理念的普及和酒店营销策略的使用，能够为顾客带来更好的体验和感受，也能使酒店的营销活动达到事半功倍的效果，使酒店获得更好的经济效益。

复习与思考题

一、名词解释

1. 酒店市场营销
2. 成本导向定价法
3. 需求导向定价法

二、简答题

1. 酒店市场营销部在酒店中的地位如何？
2. 什么是竞争导向的定价法？
3. 麦克斯的“4P”营销组合策略的组成是什么？

三、论述题

1. 试述酒店产品质量设计的原则。
2. 试述酒店市场营销策略组合。
3. 竞争导向定价法的制定基于什么视角？为什么？

项目五

酒店人力资源与服务质量管理

学习导引

本项目主要介绍了酒店的人力资源管理和酒店产品服务质量控制管理，包括酒店人力资源的含义、人力资源管理的方法和流程以及酒店客房、餐饮等产品的质量控制管理程序等。

学习目标

1. 掌握人力资源管理的基本含义。
2. 掌握酒店人力资源管理的目标及原则。
3. 掌握酒店人力资源管理的基本内容。
4. 掌握酒店服务质量的内涵。
5. 掌握酒店服务质量的管理过程。

案例导入

Spas 国际公司的人力资源管理雷克斯先生在 2 月回到他的母校，去面试几个即将毕业的学生，这几个学生都是准备应聘 Spas 国际公司财务部职位的。Spas 国际公司是一家大型管理公司，拥有并管理着 60 多家豪华健身俱乐部。虽说雷克斯只是一名市场营销专家，但 Spas 国际公司有一个习惯做法，就是派公司的高级行政人员回到他们的母校去招聘新员工。波莉就是其中的一名学生，由于两人有很多相似之处，所以他们谈得相当投缘。面试结束后，雷克斯为波莉安排了一次到芝加哥公司总部的实地旅行。在那里，波莉得到盛情款待。波莉的表现也给公司财务总监留下了深刻的印象，他给波莉安排了一个职位，关于上班的地点，他为波莉提供了 7 个可选择的城市，但建议她选择规模小一点的公司，因为在小公司中不仅能让一个人承担更多的责任，而且做出的业绩也是有目共睹的。波莉愉快地接受了他的建议，准备到亚利桑那州开始她的新工作。无论是雷克斯本人还是到芝加哥的那趟旅行，都给波莉留下了深刻的印象，她盼望早日开始自己的职业生涯。可当波莉第一天到公司报到时，她的出现竟让她的新老板大吃一惊，他甚至不知道波莉要来。“总部的人干什么事都是事先没个安排，真要把人气死了。”他边低声叨咕着，边告诉波莉做一些眼前并不重要的工作，没对她进行什么特别交代。第二天早晨，老板告诉她：“把那些过期未付的公司账目档案都整理出来，再与那些超过 60 日尚未付款的公司取得联系。我马上要出差，周四回来。”波莉开始工作。她对公司目前还在使用手工操作的存档系统感到很惊讶，但还是尽自己最大的努力，把所有档案按照字母排列顺序、全部的发票按照开票日期的先后顺序一一整理出来。星期三，她还与6家已经过期60日仍未付款的公司取得了联系，并安排了与他们下周见面的时间，波莉的目的是想与他们订立一个偿付过期账目的时间表。可以说，为了能与这些人取得联系，波莉做了大量的工作，而且她也鼓起很大的勇气。周三晚上，当波莉离开办公室回家时，她为自己能够把工作做好而感到非常自豪。周四早晨上班后，波莉急于将这几天自己的工作向老板汇报，可在叙述的过程中，她从老板的表情上感觉到好像自己有什么事做得不对。紧接着，就听老板说："我下周没有时间去这几家公司。你难道没有看到放在我桌子上的时间安排吗？还有一件事我要说明，我们不与各公司商定偿付时间表，我们只要整理出保付支票或者直接去商业咨询局（类似中国的消费者协会）就可以了。如果你对什么事不清楚的话，就问我。你们年轻人怎么连起码的常识都不懂，我真不知道学校是怎么教育你们的。你比上次他们塞到我这儿的女孩还差劲。"波莉顿觉心灰意冷。

任务一　酒店人力资源管理概述

在酒店的人、资金、物资、信息、时间这5大资源中，人力资源是酒店最基本、最重要、最宝贵的资源。只有人，才能使用和控制酒店的其他4大资源——资金、物资、信息和时间，从而形成酒店的接待能力，达到酒店的预期目标。一家酒店无论其组织如何完善，设备如何先进，若酒店的员工没有发挥他们的工作积极性，永远也不可能成为一流的好酒店。人力资源决定了酒店其他资源的使用效果和酒店经营活动的效果。酒店是劳动密集型的服务企业。酒店提供的产品主要是由人提供的、能满足客人各种需求的服务。服务产品的质量直接取决于服务人员的素质及其对工作和企业的满意程度。

国外酒店管理专家已提出酒店传统意义上的客人满意战略［CS战略（Customer Satisfaction）］应向员工满意战略［ES战略（Employee Satisfaction）］转变；只有满意的员工，才会带来满意的客人。因此，人力资源管理已成为酒店现代化管理的核心，是酒店经营管理成功的重要保证。

一、酒店人力资源管理的基本含义

1. 酒店人力资源管理的基本概念

所谓酒店的人力资源管理，就是指对酒店从业人员进行招聘、培训、调配、发展、激励、升迁、补偿、协调直至退休的全过程的计划、组织、指挥和控制。人力资源管理包含两个层次：

一是培养与发展管理，即对人力资源进行计划、组织、指挥和控制等，使人力资源发挥最大的效能。

二是日常运作管理，即对员工从招聘进酒店直至离职退出酒店的全过程的培训、调配、发展、补偿、协调等实际操作。招聘是为酒店选择合适的人员，使酒店能够"职得其人"，使员工能够"人尽其才"。酒店对于招聘的人员实行上岗前培训以及上岗后的进一步培训或调换岗位的培训，以全面提高员工素质，使之能与岗位需要相结合，使员工能获得发展空间，使酒店能得到所需要的人力资源。员工对酒店做出了贡献，理应得到恰当和公正的报答，这是酒店应承担的职责。在人力资源管理中，最主要也是最繁杂的工作就是人力资源管理的实际操作。

然而，人力资源管理的效能如何，在很大程度上取决于管理理念。酒店作为一家经营性企业，其经营理念应重视人力资源的管理模式、人力资源的管理思想、人力资源的管理目标以及人力资源的管理原则这几项要点。

2. 酒店人力资源管理模式

中、西方人力资源管理模式不同，我们应当学习西方科学的人力资源管理方法，并结合我国酒店业实际，科学地建立酒店人力资源的管理模式。

西方人力资源管理模式是事先设定目标，据此寻找合适的人才，再通过激励机制去刺激人力资源的供给，从而实现预定的目标，其实现途径主要是自由雇佣制。美国的人力资源管理体系相对完整，从规划到最终使用、评估都很完善，但在美国也存在两种分别以 IBM 和微软为代表的不同管理原则。

微软是全球最大的软件供应商，它的人力资源管理战略是从不在乎员工的流动，也不会耗费大量时间对人才进行培训，它讲求的是效率与效果；IBM 则完全不同，它注重员工的素质培养和团队精神，它认为，人才是靠培养获得的，从而也在公司内部建立了师傅制。美国公司管理总的来说还是属于典型的西方模式，特别是著名的壳牌公司和杜邦公司。

欧洲的人力资源管理模式除具备美国的特点之外，受政府和社会的影响也较大，它的许多企业都拥有微软和 IBM 的双重原则。

东方的人力资源管理模式以东方文化为主，但有些国家也与西方相结合，这也是全球人力资源一体化进程的一部分，如日本管理模式的核心是终身雇佣制，日本企业尤其是喜欢雇用一些刚毕业的学生，并使其能力和职业逐步提升。亚洲四小龙则在东方人力资源管理模式的基础上夹杂了一些西方的特点，它像东方传统文化一样注重品行，也像西方一样注重其知识创新能力，没有完全形成终身雇佣制，且流动性较强。从世界各国各种管理模式的分布来看，各种管理理念都在不同程度上取得了一定的成绩。这说明在管理原则上，没有最好的，只有最适合的。像微软与 IBM 由于分属行业的区别，经营性质不同，管理模式也各异。

国内人力资源管理模式习惯套用一种固定的模式，没有自己的特点。因此，我国企业应参考国内外同行业的管理模式原则，但切忌忽略本国的人文及社会情况，要建立一套完整的适合自己的管理体系。

3. “以人为本”的管理思想

我国酒店的组织管理深受马克斯·韦伯科层制理论的影响，采用严格的以岗位为中心的组织结构严密的管理体系。在酒店业供过于求的经营环境中，酒店经济效益不佳，员工薪资待遇不高，造成一线员工的参与性差，再加上酒店员工流失严重、培训不足，不仅人力资源的有效利用难以实现，还使酒店服务质量低下，阻碍了酒店的进一步发展。从人力资源管理的角度看，“以人为本”的管理思想尤其适合酒店企业。加里·德斯勒在其《人力资源管理》一书中指出：人力资源管理非常重视工作生活环境，即不仅要利用人来创造最高的工作绩效，实现最大的生产价值，也要为员工创造一个良好的工作环境。这就是“以人为本”的管理思想的重要内容。这一人本主义的管理思想已经深入中国的管理学家心中，在很多文献中都提道了“以人为本”的管理哲学。

传统的人事管理和现代人力资源管理的主要区别就在于前者没有建立“以人为本”的管理思想。在中国的酒店业中应当实现科学的人本管理，应当把酒店人力资源分解成两个层次：一部分是由酒店管理者组成的高层管理人才，对于这部分管理者，应以科学为先导，以激励和价值基础为中心，利用其积极性和主动性，提倡以团队和授权为导向，充分发挥中高层管理者的智能参与水平，强化各种人本要素，包括其意愿、管理能力、协调能力、交流能力和素质，确保酒店的发展和回报同步。另一部分，对于底层管理人员和酒店一线服务员，由于他们的收入低，从事该项职业所要求的素质并不是很高，因此，可以采用科学管理和人本管理的双重管理方法，即从科学管理的角度看，不必太在乎员工的流动，也不必耗费大量时间进行培训，应当采用科学的方法促进他们努力工作，讲求效率与效果；从人本管理的角度看，由于酒店业是一种面对面的服务行业，服务质量高低既取决于培训程度，也取决于员工的工作热情。因而，要为他们创造一个良好的工作环境，以免影响一线服务人员的情绪，进而影响服务质量和服务效率。

二、酒店人力资源管理的目标

酒店人力资源管理的目标是调动酒店员工的积极性和创造性，提高劳动效率。具体来说，包括以下 3 个方面的内容。

1. 造就一支优秀的员工队伍

酒店要正常运转起来并取得良好的经济效益和社会效益，不仅要有先进的管理方法，还要有一支优秀的员工队伍。

2. 实现最佳劳动组合

一支优秀的员工队伍，要通过科学的排列、组合，使员工以最佳的组合方式，做到职责分明、各尽所能、人尽其才、才尽其用，形成一个精干、有序、高效的有机劳动组织。

3. 创造宽松融洽的工作环境，使员工的积极性得以充分发挥

人的管理并不在于“管”人，而在于“得”人，谋求人与职、人与事的最佳组合。“天时不如地利，地利不如人和”，正说明人心向背的极大威力。酒店的人力资源管理，就是要通过各种有效的激励措施，创造一个良好的人事环境，从而使员工安于工作、乐于工作，最大限度地将员工的聪明才智和创造性发挥出来。

三、酒店人力资源管理的原则

在酒店人力资源管理中，为了合理开发和利用人力资源，有效地挖掘员工的潜力和工作积极性，创造良好的人力资源管理体制，应遵循如下原则。

1. 任人唯贤

任人唯贤就是选拔和重用酒店中德才兼备、年富力强、成绩突出的员工。反对任人唯亲，以免造成酒店经营的失败。

2. 唯才是举

推荐和晋升员工要以其才能和工作成绩、实际贡献为基础，要选拔那些乐于为酒店事业贡献才智的人。重视人才的使用，既是重视人力资源的开发利用，也是创造良好人事环境的重要举措，它不仅会给酒店培养出一批年轻有为的后备军，而且会直接创造出极大的财富。

3. 合理流动

酒店组织作为一个有机体，要坚持其活力就要不断地新陈代谢，补充新成员，辞退不称职人员。只有保持酒店员工的合理流动，才能给酒店带来新的生机与希望，防止员工队伍老化。

4. 奖勤罚懒

加强对酒店员工业务水平、工作能力和工作态度的考核，并把考核结果作为员工晋级、奖励、惩罚的依据，真正起到奖勤罚懒、鼓励创造、重奖有贡献者的作用。

5. 最佳组合

在人力资源管理中，注意量才适用、知人善任、因事求才、因才施用、事得其人、人尽其才，通过工作分析和人事组合，达到酒店劳动的最佳组合。

6. 有效激励

酒店各级管理人员都要充分认识到人力资源开发利用的重要性，不要把人力资源管理看成人事部门的事，而要充分认识了解员工心理，分析员工行为，有效地调动员工的积极性，把人力资源管理视为酒店全体管理人员份内的事，并在严密的管理制度上，辅以灵活的管理方式和领导艺术，充分激发出全体员工的创造力和积极性。

任务二　酒店人力资源基本管理

各个不同的酒店根据自身酒店的特点，有其不同的人力资源管理手段和方法，但不同的酒店在基本的人力资源管理内容和具体的人力资源工作方面，都是相似的。

一、酒店人力资源管理的基本内容

要实现现代化人力资源管理和人力资源管理人员专业化，酒店的每个管理人员就必须了解和掌握人力资源管理的理论、方法和职能。一个酒店的人力资源管理通常包括以下内容。

1. 根据酒店的经营管理目标和酒店的组织结构制定酒店的人力资源计划

在制定酒店的人力资源计划时，着重解决两个问题：酒店需要多少人，需要什么样的人，即做好酒店人力资源的数量和质量的预测。

2. 按照酒店人力资源计划以及酒店的内部和外部环境招聘酒店员工

酒店员工招聘除在外部招聘以外，还可采用提升和调动工作的方法，以达到将最合适的人安排在相应的工作岗位上的目的。

3. 经常性地、不间断地对员工进行培训

为了使每个员工胜任其工作，适应工作环境的变化，必须对员工进行培训。由于员工所胜任的工作层次不同，所以培训方式和内容也不同。对在操作层工作的员工应进行职业培训，即注重工作技能方面的培养；而对胜任管理工作的员工则应进行发展培训，即注重分析问题和解决问题能力的培养。

4. 努力提升员工的工作积极性

员工的工作表现取决于两个基本因素：工作能力和努力程度。通过有效的培训，员工具备做出成绩的能力，但还需要管理人员来调动他们的工作积极性。酒店的管理人员必须掌握调动员工的工作积极性的理论和方法，培养“企业精神”，增强酒店的凝聚力，激励员工做出出色的成绩。同时，还要分析酒店客观存在的工作不尽如人意的原因，研究防治和解决的方法。

5. 掌握有效的领导方式

酒店的管理人员必须掌握有效的领导方式，而有效的领导方式的基础是搞好酒店内部的沟通。因此，管理人员必须熟练地运用沟通技巧，采用因人、因时的领导方式，达到有效的管理，发挥人力资源的最大效能。

6. 合理有效的评估

成绩考评既是酒店人力资源管理效能的反馈，又是对员工成绩、贡献进行评估的方法。管理人员掌握正确的成绩考评方法，可以对员工的工作成绩做出正确的评估，并为提升、调职、培训、奖励提供依据。

二、酒店人力资源管理的具体工作

一般酒店的人力资源管理包含以下具体工作。

（一）工作设计

工作设计是酒店组织结构设计的延续。酒店组织结构确定之后，按具体情况划分各个部门。在每个部门内还应包括各个工作岗位及具体的工作内容。工作设计还应包括制定一套关于每个工作岗位的任务、性质、条件和要求的标准，并以此标准来衡量员工的工作表现。

具体地讲，有两项非常繁重、复杂却又非常重要的工作内容——工作岗位设计和职务分析及职务说明书的制定。工作岗位设计不仅是指管理层的职位，还应包括操作层的每一个工作岗位。表 5.1 为某酒店客房楼层督导的职位说明书。

表 5.1　某酒店客房楼层督导的职位说明书

工作识别信息	
职位名称：楼层督导	所属部门：客房部
直接上级：楼层主管	直接下级：楼层服务员
班　　次：早班	工作时间：08：00—17：00
分 析 人：张三	分析时间：2016 年 12 月 3 日
工资级别：略	职位编码：11 ～ 17
工作概要	
检查督导早班服务员按标准程序清扫客房；督导服务员对客服务规范化，使其处于良好的工作状态；保证本段客房及公共区域设备完好、物资齐全等，对所管楼层的服务质量负责	
工作内容	
1. 了解当日所辖区域房态，参与布置检查 VIP 房。 2. 合理安排劳动力，并对下属员工进行考勤，检查楼层服务员的工作流程。 3. 负责保持、维护、检查客房和公共区域、消防通道的清洁卫生。 4. 检查每日走客房、空房、住人房等的日常、计划卫生的质量，保证及时将 OK 房报至客房中心（其余的工作内容略）	
任职条件	
1. 要求从事该职位的人员具有大专及大专以上学历，旅游酒店管理专业的人员可放宽至中专学历。 2. 具有 1 年以上在饭店客房工作的经历。 3. 具有良好的书面和口头表达能力。 4. 外语和计算机应用水平能够达到饭店的基本要求等	

1. 工作分析概述

工作分析是指根据酒店工作的实际情况，对酒店各项工作的内容、特征、规范、要求、流程以及完成此项工作所需员工的素质、知识、技能要求进行描述的过程，它是酒店人力资源管理开发与管理的最基础性工作。

工作分析的主要目的有两个：一是研究酒店中每个职位都在做什么工作，包括工作性质、工作内容、工作责任、完成这些工作所需要的知识水平和技术能力以及工作条件和环境；二是明确这些职位对员工有哪些具体的从业要求，包括对员工自身素质、技术水平、独立完成工作的能力和工作自主权等方面的说明。

2. 工作分析的要素

（1）什么职位。工作分析首先要确定的是工作名称、职位。这方面的信息可以通过工作分析来获得。

（2）员工体力和脑力要求。现代酒店的各类工作岗位需要员工既付出体力劳动，又付出脑力劳动。但是由于工作性质和内容的不同，体力劳动和脑力劳动在各个岗位工作中所占的比例不尽相同。

（3）工作将在什么时候完成。为了确保工作质量和工作效率，工作分析需要对完成工作的具体时间进行调查和计算；同时，这也是出于执行国家法定工时和保证员工身体健康的需要。具体地说，就是要详细掌握工时和工作排班情况。

（4）工作将在哪里完成。这是指了解工作地点和物理环境方面的信息。

（5）员工如何完成此项工作。通过研究工作内容和性质，确定员工在完成一项工作时必须掌握的工作方法以及具体的操作步骤。这方面的信息是决定工作完成效果的关键，也是工作分析最重要的一部分。

（6）为什么要完成此项工作。为了了解某项工作的重要性及如何衔接的问题，就要掌握该项工作与上一个环节是如何联系的，对下一步工作有什么意义，为下一步工作如何做提供依据，并明确该项工作的隶属关系，怎样接受监督以及进行监督的性质和内容等。

（7）完成工作需要哪些条件。从工作分析的角度讲，完成工作所需要的条件主要包括两个方面的内容：一是承担工作的员工应该具备什么样的素质和技能；二是完成工作所需要的设备和工具，以及其他辅助性工作。

（二）制定酒店的人力资源计划

酒店的人力资源计划与酒店整体的经营计划息息相关。只有在酒店确立了整体的经营管理目标和经营计划后，才能制定相应的酒店人力资源计划。酒店的人力资源计划又从人力资源方面保证了酒店经营计划的实施。

1. 确定人力资源需求计划

通过对酒店工作的任务分析，确定酒店企业将来需要的人力资源的数量和素质等标准，制定人力资源计划。首先，应与酒店总体经营计划相匹配，因为任何企业对人力资源的需要，从根本上讲，都是由企业完成其未来发展目标和战略的需要而决定的。比如，开办一家新的酒店，或因经济衰退而缩小经营规模等，这些总体经营计划会对企业人力资源需求产生很大的影响。其次，人力资源需求计划应是对企业未来经营状况的一种反映。基于对酒店发展目标和经营规模的思考，管理者就可估计出要达到预定目标和经营规模所需配备的人力资源的规模和素质情况。

2. 确定具体的职位空缺计划

职务分析旨在确定某工作的任务和性质是什么，以及应寻找具备何种资格或条件的人来承担这一工作。职务分析必须着眼于分析以下信息：这一职务包含的工作活动有哪些；工作中人的行为应该怎样；工作中使用什么机器、设备、工具以及其他辅助用具；衡量工作绩效的标准是什么；这一职务工作的有效开展对人的素质条件有什么要求。职务分析结束后，要编制职务说明书，作为以后各阶段人力资源管理工作（如招聘、考评、激励培训等）的依据和指导。一旦酒店明确了需要开展什么工作，那么，将它与现有酒店的职务设计情况相比较，就可制定出具体的职务空缺计划。职务空缺计划反映了酒店未来需要补充的人力资源的类型和结构。

3. 结合人力资源现状分析，确定满足未来人力资源需要的行动方案

针对企业当前人力资源的需要与供应的差距，管理者可以测算出人力资源短缺的情况和酒店中可能出现超员配置的领域，然后决定通过何种途径寻找合适的人来填补空缺的职位或裁员。增补、选拔员工或减员的行动方案，应针对不同类别的职务与人员恰当地制定，不能采取过于简单或强求统一的方法来处理。

4. 从人力资源开发需要出发，制定员工职业生涯管理计划

酒店人力资源计划的制定必须考虑员工职业生涯的发展阶段，以帮助员工确认自己的职业兴趣并制定合理的职业生涯计划。因为，任何人都需要在相对稳定的职业生涯中发展自己的技能，并取得比较稳定的工作收入。管理者要有针对性地开展人力资源管理工作，就必须了解员工的职业发展阶段，并与此结合，制定合理的人力资源计划和政策。

总的来说，人力资源计划的制定不仅影响酒店的经营管理活动，还直接关系员工的前途命运。在越来越重视人力资源开发的现代企业中，采取措施帮助员工“成为他们能够成为的人”，促进员工实现工作中的成长与发展，已不单是一个口号或价值观，而是日益成为看得见的行动。对以促进员工成长与发展为己任，注重人力资源开发的企业来说，人力资源计划的制定就不能不兼顾企业经营和员工个人发展这两个方面的目标，并在两者的综合考虑中制定出有效的综合性职业管理计划。

（三）定员定编

定员定编就是确定用人的数量和标准。定员定编工作直接关系到人力资源利用率和工作效率的提高。合理的定员定编能帮助酒店充分挖掘劳动潜力，降低劳动力成本，提高员工的技能和素质；反之，则会造成人员结构不合理、机构臃肿、人浮于事、工作效率低下等一系列问题。定员定编工作是酒店人力资源工作中的重要课题。

在定员定编工作中，首先要确定各类人员在人员总数中所占比重，即定员结构。因此，要对员工进行分类。可以按一线服务类和二线服务类来划分。一线服务类是指直接为客人提供服务的员工，如前台接待员、行李员、订房员、迎宾员、客房服务员、餐厅服务员等；二线服务类是指不直接与客人接触的员工，如工程维修人员、厨师、采购人员和办公室文员等。酒店要根据自身的情况，确定一线和二线人员的比例。

酒店在确定员工编制时有一个重要的参照标志，即客房数量。这是国际酒店业基本公认的定员标准。因为客房是酒店建筑物的主体，其营业收入能够占到酒店总收入的 50% 以上，客房的投资成本也较大，因此，以客房数作为定员参照标志是合理的。目前，美国高端酒店的定员

比例为 1∶0.6 左右，即拥有 200 间客房的酒店需员工 120 人左右。这一比例与美国劳动力成本高有直接的关系。根据我国的实际情况，我国高端酒店的定员比例大致在 1∶1 左右。当然，酒店的档次与类型不同，定员定编的比例也有所不同。比如，超豪华的酒店，人员配置比例就可定得高些；经济型、快捷型酒店，人员配置比例就可定得低一些。

（四）人员招聘与选拔

酒店招聘员工本着用人所长、容人所短、追求业绩、鼓励进步的宗旨，以公开招聘、自愿报名、全面考核、择优录用为原则，从学识、品德、能力、经验、体格等方面对应聘者进行全面审核；同时，在招聘工作的管理上要强调计划性和效率性原则。表 5.2 为马里奥特饭店的招聘和用人准则。

表 5.2　马里奥特饭店的招聘和用人准则

一步到位
马里奥特饭店宁可招聘那些热爱服务业的人员，然后对他们进行专业化的培训，也不愿意招聘那些已经有服务工作经验但缺乏对客服务热情和愿望的人员。该饭店有这样一句格言：厨师要乐于烹饪；客房清扫员要乐于打扫卫生。这些要求和准则不但能够保证服务质量，更有助于减少饭店人员的流失
金钱不是万能的
马里奥特饭店不忽略金钱对员工的重要性，但更重视金钱以外的因素对员工的激励。实际上，在影响马里奥特员工是否继续在饭店供职的因素中，远远超过金钱影响的有这样一些因素：工作与生活的平衡、领导作风、提升机会、工作环境和培训等。在马里奥特饭店工作年限越长，就越有这样的感受和需求。而饭店也相应地制定了富有弹性的和具有人情味的福利政策
主张内部提拔
有一半以上的该饭店经理是从内部提拔起来的。所有马里奥特饭店的员工，根据他们工作能力的大小，都享有平等的升职机会。通过内部提拔的用人机制，该饭店集团优良的组织文化传统得到了传承。此外，内部提拔的机制还吸引了不少外部人员前来加盟，同时，有效地避免了已经在该集团供职的员工的外流
注重雇用的口碑效应
在员工招聘中，马里奥特饭店采用的是类似招徕饭店客人的做法。求职者到该饭店应聘，饭店会用对待客人一样的态度去对待前来应聘的求职者。而对待那些已经在饭店工作的人员，饭店则尽量为他们营造一个温馨的工作氛围。该集团的总裁 J.W. 马里奥特先生曾经说：“70 多年来，我们秉承这样一个信条——如果我们能够照顾好我们的员工的话，我们的员工就会照顾好我们的客人……”

酒店招聘，有广义和狭义之分。广义的招聘包括外部招聘和内部招聘；狭义的招聘仅指外部招聘。这里所指的招聘是狭义的招聘，即指依法从社会上吸收劳动力、增加新员工或获取急需的管理人员、专业技术人员或其他人员的活动。酒店的业务与规模要扩大、酒店的经营与管理水平要提高，都需要从外部招聘一定数量和质量的人才，酒店必须确立正确的招聘指导思想，遵循科学的招聘程序，并综合运用有效的招聘方法。

1. 酒店员工招聘程序

酒店员工招聘程序一般要经过准备筹划、宣传报名、考核录用与招聘评估等阶段。

（1）准备筹划阶段。这一阶段主要包括确立招聘工作的指导思想，根据酒店经营的需要和社会上劳动力资源的状况，确定招工计划等。

①确立招聘工作的指导思想。一是塑造形象的思想；二是投资决策的思想；三是市场导向的思想；四是遵纪守法的思想。

②人力资源需求预测。酒店人力资源需求预测，实际上就是对酒店未来工作人员在数量和质量上的变化预测。一般而言，影响酒店人员需求变化的主要因素有酒店规模的变化；酒店等级、档次的变化；酒店企业组织形式与组织结构的变革；酒店经营项目和产品结构的调整；酒店人员素质要求的变化；酒店人员流动状况；社会科学技术的进步。

③人力资源供给分析。酒店人力资源的供给情况，直接关系酒店的招聘政策。要制定科学的员工招聘计划，做好员工招聘工作，首先必须对人力资源供给状况进行详尽分析，以便正确制定员工的招聘标准和政策。

④策划招聘方案。酒店在招聘的准备筹划阶段应认真思考以下问题：什么岗位需要招聘、选拔。招聘多少人员，每个岗位的任职资格是什么，运用什么渠道发布信息，采用什么样的招聘测试手段，招聘预算是多少，关键岗位的人选何时必须到位，招聘的具体议程如何安排。在此基础上，根据国家有关部门的政策，酒店短缺岗位的任职资格以及酒店人力资源市场的供求情况，确定招聘区域、范围和条件，确定相应的人事政策，并据此确定招聘简章。

（2）宣传报名阶段。发布招聘信息与受理报名，既是筹划工作的延续，又是考核录用的基础，起着承上启下的作用。这一阶段主要应抓两大环节：一是发布招聘简章，其目的是使就职者获得招聘信息，并起到一定的宣传作用；二是接受应聘者报名，其目的是通过简单的目测、交谈与验证，确定其报名资格，并通过填写就职申请表，了解就职者的基本情况，为下一步的考核录用工作奠定基础。

（3）考核录用阶段。考核录用阶段是招聘工作的关键，主要包括全面考核和择优录用两项工作。全面考核就是根据酒店的招聘条件，对就职者进行适应性考查；择优录用，就是把多种考核和测验结果组合起来，综合评定，严格挑选，确定录用者名单，并初步拟订工作分配去向。

（4）招聘评估阶段。招聘评估阶段是酒店员工选拔、招聘过程中不可缺少的一个环节，必须结合酒店情况进行动态跟踪评估。如果录用人员不符合酒店岗位的要求，那么不仅在招聘过程中所花的财力、精力与时间都浪费了，而且会直接影响相关岗位与部门的工作成效。

2. 酒店员工招聘途径

酒店从外部招聘人才，应根据所需人才的要求采用不同的途径。

（1）借助外力。人员招聘，特别是高层管理者、重要的中层岗位与尖端的技术人员的招聘，是一项专业性和竞争性非常强的工作。有时，酒店利用自身的力量往往难以获得合适的人才。对此，酒店可以委托专业搜寻、网罗人才的“猎头”公司，凭借其人才情报网络与专业的眼光和方法，以及特有的“挖人”技巧，去猎取酒店所需的理想人才。当然，酒店也可采用人员推荐的方法，即通过熟悉的人或关系单位的主管引荐合适的人选。

（2）借助网络。21 世纪是网络经济的时代，互联网像一张无边无际的天网，笼罩在人类生活与工作的上空，以特有的方式改变人类的思维与观念。因为网上招聘具有费用低、覆盖面广、周期长、联系便捷等优点，网络招聘日益成为招聘的主渠道之一。酒店通过网络招聘人才，既可以通过商业性职业网站，也可以在自己公司的主页上发布招聘信息。

（3）借助会议。随着我国以市场为基础的人力资源开发及就业体制的建立与完善、人才市场的逐步形成与规范，各种人才见面会、交易会等也相继增多。酒店应抓住这种时机，广为宣传，塑造形象，网罗人才。

（4）借助“外脑”。现代社会知识爆炸，科技突飞猛进，经营环境千变万化，酒店要想自己拥有和培养各类人才既不经济，又不现实。酒店可以采取借助“外脑”的途径，其方法主要有 3 种：一是聘请“独立董事”，以保证决策的客观性和科学性；二是聘请顾问，参与企业的重大决策和有关部门的专项活动；三是委托专业公司经营管理或进行咨询与策划，以减少风险。

（5）借助培训。为了提高自身的素质，在越来越多的酒店中，高层管理者积极参加各种外部培训班，以更新自己的知识结构，拓展人际关系网与发现新的发展机会。在培训期间，酒店管理者会接触到各种各样的人才，有些人才可能正是酒店急需引进的。因此，酒店管理者应利用外部培训机会，有意识地物色所需的紧缺人才，并借助同学情谊与自身魅力等吸引优秀人才加盟。

3. 酒店员工招聘技术

（1）笔试技术。笔试是指在一定的条件下，应试者按照试卷要求，用记录的方式进行回答的一种考试。这种考试一般在以下几种情况使用：一是应聘人员过多，需要用笔试先淘汰一部分人员；二是招聘岗位需要特定的专业知识与能力，而学历和职称难以考量其是否具有必要的应知和应会；三是需要测试其智商等要素。

（2）面试技术。面试是一种评价者与被评价者双方面对面的观察、交流的互动可控的测评形式，是评价者通过双向沟通形式来了解面试对象的素质状况、能力特征及应聘动机的一种人员考试技术。

面试是一项较为复杂的工作，酒店招聘主管人员在正式面试之前，应做好面试的各项组织和准备工作。它主要包括选择面试场所、选择面试方式、确定面试内容和步骤 3 个方面。

（3）测试技术。招聘录用过程中使用的测试类型有很多，大致可归纳为操作与身体技能测试、心理测试、模拟测试几类。

4. 酒店员工的初选、考试与评估

为保证招聘工作的顺利进行，必须对应聘者进行初选、考试与评估。

（1）初选。应聘者往往人数很多，人力资源管理部门不可能对每一个人进行详细的研究和考察，否则花费太高。这时，需要进行初步的筛选，即初选。内部候选人的初选比较容易，可以根据酒店以往的人事考评记录进行。对外部应聘者则需通过初步面试、交谈、填写表格和提交应聘材料的方式，尽可能多地了解他们的情况，观察他们的兴趣、观点、见解、创造性和性格特征，淘汰那些不能达到这些基本要求的人。在初选的基础上，对余下的数量相对有限的应聘者进行考试和评估。

（2）考试与评估。考试的方式和考试过程的设计必须尽可能地反映应聘者的技术才能、与人合作的才能、分析才能和设计才能。在招聘中经常使用的考试方式如下：

①智力与知识测试。智力与知识测试包括智力测验和知识测验两种基本形式，这两种测试与未来管理人员的分析才能和设计才能有关。

②竞聘演讲与答辩。竞聘演讲与答辩是知识与智力测验的补充，因为测验可能不足以完全反映一个人的基本素质，更不能表明一个人运用知识和智力的能力。发表竞聘演讲，介绍自己任职后的计划和打算，并就选聘小组的提问进行答辩，可以为候选人提供一个充分展示才华、自我表现的机会，通过设计问题和观察也能得出有关他们的设计和与人合作的才能。

③案例分析与实际能力考核。案例分析与实际能力考核是对候选人的综合能力的考察，可借助“情景模拟”或“案例分析”，将候选人置于一个模拟的工作环境中，如前台、酒吧、商务中心、市场营销部等，运用多种评价技术来观察他们的工作能力和应变能力，以判断他们是否符合某项工作的要求。

5. 酒店员工的挑选与任用

经过测试合格的候选人通常还要接受体格检查，这对酒店员工来说是非常重要的，某些疾病（如传染疾病）可能不适合酒店工作。所有测试和检查都合格的候选人原则上可作为挑选和录用的对象。挑选工作包括核实候选人材料、比较测试结果、听取各方意见、同意聘用、发放录用通知等步骤。任用就是将核实的被聘者安置到合适的岗位上。挑选合格的员工进入酒店后，首先要接受上岗教育。上岗教育包括对企业的历史、产品和服务、规章制度、组织机构、福利待遇等具体内容的介绍，也包括企业的价值观、经营理念、英雄模范、应具有的工作态度等企业文化方面的教育。岗前培训也是新员工适应企业环境的过程。工作的轮训是一个不可缺少的内容，它不但能拓宽新员工的技能和工作经验，而且有助于培养他们的合作精神和对不同岗位同事的理解。

经过一段时间的上岗培训，新员工才能真正成为企业的一员。这时，人力资源部门可以综合该员工申请的职位、培训期的表现和他个人的能力倾向，将他安排在合适的职位上。

任务三　酒店人力资源发展管理

对人力资源管理，很多人有一种认识上的误区，认为人力资源管理工作无非就是招聘员工、培训员工、考评员工、解聘员工等工作。对人力资源管理，缺乏一种“以人为本”的管理理念，缺乏一种以资源，而且还是酒店最重要资源的角度来看待酒店员工的视野与胸怀，更谈不上去积极挖掘、培养、发展人力资源以提升酒店人力资源工作的有效性。若这种认识来自酒店的高层管理者或者是业主方，是不利于整个酒店的经营管理的。

一、我国酒店人力资源队伍存在的主要问题

我国现代酒店发展至今，已有40多年的历史，人力资源上存在的问题主要体现在以下几个方面。

1. 酒店一线服务人员需求的急剧上升和旅游人力资源市场的萎缩

20世纪80年代旅游涉外酒店业刚刚起步，酒店供不应求，够得上五星级的高档酒店、合资酒店更是门庭若市。既有外语会话能力又有专业服务技能的人才短缺。国家为尽快培养出一大批能直接到酒店工作的人才，在教育政策上倾向于发展中等职业教育，很多中学改为旅游职业学校，直接为酒店输送劳动力。20世纪80年代后期至90年代末期以来，由于酒店投

资建设过度，酒店从供不应求变为供过于求。人力资源市场也随之发生变化，20世纪90年代末以来，由于很多外企公司和高新技术企业的行业优势远远超过酒店，酒店的经济待遇无力与其他行业相媲美，国家又不断扩大高等教育招生，旅游职业学校的生源逐步减少，人们进入酒店就业的愿望在减弱。在经济发展和教育体制改革的双重压力下，一方面经济发展推动了酒店业的市场需求扩大，使其需要更多的劳动力；另一方面，酒店业经营的微利时代制约了酒店员工待遇的提高，在生源萎缩的夹击下，酒店人力资源供给远远不能满足酒店业高速发展的需求。

2. 酒店人力资源结构分布失衡

从纵向上看，酒店业的发展呼唤素质高、外语好、专业知识扎实、一专多能的复合型人才，而中专、职校生与本科以及更高学历的硕士、博士等旅游高级人才的比例严重失调；从横向上看，酒店人力资源存在着严重的专业缺口。其主要表现是既有实践经验又有较高理论水平的旅游人才难觅。学历较高的本、专科毕业生往往具备了某一方面的专业知识和文化知识而没有较多的实践机会，他们在酒店的实践上有较大的欠缺；而旅游职业学校的学生往往实践经验比较丰富，但文化水平和理论水平很有限。从目前我国各有关旅游高校的毕业生就业倾向和毕业后所从事的工作看，一大批经过大学本科教育的旅游专业大学生毕业后纷纷转行，不再从事旅游行业工作，更加剧了酒店业的人才短缺。

3. 行业培训师不足

目前，我国酒店的培训师主要有3类：第一类是大专院校的教师和专业研究，理论知识较丰富，但缺乏与实践的结合；第二类是酒店中的管理者和业务能手，有实践经验但缺乏系统、科学的理论知识；第三类是既有一定实践经验又有相当理论水平的人员，这一类人两者皆具。其中，第一、二类师资不少，第三类师资匮乏。

4. 酒店业人才流失严重

酒店员工流动分为酒店行业横向流动和跨行业流动两种。酒店行业内人力资源的合理流动有利于行业内劳动力的调剂，能充分发挥现有人力资源的优势。跨行业流动对于酒店乃至整个酒店行业而言都是一种损失。其中，跨行业流动主要集中于酒店一线操作服务型员工，他们的经济待遇较低，劳动强度又大，因此，他们的跨行业流动较频繁。

二、员工培训

培训是酒店人事管理的重要内容，是人力资源开发的重要手段。员工培训对人力资源开发有着极为重要的作用，是酒店人力资源管理的一项重要功能。酒店优质服务需要有良好的工作态度和训练有素的服务人员，高效的管理需要具有管理才能的管理人员。无论是合格的服务人员还是管理人员都离不开培训。培训是现代酒店管理过程中必不可少的工作。

酒店从总经理、部门经理、主管领班到服务员，可相应分为决策层（总经理、副总经理、酒店顾问等），管理层（部门经理、经理助理），执行层（主管领班等基层管理人员）和操作层（服务人员及各部门的工作人员）4个层次。由于在不同层次工作的员工，所需掌握和使用各种技能的比率各不相同，因而，要分别进行不同层次的培训。现通常将培训分成职业培训和发展培训两大类。职业培训主要针对酒店一线操作人员（服务生、调酒员等）；发展培训主要针对管理人员。

不管新老员工，一进酒店，都需接受培训。新员工需要入职培训，酒店的老员工在不同的阶段也同样需要不同类型的培训，方可保持与时俱进。以酒店前台工作为例，在20世纪80年代以前，绝大多数的酒店采用手工操作来办理入住和结账手续。而当今酒店基本采用了计算机技术从而极大地简化了酒店的入住登记和结账离店手续。可见科技的迅猛发展使老员工面临知识和技能老化的新问题。此外，当今酒店业竞争加剧，客人需求越来越高，加上酒店产品中人对人的服务比例很大，员工素质的高低直接影响其对客服务质量的好坏。因而，酒店不约而同地走上这样一条相同的道路：狠抓员工培训、促进服务质量和竞争优势的保持和提升。

从系统的角度来看，培训可以划分为4个不同的阶段：培训需求分析、培训项目设计、培训项目实施和培训效果评估。如此不断地进行循环往复，逐步实现酒店组织的既定培训目标。

（一）培训需求分析

专家指出，可从组织需求分析、工作需求分析和个体需求分析这3个方面着手进行培训需求的分析。

1. 组织需求分析

组织需求分析是指组织在确立其培训重点之前，必须首先对整个组织所处的环境、制定的战略目标以及组织所拥有的资源状况进行一次全面的了解和分析。例如，美国“9.11”恐怖事件发生之后，美国酒店业迫切感受到在安全培训方面的需求。又如，在酒店餐饮流程的改造中如果只是强调后台厨师研制新菜品的工作，而不对酒店营销人员和餐饮前台人员进行促销培训，菜品翻新的培训计划就很难达到预期的效果。

2. 工作需求分析

工作需求分析是通过分析来确定一项具体的工作或职位由哪些任务组成，完成这些任务需要什么技能，以及完成到什么程度就是理想的或者说是合乎标准的。工作需求分析是培训需求分析中最烦琐的一部分，但只有对工作进行精确的分析，并以此为依据，才能编制出真正符合企业绩效和特殊工作环境的培训需求和培训课程。

3. 个体需求分析

把潜在的参加培训的人员个体所拥有的知识、技能和态度，与工作说明书上的相应条款的标准进行对比，则不难发现谁需要培训及其具体需要在哪一方面进行培训的问题。换句话说，个体需求分析是要找出个体在完成工作任务中的实际表现与理想表现之间的差距。

（二）培训项目设计

一旦培训需求确立之后，下一步要考虑的问题便是如何通过精心的培训设计去达到培训所要达到的目标。专家指出，一项精细的培训设计需要将以下4个方面的问题纳入通盘考虑：培训目标是什么；受训人员训前的准备情况如何；成人学习或培训的原则是什么；培训师有何具体特点等。

其一，在目标的确立阶段，培训设计者应当尽量将目标具体化、明确化以及可衡量化。例如，“提高员工的满意度”之类的培训目标是很难成功的，因为员工的满意度是一个很难量化的指标，即使通过量化的手段测出了满意度指数，那么酒店方面所投入的时间和精力成本难免会过高；而“减少员工的流失率”就是一个较为具体并且比较容易获得的一个数据。

其二，培训效果的好坏往往在设计阶段就埋下了伏笔。在培训开始之前，非常有必要对员工的实际情况进行摸底，并且找出他们的工作绩效与组织所期望的绩效之间的差距。这样会激发员工参加培训的欲望。反之，如果一个员工在培训开始之前没有做好思想准备，那么，再好的培训对其来说，都只不过是走过场而已。

其三，培训或学习的原则是什么？酒店在做培训设计时，应当尽量考虑大多数员工的实际水平和吸收新知识与技能的能力。例如，针对酒店员工大多数是成年人的特点，培训师应当在培训中多采用重复和强化的手段，帮助员工记忆所要掌握的具体内容；针对酒店大多数员工文化素质偏低的特点，培训内容应当尽量保持形象和直观的原则；为了方便员工在训练后的工作中最大限度地运用培训所学的知识，酒店培训应当尽量保持这样一个原则：培训内容和方式尽量与真实的工作情形保持相似性等。实践表明，成人学习有以下定律：成人偏好自我学习的经验；成人学习速度和效率不同；成人学习是持续不断的过程；成人学习是在刺激感官中发生的；在实际操作中的学习效果最佳；传授→示范→实操是成人学习新技能的最佳方法。

其四，培训设计还应考虑培训师的具体特点。毋庸置疑，培训师的素质如何将直接影响学员的培训和学习效果。一个称职的培训师通常应当具备以下条件或特征：对授课内容和专业技术了如指掌；顾及大多数参训人员的学习能力；耐心倾听和解答学员提出的问题；具有幽默感；对讲授内容具有兴趣；讲解透彻清晰；充满热情等。

（三）培训项目实施

一项培训计划是否达到预期的效果，在很大程度上取决于培训项目在前、中、后期的各项工作是否落实到位。很多经理们的培训计划做得很好，但没有成功地实施。在培训项目的实施过程中，自然会遇到方方面面的问题和阻力，如在我国，大多数酒店培训项目都是在职培训，在培训时间的安排上经常会与业务接待时间或员工的休息时间或多或少地发生冲突。实践表明，如果没有各部门与培训项目有关人员的通力合作，再好的培训项目也难以得到顺利的实施。

在培训项目的实施阶段，恰当的培训方法的选择和运用是成功的关键因素之一。在实践中，针对非管理人员的职业培训和针对酒店管理人员的发展培训的需求往往差别很大。因此，酒店有必要采用不同的方法对不同的群体进行有针对性的培训。

1. 职业培训

职业培训的主要对象是酒店操作层的员工。培训的重点应放在培训和开发操作人员的技术技能方面，使他们熟练掌握胜任工作的知识方法与步骤。职业培训按其培训顺序可分为岗前培训和持续培训两大类。

（1）岗前培训。岗前培训是新员工走上服务岗位之前的培训。凡是新招收的员工都必须经过培训，“不培训就不能上岗”要作为酒店铁的定律。岗前培训包括入门培训和业务培训两部分。

入门培训着重于对新员工进行酒店基本知识教育、思想观念教育和职业道德教育，以使新员工对酒店工作有基本的了解。

业务培训的内容可以分成两大部分：一部分为工作培训；另一部分为行为培训。工作培训主要包括专业外语、服务规程、服务技能与技巧、食品饮料知识、卫生防疫知识等，着重培训与服务工作直接有关的内容。行为培训主要包括形体训练、酒店礼节礼貌、主要客源国礼仪、安全保卫与保密知识、酒店消防知识等。在培训过程中，切不可只重视入门培训而忽视行为培训。服务人员良好的行为规范和工作能力是训练有素的酒店合格员工的一个标志。

业务培训方式可分两个阶段进行：第一阶段可根据培训的具体内容分别用听、看、练的方式，或用听、看、练相结合的方式进行；第二阶段是经过第一阶段的培训以后，必须投入实际的服务过程中去实践，即跟班上岗，在熟练员工传、帮、带的磨炼中，成为一名合格的酒店员工。

（2）持续培训。新员工上岗后，要不断地进行持续培训。持续培训包括再培训、交替培训和更换培训。

①再培训的目的是使上岗后的员工复习已经遗忘或不太熟悉的业务，或是通过再培训，使已掌握的技能和技巧进一步提高，以达到完善的水平。

②交替培训是使员工成为多面手，掌握两项以上工作岗位的技能，以便更充分地利用人力资源，这既有利于部门间的人事调配，也可防止有员工因故调离工作岗位而造成无人顶替的混乱。

③更换培训是指将已经上岗但不称职的员工及时换下来，对他们进行其他工种的培训。一般根据换岗下来的员工的性格和能力，选择在新的岗位上能胜任工作的工种进行更换培训。

无论是岗前培训还是持续培训，目的都是培养出一支能够胜任酒店工作的优秀员工队伍。

2. 发展培训

发展培训的对象是在酒店从事管理工作的人员和通过外部招聘或内部提升而即将从事管理工作的员工。由于酒店管理层中既有决策层和管理层又有执行层，他们虽然同属管理人员，但侧重点不同，因此，培训的内容也应不同。

基层管理人员如领班、管理员等，他们的工作重点主要是在第一线从事具体的管理工作，执行中、高层管理人员的指令。因此，为他们设计培训的内容应着重管理工作的技能和技巧，培养他们如何由被动地执行操作指令转为主动地接受指令并组织同班组的员工工作，培养他们掌握组织他人工作的技巧。

中、高层管理人员的培训应注重其发现问题、分析问题和解决问题的能力、用人的能力、控制和协调的能力、经营决策的能力，以及组织设计技巧能力的培养。中层管理人员，尤其是各部门经理，对其所在部门的经营管理具有决策权，因此，他们除必须十分精通本部门的业务，了解本部门工作的每一个环节和具体的工作安排之外，还要了解与本部门业务有关的其他部门的工作情况，懂得与其他部门的配合与协调。高层管理者的工作重点在于决策。因此，他们所要掌握的知识更趋向于观念技能，如经营预测、经营决策、旅游经济、管理会计、市场营销以及国家的旅游法规、外事政策等内容。

（四）培训效果评估

大量事实证明，很多酒店尽管在培训方面投入了不少的人力、物力、财力和时间，但是培训效果往往不尽如人意。培训效果评估是培训项目中最重要的一个环节，但是在实践中这个环节往往是最薄弱的，常常得不到重视。究其原因，往往是经理和主管们不十分了解应该如何评估培训效果。因此，这里有必要介绍一下培训效果评估的理论及其方法。

1. 柯氏四级培训评估理论

在众多的培训评估理论中，柯氏四级培训评估理论的历史悠久并且最著名。柯氏四级培训评估理论包括反应、学习效果、行为改善和结果 4 个方面。

（1）反应。反应是受训者对培训的总体感受如何。一般可以通过问卷调查和访谈的方式，了解和征求学员们的意见和对培训项目本身包括培训师在内的评价。

（2）学习效果。学习效果是受训者对培训内容的掌握程度。具体的评估方法可以视情况采用测验或演练观察等方法，如对比学员培训前和培训后对酒水知识的了解和掌握情况，则不难发现其学习有没有效果。

（3）行为改善。行为改善是受训者在工作岗位上运用培训所学知识后，其工作行为和绩效发生了什么样的变化。例如，比较一下餐饮摆台人员培训前和培训后的工作效率及对客服务态度变化情况，便可得知培训对其有没有起到作用。当然，在这部分评估中，要注意识别引起员工行为和工作绩效变化的真实原因。因为导致行为改善的因素不止培训一种。但是，要做到这一点是不容易的。

（4）结果。最高层次的评估是看培训给部门或组织究竟带来了什么样的影响和变化。这些变化是多方面的，酒店可从客房销售的平均客房收益（Rev-PAR）值、定客满意指数、员工满意指数，以及投资回报率等变化的角度，对培训效果进行深层次的评估。不难发现，这部分的评估可操作性不强。如前所述，就像很难区分是培训还是培训以外的因素导致员工绩效改变的道理一样，酒店在部门和组织层面上的绩效变化，也很难断定是否是由培训因素所引起的。

应当指出的是，柯氏四级培训评估理论虽然在实践中得到了广泛的运用，但该理论本身也存在局限性。如前所述，该理论尤其是它的第三和第四个层次的评估可操作性并不强，很难创建令人信服的可以量化的指标体系，很难区分个人行为改善和组织绩效改善的原因是由培训因素还是培训以外的因素导致的。不但如此，该理论可以说是站在培训的角度审视培训效果，而对于培训以外的因素，如组织文化对培训效果的影响如何，却不得而知。

2. 霍氏培训评估理论

霍顿总结了前人在培训评估理论方面存在不足的情况下，创造性地提出了培训成果转化系统理论，即员工在工作中运用培训所学知识时会受到一系列因素的影响。这些因素不但包括培训本身的因素，而且包括受训者个人及组织的环境氛围的因素。从效果来看，这些影响因素可能产生积极的或正面的影响，也有可能产生消极的或负面的影响。培训效果的好与坏是所有影响因素综合作用的结果。归结起来培训影响因素可以细分为次要的影响因素（如员工的自我效能）和 3 个主要因素：环境影响、动机因素、转化所需的必要条件。为了使培训成果转化系统理论能在实践中加以运用，以便评估组织的培训转化系统运行情况，霍顿等人还专门制作了一个可以具体评估培训的诊断测试工具——学习成果转化系统指标体系。

三、工作绩效评估

（一）工作绩效评估概述

绩效是人们所做的同组织目标相关的、可以观测的、具有可评价要素的行为，这些行为对个人或组织具有积极的或消极的作用。绩效评估则是收集、分析、评价和传递个人在其工作岗位上的工作行为表现和工作结果方面的信息情况的过程。

（二）工作绩效评估的方法

实践表明，不同的个人绩效评估目的，应采用不同的评估方法。不恰当的评估及其运用会给个人和组织带来负面效应。方法的选用往往对绩效评估结果的客观性和公正性造成直接的影响。总的来说，个人绩效评估可分为特征评估法、行为评估法和结果评估法 3 类。3 类评估方法的优点及缺点见表 5.3。

表 5.3　特征评估法、行为评估法、结果评估法的优点及缺点

类别	优点	缺点
特征评估法	开发费用低； 使用的维度有意义； 容易使用	评估出现偏差的可能性高； 不容易量化； 主观随意性大； 干扰因素多
行为评估法	使用具体的行为维度； 员工及领导均可接受； 便于提供反馈； 对奖金的发放和职位的晋升比较公平	开发及使用耗时较多； 开发费用高； 可能出现评估偏差
结果评估法	很少有主观偏见； 上下级均可以接受； 便于个人绩效与组织绩效的结合； 鼓励共同设立目标； 适合奖金及晋升决策	可能助长短期行为； 可能使用错误的标准； 可能使用不充分的标准

1. 特征评估法

所谓特征评估法，是指评估雇员在何种程度上拥有组织和所担任的职位所需要的重要特征（如独立性、创造性等）。特征评估法包括图表尺度评价法、叙述文章法、强制选择法和混合标准法。下文将以图表尺度评价法为例（表 5.4）对特征评估法加以展示。

表 5.4　图表尺度评价法

工作特征	差（1 分）	中下（2 分）	中等（3 分）	中上（4 分）	优秀（5 分）
工作态度	1	2	3	4	5
专业知识	1	2	3	4	5
业务技能	1	2	3	4	5
工作质量	1	2	3	4	5
合作精神	1	2	3	4	5
独立性	1	2	3	4	5
出勤情况	1	2	3	4	5
综合印象	1	2	3	4	5

2. 行为评估法

行为评估法，是从员工在工作中所表现出的具体行为角度，对其工作绩效进行评估。行为评估法具体包括关键事件法、行为锚定等级评价法、行为观察评价法等。表 5.5 为针对酒店经理的沟通工作表现进行的行为锚定等级评价法。

表 5.5　行为锚定等级评价法

<table>
<tr><th>说明</th><th>分值</th><th>行为举例</th></tr>
<tr><td rowspan="2">与员工有效沟通并能经常参加会议</td><td>7.00</td><td>经理召集会议解释酒店为什么要裁员，员工可以提问题并讨论为什么要减少某些岗位的员工</td></tr>
<tr><td>6.00</td><td>经理在忙于业务拓展时，经常增加同政策制定委员会的交流次数，以保证项目合作顺利，交流畅通</td></tr>
<tr><td rowspan="3">与员工的交流令人满意并能有时参加会议</td><td>5.00</td><td>经理每周让生产线上的员工到自己的办公室，做一次非正式的谈话，介绍企业的做法</td></tr>
<tr><td>4.00</td><td>经理当天不和前台经理交流关于行李员人浮于事的现象，但会对客房经理表现出这种担忧</td></tr>
<tr><td>3.00</td><td>经理错过了部门会议，不走访下属员工，但在酒店各处留条子说明应该做些什么</td></tr>
<tr><td rowspan="2">与员工沟通困难并很少参加会议</td><td>2.00</td><td rowspan="2">在执行委员会会议上，经理批评下属的意见是愚蠢的</td></tr>
<tr><td>1.00</td></tr>
</table>

3. 结果评估法

从表 5.3 中可知，结果评估法有诸多明显的优点，如很少有主观偏见，上下级均可接受等，鉴于此，在酒店的具体实践中，结果评估法得到了广泛的运用。尽管如此，该评估法也不是没有局限性的。例如，在酒店销售人员的业绩评估中，同样一位销售人员有可能在两个不同的评估期内，付出了相同的努力，但在结果上，这两个评估期的业绩好坏有可能差距悬殊。究其原因，很有可能是市场因素发生了变化。又如，在对经理个人业绩的评估中，以财务指标为导向的结果评估往往诱发经理们在工作中的短期行为。此外，不同的结果评估法会导致不同的工作价值观和行为倾向。因此，在酒店的实际工作中，适宜视情况采取不同的结果评估法。常见的结果评估法有劳动效率评估法、目标管理评估法和平衡积分卡评估法 3 种。这些方法除被用来评估员工个人绩效之外还常被用来评估部门或团体的工作绩效。接下来以目标管理评估法为例，让大家对基于结果的评估法有一个初步的了解。

目标管理评估法，顾名思义，就是评估人员与被评估人员一起制定被评估人员在评估期内的具体目标，同时制定到达该目标的计划、步骤甚至方法等。在实施过程中，评估人员还需要阶段性地与被评估人员一起讨论目标的进展情况，并根据实际情况对目标加以适当的调整和修改。最后，在评估期结束时，根据目标完成情况对被评估人员作出绩效评价。表 5.6 给出了目标管理评估法样表。

表 5.6　目标管理评估法样表

饭店名称____________　　　　　　　　　　　　　　　　　　　　　　经理姓名

评估期间____________　　　　　　　　　　　　　　　　　　　　　　评估人

业绩目标	结果考评指标	结果
1. 市场份额	间 / 夜数	增加了 3%
2. 顾客服务 / 顾客评价	得到肯定性评价的百分比	从 90% 提高到了 94%
3. 客房部利润	客房部收入占总收入百分比	提高了 1%
4. 员工道德	投诉率	下降了 5%
5. 员工发展	参加培训的人数与以往相比	增加了 10%
6. 健康及安全条件	事故数量与以往相比	下降了 10%
7. 酒店外部关系	领先水平	没有变化

（三）评估面谈的方法及注意事项

绩效评估的主要目的，一方面是帮助员工查找导致不理想绩效背后的原因，并以此来增加共识、减少误解和猜疑；另一方面是为员工绩效的改善和员工今后的职业发展方向提供积极的参考和建议。为此，有必要采用恰当的面谈方法和遵循绩效面谈的一些原则。

常见的绩效面谈方法有告知与诱导型、告知与倾听型及问题解决型 3 种。在实施告知与诱导型面谈时，评估师或经理把评估结果告诉被评估人员之后，应当着重向被评估人员提供对症的良策，诱导其改善或提高其工作绩效的动机和行为。在告知与倾听型的运用中，首先评估师或经理将考评结果客观地向被评估人员反馈，当被告知不好的绩效评估结果时，被评估人员往往情绪比较激动，有经验的评估师在这个时候往往采用少说多听的办法，给员工一些申诉或宣泄的机会，尽量缓解和减少绩效评估中容易出现的矛盾和问题。与告知和倾听型面谈方法相似的是，问题解决型面谈法也要求评估师设身处地地为被评估人员着想，仔细倾听员工的真实感受。但是问题解决型面谈法的主要目的是要求通过评估面谈，从根本上解决被评估人员工作绩效不佳的问题。例如，有些性格内向的员工，尽管已经在工作中尽力了，但因其性格的原因很难在销售工作中打开局面。在这种情况下适宜建议员工更换工作岗位，到与客人打交道较少的酒店其他部门工作。不难看出这样的评估属于发展性评估，其宗旨在于帮助员工更好地了解和认识自己，并且在工作中找到适合自身发展的工作岗位。这样，员工的工作绩效提升的可能性便增大了，进而对组织的工作绩效也会产生积极的影响。需要说明的是，在实际工作中往往不能只运用某种方法，应当视情况对面谈方法加以灵活运用。

为了达到面谈的目的，评估人员在与被评估人员的交谈中，需要注意以下事项：谈话内容要客观而具体，不要绕弯子；少批评，多鼓励，鼓励员工多说话；聚焦问题的解决方案；确立新的评估目标；加强面谈的后续工作。

（四）绩效评估中的问题

理论和实践表明，绩效评估并非易事。有调查显示，有 70% 的雇员表示绩效评估并不能让他们清楚管理层对他们的期望是什么，只有 10% 的员工认为绩效评估是成功的。更多的员工觉得绩效评估反而让他们对工作的目标更模糊了。另有调查显示，51% 的企业觉得现有的评估系统对企业没有价值或价值极小。为什么会出现这样的现象呢？一方面，是由于绩效评估本身的难度并非常人想象的那样，只是上级领导给下级打分而已；另一方面，在绩效考核中，一个微小的失误都有可能导致人力资源管理中明显的不良后果。

绩效评估出现这样或那样的问题在所难免，关键是如何避免可能出现的问题。为此可从以下3个方面着手，减少人力资源评估带来的偏差。其一，对人力资源评估中容易出现的问题要有全面的了解，这是防患于未然的不可缺少的步骤之一。其二，制作或选择恰当的绩效评估工具。众所周知，没有放之四海而皆准的评估工具或标准，唯有量身定做的、经过实践反复验证的，并且是适合评估目的和情形的工具，才能最大限度地保证评估的客观性和公正性。其三，对评估人员进行评估之前要进行专题培训，使他们精通评估业务，并且在思想上尽量保持与组织所期望的境界吻合。当然，除此之外，还有很多因素值得我们注意，如员工的参与度和领导的支持度等，都是人力资源评估工作取得预期效果的必要条件之一。

任务四　酒店服务质量管理

酒店业属于服务性行业。酒店为顾客提供的产品主要是服务。酒店服务质量是酒店的生命，服务质量控制是酒店经营管理的核心内容。目前，全球酒店市场总体上是供大于求，酒店间的竞争异常激烈，谁能够向客人提供全面、优质的服务，谁就能在市场上取得竞争优势，获得良好的经济效益。

一、酒店服务质量概述

（一）酒店服务质量的含义

酒店服务质量是指酒店服务活动所能达到规定要求和满足顾客需求的能力与程度，包括技术性质量（结果要素）和功能性质量（过程要素）两个方面。

1. 技术性质量

技术性质量是指酒店服务生产过程的结果，也称结果质量。结果质量是顾客在酒店服务过程结束后的“所得”，通常包括建筑外观、功能环境、设施设备、服务项目、实物产品等，这些构成了酒店服务质量的基本要素。

（1）建筑外观。建筑外观是指酒店建筑带给顾客的视觉感受，包括独特的建筑设计手法、建筑体量比例、表面材质处理、设计语言符号等。酒店的建筑在一定程度上体现了酒店的品质。历史的、地域的、艺术的各种文化元素的运用，赋予酒店建筑深刻的文化内涵，能给顾客带来第一视觉冲击。

（2）功能环境。功能环境由酒店的空间布局、内外部交通流线设计、室内装潢、灯光音响、室内温度等构成。在功能环境的设计上，要体现科学性、功能性、合理性、艺术性及整体性，在此基础上带给客人方便性、舒适性、易识性及安全性。

（3）设施设备。设施设备是酒店赖以存在的基础，是酒店提供服务的依托。酒店的设施设备包括客用设施设备和营运设施设备两大类。客用设施设备也称前台设施设备，是指直接供顾客使用的设施设备，如客房设备、健身康乐设施等；营运设施设备也称生产设施设备，如锅炉设备、制冷供暖设备、厨房设备等。

（4）服务项目。酒店服务项目大体上可分为两大类：一类是基本服务项目，即在酒店服务指南中明确规定的，对每个顾客几乎都要发生作用的那些服务项目；另一类是附加服务项目，是指由顾客即时提出，不是每个顾客必定需要的服务项目。服务项目的多少反映了酒店的服务功能和满足顾客需求的能力。

（5）实物产品。实物产品通常包括菜点、酒水和客用品配备，直接满足顾客物质消费的需要、菜肴的原料选择、烹调工艺、风味特色及顾客用品的质地、数量，都构成了酒店服务质量的重要组成部分。

2. 功能性质量

功能性质量是指顾客接受服务的方式及其在服务生产和服务消费过程中的体验，也称过程质量。过程质量说明的是酒店服务提供者是如何工作的，通常包括员工服务态度、服务效率、服务程序、服务礼仪与服务技巧等，这些构成了酒店服务质量的主体，也是顾客在酒店消费过程中最期望获得的东西。

（1）服务态度。服务态度是提高服务质量的基础，取决于服务人员的主动性、积极性和创造性，以及服务人员的素质、职业道德和对本职工作的热爱程度。在酒店服务实践中，良好的服务态度表现为热情、主动、周到和细致的服务。

（2）服务效率。服务效率是服务工作的时间概念，是提供某种服务的时限。衡量酒店服务效率的依据有两类：第一类是用工时定额表示的固定服务效率，如打扫一间客房30分钟、宴会摆台5分钟、夜床服务5分钟等；第二类是用工作时限表示的服务效率，如总台入住登记每人不超过5分钟、租借物品5分钟送进客房、接听电话不超过3声铃响等。

（3）服务程序。服务程序是以描述性的语言规定酒店某一特定服务过程所包含的内容与必须遵循的顺序。首先，服务程序是从对服务作业的动作、过程、规律的分析研究中设计出来的；其次，服务程序的对象是每个具体的服务过程；最后，服务程序以强制性的形式规定服务过程的内容与标准。

（4）服务礼仪。服务礼仪是以一定的形式对顾客表示尊重、谦虚、欢迎和友好等，是提高酒店服务质量的重要条件。服务礼仪中的礼节偏重于仪式，礼貌偏重于语言行动。服务礼仪反映了一个酒店的精神文明和文化修养，体现了酒店员工对顾客的基本态度。酒店服务礼仪主要表现在仪容仪表、礼节礼貌、语言谈吐和行为动作等方面，要求服务人员衣冠整洁、举止端庄，待客有礼、尊重风俗习惯、语调恰当、语言文明、动作规范、姿势优美。

（5）服务技巧。服务技巧包括操作技能、沟通艺术和应变能力。它取决于服务人员的技术知识和专业技术水平，是服务质量的技术保证。

（二）酒店服务质量的基本属性

近年来，国内外许多专家和学者对服务质量的属性进行了论述，其中，以美国的营销家贝瑞、巴拉苏罗门和西斯姆的观点最具代表性。他们认为顾客在评价服务质量时，主要从可靠性、反应性、胜任能力、礼貌、可信性、安全性、易于接触、易于沟通、消费者的理解程度和服务的有形性10项标准进行考虑。后来，在进一步的研究中，他们又将这10项标准合并为5项，分别是可靠性、反应性、保证性、移情性和有形性。贝瑞等专家提出的服务质量5大标准，基本涵盖了酒店服务质量的基本属性，也是评价酒店服务质量优劣的主要依据。

1. 可靠性

可靠性是指酒店企业可靠地、准确无误地完成所承诺的服务的能力。它是酒店服务质量属性的核心内容和关键部分。顾客希望通过可靠的服务来获得美好的经历，酒店企业把服务的可靠性作为树立企业信誉的重要手段，如必须兑现向预订客人承诺的客房或餐厅包房。

2. 反应性

反应性是指酒店企业准备随时帮助客人并提供迅速有效服务的愿望。反应性体现了酒店企业服务传递系统的效率，反映了服务传递系统的设计是否以顾客的需求为导向，如顾客在酒店办理住宿登记的等候时间、就餐的等候时间等，当服务传递系统出现故障导致服务失败时，及时地解决问题将会给顾客的感知质量带来积极的影响。

3. 保证性

保证性是指酒店员工所具有的知识技能、礼貌礼节以及所表现出的自信与可信的能力。首先，员工应具有完成服务的知识和技能，这是赢得顾客信任的重要因素；其次，员工要对顾客表示礼貌和尊重，友好的态度与好客的尊重会使顾客产生宾至如归的感觉；最后，员工要有可信的态度，主动与顾客进行沟通与交流，适时适地地帮助他们，使顾客消除跨越地理空间的不适感。

4. 移情性

移情性是指酒店的服务工作自始至终以顾客为核心，关注顾客的实际需求，并设身处地为顾客着想。在服务过程中，员工要主动接近顾客，掌握顾客的需求，同时要对顾客的心理变化和潜在需求有很强的敏感性，从而使整个服务过程充满人情味。

5. 有形性

有形性是指酒店通过一些有效的途径——设施设备、人员、气氛等传递服务质量的形式。酒店服务具有无形性的特征，因此，必须通过有形的物质实体来展示服务质量，有形性提供了酒店服务质量的线索，给顾客评价服务质量提供了直接的依据。例如，酒店通过装饰材料、色彩、照明、温度、湿度、背景音乐等来塑造富有情调的氛围；服务人员得体的服装、高雅的举止，不仅提高了服务质量的外在表现形式，而且会给顾客评价服务质量带来有益的贡献。

二、酒店服务质量评价

评价酒店服务质量是一项系统性工作，为了增强服务质量评价的客观性与准确性，需引入多方评价主体，并借助科学的评价标准来实施评价。酒店服务质量的评价主体可分为顾客方评价、酒店方评价、第三方评价和社交媒体评价。

1. 顾客方评价

顾客是酒店服务的接受者，也是酒店服务的购买者。酒店服务讲究“宾至如归，顾客至上”，因而，最大限度地满足顾客需求是酒店服务的根本任务，由顾客来评价酒店的服务质量是最直接、最有说服力和最具权威性的，可以说顾客是酒店服务质量高低最关键的评判者。酒店服务质量的顾客方评价有意见调查表、电话访问、现场访问、小组座谈和常客再访等多种形式，其目的是通过酒店与顾客之间的互动来了解其对服务的满意程度。影响顾客评价的因素包括以下几个方面：

（1）顾客预期的服务质量。顾客对服务质量的期望是口碑传播、顾客个人的需求和过去的服务体验，以及酒店的营销传播活动等多种因素共同作用的结果，它构成了顾客评价酒店服务质量的心理标尺。

（2）顾客体验的服务质量。顾客体验的服务质量是由其所实际经历的消费过程决定的，它往往需要一个比较的尺度，也就是酒店服务的标准化程度和个性化程度。酒店服务的标准化程度是指酒店提供标准化、程序化、规范化务的可靠程度，是提供优质服务的基础；酒店服务的个性化程度是指酒店根据顾客的多元化需求与偏好，提供有针对性的个性化、特色化服务的程度。

（3）顾客的感知价值。顾客的感知价值是顾客所感受到的服务价值减去其在获取服务时所付出的成本而得出的对服务效用的主观评价，体现顾客对酒店服务所具有的价值的特定认知。当顾客体验的服务质量与预期的服务质量一致时，顾客能够得到满意的感知价值；当顾客体验的服务质量超过了预期的服务质量时，顾客感知价值的满意程度会较高；当顾客体验的服务质量达不到预期的服务质量时，顾客感知价值的满意度较低。

2．酒店方评价

酒店作为服务的提供者，评价自身服务水平是其质量管理工作的重要环节，服务质量是酒店内各个部门和全体员工共同努力的结果，是酒店整体工作和管理水平的综合体现。在日益激烈的市场竞争环境下，以质量求效益已成为酒店可持续发展的必然选择。酒店服务质量的自我评价需要由相应的内设评价机构来执行，在评价机构设置方面，各个酒店的做法不尽相同。有些酒店设置由多部门管理者共同组成的服务质量管理委员会；有些酒店成立专设的服务质量监督部门；有些酒店在总经理办公室下设服务质量检查评价工作小组。

3．第三方评价

第三方是指顾客和酒店之外，独立于利益相关者的团体和组织。当前我国酒店服务质量评价的第三方主要有各级旅游行政管理部门、各类酒店行业协会组织和国际质量认证组织，如国家文化和旅游部下设的全国旅游星级酒店评定委员会。根据《旅游饭店星级的划分与评定》（GB/T 14308—2010）等国家标准对酒店进行等级认定，其中包含众多涉及服务质量的“软件”指标，酒店行业协会务组织多通过具有公信力的评奖形式使服务质量卓越的酒店脱颖而出，如被誉为中国酒店业奥斯卡奖的“星光奖”评选。国际标准化组织推行的 ISO 9000 质量管理体系标准也在酒店服务质量评价中得到广泛运用。

4．社交媒体评价

社交媒体评价是指利用社交媒体来分享意见、见解、经验及观点。随着互联网技术与应用的不断发展，社交网站、微博、微信、博客、论坛、播客等社交媒体层出不穷，逐渐改变着人们的生活方式和消费习惯，越来越多的消费者乐于利用旅行博客、旅游论坛等社交平台对酒店住宿体验发表在线评论，或者利用手机社交软件即时分享自己酒店住宿体验过程中的见闻和感受，无论这种网络口碑传递的信息是好是坏，都将对酒店潜在顾客的购买行为产生深远影响。因此，社交媒体评价可以看作顾客依托第三方网络平台对酒店服务质量进行评价的一种新的综合性维度。

三、酒店服务质量管理方法

（一）酒店全面质量管理的概念与内容

1．酒店全面质量管理的概念

全面质量管理（Total Quality Control，TQC）起源于20世纪60年代的美国，由美国质量管理专家阿曼德·费根堡姆（Armand Vallin Feigenbaum）提出，最先在工业企业中运用，到20世纪70年代，美国、日本等发达国家率先将其运用于第三产业，并取得了较好的成效，我国于1978年引入全面质量管理的概念，最开始也是在我国的工业企业中推行，后来逐步引入商业、酒店业等服务性行业。酒店全面质量管理是指酒店为保证和提高服务质量，组织酒店全体员工共同参与，综合运用现代管理科学和管理方法，控制影响服务质量的全过程和各因素，全面满足宾客需求的系统管理活动。它要求酒店整合所有资源，以系统观念为出发点，改变传统的以质量结果检查为主的方法，将质量管理的重点放在预防为主，变事后检查为事先预防和过程控制，从源头上堵住酒店的质量问题的发生，减少顾客投诉和抱怨，促进酒店服务质量的全面改善和提升。

2. 酒店全面质量管理的内容

酒店全面质量管理涵盖多方面的内容，涉及管理主体、管理对象、管理方法、管理过程、管理目标等方面。

（1）全面质量管理主体——全体成员。酒店全面质量管理需要酒店全体人员的共同参与和努力，酒店全体成员必须首先在思想上对酒店的全面质量管理有统一的认识，然后积极主动地参与和维护酒店全面质量管理的实施。从酒店高层决策人员制定决策、管理人员拟订经营管理计划方案，到各基层服务人员，认真贯彻执行整个过程。酒店全面质量管理贯穿酒店各层次人员对酒店的日常经营管理，从宏观上整体把握方向和目标任务，从细微处着手认真贯彻和执行，将酒店各部门计划全面落实到酒店各岗位和员工具体的工作活动当中，从而真正保证酒店的服务质量。

（2）全面质量管理对象——全方位。酒店全面质量管理实施的是全方位的管理，凡是涉及酒店的经营管理活动及与酒店产品的提供相关的内容，都属于酒店全面质量管理之列。酒店产品具有整体性和全面性特点，这决定了酒店质量管理必须进行全方位的管理，“100-1=0”即酒店服务的提高，必须不出任何差错，否则就会满盘皆输；服务的有形性和无形性特征也决定了酒店服务活动的复杂性。

因此，酒店全面质量管理必须注重管理的系统性和整体性，从前台接待到后台服务，每一个环节必须认真细致、一丝不苟，不能仅仅只关注局部的质量。

（3）全面质量管理方法——全方法。酒店服务质量的影响因素众多，服务质量的构成要素也很多，同时服务过程中各种随机性或突发性问题也可能随时出现，酒店服务的提供虽有硬性的质量管理标准，但由于服务的无形性也导致了一些服务的提供和问题的处理没有可循之规，需要服务人员灵活处理。这说明了酒店全面质量管理的难度。因此，要全面系统地控制这些不确定因素，解决各种各样的难题，就必须综合运用各种不同的现代管理方法进行酒店的质量管理，酒店服务人员对服务过程的各种实际情况选择适当的解决问题的办法，以使顾客满意，尽全力保证酒店服务质量。

（4）全面质量管理过程——全过程。酒店服务质量的高低是酒店宾客对酒店服务水平的综合评价，评价的依据是其在酒店感受到的切身体验的服务与其最初的期望值之间的比较。因此，酒店服务质量是以服务效果为最终评价的，即对酒店的整个服务过程进行的综合评价，要保证酒店的服务质量，就要对酒店进行全过程质量管理。酒店服务的全过程包括服务前的组织准备、服务阶段的对客服务和服务后的售后服务。这三个阶段是一个不可分割的整体，对酒店进行全面质量管理必须做事前的预防和准备工作，防患于未然；同时，要做好服务中的控制管理，尽可能地避免服务中的问题的出现。一旦出现问题，就不可弥补，会造成不可挽回的损失。

（5）全面质量管理目标——全效益。酒店全面质量管理的目标是实现酒店的全效益。酒店服务不仅只讲究经济效益，更讲究社会效益和生态环境效益，酒店的经营管理必须实现绿色化，提倡节能降耗和环境保护。绿色酒店是为酒店赢得社会效益的基础，可大大增强酒店的知名度和美誉度，提高酒店的影响力，这是为酒店带来长远经济效益的基础和前提。因此，酒店的经济效益、社会效益和生态环境效益三者是紧密关联的，力争做到三者效益的共同实现。

（二）PDCA 循环管理法

PDCA 循环管理法是一套行之有效的科学管理程序，最早由休哈特于 1930 年构想，后来被美国质量管理专家戴明博士在 1950 年再度挖掘出来，并加以宣传和运用于持续改善产品质量的过程。在酒店服务质量管理中，该方法也得到广泛应用，它将酒店服务质量管理活动分为 4 个阶段，即计划（Plan）、实施（Do）、检查（Check）和处理（Action），各个阶段都有自己的任务、标准和目标，4 个阶段是一个不可分割的整体，它们共同作用，构成了酒店服务管理活动的全过程，并且不断循环，周而复始地动态运作，不断促进酒店服务质量的提升。

1. PDCA 循环管理的阶段与步骤

（1）计划阶段。计划阶段的工作主要是明确质量管理的任务，建立质量管理的机构，设立质量管理的标准，制定质量管理问题检查、分析与处理程序。该阶段具体包括以下工作步骤：

步骤 1：对酒店服务质量的现状进行分析，诊断出主要的质量问题。

步骤 2：分析产生质量问题的原因。

步骤 3：从分析出的原因中找到关键的因素。

步骤 4：制定解决质量问题要达到的目标和计划，提出解决质量问题的具体措施、方法及责任人。

（2）执行阶段。执行阶段的工作即步骤 5，主要是依据已经确定的目标、计划和措施执行。

（3）检查阶段。检查阶段的工作即步骤 6，再次对酒店服务质量情况进行分析，并将分析结果与步骤 1 所发现的质量问题进行对比，以检查步骤 4 中提出的解决质量问题的各种措施和方法的效果，同时检查完成步骤 5 的过程中是否还存在其他问题。

（4）处理阶段。处理阶段包括两个工作步骤：步骤 7，总结已解决的质量问题，提出整改措施，并使之标准化，而对于已完成步骤 5，但未取得成效的质量问题也要总结经验教训，提出防止这类问题再发生的意见；步骤 8，提出步骤 1 中发现而尚未解决的其他质量问题，并将这些问题转入下一个循环中去寻求解决，从而与下一循环的步骤衔接起来。

2. PDCA 循环管理的特点

（1）循序渐进。PDCA 循环管理必须按顺序进行，4 个阶段的 8 个步骤既不能缺少，也不能颠倒，它就像车轮一样，一边循环、一边前进。这个车轮需要酒店组织的力量和全体员工的努力来推动，才能顺利前进。

（2）环环相扣。PDCA 循环管理必须在酒店的各个部门、各个层次同时进行下方才有效。整个有一个酒店大的 PDCA 环，各个部门又有各自的 PDCA 环，各班组直至个人也都有自己的 PDCA 环。大环套小环，大环是小环的母体和依据，小环是大环的保证，环环相扣，每个环都按照顺序转动前进、相互协同，才能产生作用。

（3）螺旋上升。PDCA 循环管理不是简单的原地循环，每循环一次都要有新的更高的目标，每循环一次就必须既向前推进了一步，又向上升高了一层，这意味着每经过一次循环，酒店的服务质量水平就有了新的提高。

（三）酒店服务质量管理的其他方法

1. 现场管理

现场管理是指用科学的标准和方法对生产现场各生产要素进行合理有效的计划、组织、协调、控制和检测，使其处于良好的结合状态。

所谓现场，就是指企业为顾客设计、生产、销售产品和服务及与顾客交流的地方，为企业创造出附加值，是企业活动最活跃的地方。就酒店服务质量现场管理而言，就是要使酒店的各项服务工作时刻处于受控状态，现场出了问题要立即解决。酒店服务生产与消费同步性的特点及顾客的需求差异，增加了酒店员工的操作难度和酒店的管理难度。不同的酒店、不同的员工、不同的顾客在不同场合、不同时间对酒店服务质量的要求是不同的。顾客需求的多样性和不稳定性要求员工能够短时间内在现场做出快速反应，只有具有丰富经验、应变能力强的员工能够做到。为此，酒店管理者应该通过现场管理，督导员工的现场服务，观察其是否严格按照标准工作程序执行各项操作，激励下属员工的工作，做到事前控制、事中指导，在现场及时处理出现的各种问题，从而保证酒店服务质量的相对稳定。

2. 项目管理

项目管理又称为专项质量管理，是对每一项服务环节的质量进行专项管理。国际标准化组织在 1993 年提出了项目质量管理的建议，旨在强化对质量体系要素中某一环节的有控，以便在局部上提高产品和服务的质量。由于项目管理相对实用、更加简练、容易实施，因此受到企业的青睐，被广泛运用于质量管理工作。酒店经常开展的微笑服务月、礼貌服务周、环境卫生月等，均属于专项服务质量管理的范畴。专项质量管理的主要特点：有一个清晰的目标；授权某一个人负全责；有某一个组织；在一个明确的时间内结束；有相对简练实用的评价审核标准；项目完成后有完整的质量文件材料。完成的质量文件材料是专项质量管理的重要成果，主要包括确定项目概念，即项目的质量目标、管理者的期望；进行项目的可行性分析，评估实施该项目的条件、优势和困难；设计并规定项目实施的步骤、评价审核标准等；确定项目执行过程中有关的组织、人员及其相应的任务；工作总结，涉及执行情况分析、项目最终结果、实施效果评估和经验教训等内容。

3. 服务竞赛和评比

酒店还可以通过组织和开展服务竞赛和评比活动，促使全体员工树立强烈的质量意识，以提高执行酒店服务质量标准的主动性和积极性，形成比、学、赶、帮、超的良好工作局面。酒店内部的优质服务竞赛和评比要坚持三项工作要点：第一，定期组织、形式多样。服务竞赛和评比活动要常态化、多样化，事前要明确范围和意义、确定参与对象及要求、制定评比标准与方法，同时做好动员工作，激发广大员工的参与愿望。第二，奖优罚劣、措施分明。服务竞赛和评比活动的开展应有具体的奖罚措施，一般应遵循“奖优罚劣、以奖为主”的基本原则，如给优胜者发放奖金、授予荣誉称号、提供带薪假期等。第三，总结分析、不断提高。每次服务竞赛和评比活动结束以后，所有管理人员都应认真总结与分析，推广好的服务工作经验，避免暴露出的问题在后续服务工作中出现，从而不断提高酒店服务质量。

项目小结

本项目主要介绍了酒店人力资源管理和酒店服务质量管理。在人力资源管理方面，本项目重点阐述了酒店人力资源的含义、人力资源基本的日常管理和人力资源的发展管理。而酒店的服务质量管理，也往往是在人力资源部门牵头与协调下，进行的一项酒店产品质量控制与提升的管理活动。

本项目内容充分说明，人力资源的开发与管理工作贯穿酒店经营管理过程的始终，是酒店的一个神经中枢，非常重要。在现代酒店经营管理中，需要把人力资源当作有效资源进行科学的开发、管理和利用，充分发掘员工的潜能。这些都是酒店为宾客提供高质量、高品质服务，从而获得良好经济效益和社会效益的重要保证。只有拥有了一支高水准、高素质的员工队伍，才能控制与提升酒店的服务质量水准。

复习与思考题

一、名词解释

1. 人力资源管理
2. 职业培训
3. 发展培训
4. 柯氏四级培训评估理论

二、简答题

1. 酒店人力资源管理的目标有哪些？
2. 酒店人力资源管理的基本内容有哪些？
3. 酒店服务质量属性有哪些？

三、论述题

1. 试述现阶段我国酒店人力资源所存在的主要问题。
2. 试述“以人为本”的管理思想。
3. 试述全面质量管理内容。

项目六

酒店财务部门的运营管理

学习导引

酒店财务管理，是指对酒店财务活动的管理。酒店财务管理是随着酒店规模不断扩大、管理不断深化而出现的一种管理职能。它主要解决酒店经营中的一些理财问题，管理者根据酒店的经营目标和经营需要，按照资金运动规律，对酒店的财务问题进行科学有效的管理，并正确处理酒店同社会各种利益关系团体和个人之间的经济关系。资本的运作是酒店经营管理的高级阶段。

学习目标

1. 掌握酒店财务管理的概念及主要职能。
2. 掌握酒店财务管理的主要目标及主要特点。
3. 掌握酒店财务分析的一般程序及方法。
4. 掌握酒店综合实力评价指标体系。
5. 了解酒店预算编制的相关知识。
6. 了解酒店财务控制制度。

案例导入

酒店的资本运作，酒店经营管理的高级阶段

2007 年 7 月，美国黑石集团宣布将出资 260 亿美元现金收购全球酒店巨头希尔顿酒店集团。260 亿美元是世界上迄今为止最大的酒店业并购的出价。

2016 年 9 月，万豪酒店集团出资 130 亿美元，完成对全球酒店及度假村巨头喜达屋集团的收购。万豪集团在全球拥有和管理的酒店达 5 700 多家，客房数量达 110 万间，万豪集团成为全球最大的酒店企业。

近年来，全球酒店集团上演的一幕幕并购大戏，预示着全球酒店集团进入并购活跃期。

2005 年发生了 153 起大大小小的酒店合并案，总价值 237 亿美元，而 2004 年为 132 起，总金额达 324 亿美元。

从一方面看，收取酒店管理费要比持有酒店利润更高而且风险更小；但是从另一方面看，酒店是中长期投资回报率较高的地产项目，而 2005 年在全球范围内的房地产兴旺行情是变现不

动产的大好时机。

无论是收购还是变现，交易双方都有着相应的理由和目的。回顾历史，跨国酒店集团的发展历史也就是并购的历史。

喜达屋从资金管理公司通过并购成为大集团，后来以小吃大并购喜来登。喜来登在20世纪60年代从一家酒店起家，其股票在20世纪70年代被ITT（美国电报电讯公司）购买，ITT的资金加上喜来登专业酒店管理技能结合使喜来登成名，20世纪90年代晚期喜来登从ITT分离。喜达屋下的艾美从一家法国航空公司下属的酒店公司起家。圣腾是HFS通过分阶段收购成为大集团的，如1992年收购天天客栈，1993年收购超级汽车酒店。

20世纪80年代，以半岛酒店为核心资产的香港大酒店集团两度被称为股市狙击手的刘銮雄和罗旭瑞收购。半岛酒店当时是香港唯一的六星级酒店，刘銮雄毫不犹豫地以旗下中华娱乐行和爱美高连同丽新制衣以每股53港元接手。为争取大酒店董事席位、话语权，刘銮雄和嘉道理家族展开了一年格斗，最后以嘉道理接手刘銮雄持有的大酒店股份为终结，此举使刘氏旗下中华娱乐行获利达9 200万港元，爱美高则赚取4 200万港元。

2006年3月6日，雅高宣布出售该集团旗下所属在欧洲的76家旅馆，连锁品牌分别为诺富特（Novotel）、美居（Mercure）和宜必思（Ibis），以及在美国的6家索菲特（Sofitel）连锁品牌旅馆，交易总金额为8.9亿欧元。出售后的旅馆仍将继续由雅高集团负责管理经营，其中，欧洲旅馆的品牌转让使用期为12年，并可以延期至60年。而美国的6家Sofitel旅馆，雅高集团保留了25%的股份，同时，其品牌转让使用期限为25年。雅高在2005年出售了旗下126家旅馆后，2005年年初，雅高集团还拥有Sofitel连锁酒店99%及Ibis连锁酒店50%的产权，2006年年底将只拥有这两大酒店连锁25%的所有权。雅高出售旅馆主要目的是减少债务并集中资金进行新的投资。2005年，其在法国旅馆业的投资总额达40亿欧元，几乎是2004年的3倍。

历年比较重大的并购事件如下：

1949年，希尔顿国际公司从希尔顿酒店公司中拆分出来，成为一家独立的子公司。

1964年，希尔顿国际公司在纽约上市。

1967—1987年的20年中，希尔顿国际公司3次被收购，最后由前身为莱•德布鲁克（La dbrok）集团的希尔顿集团买下。

1974年，雅高引进宜必思品牌。

1975年，雅高引进美居品牌。

1980年，雅高通过与杰克•槐斯•玻勒尔（JBI）国际公司的兼并，引进索菲特品牌；在巴黎股票交易中心上市融资。

1981年，大都会（Grand Metropolitan）兼并洲际酒店集团。

1985年，雅高的一级方程式汽车旅馆开张后，15年里就在全球开设了1 000家分店。1985年，引进“佛缪勒第一”经济品牌。

1989年，英国巴斯有限公司（Bass）对假日集团（1989年）和洲际集团（1998年）收购兼并。

1990年，雅高购买美国“汽车旅馆第六”品牌。

1995年，万豪国际集团收购丽思•卡尔顿酒店公司49%的股份。

1998年，波士顿丽思•卡尔顿酒店公司99%的股份归到万豪国际集团名下。

2003年，洲际酒店集团（前六洲）收购兼并了美国的蜡木酒店式公寓集团（Candlewood Suite）。

2005年9月14日，胜腾（Cendant）以1亿美元收购Wyndham酒店品牌以及特许经营系统。根据协议，Cendant将从黑石集团旗下的Wyndham International Inc.得到82家酒店的特许经营协议以及29家酒店的管理合同。

2005年10月初，胜腾酒店集团购买了万豪在全球范围内的华美达品牌。

2005—2006年，许多大宗酒店交易与并购由美国黑石集团（Blackstone Group）领导；资产轻量化（Asset-Lite）成为大酒店品牌的经营趋势。

2006年，美国胜腾集团（Cendant）更名为温德姆国际（Wyndham Worldwide）酒店，2007年，黑石投资公司以260亿美元，收购希尔顿酒店集团。

2015年，中国安邦公司以20亿美元收购希尔顿旗下纽约华尔道夫大酒店。

2015年，中国首旅公司以110亿人民币完成对如家酒店集团的收购。

2016年，中国上海锦江集团先后以对价91亿元人民币和83亿元人民币收购卢浮集团（GDL）100%股权和铂涛集团81%股权，一跃成为首家跻身全球前五的中国酒店集团。

2016年，万豪酒店集团以130亿美元，兼并了喜达屋集团，成为全球最大的酒店业企业。

任务一　酒店财务管理概述

一、酒店财务管理的概念

所谓财务，是对社会经济环节中涉及钱、财、物的经济业务的泛指。酒店财务是客观地存在于酒店的生产经营活动中，通过货币资金的筹集、分配、调度和使用而同有关方面发生的经济关系。

酒店财务管理是指对酒店财务活动的管理。酒店财务活动即酒店财产物资方面的业务活动及事务活动，包括各种财产物资的取得、配置、耗用、回收、分配等活动。

在市场经济中，各种财产物资具有价值和使用价值，财产物资价值的货币表现就是资金。为了保证业务经营活动的正常进行，酒店首先要筹集一定数额的资金，有了资金后，还要做好资金的投放，使之形成酒店业务经营所需的各种财产物资，即各项资产。而在酒店的业务经营过程中，资产的价值形态不断地发生变化，由一种形态转变为另一种形态。酒店是借助有形的设备、设施，通过提供服务而获取经济效益的生产经营单位。

酒店经营者运用投资者提供的资金进行经营。从形式上看，酒店财务是货币等财产资源的收支活动，它表现为酒店资源量增加与减少，其基本内容体现为筹资、投资与分配等；从实质上看，酒店财务体现着酒店与各方面的关系，由此体现着一定的经济利益。酒店财务活动包括酒店由于筹集资金、运用资金、分配利润而产生的一系列经济活动，酒店财务活动的总和构成了酒店的资金运动。酒店财务管理的对象，就是资金的运动。

酒店财务管理是随着酒店规模不断扩大、管理不断深化而出现的一种管理职能。它主要解决酒店经营中的一些理财问题。管理者根据酒店的经营目标和经营需要，按照资金运动规律，对酒店的财务问题进行科学有效的管理，并正确处理酒店同社会各种利益关系团体和个人之间的经济关系。

财务管理（Financial Management）或（Managerial Finance），是一门独立性、专业性很强的，与社会实践密切相关的经济管理学科。它最初产生于17世纪末，发展于20世纪尤其在第二次世界大战后，随着企业生产经营规模的不断扩大和金融证券市场的日益繁荣，筹资越来越不容易，风险也逐渐加大，人们越来越认识到财务管理的重要性，其理论与方法得到不断的发展。西方国家每一企业都有专门从事财务管理的机构，设有财务副经理，直接向总经理报告并负责财务会计工作。财务管理在酒店经营管理中处于特别重要的地位。

二、酒店财务管理的主要职能、主要内容及财务关系

（一）酒店财务管理的主要职能

酒店财务管理从计划管理开始，通过对整个经营过程实施必要的控制，以求达到预定的目标，并且通过对酒店财务状况的分析，对整个酒店的经营状况做出评价。因此，酒店财务管理具有财务预算、财务控制和财务分析3项基本职能。

（二）酒店财务管理的主要内容

酒店财务管理的主要内容包括以下6个方面。

1. 筹资管理

酒店为了保证正常经营或扩大经营的需要，必须具有一定数量的资金。酒店的资金可以从多种渠道、用多种方式来筹集，其可使用时间长短、附加条款的限制和资金成本的大小都各不相同。这就要求酒店在筹资时不仅需要从数量上满足经营的需要，而且要考虑筹资方式给酒店带来的资金成本的高低，财务风险的大小，以便选择最佳筹资方式。

2. 投资管理

酒店筹集的资金要尽快用于经营，以便取得盈利。但任何投资决策都带有一定的风险性。因此，在投资时必须认真分析影响投资决策的各种因素，科学地进行可行性研究。对于新增的投资项目，一方面要考虑项目建成后给酒店带来的投资报酬；另一方面也要考虑投资项目给酒店带来的风险，以便在风险与报酬之间进行均衡，不断提高酒店价值。

3. 营运资金管理

酒店营运资金也称“营运资本”或“流动资金”，一般是指流动资产减去流动负债后的余额，即酒店存置于银行的现金、投放于易售有价证券的资金、占用于应收账款与应收票据和存货储备等项流动资产的总额，减去在经营过程中发生的流动负债（应付账款和应付票据等）。有时将此余额称为“净营运资金”，而将“营运资金”称为流动资产。但是，如果提到营运资金的管理则包括对流动资产和流动负债的管理。酒店的经营活动都涉及营运资金的范围。因此，对营运资金进行管理显得相当重要。

4. 成本费用管理

成本费用管理是酒店财务管理的重要内容。酒店成本费用的耗费是指经营活动中发生的各种资金耗费，因此，对成本费用的管理也就是对资金耗费的管理，降低成本费用是增加盈利的根本途径。

5. 股利管理

利润是酒店在一定时期的经营活动所取得的主要财务成果。当前我国国有酒店将其称为利润，而股份制酒店称为股利。从整个社会来看，利润是社会再生产的重要来源；从酒店来看，取得利润是酒店生存与发展的必要条件，也是评价一家酒店经营状况的一个重要指标。股利（利润）管理是酒店财务管理的一个主要内容，对提高酒店的经济效益具有重要意义。

6. 财务评价

提高经济效益是一切经济工作的出发点和归宿点。经济效益评价（财务评价）是经济工作中不可缺少的一部分。

合理的财务评价方法，是决策科学化的有力工具。任何一个经济管理干部、任何一个酒店领导、任何一个需要同资金使用打交道的主管人员，都应当懂得财务评价的基本原理和方法。

（三）酒店财务管理的财务关系

随着酒店经营活动的不断进行，财务活动也日益频繁。在进行财务活动的过程中，酒店必然与各方面发生经济联系，产生各种经济利益关系。酒店在财务活动中与有关方面所发生的经济利益关系就称为财务关系（Financial Relations）。其主要包括以下 3 个方面。

1. 筹资活动中的财务关系

在筹资活动中，酒店是接受投资者，而向酒店出资的投资者可分为所有权投资者和债权投资者。因其对酒店的投资责任不同，享有权利也不同，具体表现在以下几个方面。

（1）投资者以其投入的资本承担财务风险而产生的经济责任。

（2）投资者对酒店获得的利润按投资份额享有分配权。

（3）投资者对企业破产承担责任。

在这些关系中，投资者要选择合理的投资方式和所要投资的酒店。相应地，酒店也要适当选择合理的筹资方式和投资者，最终实现投资者与酒店之间的利益均衡。

2. 投资经营中的财务关系

投资经营是将筹集的资金用于生产经营的各个方面。投资经营中的财务关系与等资中的财务关系相同，只是酒店的角度由接受投资变成了投资者。酒店作为投资者，与受资者之间的关系，即投资与分配的关系，属于所有权关系。投资经营会使酒店的资金流动，资金流动既会带来资金收益，也会带来投资经营风险，这就要求酒店在收益与风险之间进行权衡，以求以最小的风险获得最大的收益。酒店若作为债权人将其资金以购买债券，提供借款或商业信用等形式和他人形成的经济关系，在性质上属于债权债务关系。

3. 分配中的财务关系参与企业分配的主体

（1）国家。国家以行政管理者的身份无偿参与社会剩余产品，包括企业利润的分配。酒店必须依法经营并按照税法规定缴纳各种税款，包括流转税、所得税和各种计入成本的税金。这种财务关系体现的是酒店同政府之间的一种强制和无偿的财务分配关系。

（2）所有者。所有者参与酒店分配的方式是按资分配，即按其对企业投资的多少进行分配。

（3）债权人。债权人为酒店借入资金，以贷款者身份参与酒店分配，即酒店要按时以还本付息的方式向债权人偿还本金和支付利息。这是一种有偿分配，这种分配带有一定的强制性。

（4）员工。以员工自身提供的劳动参与酒店分配，即按劳分配，也是一种有偿分配。酒店根据员工的劳动情况，向员工支付工资、津贴，用利润向员工支付奖金，提取公益金等。员工分配最终会导致所有者权益的变化。

上述财务关系是酒店在从事生产经营，进行资金的筹集、调拨、使用、分配、偿还等财务活动中产生的。酒店财务的本质就是酒店经营过程中的资金运动及其体现的财务关系，而财务管理的对象就是资金运作及财务关系。酒店财务管理则根据国家政策法规和资金运作规律，组织财务活动，处理各种财务关系，通过对资金的运用过程实施管理与控制，实现财务控制、促进经营发展、提高经营效益。

三、酒店财务管理的主要目标

1. 以利润最大化为目标

利润代表了酒店新创造的财富，利润越多，则酒店的财富增加得越多。因此，股东把利润作为考核酒店经营情况的首要指标，把酒店员工的经济利益同酒店盈利的多少紧密地联系在一起。以利润最大化作为财务管理的目标，酒店必须讲求目标管理，以目标来指导和控制酒店的经营活动，以目标作为管理人、财、物等各要素的基础，使酒店管理行为始终围绕目标的实现而各司其职、各尽其责。

2. 以财富最大化为目标

财富最大化是通过酒店的合理经营，采用最优的财务政策，在考虑资金的时间价值和风险报酬的情况下，不断增加酒店财富，使酒店总价值达到最大化。在股份制酒店中，股东的财富由其所拥有的股票数量和股票市场价格两个方面来决定。当股票价格达到最高时，则股东财富也达到最大化，也就是说酒店总价值最大化与股东财富最大化是一致的。所以在股份制酒店中，财富最大化也可以表述为股东财富最大化。

以财富最大化作为酒店财务管理的目标，就是要正确权衡报酬增加与风险增加的得与失，努力实现两者之间的最佳均衡，使酒店价值达到最大即财富最大化。一般而言，财富最大化是财务管理的最优目标。

3. 以社会责任为目标

酒店应承担对社会应尽的义务，如果每一家酒店都能够积极承担一定的社会责任，如维护消费者权益，合理雇用员工，为员工提供培训和深造的机会，消除环境污染、保护环境等，那将会为整个社会的繁荣和发展做出积极的贡献。但企业在追求利润及财富最大化时，往往与一些社会利益相矛盾，过多承担社会责任会影响酒店的收益和利润的增加，如酒店进行环境保护的投资，尽管由于保护生态环境而带来收入的减少，但酒店在承担这一社会责任的同时，也保持和改善了酒店在社会公众中的形象，提高了酒店在公众中的地位，从而获得了长远的经济效益。

四、酒店财务管理的组织机构

建立健全酒店财务管理组织，是有效开展财务活动、调节财务关系、实现财务管理目标的重要条件。

酒店财务管理组织的机构设置一般有 3 种类型。

1. 以会计为核心的财务管理机构

以会计为核心的财务管理机构的特点是会计核算职能与财务管理职能结合，同时具备两种职能。在这种机构内部，是以会计核算职能为核心来划分内部职责的，设有存货、长期资产、结算、出纳、成本、收入、报表等部门。这种机构适用中、小型酒店。

2. 与会计机构并行的财务机构

与会计机构并行的财务机构的特点是会计核算职能与财务管理职能分离，财务管理职能由独立于会计机构以外的财务管理机构履行。财务管理机构专门负责筹资、投资、分配及组织资金运动。在该机构内部，按照职责的不同划分为规划部、经营部和信贷部 3 个部门。

（1）规划部（Planning Department）。规划部的主要职责是进行财务预测和财务计划。预测的内容是金融市场的利率与汇率、预期证券市场价格和现金流量，为筹资和投资提供依据。计划的主要内容是编制现金预算，确定筹资计划；编制利润计划、确定酒店生产经营目标、编制投资计划确定酒店实物投资和金融投资的动向。

（2）经营部（Operating Department）。经营部的主要职责是寻找资金的筹措渠道，进行金融市场融资及投资，实施资金分配。

（3）信贷部（Loan Department）。信贷部的主要职责是调查客户资信状况，掌握其生产及经营状况和偿债能力，对拖欠款进行债务催收或清理，对还款情况进行后续跟踪调查。这种财务管理机构适用大型酒店。

3. 公司型的财务管理机构

公司型的财务管理机构的特点：它本身是一个独立的公司法人，能够独立对外从事财务活动，在公司内部，除设置从事财务活动的业务部门以外，还设有一般的行政部门。这种财务管理机构一般设置在集团或跨国公司内部，其主要职责是负责集团公司或跨国公司的整体财务管理和各个成员之间的财务协调以及各企业成员的自身财务管理。这种财务管理机构适用一些大型酒店集团或跨国公司。这种机构已不局限于进行企业的财务管理，而是行使对众多酒店集团进行整体财务管理的职能，这种财务机构通常又称作财务公司。采用法人形式的财务公司，有利于其对外履行筹资和投资的职能。

五、酒店财务管理的主要特点

酒店作为一个综合性的服务组织，它所提供的产品与其他企业生产、提供的产品不同，酒店的产品是为旅游者提供以食宿为主的各种服务，因而酒店财务管理又有其自身的特点。

1. 投资效益的风险性

酒店固定资产投资金额大，一般占总投资额的 80% 左右。由于固定资产具有使用年限长的特点，一旦投入往往难以改变，如果酒店市场形势不好，必然导致投资效益低下。酒店的巨额固定资产投资在建成以后，要经过较长时期的经营活动才能逐步收回。所以其投资决策成功与否对酒店未来的发展方向、发展速度和长期获利能力都有重大影响。在投资决策之前，一定要对投资方案的预期经济效益做深入全面的评价，用审慎的态度、科学的方法选择最有利的投资方案，规避风险，获取最大利益。

2. 客房产品销售的时间性

酒店是通过提供服务或劳务直接满足宾客需要的，当宾客在酒店消费时，酒店设施与服务的结合才表现为产品。客房产品销售有着强烈的时间性，如果当天不能实现销售（出租给宾客），则当日的租金收入永远失去，即客房产品无法实现库存。客房产品销售的时间性，要求酒店财务部门应积极支持营销部门的促销活动，提高客房出租率，增加客房收入。

3. 宾客结算的即时性

酒店为了方便宾客简便快捷地结账，一般在宾客离店时一次性结清付款，无论宾客何时离店，都应立即办理结账手续，防止出现错账、漏账和逃账。这就要求酒店财务部门必须昼夜提供值班服务，尤其是及时为客人提供入住、货币兑换、离店的各种业务。从这一方面讲，酒店财务管理工作的时间性比一般企业的财务管理时间性要强。

4. 更新改造的紧迫性

酒店的各类设备、设施是否新颖，对营业状况的影响很大，这种情况决定了酒店的资产设备更新周期短，需要经常进行更新和改造，以保持酒店的全新风貌。因此，酒店财务管理人员要注意研究各种资产设备的经济寿命周期，寻求最佳更新时机，适时装修改造，以获得更高的资产使用效益。

5. 经济效益的季节性

酒店的经营具有明显的季节性，这导致了酒店经济效益也随之出现明显的季节性波动。结合季节性的特点，酒店应合理进行季节安排，尽量使淡季不淡，以取得最佳的经济效益。

任务二　酒店预算管理

一、酒店预算及预算管理的含义

（一）酒店预算的含义

计划是企业管理的首要职能，是企业实现其经营目标的实施方案。预算就是对计划的数量说明，是把有关经济活动的计划用数量和表格形式反映出来，并以此作为控制未来行动和评价其结果的依据。对酒店而言，预算是用来帮助酒店管理人员规划和控制各项经济活动的重要工具，也是提高酒店管理水平和经济效益的主要工具。

要理解预算的含义必须注意以下两点。

1. 预算不等于预测

预测是对未来不可知的因素变量以及结果不确定性的主观判断，预算则是根据预测的结果提出的对策性方案。

2. 预算不等于财务计划

从预算的内容上看，预算是一个企业全方位的计划，而财务计划只涉及财务方面，预算的范围大于财务计划；从预算的形式上看，预算的表现形式多种多样，而财务计划仅以货币表示；从预算的组织过程上看，预算是一个系统工程，而财务计划主要侧重于编制和执行。

（二）酒店预算管理的含义

酒店预算管理是利用预算对酒店内部各部门的各种财务及非财务资源进行分配、考核、控制，以便有效地组织和协调企业的生产经营活动，完成既定的经营目标。

1. 酒店预算的职能

酒店预算包括预算编制职能和预算控制职能。

（1）预算编制职能。预算编制就是把有关企业全部经营活动的总体计划用数量或表格的形式反映出来，又称全面预算。在市场经济导向的环境下，全面预算是以利润为目标，以销售预算为基础，综合协调其他预算的结果。

（2）预算控制职能。准确、合理的预算本身并不能改善经营管理，提高企业经营效益。要想提高企业经营效益，只有认真严格执行预算，使每一项业务的发生都与相应的预算项目联系起来，这就必须强化预算的控制职能。

企业预算管理的关键在于控制。在编制预算的活动中，为了控制利润目标的实现，不能仅关注目标利润或营业收入、成本费用指标，还必须把预算管理的重点延伸到经营过程和经营质量中，这样才能真正控制企业运行，真正实现利润目标。

2. 酒店预算的种类

根据不同的预算编制基础，可将酒店预算分为以下几类：

（1）根据预算涵盖的时间跨度不同，可将预算分为长期预算和短期预算。长期预算又称战略性预算，是酒店各方面 1 ～ 5 年的预算，这种预算研究的是酒店的主要计划（开拓市场、筹资等）。短期预算可以是一天、一个星期、一个月、一个季度或者一年的预算，是短于一年的任何一个时间段的预算。

（2）根据预算的对象不同，可将预算分为营业预算和资本预算。营业预算是指对营业收入和支出项目的预测，或对损益表有影响的项目的预测，如客房月营业收入预算。资本预算是指对资产负债表有关项目的预测，如某餐厅半年的现金预算。

（3）根据预算包括的范围不同，可将预算分为部门预算和总预算。部门预算是针对某个特定部门的营业收入减去营业支出后余额的预测。酒店的有些部门并不直接创造收入，如维修部门，这些部门预算就只需做出用以详细说明某一时期费用的总预算。

（4）根据预算所依据的业务是否单一，可将预算分为固定预算和弹性预算。固定预算是以一定的经济活动规模或销售水平为基础编制的预算。在这种预算里，不涉及销售水平的变动，因而也与各种费用高低无关。其缺点是当实际的销售水平与预算发生差异时，其支出只能凭主观判断在短期内加以调节。弹性预算是以多个不同的经济活动规模为基础编制的预算，如客房部的营业收入可以根据 60%、70%、80% 的客房出租率来预测。这种预算方法的实用性在于，当实际情况需要对预算进行调整时，管理人员早已做好充分的准备。

（5）根据预算的起点不同，可将预算分为增量调整预算和零基预算。增量调整预算是指在确定预算项目金额时，以基期该项目实际发生额为基础然后再考虑预算期内可能会使该项目发生变动的有关因素，从而确定预算期该项目应增应减数额的预算方法。零基预算又称零底预算，是指在编制预算时，所有预算支出均不考虑基期的费用开支水平，而是以零为起点，从根本上分析每项预算是否有支出的必要和支出数额的大小。

（6）根据预算期是否固定，可将预算分为定期预算和滚动预算。定期预算是指在编制预算时预算期固定的一种预算编制方法。一般全面预算的预算期是 1 年，从 1 月 1 日到 12 月 31 日，以便与会计年度、计划年度相配合。滚动预算又称永续预算，即编制预算时的预算期不是固定的，而是连续不断的，始终保持 12 个月的时间跨度，每过去 1 个月，就根据新的情况调整和修订后几个月的预算，并在原来的预算期期末随时补充 1 个月的预算。

二、酒店预算的编制

对小型酒店来说，预算可以由业主来编制。若要编制正式预算，可以请一个会计师来做。对于非正式预算的编制，业主仅在心中计划怎样做，然后日复一日的经营，以尽可能接近他心中的目标。

大型酒店预算的编制必须有一定的组织，按既定的程序，采用科学的方法，这样才能使预算的编制具有科学性和先进性。预算的编制有多方面人员的参与。一般而言，部门经理必须参加，如果他们今后的业绩将以预算来评价，那么这些管理者就必须做出其部门的预算，也许还要与其所属员工一起讨论预算。采用这种自编方式编制的预算，能得到预算执行人员较大的支持，提高他们完成预算的主动性和积极性。另外，基层管理人员和员工直接接触业务活动，熟悉情况，由他们自行编制的预算，一般更为准确可靠，更有利于提高酒店的经济效益。

（一）酒店预算的编制模式

酒店预算的编制模式有自上而下、自下而上和参与制预算 3 种模式。

1. 自上而下编制模式

自上而下编制模式是指预算由最高管理层具体编制和下达，分部不参与预算编制，而只是预算执行主体。这种预算编制模式的缺点是可能会使下级对预算产生抵触情绪，导致执行预算波动；预算也可能偏离实际，使预算控制流于形式，达不到预期效果；或者造成下级弄虚作假，虚报成绩，造成信息失真。这种编制预算的模式一般只适用规模较小、经营单一的集权型管理模式的酒店。

2. 自下而上编制模式

自下而上编制模式是由基层开始，由基层提出成本费用控制指标，收入利润完成指标。逐级汇总形成整个企业收入、利润总目标。这种预算编制模式往往导致基层单位为自己“留了一手”，一方面为了能比较轻松地完成预算指标，以获得较高的收益；另一方面为了防止预算期的某些不可预见的事件，导致无法完成预算指标。这种基层预算逐级汇总上报后，很可能与整个企业的整体目标不一致，产生不良的预算行为。因此，这种预算编制模式一般只适合集团资本型控股母公司对其有独立法人地位的控股子公司编制预算时采用。

3. 参与制预算编制模式

参与制预算编制模式是自上而下与自下而上相结合的预算编制模式。这种模式首先由企业最高管理层根据企业的战略目标，提出预算目标，然后自下而上编制部门预算，并层层汇总，形成总预算，再自上而下进行协调和调整，最后形成年度预算。参与制预算的关键在于上下级的沟通。上下达成共识，这样编制的预算与企业预算目标相一致，是积极、科学、稳妥的。目前，大多数企业采取参与制预算编制模式。下面就采用参与制预算编制模式具体介绍酒店预算的编制程序。

（二）酒店预算的编制

1. 制定预算时间表

为了保证有充分的时间准备编制预算和确保它的及时批准，应制定一份预算时间表，并严格遵守。假定一家酒店的会计年度与日历年度相一致，该酒店在 2008 年第四季度编制下年的预算，可参照表 6.1 中列出的时间编制预算。

表 6.1　制定预算时间表

谁去做	做什么	什么时候做
总经理 财务总监 部门经理	酒店预算会议	10 月 1—31 日
部门经理	部门预算会议	11 月 1—10 日
财务部门	部门预算的综合	11 月 11—20 日
总经理 财务总监	总经理预算报告的准备	12 月 1—10 日
酒店所有者	审定和批准总经理预算报告	12 月 11—31 日

2. 召开酒店预算会议

酒店预算会议要为部门经理编制详细的部门预算提供指导方向。在预算会议上需要完成的工作有审视当年的经营情况，分析整个经营条件，分析目前的竞争形势，分析价格以及计划客房出租率和总的销售额等。

3. 制定预算总目标

预算委员会根据酒店预算会议上的预测，结合酒店的战略目标，提出预算总目标及具体的考核标准，如利润比上年增长多少、收入要达到什么水平、预算年度要发展的优势领域，并提出资本预算以及对各部门业绩的考核标准等。

4. 编制部门预算

部门预算是整个预算过程的基础，它以销售预算为起点。其具体过程如下：

（1）预测部门营业收入。

（2）营业收入减去各部门的预计直接经营费用。

（3）根据预测的部门经营利润减去预测的未分摊费用得出净利润。

5. 部门预算的综合

各部门预算制定完成后送交财务部门，由财务部门将其进行汇总，上报预算委员会。

6. 预算在上下级之间的协调

由于部门预算与总预算可能产生背离，这就需要不断进行上下级的交流与沟通，并在沟通过程中相互让步，使上下级对预算达成共识。

7. 预算的审核

总经理和财务总监要先审查各部门预算，确保所有项目是合理的，营业收入和费用目标是实际可行的，再交由董事长审批。

8. 预算的核定与分发

预算方案经董事会批准后，由预算委员会下发到各部门执行。

9．对执行结果的反馈

预算管理的目的不在于编制预算，而在于控制。在酒店的经营活动中，要随时与预算进行对照，从而达到控制的目的。在年度终了，还要综合分析差异，找出原因，并严格执行预定的奖惩机制。

任务三　酒店财务控制

酒店制定了预算之后，就必须加强财务控制。如果预算没有控制，预算就没有实际的意义，预定目标就无法实现。因此，酒店财务管理应对酒店经营的收支等各方面实施有效的控制，以确保预算指标的完成。

一、建立酒店财务控制制度

酒店实施财务控制，必须首先建立完善的财务控制制度，使财务控制工作能在组织机构、人事分工、岗位责任等诸方面得到保证。酒店应在各部门之间及部门内部建立一套行之有效的管理制度，使各部门、各岗位的工作人员既相互联系、相互协作，又相互监督、相互制约，以预防舞弊等各种不正常行为的发生。

二、营业收入控制

1．一次性结账的收费办法

酒店一般采用一次性结账的收费办法，即宾客一旦入住酒店就可在酒店内部（除商场等个别消费点）签字赊账消费。酒店应建立与之相配套的管理办法和控制制度，如宾客总账单上的每一笔账目都应附有宾客签字的原始附件，同时应规定欠款的最高限额，一旦超过限额，就应及时催促宾客付款，以免因欠款累计太多、太久而使酒店陷入被动。

2．营业收入稽核

为防止经营过程中出现作弊、贪污等不正常行为，酒店应建立营业收入稽核制度，确保营业收入的回收，维护酒店的利益。为此，酒店应设立收入核算岗位，以便由收款员到夜审、日审层层审核，层层把关，以保证营业收入不受损失。

夜审的目的主要是控制营业收入中的宾客签字挂账，一般在每个营业日结束时进行。日审是夜审工作的继续，需在夜审的基础上，对前一天营业收入的情况再深入进行全面的检查复核。例如，对餐饮收入的核对，需对餐厅服务员开出的点菜单、餐厅菜单、餐厅收款员开出的宾客账单三者进行复核，以防出错。

3．收款的控制

酒店应加强对各收款点的控制，如对账单的管理，酒店应建立专人负责账单发放的管理制度，对发出的账单进行编号登记，对账单存根逐笔逐号进行审核。

各营业点收款员当班结束后，都需填报“收入日报表”和“交款单”，酒店据此检查收回的账单与交来的表单是否相符，账单是否连号，与上一天账单的编号是否相连。

4. 应收账款的控制

应收账款是指酒店已经销售但款项尚未收回的赊销营业收入。酒店加强对应收账款的控制，可以确保营业收入款项的回收，防止坏账损失的产生。

酒店应收账款的多小，通常取决于企业外部的大环境和企业内部自身的方针政策。就酒店的外部环境而言，宏观经济情况会影响企业应收账款数额的多小，如在经济不景气时，就往往会有较多的客户拖欠付款。这种情况是酒店主观上无法加以控制的。另外，酒店可以通过内部的管理，通过自身信用政策的变化，来改变或调节应收账款的数额，对应收账款的多小施以影响，加以控制。

酒店的政策包含信用期限、现金折扣、信用标准和收款方针等内容。信用政策的松紧直接决定了企业赊销数额的多小和应收账款数额的多小。松弛的信用政策虽然能够刺激销售、增加收入，但同时也增加了应收账款的数额和一些信用管理上的费用；而紧缩的信用政策，虽然能减少应收账款，减少信用管理费用，但也相应地减少了收入。酒店信用政策的成功与否，关键在于这些增加（或减少）的收入和增加（或减少）的费用具体的幅度如何，两者相比的利润到底增加与否及幅度如何，即增量利润（增量收入－增量费用）的大小、正负如何。

一般采用赊销的酒店都有专门的信用管理部门，根据酒店的具体情况，这类部门可由总经理、总会计师、信用经理、前厅经理、餐饮经理等人员组成，由他们来研究决定酒店的信用政策。信用政策一旦确定，就应使与信用工作有关的人员对它充分理解和熟悉并严格按照规章执行，以使酒店的应收账款控制有一个理想的结果。

三、成本控制

酒店成本控制是指按照成本管理的有关规定和成本预算的要求，对成本形成的整个过程进行控制，以使企业的成本管理由被动的事后算账转为比较主动的预防性管理。

酒店成本控制主要有预算控制、主要消耗指标控制和标准成本控制 3 种基本方法。

1. 预算控制

成本预算是酒店经营支出的限额目标。预算控制就是以分项目、分阶段的预算指标数据来实施成本控制。

这种方法的具体做法：以当期实际发生的各项成本费用的总额及单项发生额与相应的预算数据相比较，在业务量不变的情况下，成本不应超过预算。这里，由于考虑了现实的情况与预算预计的情况有时并不绝对一致，因此，往往需要事先进行几个不同业务量水平上的预算数据的测算，编制出弹性预算，以使成本的实际发生额和预算数额两者便于比较，而不能仅仅只有某一种业务量水平上的预算数据。当然，在弹性预算中，只有业务量和变动成本的变化，固定成本仍保持不变。因此，一般就以变动成本随业务量变化而变化的幅度为依据，来确定弹性预算中业务量数值的档距。

2. 主要消耗指标控制

主要消耗指标是指对酒店成本具有决定性影响的指标。主要消耗指标控制也就是要对这部分指标实施严格的控制。只有控制住这些指标，才能确保成本预算的完成。如果客房物料消耗失控，就很难再完成成本预算目标。

主要消耗指标控制，关键在于这些指标的定额或定率，不但定额或定率本身应当积极可行，而且一旦指标确定，就必须严格执行。此外，除这些主要消耗指标以外的其他指标，即非主要指标也会对酒店的成本发生影响。因此在对主要消耗指标进行控制的同时，也应随时注意非主要指标的变化，一旦主要指标相对稳定，或是非主要指标变化加大，那么控制非主要消耗指标的意义就更大。

3. 标准成本控制

标准成本是指正常条件下某营业项目的标准消耗（注：只包括营业成本与营业费用，不分摊到部门的管理费用、财务费用除外）。标准成本控制也就是以各营业项目的标准成本为依据，来对实际成本进行控制。采用标准成本控制，可将成本标准分为用量标准和价格标准，以便分清成本控制工作的责任。由于用量原因导致实际成本与标准成本产生差异，应主要从操作环节查找原因；由于价格原因导致实际成本与标准成本产生差异，则应主要从采购环节查找原因。例如，对某一时间段某一种餐饮原材料成本进行检查，就可从价格和用量两个方面进行考察。

（1）从价格方面看。应检查标准价格（预计价格）和实际价格（采购价格）两者相比的差异情况，而后进一步分析是何原因产生的差异，是工作失误（如事先估计不足、临时采购、对市场行情了解不够等）还是不可避免的客观因素（如物价上涨、自然灾害等）。

（2）从用量方面看。应将该种原材料的实际用量同按标准应消耗的用量进行比较，即先将某个时间段使用该种原材料的餐饮制品全部列出，根据每一种餐饮制品中该原材料的标准用量和这一时间段内该种餐饮制品的销售量，得出按实际销售情况，该种原材料应该消耗的用量。再用倒记成本的办法推算出该时间段内该种原材料的实际用量，即：

$$本期实际用量 = 期初盘存 + 本期进料 - 期末盘存$$

最后通过实际用量同按标准应该消耗的用量相比，确定差异后再进一步分析其原因是所定标准不当，还是操作失误或其他原因。当然，若采购的原材料规格不符合要求，也可能导致成本的差异。

以上是成本控制的主要方法。应当指出的是，酒店成本控制除对消耗阶段的控制以外，还应注意加强材料物资采购、库存阶段的控制，即对材料物资的进货价格到验收储存、盘点等一系列环节进行严格管理，以使酒店对成本的控制更加全面和完善。

四、量—本—利分析法

量—本—利分析法是酒店成本费用控制方法中常用的一种方法，也是管理者必须掌握的一种基本方法。

量—本—利分析又称“保本点分析”或“盈亏临界点分析”。其目的是确定酒店经营的盈亏临界点（即保本点）。所谓盈亏临界点是酒店营业收入和营业支出正好抵消，不盈也不亏的分界点。确定酒店盈亏临界点能预测酒店未来的经营情况，如酒店接待多少人数和收入达到什么水平才不盈不亏；当酒店收入达到一定水平时，能盈利多少；酒店要达到预测利润目标应有多少收入。

1. 基本概念

边际成本通常是指产品生产中的直接成本或经营成本（费用）中的变动成本（费用）。边际利润是指企业的营业收入扣除税金和边际成本以后的余额。其计算公式为

$$边际利润 = 营业收入 - 边际成本$$

$$边际利润率 = \frac{边际利润}{营业收入} \times 100\%$$
$$=1- 变动成本率$$

2. 基本公式

盈亏临界点一般可通过计算求得，其计算公式为

$$盈亏临界点接待量（保本销售量）=\frac{固定成本总额}{单位边际利润}$$

$$盈亏临界点收入（保本营业额）=\frac{固定成本总额}{边际利润率}$$

酒店经营不只是为了保本，而是要以收抵支取得盈利。在盈亏临界点公式的分子上加上目标利润，就可得到为实现目标利润所应有的营业额或接待量的计算公式，即

$$目标接待量=\frac{固定成本总额+目标利润}{边际利润}$$

$$目标营业额=\frac{固定成本总额+目标利润}{边际利润率}$$

【例 6.1】　某酒店预期每年营业收入为 600 万元，固定成本为 300 万元，变动成本为 150 万元，目标利润为 150 万元，不计税收，求盈亏临界点收入及目标营业额。

解：$边际利润率=1-变动成本率=1-\frac{150}{600}=0.75\times 100\%=75\%$

$保本销售收入=\frac{固定成本总额}{边际利润率}=\frac{300}{0.75}=400（万元）$

$目标销售收入=\frac{保本销售收入+目标利润}{边际利润率}=\frac{400+150}{0.75}\approx 733.33（万元）$

量—本—利分析法在实际工作中运用广泛，虽然在实际工作中众多的不确定因素不可能完全排除，但运用这一方法就能使不确定因素减少，使酒店管理工作具有一定的预见性和主动性，使管理更趋合理。

任务四　酒店财务分析

一、酒店财务分析的一般程序

财务分析是一项复杂的工作，所涉及的内容十分宽泛。不同的财务分析主体可能会运用不同的财务分析方法，达到不同的分析目的。一般而言，财务分析需要经过以下几个步骤：明确分析目的并制定分析方案、收集相关信息、分析各项指标、做出分析结论。

1. 明确分析目的并制定分析方案

财务分析的目的依分析主体的不同而不同。投资者的分析目的主要是分析投入资金的安全性和盈利性；债权人的分析目的主要是分析供应资金的保障程度如何；政府的分析目的主要是分析酒店经营运作的情况和社会责任的履行情况等。在明确了分析目的之后，要根据实际情况，如分析问题的难度、分析工作的复杂程度等制定分析方案，是全面分析还是重点分析，是定量分析还是定性定量相结合分析；要列出具体需要分析的指标，安排工作进度，确定完成时间等。

2. 收集相关信息

分析方案确定后，要根据具体的分析任务，收集分析所需的数据资料。前面已经指出，财务分析的依据包括内、外部资料。因此，一般收集的内容应包括财务报告、各种会计资料、市

场占有率、宏观经济形势信息、行业情况信息等。

3. 分析各项指标

根据制定的分析目标，运用所收集到的相关信息计算出各项指标。深入研究各项指标，并将每一指标与同行业标准、不同会计年度的指标进行对比，分析其中存在的问题。

4. 做出分析结论

由于经济活动的复杂性和外部环境的多变性，在综合分析各项指标之后，需要对分析结果进行解释，并结合各项非财务信息，如宏观经济环境的变化、竞争对手的情况等，撰写分析报告，提供对决策者有帮助的会计信息。

二、酒店财务分析的方法

进行财务分析时，要讲究方式与方法。为了全面反映酒店的财务状况和经营成果，达到财务分析的目的，就要选择恰当的分析方法。

1. 比较分析法

比较分析法是通过主要项目或指标数值变化的对比，确定出指标间的数量关系或数量差异，从而达到分析目的的一种方法。比较分析法是财务分析最基本的方法，也是运用范围最广泛的方法。比较分析法的意义在于，通过确定指标间的数量关系和存在的差距，从中发现问题，为进一步分析原因、挖掘潜力指明方向。比较分析法的形式多种多样，既可以是绝对额的比较，又可以是相对额的比较；既可以是某一酒店不同年度的比较，又可以是不同酒店同一年度之间的比较。不同的分析目的，有不同的比较标准，所采用的比较分析法的形式也是不同的。一般常见的比较指标如下：

（1）实际指标与预算指标相比较。将本期的实际指标与预算指标相比较，由此可以看出预算指标的完成情况，考核酒店本期的经营业绩。但是，这种比较分析方法要求制定科学和切合实际的预算指标，否则在此基础上进行的财务分析是无意义的。

（2）实际指标与前期实际指标或历史最好水平相比较。通过这种动态对比，可以了解酒店经营过程中的规律和薄弱环节，有利于改善酒店经营管理。

适用比较分析法的指标有很多，计算方法基本上是相同的。以本期实际指标与前期实际指标比较为例，可按照以下两个公式进行计算分析：

实际指标较前期指标的增减变动数额 = 本期实际指标—前期实际指标

实际指标较前期指标的增减变动率 = 增减变动量 / 前期实际指标 ×100%

【例 6.2】 A 酒店客房部 2015 年 12 月的实际收入为 120 000 元，2014 年 12 月的实际收入为 100 000 元，比较这两个月的收入情况。

解：① 2015 年 12 月的实际收入比 2014 年 12 月的实际收入增加了 20 000 元，即

120 000−100 000=20 000（元）

② 2015 年 12 月的实际收入比 2014 年 12 月的实际收入增长了 20%，即

20 000÷100 000×100%=20%

这种分析方法计算简便，虽然可以直观地看出酒店的经营业绩或财务状况的变动情况，但需要注意指标的可比性，即指标的时间长短和经济内容必须一致，否则不具有可比性。

（3）本期的实际指标与同行业平均水平或先进水平相比较。将本期的实际指标与同行业平均水平或先进水平相比较分析，发现存在的差距，并分析差距产生的原因，进而提出解决问题

的措施，这有利于提高酒店的市场竞争力。

2. 因素分析法

因素分析法是根据指标与其影响因素的关系，从数量上确定各因素对分析指标影响方向和影响程度的一种方法。采用这种方法的关键在于确定影响指标的各个因素，并确定各个因素对指标产生的影响程度。在分析时，假定其他各个因素不变，顺序确定每一因素单独变化对指标产生的影响。因素分析法又可具体分为以下两种方法：

（1）连环替代法。连环替代法是将指标分解为可计量的因素，并根据因素之间的依存关系，按顺序将各因素的标准值用分析值代替，据以测定各因素对分析指标的影响程度。其分析程序如下：

①将指标分解为若干个影响因素，分析指标与影响因素的关系，按照它们之间的依存关系排列，将主要因素排在前面，将次要因素排在后面。

②按照分解后各因素的顺序，计算标准值。

③以标准值为计算基础，按顺序用各因素的分析值分别替换标准值，每次只替代一个因素，替代后分析值被保留下来，替换过程直到所有的标准值都被分析值所替代为止。

④将每次替换结果与这一因素被替换前的结果相比较，其差额即为替换因素对指标的影响程度。

⑤检验分析结果，将所有因素的影响额加总，其代数和应等于分析值与标准值之差。

（2）差额分析法。差额分析法是连环替代法的一种简化形式，其分析原理与连环替代法相同，只是在分析过程中稍有不同。它直接利用各个因素的比较值与基准值之间的差额，计算各因素对分析指标的影响。

3. 趋势分析法

趋势分析法又称为水平分析法，是将两期或连续数期财务报告中的相同指标进行比较，求出其增减变动的方向、数额和幅度的一种方法。采用这种方法可以揭示酒店财务状况和经营成果的变化，分析引起变化的主要原因、变动的性质，并预测酒店未来的发展趋势。趋势分析法主要用于重要财务指标的比较。它是将不同时期的财务报告中的主要相同指标或比率进行比较，直接观察其绝对额或比率增减变动情况及变动幅度，并考察其发展趋势。对不同时期财务指标的比较，可以采用以下两种方法：

（1）定基动态比率。定基动态比率是以某一时期的数额为固定的基期数额而计算出来的动态比率。用公式表示为

$$\text{定基动态比率}=\frac{\text{分析期数额}}{\text{固定基期数额}}\times 100\%$$

（2）环比动态比率。环比动态比率是以某一分析期的前期数额为基期数额而计算出来的动态比率。用公式表示为

$$\text{环比动态比率}=\frac{\text{分析期数额}}{\text{前期数额}}\times 100\%$$

4. 比率分析法

比率分析法是通过计算有内在联系的两项或多项指标之间的关系，来确定酒店经济活动变动程度的一种分析方法。比率分析法将分析的数值转化成相对数后进行比较，并从中发现问题。比率分析法相对其他分析方法而言，计算简便，计算结果比较容易判断，因而它是较为常用的一种分析方法。常见的比率指标有以下几类：

（1）构成比率。构成比率又称结构比率，用于计算某项财务指标的各组成部分占总体的比重，反映部分与总体的关系。用公式表示为

$$构成比率=\frac{某个组成部分数值}{总体数值}\times 100\%$$

（2）效率比率。效率比率是用来计算某项财务活动中所费与所得的比率，从而确定投入与产出的关系。如成本利润率是指一定时期的利润总额与成本费用总额的比率，表明酒店在一定时期为取得利润而付出的代价大小。

（3）相关比率。相关比率是用来计算除部分与总体、投入与产出关系之外的具有相关关系指标的比率。如资产负债率是指酒店负债总额与资产总额的比率，反映酒店长期偿债能力的大小；流动比率是指酒店流动资产与流动负债的比率，反映酒店短期偿债能力的大小。使用比率分析法时，需要注意以下几个问题：首先，对比指标应具有相关性，即在构成比率指标中，部分指标必须是总体指标这个大系统中的一个小系统，小系统同时是大系统的组成部分，相互之间具有相关性，才可以相互比较。对不相关的指标进行比较是无意义的。其次，对比指标的口径应一致，即在构成比率的指标中，必须在计算标准、计算时间、计算范围上保持一致。最后，衡量标准应具有科学性，即在进行财务分析时，需要选用科学合理的标准与比率相比较。通常科学合理的标准如下：

①预定目标：如预算指标、定额指标等。

②历史标准：如上期实际水平、历史先进水平等。

③行业标准：如行业平均水平、国内同类酒店先进水平等。

④公认标准。

5. 综合分析法

综合分析法是对企业的财务状况和经营业绩进行综合分析与评价的方法。它包括以下两种主要方法：

（1）杜邦财务分析法。杜邦财务分析法就是利用几种主要的财务比率之间的关系来综合分析企业财务状况的方法。它将企业的财务状况作为一个系统进行综合分析，反映了企业财务状况的全貌。

（2）财务状况综合评价法。财务状况综合评价法是将若干财务比率综合在一起进行系统分析，据以评价企业的整体财务状况。

三、酒店财务报告分析的主要指标

酒店财务报告分析的内容主要集中在酒店偿债能力分析、酒店营运能力分析、酒店的盈利能力分析以及酒店分析常用的其他比率几个方面。

（一）酒店偿债能力分析

酒店偿债能力是指酒店偿还各种到期债务的能力。偿债能力分析包括短期偿债能力分析和长期偿债能力分析两个方面。

1. 短期偿债能力分析

短期偿债能力是指酒店以流动资产偿还流动负债的能力。通过分析流动资产与流动负债的关系，即酒店资产的流动状况可判断酒店短期偿债能力。这类比率主要包括流动比率、速动比

率及现金比率。

（1）流动比率。流动比率是指流动资产总额与流动负债总额之比。它表示每 1 元流动负债可由多少流动资产来偿还。其计算公式为

$$流动比率=\frac{流动资产}{流动负债}\times 100\%$$

公式中的流动资产是指货币资金、应收账款净额、应收票据、存货、预付货款、短期投资以及其他应收款和待摊费用；流动负债指短期借款、应付账款、应付票据、应收货款、应付工资福利费、应付利润、应交税金等各种未交款、其他应付款、预提费用以及一年内到期的非流动负债等。

这个比率反映了酒店的短期偿债能力，比值越高，偿债能力越大；反之，则越小。一般而言，流动比率能达到 2∶1 的水平，就表明该企业的财务状况是稳妥可靠的。因为这时企业的营运资金（流动资产减流动负债后的余额）是流动负债的 1 倍，一方面使债权人债务偿还有保证；另一方面又不至于使大量资金滞留在流动资产上。从另一个角度来看在扣除了约占流动资产的一半的变现能力最差的存货金额之后，剩下的一半流动性较大的流动资产至少要等于流动负债，企业的短期偿债能力才会有保证。

但这个比率并非越大越好，因为流动比率大，可能是存货积压或滞销的结果，也可能是过多的货币资金，未能很好地在经营中加以运用的缘故。因此，在评价流动比率时应注意：对债权人来说，流动比率越大越好，但对企业来说应该有个上限。

（2）速动比率。流动比率标志酒店偿债能力，反映流动资产的流动性指标，除流动比率外还有速动比率。速动比率是指企业的速动资产对流动负债的比率。速动资产是那些可按其本身市值即时转换为现金、偿付流动负债的那些流动资产，它是流动资产中最具流动性的一部分。速动资产主要包括货币资金、应收账款、应收票据（扣除坏账准备）和可替代现金的短期投资，以及其他应收款；速动资产不包括存货。这是因为存货变现速度慢，要通过市场销售，应收账款才能变为现金，并且其转换为现金的时间和数额都不好确定；部分存货可能已损失报废或抵押出去而未做处理；由于计价方法的影响，存货的估价存在着成本与市价的差距。

速动比率比流动比率更足以表明企业的短期偿债能力，流动比率只能表明企业的流动资产总额与流动负债总额之间的关系，如果流动比率较高，而流动资产总额的流动性都很低时，其偿还能力仍然是不高的。因此，在不希望酒店用变现存货的办法来还债而又想了解比流动比率更进一步的酒店当前的变现能力，可计算速动比率。因为它抛开了变现力较差的存货。

速动比率的计算公式为

$$速动比率=\frac{速动资产}{流动负债}\times 100\%$$

公式中速动资产的计算方法有两种：一种是用减法，即等于流动资产减存货，或等于流动资产减存货、待摊费用和预付费用；另一种是用加法，即从流动资产中去掉其他一些可能与当期现金流量无关的项目以计算进一步的变现能力，即用现金、可上市短期有价证券、应收账款净额 3 项作为速动资产与流动负债相比。第二种方法称为保守速动比率或超速动比率。这是因为预付款只能减少未来的现金支出，不能转换为现金，不属速动资产；待摊费用因缺乏市场价值而无变现价值可言，也不属速动资产。

速动比率反映假定企业面临财务危机或办理清算时，在存货、待摊费用、预付费用等无法立即变现的情况下，企业以速动资产支付流动负债的能力，即企业应付财务危机的能力。速动比率越大，其偿还能力就越高，一般认为速动比率以 1∶1 为宜，这个比率也不是绝对不变的，

应视每个酒店企业的速动资产构成等因素而定。如果速动资产过多又可能使企业丧失良好的投资获利机会。

（3）现金比率。现金比率只把现金和可上市短期有价证券之和与流动负债进行对比，即

$$现金比率=\frac{现金+短期有价证券}{流动负债}\times 100\%$$

现金比率是衡量酒店短期偿债能力的一个最保守的指标，反映酒店的即刻变现能力。它表明酒店在财务状况最坏的情况下，随时可以还债的短期偿债能力。

在企业把应收账款和存货都抵押出去或者已有证据可以肯定应收账款和存货的变现能力存在严重问题的情况下，可用现金比率分析企业的短期偿债能力。

现金比率过高，说明企业的资金闲置或尚未充分利用现金资源，投入经营赚取更多利润；现金比率过低则可能反映企业当前付款的困难。

2. 长期偿债能力分析

对酒店长期偿债能力的分析主要是为了确定该酒店偿还债务本金与支付债务利息的能力。这种分析可从资产负债表反映的资本结构的合理性和损益表反映的偿还借款本息的能力两方面进行。前者用负债经营比率表示，后者用利息保障倍数反映。这两个指标也称资本结构比率或杠杆比率。其用途：一是提供偿债能力指标，二是提供所有者所负风险程度的指数。通过这些指标可以分析权益与资产的关系、权益之间的关系和权益与收益之间的关系，从而最终评定企业资本结构的合理性，评价企业的长期偿债能力。

杠杆比率是衡量一个企业在与债权人提供的贷款相比之下的由所有者所供给的资金。其含义在于：

第一，债权人所提供贷款的安全程度，将由所有者提供的资金来保证。如果所有者提供的资金在资本总额中只占很小的比例，企业的风险将主要由债权人承担。

第二，通过举债筹资，所有者可以得到用有限的投资而保持企业的控制权的利益。

第三，如果企业所获得的利润多于所支付的借款利息，所有者的利润就随之扩大。反映酒店长期偿债能力的指标主要有资产负债率、产权比率、已获利息倍数等几项。

（1）资产负债率。资产负债率又称负债比率，是指酒店负债总额与资产总额的比值。它表明在酒店的总资产中，债权人提供资金所占的比例以及酒店资产对负债的保障程度。其计算公式为

$$资产负债率=\frac{负债总额}{资产总额}\times 100\%$$

（2）产权比率。产权比率是指酒店负债总额与所有者权益总额的比率，它反映了酒店资本结构中债权人提供的资本与所有者提供的资本的比例。其计算公式为

$$产权比率=\frac{负债总额}{所有者权益总额}\times 100\%$$

（3）已获利息倍数。已获利息倍数又称利息保障倍数，是指酒店息税前利润与利息费用的比率。它反映了酒店息税前利润是所需要支付利息的多少倍。其计算公式为

$$已获利息倍数=\frac{息税前利润}{利息费用}$$

公式中的“息税前利润”是指利润表中未扣除利息费用和所得税之前的利润，即利润总额加上利息费用。一般认为，已获利息倍数越大，酒店的长期偿债能力越强。在实践中往往需要结合其他情况，如本行业的平均水平、酒店所处的市场环境等来确定合理的已获利息倍数。

（二）酒店营运能力分析

酒店营运能力是指酒店对其现有经济资源的利用效率。它反映了酒店管理人员配置生产资料的情况。酒店营运能力的强弱，也影响着酒店的偿债能力和盈利能力。衡量营运能力的主要指标有存货周转率、应收账款周转率、流动资产周转率和总资产周转率等。

1. 存货周转率

存货周转率是指酒店在一定时期内的销售成本与平均存货的比率。它是衡量和评价酒店购入存货、投入生产和销售等各环节管理状况的综合性指标。用时间表示的反映存货周转率的指标是存货周转天数。其计算公式为

$$存货周转率=\frac{销货成本}{平均存货}\times 100\%$$

$$存货周转天数=\frac{360}{存货周转率}=\frac{平均存货\times 360}{销售成本}$$

其中，平均存货 =（存货年初余额 + 存货年末余额）/2。

存货周转率的高低，不仅反映酒店经营环节中存货运营效率的好坏，而且对酒店的偿债能力及盈利能力产生影响。一般认为，存货周转率越高，存货的平均占用水平越低，流动性越好，变现能力越强。通过对存货周转率分析，能及时发现存货管理中存在的问题，便于提高酒店经营效率。

存货是酒店流动资产中的重要组成部分，存货的质量和流动性对流动比率具有十分重要的影响，从而影响短期偿债能力。因此，管理层一定要加强存货管理，尽量使存货结构和质量合理，既不能使存货数量过多，否则会导致存货变质、积压；也不能使存货数量过少，否则可能会导致存货短缺。

在计算存货周转率时，应注意计算口径一致。如果前后两期对存货采用不同的计价方法，则可能对存货周转率的计算产生较大影响。此外，还应注意分子、分母计算时间上的对应性。

2. 应收账款周转率

应收账款周转率是指酒店在一定时期内的销售收入净额（销售收入扣除折让与折扣）与平均应收账款余额的比率。它反映了应收账款周转速度的大小。用时间表示的反映应收账款周转率的指标是应收账款周转天数。其计算公式为

$$应收账款周转率=\frac{销售收入净额}{平均应收账款}\times 100\%$$

$$应收账款周转天数=\frac{360}{应收账款周转率}=\frac{平均应收账款\times 360}{销售收入净额}$$

其中，平均应收账款 =（应收账款年初余额 + 应收账款年末余额）/ 2。

一般认为，应收账款周转率越高，应收账款回收速度越快，平均收现期越短，酒店管理工作的效率越高，同时也反映出酒店资产流动性比较强，短期偿债能力比较强，坏账损失和坏账费用比较小。酒店管理者还可利用应收账款周转期与信用期相比较，评价客户的信用程度，判断信用标准的合理性等。

3. 流动资产周转率

流动资产周转率是指酒店在一定时期内的销售收入净额与全部流动资产平均余额的比率。其计算公式为

$$流动资产周转率 = \frac{销售收入净额}{平均流动资产} \times 100\%$$

其中，平均流动资产 =（年初流动资产 + 年末流动资产）/ 2。

流动资产周转率是反映酒店流动资产周转速度的指标。在一定时期内，流动资产周转率越高，周转速度就越快，流动资产周转次数就越多。它表明以相同的流动资产完成的周转额越多，流动资产的流动效果越好，酒店盈利能力越强；反之，流动资产周转率过低，周转速度过慢，就会形成资金浪费，降低酒店盈利能力。

4. 总资产周转率

总资产周转率是指在一定时期内，销售收入净额与平均资产总额的比率。其计算公式为

$$总资产周转率 = \frac{销售收入净额}{平均资产总额} \times 100\%$$

其中，平均资产总额 =（年初资产总额 + 年末资产总额）/2。

总资产周转率反映酒店资产总额的周转速度。总资产周转率越高，说明总资产周转速度越快，总资产的经营效果越好，酒店的盈利能力就越强；反之，总资产周转率越低，说明总资产周转速度越慢，总资产周转效果越差，最终影响酒店的盈利能力。

各项资产的周转指标用于衡量和评价酒店运用资产赚取收入的能力，经常和反映盈利能力的指标结合在一起使用，可全面评价酒店的营运能力和盈利能力。

（三）酒店盈利能力分析

赚取利润是酒店投资者创办酒店的基本目的，也是酒店经营者的主要目标。所有的财务分析主体都十分重视和关心酒店的盈利能力。如果酒店的盈利能力比较强，投资者就会实现投资获利的目的，债权人的本息就能够得到保障，经营者的业绩也就会显现出来。对酒店盈利能力进行分析，也有助于发现经营管理中存在的问题，以便及时采取措施进行解决，提高酒店经济效益。

在进行盈利能力分析时，需要注意的是，酒店的盈利能力一般只应涉及正常的营业状况。非正常的营业状况，尽管有时也会给酒店带来收益或损失，但只是特殊情况下的个别结果，不能说明盈利能力。非正常的营业状况一般是指证券买卖项目、已经或将要停止的营业项目、重大事故或法律更改等特别项目、会计准则和会计制度变更带来的累积影响等。

衡量盈利能力的主要指标有销售利润率、资产收益率等。

1. 销售利润率

（1）销售毛利率。销售毛利率是指毛利额与销售收入净额的比率，反映了每元销售收入所实现的毛利润额为多少。其计算公式为

$$销售毛利率 = \frac{毛利}{销售收入净额} \times 100\%$$

其中，毛利 = 销售收入净额 - 销售成本。

毛利是酒店初始的或最基本的利润，毛利的多少决定着酒店的经营命运。销售毛利率是酒店盈利的基础，没有足够的毛利率酒店便不会有盈利。

（2）销售净利率。销售净利率是指酒店净利润与销售收入净额的比率，反映了每元销售收入净额所实现的净利润额为多少。其计算公式为

$$销售净利率 = \frac{净利润}{销售收入净额} \times 100\%$$

销售净利率代表着酒店经营业务的能力。该项比率越高，说明酒店经营业务的能力越强，酒店的效益越好；反之，销售净利率越低，说明酒店经营业务的能力越弱，酒店的经济效益越差。

从公式中可以看出，净利润与销售净利率成正比，而销售收入净额与销售净利率成反比。因此，酒店在增加销售收入的同时，必须采取措施，如节约成本、降低间接费用等，提高净利润，才能使销售净利率保持不变或有所提高。

2. 资产收益率

（1）净资产收益率。净资产收益率也称为净值报酬率或权益报酬率，是指净利润与平均净资产的比率，反映了自有资金的收益水平和酒店资本运营的综合效益，是酒店盈利能力的核心指标。其计算公式为

$$净资产收益率=\frac{净利润}{平均净资产}\times100\%$$

其中，平均净资产 =（年初所有者权益 + 年末所有者权益）/ 2。

净资产收益率指标的通用性很强，适用范围很广，不受行业限制，在国际上各类企业的综合评价中使用率很高。一般认为，净资产收益率越高，酒店自有资本获取收益的能力越强，资本运营效益越好，对酒店投资者、债权人的保障程度越高。为了正确评价酒店盈利能力的大小，可以将该指标与酒店前期水平、预算水平、同行业平均水平相比较，分析差异，挖掘提高利润水平的潜力，提高酒店的经济效益。

（2）资产净利率。资产净利率是指酒店净利润与平均资产总额的比率，反映了酒店资产利用的综合效果。其计算公式为

$$资产净利率=\frac{净利润}{平均资产总额}\times100\%$$

其中，平均资产总额 =（期初资产总额 + 期末资产总额）/ 2。

一般认为，资产净利率越高，表明酒店资产利用效果越好，说明酒店盈利能力比较强；反之，说明酒店盈利能力比较弱。

（四）酒店分析常用的其他比率

在酒店的日常经营管理中，除使用基本财务报表数据外，还要使用一些其他统计数据进行更多的比率分析。下面简单介绍几种常用的比率。

1. 平均客房出租率

平均客房出租率是指酒店全年实际出租客房间天数与酒店客房全年可出租间天数的比率。它是衡量酒店客房部销售业绩的主要指标。其计算公式为

$$年平均客房出租率=\frac{酒店全年实际出租客房间天数}{酒店客房全年可出租间天数}\times100\%$$

其中，酒店全年实际出租客房间天数是反映酒店全年每天实际出租的客房间天数的总和。

2. 平均房价

平均房价是指酒店实际出租客房的平均价格。它是衡量酒店客房部经营业绩的关键指标。其计算公式为

客房日平均房价 = 酒店客房日营业收入 / 酒店当日实际出租客房间天数

3. Rev PAR（Revenue of Per Available Room）

Rev PAR 是指每间可供出租客房产生的平均实际营业收入。其计算公式为

$$\text{Rev PAR}=\frac{\text{客房收入}}{\text{可供出租客房数}}$$

4．房费收入比率

房费收入比率是指酒店房费收入占营业收入净额的比率。其计算公式为

$$\text{房费收入比率}=\frac{\text{酒店房费收入}}{\text{营业收入净额}}\times 100\%$$

5．食品成本比率

食品成本比率是指酒店销售食品的成本与销售食品的收入的比率。它是酒店餐饮部经营管理者评价和控制食品成本的重要依据。其计算公式为

$$\text{食品成本比率}=\frac{\text{销售食品的成本}}{\text{销售食品的收入}}\times 100\%$$

6．餐饮收入比率

餐饮收入比率是指酒店餐饮收入占营业收入净额的比率。其计算公式为

$$\text{餐饮收入比率}=\frac{\text{酒店餐饮收入}}{\text{营业收入净额}}\times 100\%$$

任务五　酒店综合实力评价指标体系

对一家酒店来说，其财务指标并不能完全反映其综合实力，对一家酒店综合实力的测评，需从下列因素考虑。

一、经营绩效指标

1．获利能力指标——利润

利润是酒店经营绩效评估最常用的指标，它可以考核酒店资本投资额所赚取的利润。资本回报率等指标能体现酒店的发展状况。

（1）净资产收益率＝净利润率／平均净资产 ×100%。本指标是评价酒店自有资本及其积累获取报酬水平的最具综合性与代表性的指标。

（2）资本回报率＝利润／运用资本 ×100%。资本回报率也称资本运用回报率、投资回报率（ROI），是一种评估酒店盈利的指标。它是指酒店利润占投资金额的百分比，说明酒店投入的资本能够创造的利润大小。

（3）主营业务利润率＝主营业务利润／主营业务收入净额 ×100%。本指标体现了酒店主营业务利润对利润总额的贡献，以及对酒店全部收益的影响程度。

（4）市场增加值（MVA）是股东已经投资到酒店的金额与其他以今天的市价出售其股份收回的金额之间的差异。它是酒店当前市场价值与在整个酒店生命周期中已投入资本的总和之差，即 MVA= 总市值－投入资本。

2．营运收益指标——收入

经营绩效可以用主营业务收入或营业增长率来衡量，其充分体现了酒店发展成功与否的状况。

（1）客房收益率＝实际客房销售额／潜在客房销售额＝出租率 × 房价实现率。本指标从客房平均房价和平均出租率反映酒店收益水平及市场占有份额。

（2）营业增长率 = 本年主营业务收入增长额 / 上年主营业务收入总额 ×100%。本指标衡量酒店的经营状况和市场占有能力，不断增加主营业务收入是酒店生存的基础和发展的条件。

（3）餐饮毛利率 = 毛利额 / 主营业务收入 ×100%。本指标是通过食品原材料及饮料进货成本、验收、加工、烹饪、销售等各环节的餐饮成本控制，评价餐饮获利能力。

3. 成本控制指标——成本

大多数酒店的财务计划有费用预算、产品、服务计划成本，绩效评估的一般方法是看其实际成本费用比预算成本费用高还是低，以此来判断成本费用控制是否失控。

（1）成本费用降低率 =（实际成本费用 - 预算成本费用）/ 预算成本费用 ×100%。

（2）存货周转天数 = 平均存货 ×360 / 主营业务成本。本指标周转天数越少，资金占用水平越低，表示酒店由于销售顺畅而具有较高的流动性。

（3）应收账款周转天数 = 平均应收账款 ×360 / 主营业务收入净额。本指标周转天数越少，说明收回应收账款越快，收账费用和坏账损失越少。采用本指标的目的在于促进酒店通过合理制定赊销政策，严格销货合同管理，及时结算等途径，加强应收账款的前后期管理，加快应收账款回收速度，活化酒店营运资金。

（4）成本费用利润率 = 利润总额 / 成本费用总额 ×100%。本指标从耗费角度评价酒店收益状况，有利于促进酒店加强内部管理，节约支出，提高经营效益。

4. 现金流量指标

酒店也应监控其现金流量，以确保酒店从经营中创造充分的现金去满足可预见的负债，测定现金流量能力的指标是酒店在某一期间赚取的自有现金流量金额。自有现金流量是指酒店管理层日常有权开销的现金。

（1）资产负债率 = 负债总额 / 资产总额 ×100%。本指标是衡量酒店债务偿还能力和财务风险的重要指标。

（2）速动比率 = 速动资产 / 流动负债 ×100%。本指标表明酒店偿还流动负债的能力。

（3）盈余现金保障倍数 = 经营现金净流量 / 净利润。本指标从酒店经营活动所产生的现金及其等价物的流入量与流出量的动态角度，对酒店收益的质量进行评价，充分反映出酒店净收益中有多少是有现金保障的。

（4）现金流动负债率 = 年经营现金净藏量 / 年末流动负债 ×100%。本指标从现金流入和流出的动态角度，充分体现酒店经营活动所产生的现金净流入可以在多大程度上保证当前流动负债的偿还，直观反映酒店偿还流动负债的能力。

二、顾客服务指标

1. 市场份额指标

（1）全部市场占有率 = 企业的销售额 / 全行业的销售额 ×100%。市场份额指标反映出相对于竞争者，企业自身的经营状况，以及满足市场需求的能力。使用这种测量方法必须做出两项决策：一是要以单位销售量或销售额来表示市场占有率；二是要正确认定行业范围。

（2）可达市场占有率 = 企业销售额 / 可达市场销售额 ×100%。所谓可达市场，一是企业产品最适合的市场；二是企业营销努力所及的市场。

（3）相对市场占有率 = 企业销售额 / 市场领先竞争者 ×100%。以企业销售额相对市场领先竞争者的销售额的百分比来表明企业的市场地位。

2. 顾客满意度指标

用顾客满意度指标来度量企业经济运行的水平，弥补了经营指标的不足，为测评企业综合能力提供了科学依据。

（1）企业顾客总体满意度 = 顾客期望 / 服务实绩。通过可靠性、反应性、保证性、移情性和有形性 5 大服务质量标准，测定顾客期望与服务实绩之间的差异，计算企业顾客的满意度指数。

（2）总体顾客满意指数 = 企业顾客总体满意度 / 行业外顾客平均满意度。总体顾客满意指数是本企业顾客总体满意度与行业外顾客平均满意度之间的比较，从而从服务质量的角度确定它在市场上的位置。

（3）相对顾客满意指数 = 企业顾客总体满意度 / 企业竞争对手的顾客满意度。通过本企业顾客满意度与主要竞争对手顾客满意度的对比，可确定本企业在企业竞争中的地位。

3. 顾客忠诚度指标

（1）顾客保留率 = 回头客人数 / 入住本酒店人数 ×100%。顾客忠诚度与企业利润和持续增长有密切的关系。回头客即重复购买的顾客。重复购买的人数越多，意味着企业忠诚顾客越多。

（2）顾客推荐率 = 愿意向他人推荐本酒店的客人数 / 入住本酒店人数 ×100%。

（3）顾客保持度 = 回头客维系时间总长度 / 回头客人数 ×100%。所谓顾客保持度，是描述企业和顾客关系维系的时间长度，企业与顾客关系维系时间越长，酒店越能赢得顾客忠诚度。

4. 顾客抱怨度指标

化解顾客抱怨是赢得顾客忠诚度的重要内容。通过顾客抱怨，企业可以了解顾客需求，改进企业工作。对顾客抱怨有一个满意的处理，可赢得顾客的好感与信任。

（1）顾客投诉率 = 投诉次数 / 入住本酒店人数 ×100%。

（2）重大投诉率 = 重大投诉次数 / 一般投诉次数 ×100%。

（3）抱怨处理满意率 = 对投诉处理感到满意的客人数 / 投诉的客人数 ×100%。

三、员工内部管理指标

1. 员工满意度指标

（1）员工整体满意度指标 = 员工绩效 / 员工报酬。酒店员工满意与否实际上取决于员工的劳动付出与劳动回报之间的比较，其差异的程度就是员工满意的程度。该指标探索员工满意度与管理工作之间的关系，了解员工满意度的改善重点，为酒店管理工作指明方向，同时，也可用于考核中低层管理人员的管理水平。

（2）部门满意度指标 = 部门绩效 / 部门报酬。本指标主要考核各部门团队精神和凝聚力，以及高层管理人员的管理水平。

（3）激励力指标 = [$\sum$（目标价值 × 期望概率）] /n。本指标反映了酒店员工的积极性和能动性。

2. 员工忠诚度指标

（1）员工保留率指标 =1-（年内员工流失人数 / 年内员工总人数）。本指标反映了酒店对员工工作环境、前程发展等的关怀程度。

（2）员工勤奋度指标 =1-（操作余裕时间 / 主体操作时间）。本指标是服务人员从事某项工作所必需的特定熟练程度和适应能力，用以评价员工的服务效率。

（3）员工流动率指标 = 年内新进员工人数 / 年内员工总人数。本指标反映了酒店的活力。

3. 劳动生产率指标

（1）全员劳动生产率 = 年内营业收入总额 / 年内员工总人数。本指标反映了酒店劳动效率的数量状况。

（2）人均创利指标 = 年内利润总额 / 年内员工总人数。本指标反映了酒店劳动效率的质量状况。

四、员工素质指标、员工培训指标与员工能力指标

1. 员工素质指标

（1）知识结构 =*f*（知识深度 × 知识广度 × 知识时间度）。本指标反映了员工的学习能力、知识的变通能力、更新率、转化率，也反映了酒店的竞争优势。

（2）员工素质值 = 员工人数 ×［高学历员工人数 /（管理人员数 + 服务人员数）］。本指标反映了酒店的员工队伍建设状况。

2. 员工培训指标

（1）员工培训率指标 = 受训员工数 / 员工总数。本指标反映了员工工作能力的获得与提高，是酒店实现人力资源质的飞跃的关键，是提高工作效率和工作质量的根本保证。

（2）培训时间率指标 =［$\sum$（店内累计受训时间 + 店外累计受训时间）］/ 在店工作时间。本指标反映了酒店培训的持续性，以及对时间、人力进行分配与利用的合理性。

（3）培训费用率指标 = 年内培训费用 / 全年营业收入总额。本指标反映了酒店对培训的投入，也反映了酒店对人才的渴求程度与重视程度。

（4）培训达标率指标 = 培训后能胜任工作人数 / 受训员工总数。本指标反映了酒店的培训效果，以及员工的知识转化能力。

3. 员工能力指标

（1）人才储用率 = 大专以上学历人数 / 酒店员工总人数。本指标反映了酒店的可持续发展能力。

（2）法约尔参决率 = 主管参与决策次数 / 酒店完成管理项目次数。本指标反映了酒店的民主化程度和员工参政议政的能力。

（3）德鲁克成效率 = 酒店技术开发完成成果数 / 酒店技术开发计划项目数。本指标反映了酒店的科研开发能力和科研成果转化能力。

（4）泰勒激励率 = 已实施激励政策条款数 / 酒店管理激励政策条款数。本指标反映了酒店的诚信程度和执行政策的能力。

项目小结

酒店财务管理是指对酒店财务活动的管理。财务活动即酒店财产物资方面的业务活动及事务活动，包括各种财产物资的取得、置配、耗用、回收、分配等活动。

酒店经营者运用投资者提供的资金进行经营。从形式上看，酒店财务是货币等财产资源的收支活动，它表现为酒店资源量增加与减少，其基本内容体现为筹资、投资与分配等；从实质上看，酒店财务体现出酒店与各方面的关系，由此体现出一定社会的经济利益。酒店财务活动包括酒店由于筹集资金、运用资金、分配利润而产生的一系列经济活动。酒店财务活动的总和构成酒店的资金运动。酒店财务管理的对象就是资金的运动。

酒店财务管理是随着酒店规模不断扩大、管理不断深化而出现的一种管理职能，它主要解决酒店经营中的一些理财问题，管理者根据酒店的经营目标和经营需要，按照资金运动规律对酒店的财务问题进行科学有效的管理，并正确处理酒店同社会各种利益关系团体和个人之间的经济关系。在酒店财务管理中，资本运作是酒店经营管理的高级阶段。

复习与思考题

一、名词解释

1. 酒店财务管理
2. 酒店预算
3. 预算管理
4. 酒店成本控制

二、简答题

1. 酒店财务管理的主要目标是什么？
2. 酒店财务管理的组织机构是什么？
3. 酒店财务管理的主要特点是什么？

三、论述题

1. 试述酒店财务分析的一般程序。
2. 试述酒店综合实力评价指标体系。
3. 试述建立酒店财务控制制度。

项目七

酒店安全运营管理

学习导引

现代酒店安全管理是酒店运营管理的一个重要组成部分。如何保护酒店住客的安全、如何保护酒店员工的安全、如何保护住客和酒店的财产安全，如何应对突发性的事件，这些都是现代酒店安全管理的重要内容。

学习目标

1. 掌握现代酒店安全管理的主要内涵和具体工作。
2. 掌握酒店风险管理和控制的主要策略和方法。
3. 掌握酒店消防安全的主要流程。
4. 掌握酒店治安和卫生防疫的主要工作流程。
5. 掌握酒店处理应对突发性事件的策略和流程。

案例导入

万豪旗下喜达屋酒店集团近 5 亿客户数据泄露：到底发生了什么？

2018 年 11 月 30 日，全球酒店行业巨头万豪国际酒店集团（Marriott）公布，旗下酒店集团喜达屋（Starwood）的宾客预订数据库被第三方入侵，全球近 5 亿客户数据受到影响。消息公布后，当日万豪集团股价较前一交易日下跌 5.59%。

万豪集团于 9 月 8 日收到一条内部安全工具发出的关于第三方试图访问喜达屋宾客预订数据库的警报，随后迅速展开调查。在调查过程中发现，自 2014 年起，就存在第三方对喜达屋网络未经授权的访问。万豪国际近期发现未经授权的第三方已复制并加密了某些信息，并采取措施试图将这些信息移出。直到 2018 年 11 月 19 日，万豪集团确定信息的内容来自喜达屋宾客预订数据库。

该数据库中约有 5 亿客户（2018 年 9 月 10 日或之前曾在喜达屋酒店预订）的信息或被泄露，而这 5 亿客户中约有 3.27 亿人的信息包括如下内容：姓名、邮寄地址、电话号码、电子邮件地址、护照号码、SPG 俱乐部账户信息、出生日期、性别、到达与离开信息、预订日期和通信偏好。部分客户可能被泄露的信息还包括支付卡号码和支付卡有效期，虽然这些数据已加密，但万豪集团无法排除该第三方是否已经掌握解码密钥。

值得注意的是，此次事件不同以往之处在于：黑客攻击的是万豪喜达屋的核心宾客预订系统，包含大量顶级优质客户的个人信息（如护照信息等），重要程度非比寻常。

此次受影响的喜达屋旗下酒店品牌包括W酒店（W Hotels）、瑞吉酒店（St. Regis）、喜来登酒店及度假村（Sheraton Hotels & Resorts）、威斯汀酒店及度假村（Westin Hotels & Resorts）、源宿酒店（Element Hotels）、雅乐轩酒店（Aloft Hotels）、豪华精选酒店（The Luxury Collection）、臻品之选酒店（Tribute Portfolio）、艾美酒店与度假村（Le Méridien Hotels & Resorts）、福朋喜来登酒店（Four Points by Sheraton）及设计酒店（Design Hotels）。

据悉，万豪集团可能将面临巨额罚款，目前，具体数额无法估计。但专家表示，因为欧盟于2018年5月在数据保护条例（GDPR）中增加了对某些违反数据安全行为的罚款金额，所以，此次罚款金额会高于以往，初步估计最高可达集团年销售收入的4%。

Robert W.Baird & Co分析师Michael Bellisario认为，万豪集团最大的财富在于其客户忠诚计划，此次事件或许对其品牌造成重大的负面影响，这将是一笔巨大的损失。

任务一　酒店安全运营管理概述

酒店是综合性的服务企业，酒店在为顾客提供其所需服务时具有保护顾客人身、财产等不受侵害的义务和责任。但频繁发生的酒店安全事件，不仅可能使酒店顾客遭受人身、财产损失，还可能会导致酒店形象受损、美誉度下降，进而客源减少等衍生、次生损失，这与酒店运营管理的目标相违背。为预防和规避酒店安全事件损失，酒店应当逐步加强酒店安全防控与管理工作，制定一系列安全防范与救援措施，如增强人员戒备、加大对重点区域防控、建立安全管理机构、举行应急演练、制定应急预案等。

一、现代酒店安全管理内涵

1. 现代酒店安全管理的概念

现代酒店安全管理是指通过一系列计划、组织、指挥、协调、控制等管理活动确保在酒店所控制的范围内所有人员及所有财产的安全，协调和强化各项安全管理工作，提升酒店的形象。

2. 现代酒店安全管理的内涵

（1）酒店客人、酒店员工的人身及财物以及酒店的财产和财务，在酒店的控制范围内，不受侵犯。

（2）酒店的服务及经营活动秩序、公共场所秩序及工作生产秩序保持良好的安全状态。

（3）消除酒店内部对酒店客人及员工的人身和财物以及酒店财产造成侵害的各种潜在因素。

3. 现代酒店安全管理工作面临复杂情况和挑战

（1）酒店是一个公共场所，而且是从事服务经营的企业，它一方面要为客人提供宾至如归的服务，满足客人的合理需求，但另一方面又要防止居心不良的外来不良分子乘机混杂其间，实施不良行为，处理和平衡好这两者的关系是不易的。

（2）酒店是一个存放有大量财产物资的场所，很容易成为外来不良分子及酒店不法员工进行偷窃活动的目标。酒店员工有很多机会直接接触到客人的财物及酒店财产，包括海外客人的财物。酒店的许多财产和物品具有供家庭使用或再出售的价值，特别要警惕的是酒店不法员工与社会上不良分子或供货单位人员内外勾结，偷盗、欺骗的行为使得客人的财产或酒店的资金财产遭受损失。

（3）在酒店这个经营活动场所内，人员密集，客人的起居、社交、消费等活动及酒店员工的生产服务、办公等各种活动频繁，其中难免有客人的伤病事件。员工的工伤事件，甚至有像火灾等这样的致命的紧急事件发生。

因此，酒店管理者必须把现代酒店安全管理作为整个酒店管理的重要组成部分，认真的开展和实施安全管理工作。

4. 酒店安全管理需要了解和重视客人的安全需求

酒店客人的安全需求划分为人身安全需求、心理安全需求和财产安全需求，详情见表 7.1。

表 7.1　酒店客人安全需求类型分析

酒店客人安全需求类型		酒店客人安全需求内容	酒店客人安全需求特征	酒店客人安全需求表现形式
人身安全需求		在酒店消费期间保证顾客人身安全，无受伤、死亡情况	满足酒店顾客饮食、住宿安全，人身不受伤害	酒店干净卫生、设施设备安全舒适、防控技术先进、员工操作正确无误、无安全事件
心理安全需求	一般心理安全需求	顾客到相对陌生的酒店而导致复杂的心理状态，酒店要尽可能使顾客感到舒适安全	避免酒店顾客产生紧张、不安、恐惧等心理	酒店干净卫生、设施设备安全牢靠、酒店氛围舒适温馨、员工态度和蔼可亲
	隐私安全需求	酒店顾客的一些个人习惯、爱好、嗜好甚至一些不良行为和生理缺陷等与公共利益、群体利益无关的个人信息或个人隐私不被泄露或曝光的需求	酒店顾客的个人信息或隐私与他人无关，不愿意透漏，避免影响顾客的社会形象甚至正常的工作、生活	酒店应妥善保管顾客个人入住信息并做到不外泄、不打听、不偷听酒店顾客隐私，让顾客放心地、无拘束地消费与生活
	名誉安全需求	顾客在消费期间，要避免因酒店或他人的行为而使其名誉或人格受到损害	顾客所消费酒店应与其身份地位相符，否则，顾客所获得的社会尊重便会降低	酒店应保持良好的美誉度，避免安全事件、黄、赌、毒等犯罪问题的存在
财产安全需求		顾客到酒店消费时随身携带金钱、物资及行李物品安全无损	避免酒店顾客所携带的金钱、物资及行李被盗、遗失或遗忘	防控设施应齐全，酒店工作人员应洁身自好且自觉保管好客人寄存物品，并提醒客人保管好自己随身物品

二、现代酒店安全管理具体工作

根据国家及公安部门有关社会治安管理的法规和条例，结合酒店经营管理的特点，《社会治安综合治理条例》《中华人民共和国消防条例》以及旅游行政管理部门有关旅游安全管理、旅馆业治安管理的条例和办法，酒店安全管理工作具体如下。

1．酒店安全风险管理

酒店安全风险管理是一种具有前瞻性、程序性、战略性的安全管理方法。主要对当前未知的或以往未曾遇见的不安全因素的发现和控制，更强调隐患的超前防范，从而达到最大限度地减少或消除酒店安全风险、确保安全的目的。风险管理在预防和控制事件中有其他管理难以替代的重要作用。

2．酒店消防管理

酒店消防管理是在消防管理机关的指导监督下，认真贯彻“预防为主”的工作原则，做好酒店的火情、火警、火灾的预防及日常的防火安全管理。具体来说，酒店消防管理工作包括贯彻执行国家消防法规，健全酒店内部消防管理制度，健全消防组织机构，明确专门管理人员防火，落实岗位责任制，经常性地开展防火知识的宣传教育和培训工作，认真配置好消防设施、设备、器械，坚持定期检查，确保始终处于临战实用、完好有效的状态；各项消防处理方案完好，从报警、灭火、疏散到善后处理等各方面都有明确的程序，使各部门各岗位上的人员临危不乱，遵守统一的指挥，按既定的程序做出反应，各司其职，将人员和财产的损失降到最低程度。

3．酒店治安与职业安全管理

（1）酒店治安管理。酒店治安管理是指酒店在公安机关的指导下，由酒店的专职安保人员及酒店内各有关部门配合，管理酒店内部公共秩序，以保护客人、员工和酒店的人身和财产安全。

酒店应建立住宿和访客登记及管理制度，以维护客房内及客房楼层的治安秩序，宾客住宿要办理住宿登记，要由宾客本人填写登记表，前台接待人员应仔细核对有关证件，发现可疑情况及时向安保部报告；对于来访客人，接待人员应先征得住宿客人的同意，客房部服务人员应注意其动向；夜间访客滞留时间不得超过规定的时限。

酒店治安管理包括维护餐厅、酒吧、娱乐场所的治安秩序，处理各类治安问题，治安人员要与有关部门相配合，及时发现导致营业过程中各种妨碍治安秩序的因素和行为，并予以纠正，防止偷盗、打架、斗殴、酗酒闹事等恶性事件的发生，以保证正常的经营秩序，对于违法人员需移送公安机关处理。

酒店治安管理还包括对酒店内危险物品、易燃和易爆化学品的管理，酒店内车辆停放的秩序和酒店内治安动态信息的收集和处理。

（2）员工的职业安全管理。员工的职业安全管理也是酒店安全管理的组成部分，在制定员工职业安全管理计划时，应从员工的安全角度出发，审视酒店整个运转过程，结合各个工作岗位的工作特点，制定安全工作守则，提出员工安全标准及各种保护手段和预防措施。

4．酒店紧急事件的应对与管理

酒店紧急事件（Emergency Events）是指突然发生、具有不确定性、需要酒店立即做出反应并得到有效控制的酒店危害性事件。在《国家突发公共事件总体应急预案》中，将突发事件定义为紧急事件。

酒店紧急事件包含两层含义：第一层的含义是事件发生、发展的速度很快，出乎意料；第二层的含义是事件难以应对，必须采取非常规方法来处理。根据2007年11月1日起施行的《中华人民共和国突发事件应对法》的规定，突发事件是指突然发生，造成或者可能造成严重社会危害，需要采取应急处置措施予以应对的自然灾害、事件灾难、公共卫生事件和社会安全事件。

酒店紧急事件也可进一步理解为突然发生并造成或者可能造成重大人员伤亡、酒店财产损失、经营环境破坏或严重社会危害，危及公共安全，需要立即采取应对措施加以处理的事件。

任务二 酒店安全风险管理

酒店安全风险管理是一种具有前瞻性、程序性、战略性的安全管理方法。主要对当前未知的或以往未曾遇见的不安全因素的发现和控制，更强调隐患的超前防范，从而达到最大限度地减少或消除酒店安全风险、确保安全的目的。酒店安全风险管理在预防和控制酒店安全事件中有其他管理难以替代的重要作用。

一、酒店安全风险管理概述

风险是对组织目标实现产生消极影响的不确定性。一般理解为，由于未来的不确定性和不可完全预测性，而导致在实现经营管理目标过程中，遭遇有害结果的可能性。酒店安全风险管理就是指酒店用以降低安全风险的消极结果的管理过程，通过风险识别、风险评估、风险控制，对酒店安全风险实施有效控制和妥善处理风险所致损失的后果，从而以最小的成本收获最大的安全保障。

二、酒店安全风险识别与评估

（一）酒店安全风险识别

1. 酒店安全风险识别的构成要素

酒店安全风险识别是指在风险事件发生之前，运用各种方法系统地、连续地认识所面临的各种风险以及分析风险事件发生潜在原因的管理过程。对风险识别，要把握以下几个构成要素：一是用感知、判断或归类的方式对现实的和潜在的风险性质进行鉴别。二是存在于酒店的风险是多样的，既有当前的也有潜伏于未来的，既有内部的也有外部的，既有静态的也有动态的等。酒店安全风险识别的任务就是要从错综复杂环境中找出酒店所面临的各种风险。三是酒店安全风险识别一方面可以通过感性认识和历史经验来判断，另一方面也可通过对各种客观的资料和风险事件的记录来分析、归纳和整理，从而找出各种明显和潜在的风险及其损失规律。

2. 酒店安全风险识别方法

酒店安全风险识别方法主要包括检查表法、工作流程分析法、专家调查列举法、分解分析法、失误树分析法等。

（1）检查表法。安全检查表实际上就是实施安全检查和诊断的项目明细表。酒店将整个被检系统分成若干分系统，对所要查明的问题，根据操作流程和工作经验、有关法律法规标准以及事件情况进行考虑和布置。把要检查的项目和具体要求列在表上，以备在检查和设计时按预定项目去检查。检查表的内容一般包括分类项目、检查内容及要求、检查以后处理意见、隐患整改日期等。检查记录内容包括定期安全检查、专项安全检查、季节性安全检查等，要求将检查结果及时收集入档。检查表是酒店用于记录和整理数据的常用工具，即根据检查结果把可能构成工作安全风险的因素排列成一览表，将本酒店的具体情况与之对照来识别风险。以打扫酒店浴室的风险防范为例，具体见表 7.2。

表 7.2　打扫酒店浴室的风险防范

识别内容	可能的风险因素或安全隐患	防范措施
将客房部工作车推到客房门口。进入浴室前打开灯	错误的腿部肌肉用力方式会导致背部扭伤。当地面有碎片或者水时可能会发生滑倒和摔伤	工作车要推行，不要拉。检查浴室地面是否有碎片、水或肥皂。没有开灯的情况下不要进入浴室。将积水擦干，并拾起地上的碎片
清除垃圾：把所有的布草放入布草车内。用双手拿起废纸篓，拿到客房部工作车旁，将垃圾倒入垃圾袋中	布草或废纸篓里的碎片可能会导致划伤。隐藏的尖锐物体可能会造成严重受伤	将布草逐一拿起来，抖动布草检查是否有残留物，不要把手伸进废纸篓内。接触脏布草时要戴橡胶手套
清洗浴缸和瓷砖：从工作车上拿出专用的清洁剂和清洁用品，站在浴缸里清洗瓷砖。清洗完瓷砖后，小心地走出浴缸，在浴缸旁边的地板上铺上浴垫。双膝跪在浴垫上清洗浴缸	当跨进或跨出浴缸时绊倒或滑倒可能会造成背部扭伤或滑倒或摔伤	在浴缸里铺一块浴垫可以防止脚下打滑。不要站在浴缸的边缘清洗瓷砖。不要抓握肥皂盒上的把手
清洗马桶、水槽和台面：站在马桶前，将浴垫铺在马桶前面的地上。双膝跪在浴垫上清洗马桶。站起来清洗水槽	跪在马桶前擦拭时绊倒或滑倒可能会造成背部扭伤或滑倒摔伤。接触到传染病原体	使用浴垫防止膝盖受伤。跪下清洗马桶。不要在马桶上弯腰（清洗）。了解潜在的传染源，如血液使用正确的生化清除工具清洁血液（如生物危害和锐利物品处置和接触潜在传染源）
浴室清洁完后，把清洗剂、抹布和浴垫放回工作车上的储物架。拖地前，先从工作车上拿出扫帚清扫浴室地面上的头发和碎屑。从内向外清扫，确保所有的头发和碎屑都扫出浴室并吸干净	拖地板的时候绊倒、滑倒或者举起物品的时候可能会造成背部扭伤和滑倒或摔伤	拖地板的时候保持身体平衡。拖地的时候倒退着离开浴室，不要站在湿滑的地面上

（2）工作流程分析法。工作流程分析法是指通过分析酒店的工作流程、服务流程和管理流程来识别可能存在的风险。该种方法强调根据不同的流程，对每一阶段和环节逐个进行调查分析，找出潜在风险因素，如工程设备检修工的操作流程：准备工具器材→设备外部检查→设备内部检查→设备试运行→施工验收→现场清理，每个流程的风险见表 7.3。

表 7.3 工程设备检修工安全风险识别

工序	存在风险	风险级别	操作程序	必备物品	操作标准	控制措施	考核标准
准备工具器材	搬运、装卸时伤人	B	搬运、装卸时明确专人，相互照应	活口扳手、螺钉旋具、套管、万用表、钳形电流表、检电表、停电工作牌、其他各种配件	器材：绑扎牢靠，人员动作协调；工具：手持手柄、器材无毛刺、卷边，传递时手递手	明确专人指挥施工，负责人现场监督	不合格扣 2 分
	检查时伤人	B	工具器材小心取放，传递谨慎				不合格扣 2 分
	滑倒或绊倒	B	注意路面，安全行走		路面清洁，无油腻及杂物	管理人员现场检查	不合格扣 2 分
设备外部检查	走动摔伤	B	清理杂物，整理备件		工作场所备件摆放整齐、无杂物	备件摆放整齐或有杂物不得进行后续工作	不合格扣 2 分
设备内部检查	设备刮伤	B	与设备盖部位保持距离		不得触摸旋转部位	转动部位安设护罩或遮拦	不合格扣 2 分
	物体下落伤人	B	检查、清理杂物		高处无杂物	先检查、清除杂物后方可作业	不合格扣 2 分
	拆卸零部件伤人	B	按检修工艺进行		拆卸零件顺序、步骤正确	精力集中认真操作	不合格扣 2 分
设备试运行	工具滑脱伤人	B	工具放置可靠		利用工具操作时，手要抓牢	操作时必须精力集中	不合格扣 2 分
	零部件脱落伤人	B	保持零部件平放		搬运零部件用力均匀	参与人员协调一致	不合格扣 2 分
施工验收	多人工作，互相配合不协调伤人	B	工作中互相照应		相互配合协调	指定专人来指挥	不合格扣 2 分
	测量仪表使用错误伤人	B	根据现场实际选用登记表，正确操作		正确使用仪表	管理人员现场检查	不合格扣 2 分
现场清理	工具、器材就位时伤人，滑倒、绊倒	B	相互照应，小心存放，注意脚下		正确复位，清理现场	负责人监督检查	不合格扣 2 分

（3）专家调查列举法。专家调查列举法是指以专家作为安全风险信息了解的对象，依靠其知识与经验，通过调查研究，对酒店安全风险做出判断、评估与预测的方法。专家风险识别见表 7.4。

表 7.4　专家风险识别表

编号	时间
项目名称	
风险类型	
风险描述	
风险的影响	
风险来源及特征	

（4）分解分析法。分解分析法是指将一复杂的事物分解为多个比较简单的事物，将大系统分解为具体的组成要素，从中分析可能存在的风险及潜在损失的威胁，如图 7.1 所示。

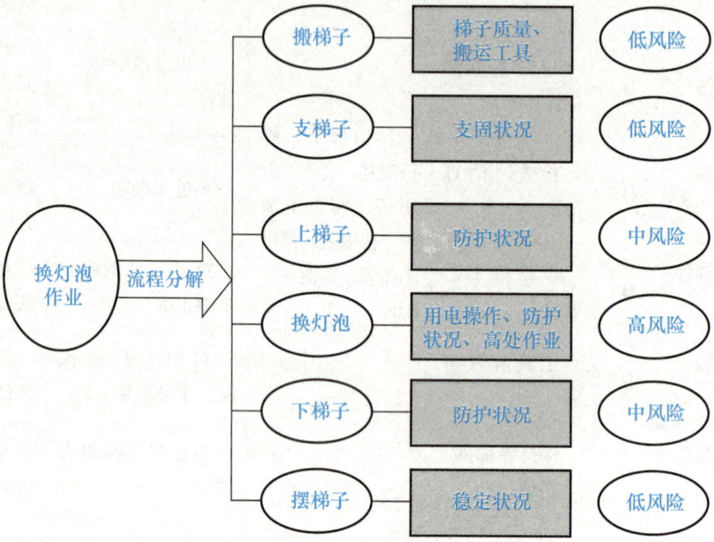

图 7.1　换灯泡作业风险识别图

（5）失误树分析法。失误树分析法是以图解表示的方法来调查损失发生前种种失误事件的情况，或对各种引起事件的原因进行分解分析，具体判断哪些失误最可能导致损失风险发生。如对厨房间而言，影响火灾的因素颇多，因每一因素的稳定性不同，对其防控的要求自然不同。分析这些年比较有影响的厨房间失火原因，再结合厨房间极易引发火灾的几大危险因素，可以从中找出火灾发生的每个节点和环节。绘制厨房间火灾失误树，如图 7.2 所示。

风险识别的方法很多，但实践证明，任何一种方法的功能都有其局限性，要实现对酒店安全风险的真正有效识别，就必须根据酒店具体情况，将各种方法相互融通、结合起来综合运用。

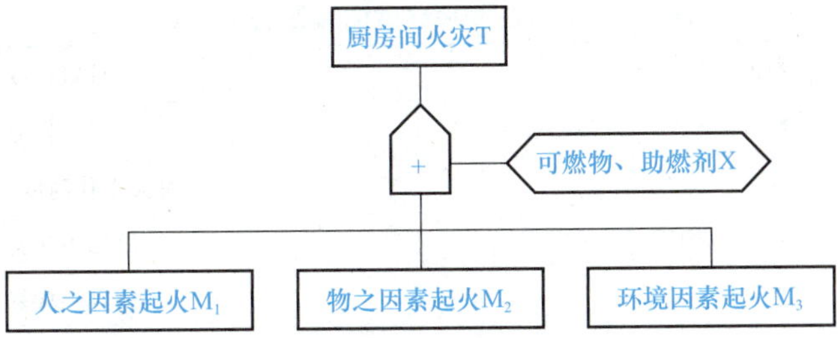

图 7.2 厨房间火灾失误树分析

（二）酒店安全风险评估——LEC 风险评价法

风险评估的根本目的是确定安全与危险的界限，确定风险程度及其影响，确定控制风险的措施。它是风险识别的自然结果，是整个风险管理的核心工作。

1. LEC 风险评价法

LEC 风险评价法是由 K.J. 格雷厄姆和 G.F. 金尼创立，也叫作作业条件危险分析法，它是一种定性与定量相结合的评价方法，被应用在具有潜在风险环境中作业的危险评价方法。LEC 风险评价法不仅能够进行危险因素分析，还能进行评分，得出风险级别。酒店业务繁多，设备设施较多，人员密集，机构组织繁杂，安全隐患越多，危险性就越大，通过 LEC 评价法进行危险因素分析、风险评价和分级，就能有针对性地进行风险预控，提高安全管理水平，减少人员伤亡和损失。风险值 $D=LEC$（L：事件发生的可能性，E：暴露在危险环境的频繁程度，C：发生事件的严重性），D 值越大，表明系统的危险性就越大，就越要采取应对措施，D 值的大小由发生事件可能性、暴露频繁程度和事件严重性共同决定，要想降低风险值，可以降低事件发生概率、暴露频繁程度或事件严重性，达到可接受范围为止。

2. 各风险参数的选取

（1）L（事件发生的可能性）的取值。从数学的角度看，绝对不可能发生的事件概率为 0，而必然发生的事件概率为 1；从系统安全角度看，把事件发生的可能性分为实际不可能（0.1）到完全可以预料（10），其余情况取中间值，见表 7.5。

表 7.5 事件发生的可能性（L）

分数值	事故发生的可能性
10	完全可以预料
6	相当可能
3	可能，但不经常
1	可能性小，完全意外
0.5	很不可能，可以设想
0.2	极不可能
0.1	实际不可能

（2）E（暴露在危险环境的频繁程度）的取值，暴露在危险环境中越频繁，危险性就越大。规定非常罕见的暴露为 0.5，连续暴露的为 10，其余情况取中间值，见表 7.6。

表 7.6　暴露在危险环境的频繁程度（E）

分数值	频繁程度
10	连续暴露
6	每天工作时间内暴露
3	每周一次暴露
2	每月一次暴露
1	每年一次暴露
0.5	非常罕见地暴露

（3）C（发生事件的严重性）的取值，从轻微伤害到大灾难，规定取值范围为 1 ～ 100，见表 7.7。

表 7.7　发生事件的严重性（C）

分数值	后果
100	大灾难，许多人死亡
40	灾难，数人死亡
15	非常严重，一人死亡
7	重伤或较重危害
3	轻伤或一般危害
1	轻微危害或不利于基本的健康要求

（4）得出的风险值 D，确定风险级别的界限值是关键，这个界限值是变化的，根据实际情况来改变风险级别的界限值，以达到持续改进的目的。根据某度假酒店的实际情况，对 D 值分为 5 个等级，具体划分，见表 7.8。

表 7.8　危险源等级划分（D）

等级	D 值	危险程度
5	＞ 320	极其危险，不能继续
4	160 ～ 320	高度危险，需立即整改
3	70 ～ 160	显著危险，重点控制
2	20 ～ 70	一般危险，需要控制
1	＜ 20	稍有危险，可以接受

（5）根据危险因素分析及风险评估方法，并结合某度假酒店生产经营情况，对该酒店的主要业务活动进行危险因素分析及风险评价，见表 7.9 ～表 7.13。

表 7.9　餐饮业务危险因素分析及风险评价表

涉及活动	危险因素描述	可能存在、风险	风险评估（*D=LEC*）				
			L	*E*	*C*	*D*	等级
炊事用具的使用	电器着火	火灾	2	3	15	90	3
	线路混乱	触电	1	3	8	24	2
	防护装置故障	机械伤害	2	2	7	28	2
	员工违规操作	机械伤害	3	2	7	42	2
燃气输送	管道老化	爆炸	3	1	40	120	3
	阀门等接口处松动	中毒、爆炸	3	1	40	120	3
天然气炉灶的使用	附近有可燃、易燃物质	火灾	3	3	15	135	3
	燃气泄漏	中毒、爆炸	3	1	15	45	2
厨房环境	地面湿滑	滑倒	3	3	1	9	1
	油烟堆积	火灾	3	1	15	45	2
食物加工	员工接触高温食物和设备	烧烫伤	3	3	3	27	2
	烹调过程起火	火灾	3	1	7	21	2
	食品采购、保存、加工不当	食物中毒	3	1	7	21	2
受限空间作业活动	清洗烟道等	窒息	3	1	15	45	2

表 7.10　住宿业务危险因素分析及风险评价表

涉及活动	危险因素描述	可能存在风险	风险评估（*D=LEC*）				
			L	*E*	*C*	*D*	等级
客人住宿	客人乱扔烟头等不安全行为	火灾	3	2	15	90	3
	客人违规使用电器设备	火灾	3	2	7	42	2
	卫生间地面湿滑	摔伤	3	6	3	54	2
客房巡查	人员的偷盗、闹事行为	人身伤害、财产损失	3	2	7	42	2
电梯使用	电梯故障	坠井、夹人	3	3	3	27	2
消防设施检查	消防设施的欠缺或故障	火灾	3	1	40	120	3
人员疏散活动	安全出口、通道堵塞	拥挤、踩踏	3	1	15	45	2
	客人心理、疏散条件	拥挤、踩踏	3	1	15	45	2
客房清洁活动	移动电气设备电源线破损	触电	3	1	3	9	1
	清洗外层玻璃等活动	高处坠落	3	1	7	21	2
床上用品清洗	洗衣机操作不当	机械伤害	3	2	3	18	1
	未清除火灾隐患	火灾	3	1	40	120	3
	洗涤剂的不规范使用	腐蚀	3	3	1	9	1

表 7.11　大型活动、会议会展业务危险因素分析及风险评价表

涉及活动	危险因素描述	可能存在风险	风险评估（D=LEC）				
			L	E	C	D	等级
临时场地设施搭建	搭建不牢固	坍塌	3	0.5	40	60	2
	大风等恶劣天气	坍塌	1	0.5	40	20	2
临时线路搭设	电线布置不合理	触电、火灾	3	2	15	90	3
动火作业	违规操作	火灾	3	2	15	90	3
用电	不合理使用电器设备	火灾	3	1	15	45	2
人员疏导	突发事件的发生	拥挤、踩踏	3	1	15	45	2
车辆管理	车辆的违章停放	堵塞通道	3	1	7	21	2
	车主的不安全行为	火灾	3	1	7	21	2
消防治安巡查	消防设施不完善	火灾	3	1	40	120	3
	偷盗、闹事行为	财产损失、人身伤亡	3	1	7	21	2

表 7.12　俱乐部业务危险因素分析及风险评价表

涉及活动	危险因素描述	可能存在风险	风险评估（D=LEC）				
			L	E	C	D	等级
运动设备设施使用	设备故障	机械伤害	3	3	3	27	2
	设备设施接线不合理	触电	3	3	3	27	2
	人员操作不当	机械伤害	3	3	3	27	2
	运动受伤	人身伤害	3	3	1	9	1
KTV	电线、设施设备故障	火灾	3	1	15	45	2
泡温泉	温度过高	晕厥	3	1	7	21	2
	生理原因产生不适	晕厥	3	1	7	21	2
游泳	生理状况不佳	淹溺	3	2	7	42	2
	池边地面状况不佳	滑倒	3	2	3	18	1
	救生人员不够或巡查不及时	淹溺	3	2	15	90	3

表 7.13　临时作业的危险因素分析及风险评价表

涉及活动	危险因素描述	可能存在风险	风险评估（$D=LEC$）				
			L	E	C	D	等级
改、扩建作业	规章制度不健全	人身伤亡、财产损失	3	1	15	45	2
	防护措施不当	人身伤亡	3	1	20	60	2
	监管不善	人身伤亡、财产损失	3	1	15	45	2
外来施工人员施工作业	资质不符合要求	人身伤亡、财产损失	1	1	40	40	2
	监管不善	人身伤亡、财产损失	3	1	15	45	2
维修作业	未按规定操作	人身伤亡、财产损失	3	2	7	42	2

（6）由以上数据分析可知，餐饮业务共 14 项危险因素：1 项一级，9 项二级，4 项三级；住宿业务共 13 项危险因素：3 项一级，7 项二级，3 项三级；会展业务共 10 项危险因素：7 项二级，3 项三级；俱乐部业务共 10 项危险因素：2 项一级，7 项二级，1 项三级；临时作业共 6 项危险因素：全为二级。一级只有 6 项，占 12%；二级 36 项，占 72%；三级 11 项，占 22%。所以，该度假酒店 12% 的危险因素可以接受，72% 的危险因素属于一般危险，需要控制，22% 的危险因素属于显著危险，需要重点控制。

三、酒店安全风险控制

酒店安全风险控制是指酒店管理者采取各种措施和方法控制风险，消灭或减少风险事件发生的各种可能性，达到减少事件的严重程度和降低事件的发生概率，减少风险事件发生时造成的损失，风险控制的基本方法有以下几种：

1. 回避风险

回避风险是酒店有意识地放弃风险行为，完全避免特定的损失风险。简单的风险回避是一种消极的风险处理办法，因为酒店管理者在放弃风险行为的同时，往往也放弃了潜在的目标利益。所以回避风险一般只有在以下情况下才会采用：

（1）酒店对风险极端厌恶反感。

（2）存在可实现同样目标的其他方案。

（3）酒店无能力降低、消除或转移风险。

（4）酒店无能力承担该风险，或承担风险得不到足够的补偿。

2. 降低风险

降低风险是指制定计划和采取措施降低损失的可能性或者是减少实际的损失。其风险控制包括事前、事中和事后 3 个阶段。事前控制主要是为了降低损失的概率，事中和事后的控制主要是为了减少实际发生的损失。如事前可用低风险、低故障率的设备代替高风险设备；如将手动操作改造为全自动控制系统；强化个人防护等。这些均可增强设备运行的可靠性和减轻运行人员操作的风险和劳动强度。

3．消除风险

消除风险是指在风险损失发生前，为了消除引发损失的各种因素而采取的控制风险的具体措施，其目的在于通过消除风险因素而达到不发生损失的目的。通常在损失频率高而损失强度低时采用。常用的方法有工程物理法和行为控制法。事件产生有两种可能性：一是物的不安全状态；二是人的不安全行为。工程物理法就是损失预防措施侧重于风险单位的物质因素的一种方法，如防火传播的隔绝装置等；而行为控制法是指损失预防侧重于人的行为规范的一种方法，如职业安全教育、消防教育等。

4．分担风险

分担风险是指通过契约、保险等方式将主体风险部分转移给受让人承担的方法。通过风险转移降低酒店的风险程度。风险转移的主要形式是契约和保险两种。第一种是契约转移，即通过签订合同，可以将部分或全部风险转移给一个或多个其他参与者。第二种是保险转移，保险是使用最为广泛的风险转移方式，可将部分损失转移给第三方。

风险是随时间而变化的，风险管理是一个动态的管理过程。这就要求酒店实施动态的风险评估与风险控制。酒店在选择风险控制方法时，既要考虑方法的可行性、安全性、可靠性，又要结合各种方法，如工程技术措施、管理措施、培训教育措施、个体防护措施，充分考虑其适宜性、全面性、科学性。

任务三　酒店消防管理

酒店作为宾客住宿、娱乐、就餐等功能于一体的公共场所，其消防安全必须得到充分的重视。近年来，国内外酒店火灾频发，造成巨大财产损失与人员伤亡，因此，全面普及酒店消防管理知识、分析酒店火灾危险性、强化酒店安全操作和服务意识、改进消防防火设备设施、开展应急预案演练对预防酒店火灾发生具有十分重要的意义。

一、酒店常见的火灾种类与原因

（一）酒店火灾的特点

酒店建筑往往集餐厅、咖啡厅、歌舞厅、健身房、会议室、客房、商场、办公室和库房、洗衣房、锅炉房、停车场等辅助用房为一体，功能繁多，情况复杂；酒店建筑楼梯间、电梯井、管道井、电缆井等竖井林立，通风管道纵横交错，发生火灾易产生烟囱效应；酒店室内装饰装修使用可燃物多、火灾荷载大，火灾蔓延迅速，扑救困难，人员疏散难度大，易造成重大伤亡。

（二）酒店火灾的种类和原因

根据国内外酒店火灾案例分析，酒店发生火灾有以下一些主要原因。

1．吸烟所致

很多酒店的火灾是由于客人吸烟不注意所致。由于吸烟疏忽所引起的火灾是酒店火灾最主要的原因之一。因吸烟不慎而引起的火灾有两种情况：第一种情况是卧床吸烟，特别是酒后卧床吸烟，睡着后引燃被褥酿成火灾；第二种情况是游走吸烟，即边走路边吸烟，乱扔烟头所致，如泰国曼谷第一大酒店发生的特大火灾，就是因为客人乱扔烟头所致。

2. 电器、电线故障

现代酒店集诸多功能在一栋建筑内，除客房、餐厅厨房、各种娱乐设施，还有锅炉房、计算机房、配电房等。因电器、电线故障而引起的酒店火灾所占比例非常高，主要原因是电线老化、线头裸露、电器设备安装不合理、动物啮咬电线等原因。例如，2007 年 12 月 12 日广东东莞名典咖啡厅发生的重大火灾就是因为空调机电线短路所致，这场大火共造成 10 名中、外宾客死亡。

3. 厨房用火不慎所致

厨房是酒店用火最多的场所，由于厨房用火不慎引发的火灾是酒店火灾重要原因之一。绝大多数酒店厨房发生的火灾有两种原因。一是厨房的油烟管道没有及时将油垢清除，长期积累附着在油烟管道上，在烹调时火星吸进烟道引起火灾。这种情形的火灾在酒店较为普遍。所以酒店应当经常清洗油烟道，要始终保持油烟灶具的清洁。有条件的酒店应当选用运水烟罩，彻底清除此类火灾隐患。二是厨师违反操作规程而造成火灾，如 2007 年 5 月 26 日辽宁省朝阳市百姓楼酒店发生的重大火灾。经查明，这是一起因厨师违反操作规程引起的火灾。当日傍晚，王某某违反操作规程，致使油灶内油量过大，油溢出。点火后，溢出的油被引燃。惊惶失措的他此时没有立即关紧阀门，而是反方向将阀门开得更大，遂使喷溅的燃油将输油管烧毁，并引燃更多流淌出来的柴油。由于柴油燃烧过程产生浓烟，加上酒店装饰材料中含有有害化学物质，这场火灾最终造成 11 人死亡、16 人在逃生时受伤。

4. 大量易燃材料的使用

酒店有大量的木器家具、棉织品、地毯、窗帘等易燃材料。此外，还有大量的各种装饰材料。现代酒店大多进行了豪华装修，越是高档豪华的酒店所使用的装修材料越多，而大量使用的易燃装修材料恰恰是火灾的隐患。一旦发生火灾，这些易燃材料会加速火势的蔓延。酒店在建造和装修过程中一定要考虑消防因素，要使用阻燃材料或对材料进行防火处理，有条件的酒店最好使用阻燃地毯、床罩和窗帘等材料。

5. 违反消防法规，如堵塞消防通道等

近年来，我国消防法律、法规和规范不断完善，如《中华人民共和国消防法》《高层建筑消防管理规则》《建筑设计防火规范（2018 年版）》（GB 50016—2014）、《机关、团体、企业、事业单位消防安全管理规定》《关于加强宾馆、饭店等旅游设施消防安全工作的通知》等。很多酒店的火灾，究其原因，都在不同程度上违反了国家的有关消防法规。如新疆克拉玛依市友谊宾馆的特大火灾事件。该宾馆严重违反国家的消防安全规定，在过道内堆放杂物，安装、使用电气设备不符合防火规定，对当地消防部门下发的《防火检查登记表》置之不理。在当天举行活动时安全疏散门上锁关闭，致使在火灾发生时人员疏散中发生拥挤堵塞，来不及逃生，造成 323 人死亡。

6. 消防管理不善，缺乏应急预案和演练

从深层次分析，绝大多数酒店发生的火灾，均是由于消防管理不善而酿成的，如江苏省连云港云华宾馆的特大火灾就是典型的案例。凌晨 2∶05 分，火灾首先从总机房开始燃烧，由于宾馆平时对消防管理不善，缺乏消防培训，也没有消防应急方案，发生火灾时既无人向消防部门报警，也没有管理人员负责组织灭火，致使小火酿成灾难，造成 14 人在大火中丧生。

二、酒店火灾的预防与处理

（一）酒店火灾的预防

（1）酒店区域规划及总平面布置、防火间距、防火分隔、建筑等级以及安全疏散条件满足相关规范要求，若地形和站场条件特殊无法满足防火间距要求，应进行安全评价，采取或增加相应安全措施，由设计部门调整技术条件。

（2）按要求设置消防给水、自动灭火、火灾报警、消防冷却水等系统。消防泵房应设专岗，实行 24 小时值班制度，定期对消防泵试运行和保养。

（3）消防电源、配电及负荷供电符合规范要求。

（4）宾客及来访人员因明文规定禁止将易燃易爆物品带入宾馆，凡携带进入宾馆者要立即交服务员，专门存储，妥善保管。

（5）客房内应配有禁止卧床吸烟的标志、应急疏散指示图和宾客须知等消防安全指南，服务员在整理房间时要仔细检查，对烟灰缸内未熄灭的烟蒂不得倒入垃圾袋，平时应不断巡查巡逻，发现火灾隐患应及时采取措施。

（6）对厨房内燃气燃油管道、法兰接头、仪表阀门必须定期检查，防止泄漏，发现燃气燃油泄漏，首先要关闭阀门，及时通风，并严禁使用任何明火和启动电源开关。楼层客房不应使用瓶装液化石油气、煤气，天然气管道应从室外单独引入，不得穿过客房或其他公共区域。

（7）对有可燃气体泄漏危险场所的建筑孔洞及沟渠进行封堵。

（8）厨房内使用厨房机械设备不得超负荷用电，并防止电气设备和线路受潮；油炸食品时要采取措施防止食油溢出着火，工作结束后操作人员应及时关闭厨房的所有燃气阀门，切断气源、火源和电源后方能离开；厨房内抽油烟罩，应及时擦洗，烟道每半年应清洗一次，厨房内除配置常用的灭火器外还应配置灭火毯，以便扑灭油锅起火的火灾。

（9）按规范要求将可能产生静电危险的设备和管道设备、罐区、建筑物、可燃液体设防静电接地。

（10）照明灯具表面高温部位应当远离可燃物，碘钨灯及功率大的白炽灯的灯头应采用耐高温线穿套管保护；厨房等潮湿地方，应采用防潮灯具。

（11）按要求定期对可燃气报警器、压力表等仪器进行检测校验。安全阀应做到启闭灵敏，每年至少委托有资格的检验机构检验、校验一次。压力表等其他附件按其规定的检验周期定期进行校验。

（12）安全管理应经常做到“三清、四无、五不漏”。“三清”是指场地清、墙壁清、设备清；“四无”是指无油污、无杂物、无明火、无易燃物；“五不漏”是指不漏油、不漏气、不漏水、不漏电、不漏火。

（13）定期对消防、电气、防雷及防静电等设施进行检测。

（14）严格执行安全操作规程，对动火等具有危险性的作业实行严格管理。

（15）禁止携带火种进入酒店工作区，不得在酒店工作区吸烟和使用明火。

（16）加强酒店特种作业人员和特殊岗位人员的培训工作，杜绝无证上岗。

（17）加强消防安全检查和巡检，发现问题及时解决。消防安全重点单位应当进行每日防火巡查，并确定巡查的人员、内容、部位和频次，及时纠正违章行为，妥善处置火灾危险，无法当场处置的，应当立即报告。发现初期火灾应当立即报警并及时扑救。

（18）对检查出的隐患，应立即整改，如整改难度较大应及时上报并落实可靠的安全措施。

（19）积极开展消防安全教育培训工作，提高全员消防安全知识和技能水平。酒店应当通过多种形式开展经常性的消防安全宣传教育。消防安全重点单位对每名员工应当至少每年进行一次消防安全培训。酒店应当组织新上岗和进入新岗位的员工进行上岗前的消防安全培训。管理人员以及其他特殊工种应进行专门培训，并经考试合格后持证上岗，相应人员培训学时必须满足要求。

（20）制定切实可行的《消防应急疏散预案》，定期开展消防应急演练，并认真做好演练记录。

（二）酒店火灾的处理流程

酒店（高层）建筑火灾的特点：蔓延快，扑救困难，影响大。因此，需要在火灾初期迅速扑灭。这需要有一支训练有素的消防队伍，有一套严密、科学的扑救火灾程序以及有一套先进有效的消防设备。

1. 火灾报警

（1）发现火情立即拨打酒店内报警电话，及时报警，报警时讲清起火具体地点，燃烧何物，火势大小，报警人的姓名、身份及所在部门和部位。

（2）如有可能应先灭火，同时报酒店消防中心，并保护现场。如火情紧急，应立即按动墙壁上的报警装置（火灾报警器），报警后迅速使用轻便灭火器灭火。

（3）发现火情时沉着冷静，如果火势较大，必须迅速报告酒店值班经理乃至总经理，经总经理批准后由酒店专职消防人员拨打“119”报警电话。

2. 火灾确认

（1）消防中心接到报警，或电话报警后，应立即通知安全部消防员携带对讲机赶到现场，确认火情势态，立即采取行动。

（2）确认火情时应注意不要草率开门，先试探一下门体，如温度较低可开门查看；如温度较高，可确认内有火情，此时，如房间内有人，应先设法救人，开门时不要将脸正面对开门处（应站在房门的两侧，慢慢开启房门）。

3. 火灾通报

（1）消防中心立即通知电话总机，告知火灾已确认，按程序进行操作。

（2）电话总机迅速通知有关部门：总经理或驻店经理或值班经理、安全部、工程部、客房部、前厅部、销售部、医务室及其他部门。

4. 指挥灭火

（1）成立临时灭火领导指挥机构。

（2）组织指挥灭火。

①启动消防水泵，满足着火层以上各层的消防用水的工作。

②派员工带灭火工具到着火房间的相邻及上下层观察是否有火势蔓延的可能，并及时扑救蔓延的火焰。

③关闭防火门。

④针对不同燃烧物采取不同的灭火方法。

⑤检查各部门员工部署是否符合灭火要求。

（3）根据火情决定是否向上级消防机关报警，是否关闭送风机组或回风机组，是否切断电源和气源，是否发布疏散命令。

5. 义务消防队

（1）义务消防队接到通知后立即赶到现场，由负责人简单介绍火情，分配任务。

（2）队员持灭火器材乘消防电梯赶赴出事地点，按救火程序实施灭火。

（3）将工作进展情况随时报告灭火指挥部。

6. 疏散

明确分工，落实专人负责引导客人从安全区、消防楼梯疏散，护送行动不便的客人撤离险境，检查是否有人留在着火区，同时稳定客人情绪。根据火情决定疏散命令，疏散命令由酒店消防总指挥下达，具体办法如下：

（1）消防控制中心用紧急广播逐层通知，顺序为着火层与其紧临的上层、下层、着火层的上面逐层、着火层以下逐层，通知时不能将紧急广播同时全部打开。

（2）销售部、配合酒店各营业部门（客房部、餐饮部、娱乐部）服务员负责组织引导客人疏散。

（3）前厅部经理、大堂经理负责组织人员将疏散下来的客人安排到安全地点，并一定要保存全酒店的住客名单及上岗员工名单（人力资源部）。疏散集合地点的选择应首先考虑临近的酒店。

7. 与专业消防队配合

（1）各部门接到火情通知后，除按指定任务执行外其余人员均应原地待命听候指示。

（2）安全部负责维持好秩序，根据情况疏导车辆，以便消防车顺利到位。

（3）前厅部派人到门前引导消防队到出事现场。

（4）工程部派人向消防队介绍消防水源和消防系统情况，并视情况或按总指挥的命令决定断电、断煤气、天然气等。

（5）专业消防队到场后，现场指挥将指挥权交出，并主动介绍火灾情况根据其要求协助做好疏散和扑救工作。

8. 下达疏散令

除执行灭火任务的人员外，其余人员由服务员组织，沿各个消防通道有秩序地撤离到指定的安全地点。由人力资源部组织各部门主管维护好安全地点的秩序，并清点登记到场人员。由前厅部负责核对客人名单，安抚客人情绪，稳定现场秩序。

9. 善后处理

（1）全面疏散后，各部门要清点自己的人员，检查是否全部撤出危险区域，前厅部要清点客人，防止遗漏。

（2）总经理办公室视情况负责与自来水公司、煤气公司、医院等单位联系；餐饮部视情况准备食品饮料，安排好疏散客人的临时生活。

（3）工程部在火灾扑灭后，应立即关闭自动水喷淋阀门，更换损坏的喷头或其他消防设备，并使所有的消防设施恢复正常。

（4）安全部负责保护现场，并重新配备轻便灭火器。

10. 指导自救

（1）组织服务员鼓励或带领客人沿着消防楼梯疏散。

（2）当无法从预定的消防楼梯疏散时，由服务员带领客人上顶层天台上风处等待救援。

（3）对于被困在着火楼层的客人，通过广播、室内电话等方法，鼓励他们增强自救信心，引导他们就地取材进行自救。

11．注意事项

（1）火情发生后，所有对讲机应处于待命状态，当总指挥呼叫时，要用简明的语言准确报告情况。

（2）实施疏散计划时，将客人按一路纵队排列从防火梯疏散，千万不要乘电梯，消防电梯只供给消防队员使用，一定要防止不知火情危险的客人再回到房间。

（3）客房服务员负责检查疏散情况，检查内容包括床上、卫生间是否留有未听到疏散通知的客人；是否留有行动不便的客人；是否留有未熄灭的烟头和未关闭的灯；主要出入口是否畅通，客房服务员每检查完一个房间，就在门上画“×”，表示此房已检查。

（4）当检查完所有房间和公共区域并证实没有客人后，服务员立即随其他人一同撤离。

（5）对受火势威胁的液化气罐冷却。

（6）防止易燃物体受热而产生爆燃、爆炸、轰燃。

12．后勤保障

（1）保证供水足量。

（2）保证灭火器材供应，车辆供应。

三、酒店消防配置的基本要求

当前，我国酒店建筑的发展趋于综合化、复杂化，酒店建筑（高层）中往往包含了商业、办公、酒店等多种多样的功能，超强的商业集聚效应一方面节约了土地资源，同时为人们的日常使用提供便捷，缓解城市的交通压力，节约能源利用。但是，由于这种复杂的功能复合及流线组成，酒店建筑（高层）一旦发生火灾，具有火势蔓延快、疏散困难、消防设施滞后、起火因素多等显著特点。

（一）酒店消防法规相关要求

（1）按照国家工程建筑消防技术标准需要进行消防设计的建筑工程，设计单位应当按照国家工程建筑消防技术标准进行设计，建设单位应当将建筑工程的消防设计图纸及有关资料报送公安消防机构审核；未经审核或者经审核不合格的，建设行政主管部门不得发给施工许可证，建设单位不得施工。

（2）经公安消防机构审核的建筑工程消防设计需要变更的，应当报经原审核的公安消防机构核准；未经核准的，任何单位、个人不得变更。

（3）按照国家工程建筑消防技术标准进行消防设计的建筑工程竣工时，必须经公安消防机构进行消防验收；未经验收或者经验收不合格的，不得投入使用。

（4）建筑构件和建筑材料的防火性能必须符合国家标准或者行业标准。

（5）公共场所室内装修、装饰根据国家工程建筑消防技术标准的规定，应当使用不燃、难燃材料的，必须选用依照产品质量法的规定确定的检验机构检验合格的材料。

（6）歌舞厅、影剧院、宾馆、饭店、商场、集贸市场等公众聚集的场所，在使用或者开业前，应当向当地公安消防机构申报，经消防安全检查合格后，方可使用或者开业。

（二）普通建筑消防基本配置举例

1. 消防车道

（1）酒店沿建筑物的两个长边设有消防车道，车道尽头有回车道。

（2）消防车道宽度不少于 3.5 m，与酒店建筑物外墙之间的间距大于 5 m。

（3）消防车道下的管道和储沟能承受大型消防车辆的压力。

2. 消火栓

（1）酒店设有室外和室内消火栓系统、消防水泵房和自动喷水装置。

（2）室内消火栓栓口出水方向与设置的墙面成 90°，采用高压给水系统，给水管网设水泵接合器，并有明显标志。

（3）酒店客房及其他营业场所和公共走道均设有自动喷水装置。

3. 消防自动报警系统

（1）报警区域按楼层划分，探测区域按独立房间划分。

（2）区域报警控制器应设在有人值班的房间和场所，安装在墙壁上的报警控制器，其底边距地面的高度不小于 1.5 m。

（3）报警区域内每个防火分区设有手动报警按钮，设置部位明显，便于操作，安装在墙上时，距地面高度为 1.5 m。从一个防火区域内的任何位置到最近的一个手动报警按钮的步行距离不大于 30 m。

（4）消防控制中心有显示安全保护的重点部位、疏散通道和消防设备所在位置的平面图或模拟图。

（5）消防中心严禁其他无关的电气线路和管路通过，送回风管的穿墙处设有防火阀。

4. 安全疏散设施

（1）消防电梯：机房与井道采用耐火极限不低于 2.5 小时的墙分隔，井底有排水设备，有消防队专用的操纵按钮，底层前室面积不小于 6 m^2，并有直通室外的出口或经过长度不超过 30 m 的通道。

（2）疏散楼梯：通往疏散楼梯的太平门为向外开启的防火门，并有明显的指示标志，楼梯间为封闭式，设有正压送风和排风设施，每间客房内均有通向疏散楼梯的线路指示图。

5. 应急照明装置

（1）应急照明装置设在墙上或顶部。

（2）各营业场所、通道及疏散楼梯、消防电梯、消防监控中心、消防泵房、配电室和电话总机房均设有应急照明装置，其最低照明不低于 0.5 lx，照明供电时间不少于 20 分钟，其中消防控制中心、消防泵房和配电室的照明应保持同正常状态。

（三）超高层酒店建筑消防要求

1. 超高层建筑的定义

在《民用建筑设计统一标准》（GB 50352—2019）中，将建筑高度大于 100 m 的民用建筑称为超高层建筑。在《建筑设计防火规范（2018 年版）》（GB 50016—2014）中，对超高层虽无明确规定，但对于高度超过 100 m，层数超过 32 层的建筑在避难层、停机坪、消防水压、灭火设施、正压排烟及火灾自动报警方面都有特殊的要求。《建筑设计防火规范（2018 年版）》（GB 50016—2014），对避难层的设置、疏散，还有停机坪都做了更为详尽、具体的规定。

2. 超高层建筑火灾的特点

（1）建筑功能复杂，着火源增多。大多数超高层建筑都在裙楼集中设置一些大型的商务、餐饮、会议中心及娱乐等场所，这就使较多人员集中在底部裙楼部分。在建筑物功能综合多样的同时，使着火火源的可能性也增多。

（2）火灾蔓延迅速。尤其在超高层建筑中，火势的蔓延比在普通的建筑中快得多，这是因为其设备管井多，容易形成“烟囱效应”。如楼梯间、电梯井、电缆井、排气道等，如果没有防火分隔或防火分隔措施不当，发生火灾时，好像一座座高耸的烟囱，成为火势迅速蔓延的途径。另外，走廊、通道、出口的地方也会使火灾和烟气迅速扩散。

（3）建筑高度大使得人员疏散垂直距离过长、疏散缓慢。特别是在人员相对集中的区域，人们在惊慌的时候特别容易发生拥堵。

（4）火灾扑救难度大、施救困难。若着火点在 100 m 以上高度，目前的消防救援设施很难到达。

3. 注意事项

针对上述特点的消防设计措施应把“预防和自救”作为原则，在消防设计时把握好以下几点：

（1）设置环形消防车道和消防控制中心。方便火灾时消防车辆和救援设施的到达和停靠。消防登高面应保证环形连通或至少一个主立面的长度。总平面设置上要充分考虑防火间距、消防车道、消防扑救面积及特殊房间的位置等。

（2）严格设置防火分区和防火分隔。火灾时，高层建筑的安全疏散主要靠疏散楼梯，如果楼梯间不能有效地防止烟火侵入，则烟气就会很快灌满楼梯间，从而严重阻碍人们的安全疏散，威胁人们的生命安全。各类管道井，更要严格设置防火封堵，避免让逃生的绿色通道和垂直的管道井成为火灾迅速蔓延的通道。

（3）应严格按照人员数量计算疏散宽度。尤其是人员密集处的走道、出口、疏散门更要经过计算确定疏散宽度。

（4）综合考虑超高层建筑防排烟设计，最大限度地减少火灾时烟气的生成量，并使火灾时产生的烟气迅速排出，从而有效地防止烟气从着火区向非着火区蔓延扩散，特别是防止侵入作为疏散通道的走廊、楼梯间及其前室，以确保有一个安全的疏散通道和安全疏散所需要的时间。只有合理划分防烟分区，才能有效阻止烟雾扩散，将生命财产的损失降到最低。

（5）每隔一个高度区间设置避难层，作为逃生人员暂时的安全区域。第一个避难层应该在消防救援设施可到达的高度区间内且方便救援人员到达。

超高层建筑的设计基点都应该遵循我国的设计规范，根据超高层建筑特点，立足于防火自救，并且主动地预防火灾发生，在装饰与保温材料上避免使用可燃性的建筑材料，严格把关。

任务四　酒店治安与职业安全管理

一、酒店的治安管理

酒店治安管理是指酒店在公安机关的指导下，由酒店的专职安保人员及酒店内各有关部门配合，管理酒店内部公共秩序，以保护客人、员工的生命、财产安全和酒店的财产安全。

酒店如何进行治安管理，这在一定程度上取决于酒店的设计、布局、地点、经营方式、客人种类等许多因素，但是有一些常见的犯罪形式及一些特别能引起犯罪活动动机的地方，在进行治安管理时要特别注意。

（一）入口控制

经营性酒店，日常进出人流频繁，难免有图谋不轨分子或犯罪分子混入其间，入口控制需要考虑如下安全措施：

（1）酒店经营可能有多个出入口，需要对出入口进行相应的控制，这种控制需要安全门卫或闭路电视监控设备进行控制，在夜间应减少出入口。

（2）酒店大门的门卫既是迎宾员又应是安全员，酒店应对门卫进行安全方面的训练，使他们能用眼观察识别可疑分子及可疑的活动，另外在酒店大门及大厅里，须始终有安保部的专职安保人员的巡视，他们与门卫密切配合，对进出的人流、门厅里的各种活动进行监控；如果有可疑人物或活动出现，应及时通过现代通信设备及与安保部联络，以便采取进一步的监控行动，制止可能发生的犯罪或其他不良行为。

（3）在大门入口处安装闭路电视监视器（摄像头），对入口处进行无障碍监控，由专职人员在安全监控室 24 小时不间断地监控，监控人员与门卫及入口处巡视的安保人员组成一个无形、有效的监控网，保证大门入口处的安全。

（二）电梯控制

在大多数的酒店，尤其是高层建筑的酒店中，电梯是到达客房的主要通道，为确保客房楼层的安全，在大厅的电梯口可设相应服务岗位，由服务人员招呼迎送上下的客人，并协助客人合理安全地使用电梯上下，使人流尽快疏散。这一岗位的服务员，同样应当接受安全训练，学会发现、识别可疑人物进入客房层。与客房层巡视的保安人员联络、监视进入客房层的可疑人员。有闭路电视监控网的酒店应在大厅电梯口（最好在客房层的电梯口），安装摄像头，发现疑点，及时与安保部巡视人员联络，进行进一步的监控，或采取行动制止不良行为或犯罪行为。

（三）客房走道安全

安保部人员在客房走道里巡视，应是安保部的一项日常例行的活动，在巡视中尤其要注意徘徊在廊上的陌生人，以及不应该进入客房层或客房的酒店员工，也应注意客房部门的门是否关上及锁好，如发现某客房的门虚掩，安保人员可去最近处打电话给该客房，客人在房内的话提醒他注意关好房门，客人不在房内的话就直接进入客房检查是否有不正常的现象，即使是正常情况纯属客人疏忽，事后也应由安保部发一通知，提醒客人注意离房时锁门。

但是单靠安保部人员巡视来保证客房走道的安全是远远不够的，因为巡视的安保人员数量少，客房楼层面积大，因此局限性很大。

酒店治安管理应明确要求，凡进入客房区域工作的酒店工作人员，如客房服务员、客房部主管及经理、客房用餐部人员等都应在其中发挥作用，及时向安保部报告注意到的可疑人物和不正常情况，当然有闭路电视监控的酒店，在每个楼层上都装有摄像头，这也能很好地协助对客房走道的监控及控制。

酒店还应注意客房层楼道的照明正常及地毯铺设平坦，以保证客人及员工行走的安全。

（四）客房安全

客房是客人起居的主要场所，是客人财物的存放处，所以客房安全尤为重要，它是酒店治安管理的主要内容，酒店应从客房设备的配备及有关部门的工作程序的设计，这两方面来保证客人在客房时的人身及财物的安全。

为防止外来的侵扰，客房门的安全装置设计和正常工作非常重要，其中包括酒店客房门锁系统须满足酒店管理软件系统（PMS）的配置要求。应在所有客房设置电子门锁，开门卡选用非接触感应卡。通过服务台授权可以开启指定的客房门，具有防止盗卡的措施，紧急情况可以有备用手段开锁，可以读出开锁信息等功能（一些酒店已经采用手机智能门锁控制系统）。客房门应有防盗链及广角的窥视眼（无遮挡视角不低于160°）。除正门之外，其他能进入客房入口处都能上栓或上锁，这些入口处有阳台门与邻房相通的门等。

要保证客房内电器设备的安全，卫生间的地面及浴缸都应有防止客人滑倒的措施，客房内的茶具及卫生间内提供的漱口杯及水杯、水桶等应及时、切实消毒；如卫生间内的自来水未达到直接饮用的标准，应在水龙头上标上非饮用水标记，平时还应定期检查家具的牢固程度和安全情况，尤其是床、桌子、椅子，使客人免遭伤害。

在客房写字台上，还应展示安全须知或提醒，告知客人如何安全使用客房内的设备与装置，专门用于安保的装置的作用，出现紧急情况时所用的联络电话号码及应采取的行动；安全须知还应提醒客人注意不要将房号告诉其他客人或任何陌生人，要留意有不良分子假冒酒店员工进入客房。

酒店内有关部门的员工应遵循相关的标准操作程序协助保证客房的安全，客房清扫员在清扫客房时必须保持客房门打开，使用清洁车停在客房门前，并注意不能将客房钥匙随意丢在清洁车上。在清扫工作中，要对客房内各种安全装置进行检查，如门锁、防盗链，窥视眼等，如有损坏及时报告安保部；引领客人进房的行李员应向客人介绍安全装置的使用，并提醒客人阅读在桌上展示的有关安全须知，酒店员工不应将登记入住的客人情况向外人泄露，如有不明身份的人来电话询问某位客人的房号时，总机服务人员可将电话接至客人的房间，不能将客人的信息告知不明身份的访客。

（五）客房门锁与钥匙控制

1. 客房门锁

客房门锁是保护客人人身及财物安全的一个关键，坚固和安全的门锁以及严格的钥匙管理程序是客人安全的重要保证。

酒店客房门锁的门锁结构要求：

（1）钢制锁钮的厚度不小于25.4 mm，以保证安全可靠。

（2）轴承应采用自润滑以延长使用寿命。

（3）所有的锁榫头必须达到ANSI和EURO的锁头标准。

（4）锁的结构应为模块设计，以便拆卸和维护。

（5）应满足3小时以上的耐火测试。

（6）锁内的记忆内存可以容易的将锁的电子控制程序进行现场升级而无须更换昂贵的硬件机构。

（7）锁内微电脑芯片可判断各种开门卡片的权限，实现多级管理。

（8）锁内可以记录至少 200 条开闭锁记录。

（9）锁内时钟与系统设置同步，无误差，不会造成房卡提前或滞后失效。

（10）电子机构必须封闭安装在锁的机构内部而不能被轻易接触，以增加锁的安全性。

（11）应有高安全性的应急机械开锁装置。

（12）应使用标准的 AA 或 AAA 电池，并且长时间闭锁无须耗电以节约电能。

（13）读卡头工作必须简单、可靠、高性能，尽量减少对介质的磨损，并且能满足 10 000 次以上的读卡无故障要求。

（14）门锁手柄符合人机工效并满足无障碍使用要求。

（15）门锁介质应符合以下要求：

①门锁介质宜采用非接触式。

②门锁介质可通过设定分为多种，用户可根据自己的实际需要，发行相关权限的门卡。

③卡的标准符合 ISO 7816，内存不小于 1 kByte，带写保护和密码保护，不少于 2 个应用分区。

（16）门锁卡应有加密算法，能够有效地防止卡片复制或恶意卡片生成。

（17）门锁应有可靠性指标明示，无故障使用次数 MTBF ＞ 5 000 次。

2. 钥匙控制

为保证酒店的安全，严格的钥匙控制系统是必不可少的。钥匙丢失、随意发放、私自复制或被偷盗等都会给酒店带来严重的安全问题及损失。这些问题应引起酒店管理者的重视。

（1）酒店钥匙分类。一般来说酒店的钥匙分为紧急使用钥匙、通用钥匙及专用钥匙。

紧急使用钥匙能打开酒店中所有的客房办公室及工作场所的门，在紧急或特殊情况下使用，如发生火灾时拯救客人和员工，抢救客房中的病人，房内有特殊异常情况或犯罪活动，需及时处理和制止等。这种钥匙也可在紧急或特殊情况时对房间加以反锁，这时其他任何钥匙都无法打开，这种钥匙全酒店只有 1 ～ 2 把，保管在安保部办公室（或总经理办公室），每次使用都必须经安保部主任批准并记录存档。

通用钥匙按其使用范围分为三类：

①全通用钥匙。能打开及锁上酒店内所有的房间，包括客房办公室及工作场所，但在房间双层锁闭时不能使用这种钥匙，一般复制 3 把供总经理、驻店经理及安保部经理使用，原配钥匙保存在安保部。

②客房通用钥匙。能打开及锁上所有的客房，而不能打开办公室及工作场所的门，使用者为客房部经理及其助理。

③区域通用钥匙。能打开及锁上某一区域内的所有门锁，区域视情况可按楼层划分或客房组合法划分，这种钥匙供主管或服务员使用。

专用钥匙是每个客房及办公室工作场所专用的，不能互相通用，可供客人及工作人员使用。

（2）酒店钥匙发放。保管及控制程序酒店治安管理应设计一个结合本酒店实际情况并切实可行的客房钥匙发放、保管及控制程序，用来保证客房的安全，保证客人人身及财物的安全，一般来说这个程序包括以下内容：

①总服务台是发放与保管客房钥匙的地方，当一个客人完成登记入住手续后，就发给该房间的钥匙，客人在居住期内自己保管这把钥匙或外出时将钥匙交给服务台，待回房时再领取。

②客人到总服务台领取钥匙时，应出示身份证明表明自己的身份，总服务台人员发放前要先核对其身份。

③在客人办理离店手续时，前厅的工作人员应礼貌提醒客人将钥匙归还，或设置专用客房钥匙回收点，方便客人将钥匙归还。

④工作人员要注意，钥匙不能随意丢放，要将客房钥匙随身携带，客房服务员在楼面工作时，如遇自称忘记带钥匙的客人要求代为打开房门时，绝不能随意为其打开房门。

⑤同时要防止掌握客房钥匙的酒店工作人员图谋不轨，区域客房通用钥匙，通常由客房服务员掌管，每天上班时发给相应的客房服务员，完成工作后收回客房部，每日都记录下钥匙发放及使用的情况，如领用人、发放人、发放及归还时间等，并由领用人签字，客房部还应要求服务员在工作记录表上记下具体的进入、退出客房时间。

⑥适时更换客房门锁的锁头是进一步保证客房安全的措施，尤其是在丢失钥匙、私自复制钥匙等事件较多发生的情况下，酒店应果断地更换客房门锁头。

（六）贵重物品保管箱

星级酒店需要设置贵重物品保管箱，并且建立一套登记领取和交接制度，客房内虽有门锁及财务保险箱，但它不是绝对安全的；国外有法规规定，如酒店不能提供客人贵重物品保管箱，而导致客人在客房内丢失贵重物品，将被责成赔偿。

酒店贵重物品保管箱应放置在使用方便易于控制的场所，未经许可无论是客人还是员工，都禁止入内；客人财务安全保管箱一般设在总服务台后边的区域，该区域能够被酒店直接监控，如酒店闭路电视系统等；在客人使用贵重物品保管箱时，只能允许一位客人进入，使客人能放心地把贵重物品存入贵重物品保管箱。

（七）客人失物处理

客人离店时有可能在客房里遗忘物品，为继续保证客人的财物安全，使客人能顺利地领回自己的物品，酒店应有个人失物处理的规定和程序，主要内容如下：

（1）员工在酒店范围内发现客人失物，必须将物品如数交到客房部，查出有私自侵占客人失物的现象，必须严加惩处，这项规定应明确列入酒店员工守则，并在平时的教育中经常重申。

（2）客房部是处理客人失物的归口部门，客房部设置客人失物日志，日志记录下员工交来的客人失物情况，如日期、品种、数量、失物地点及失物人姓名等，要妥善保管失物。

（3）总服务台人员、总机人员或其他员工，遇到客人有关事务的询问不能随意回答，需经客房部核查后，才能给客人以明确的回答。

（4）如客人亲自来店认领时，客房部人员必须问清失物的情况，并请客人详细的说明物品以防假冒；对于不能来店的客人，但通过电话、邮件说明上述情况经核对属实，可由客房部负责将物品快递给客人，费用由客人承担（需事先向客人说明），快递回执应保存一段时间。

（八）行李保管

（1）行李员在为登记入住客人搬运行李时必须弄清房号，以免送错房间。搬运团体行李时，应在总台人员协助下给每件行李标上正确的序号，在搬运过程中要小心轻放物品，在客人进入房间后，再直接将行李交给客人。

（2）对尚在大厅处理登记入住手续的客人的行李，尤其是等待送入客房的团体行李，行李员及在大厅巡视的安保人员须在旁密切注视，以防不测。

（3）在前厅后部设行李房，采取安全措施，行李房供团体客人行李的保管、寄存之用。

（4）寄存及发放行李应遵循规定的程序，如给每个寄存的行李挂上行李牌，一联发给客人，客人凭证领取时，核对行李牌号并收回凭证。

（九）防止外来人员偷盗

（1）加强入口、楼层走道及其他公共场所的控制，防止外来不良分子窜入作案。

（2）外来的办事人员、送货人员、修理人员等只能使用员工出入口，并须经安全值班人员核查相应的证件才能放行。完成任务后的这些人员，也必须经员工出入口离开，安保人员应注意他们携带出店的物品。

（3）酒店的设备用具、物品等需带出店外修理的必须具有所属部门的经理签名，经安全值班人员登记后才能放行。

（十）防止员工偷盗

事实证明，酒店的员工在日常的工作及服务过程中能直接接触酒店的各种财产和物品，因此，滥用或糟蹋这些财产与物品的机会很多，再加上酒店的许多财产与物品有供个人、家庭使用或再次出售的价值，这很容易诱使酒店内员工进行偷盗。为预防员工的偷盗行为，应考虑到一个基本问题，即员工的素质与道德水准，这就要求在录用员工时严格把关，进店后进行经常性的教育，并有严格的奖惩措施，奖惩措施应在员工守则中注明并照章严格实施。鼓励和奖励有诚实表现的员工，反之有不诚实行为及偷盗行为的员工，视情节轻重进行处理直至开除，思想教育和惩罚手段是相辅相成的，只要切实执行，效果定会显著。

另外还应通过各种措施，尽量限制及缩小员工进行偷盗的机会或可能，包括如下几个方面：

（1）员工上班都必须穿着工作制服，佩戴名牌，便于安全人员识别。

（2）在员工上下班出入口，由安保部人员值班检查及控制员工携带进出的物品。

（3）完善员工领用物品的手续，照章办事。

（4）严格控制仓库的储存物资，定期检查及盘点物资数量。

（5）采购物资进店应由有关方面特别是财务部门的控制人员参加验收，检验其品种数量及质量，杜绝供购两方的营私舞弊。

（6）控制及限制存放在各营业点收银处的现金额度，在有保安人员的陪同的情况下交接现金。

（7）严格执行财务制度，实行财务检查，谨防工作人员贪污。

二、酒店的职业安全管理

酒店职业安全管理是指对酒店经营服务过程中产生的有害员工身体健康的各种因素所采取的健康保健工作和一系列治理措施。要对职业健康安全进行有效的控制，要建立管理责任制、开展职业健康培训、做好职业危害告知工作，使职业健康安全做到人人知晓、人人参与。

1. 建立酒店职业健康安全管理责任制

酒店职业健康安全管理责任制是酒店根据安全生产法规建立的各级人员在工作过程中对职

业健康安全层层负责的制度，它是一项基本的制度，也是酒店职业健康安全管理的核心，是职业健康安全管理的主要内容。它是长期酒店经营实践经验和事件教训的总结，是酒店贯彻执行“安全第一，预防为主”方针的基本保证。

2. 职业健康安全宣传与教育

职业健康安全宣传与教育是职业健康监管的一项重要的基础性工作，是贯彻落实防治工作“预防为主、防治结合”方针的具体体现。酒店要经常性地采取多种形式宣传职业健康安全，如利用公示栏、黑板报（墙报）、会议、培训、张贴标语等形式定期开展职业健康安全宣传。酒店各部门利用班前会、班后会、现场岗位职业危害讲解、公告栏等进行职业健康安全宣传。

3. 职业危害因素告知

为了有效预防、控制和消除职业危害，防止员工职业疾病，切实保护酒店员工健康及其相关权益，根据《中华人民共和国职业病防治法》《工作场所职业卫生监督管理规定》《工作场所职业病危害警示标识》的有关规定，酒店应做好职业危害因素告知和提醒工作。

4. 酒店工作容易引起的职业疾病

酒店范围内少部分岗位存在职业危害情况，如：

（1）化学性职业疾病。

①电焊烟尘，可能导致电焊工尘肺（风险岗位：工程部技工）。

②氮氧化合物，可能导致氮氧化合物中毒（风险岗位：工程部技工、洗衣房员工）。

③一氧化碳，可能导致一氧化碳中毒（风险岗位：工程部技工、洗衣房员工）。

④酚，可能导致酚中毒（风险岗位：工程部木工）。

⑤化学物质中毒，可能导致职业性中毒性肝病（风险岗位：接触装修材料或有害气体排放处的员工）。

（2）物理性职业病。

①高温，可能导致中暑（高危岗位员工有洗衣房员工、厨房员工、工程部锅炉工）。

②长时间伏案工作，可能导致颈椎病、肩周炎、腰椎间盘突出（风险岗位人员有办公室工作人员）。

③长时间站立，可能导致小腿静脉曲张等（风险岗位人员有行李部员工、前台员工、餐厅领位）。

三、酒店的卫生防疫管理

酒店的卫生防疫管理，事关顾客和员工的生命健康安全，应该予以高度重视。尤其是近年来肆虐全球的新冠肺炎疫情，对酒店的卫生防疫管理，提出了新的要求。

新型冠状病毒感染的肺炎一般指新型冠状病毒肺炎。新型冠状病毒肺炎（Corona Virus Disease 2019，COVID-19），简称“新冠肺炎”，根据目前对该疾病的认知，结合宾馆酒店人员流动性大、构成复杂的特点，制定以下指引。

（一）保持室内空气流通

优先打开窗户，采用自然通风。有条件的酒店可以开启排风扇等抽气装置以加强室内空气流动。使用集中空调通风系统时，应保证集中空调系统运转正常，关闭回风，使用全新风运行，确保室内有足够的新风量。

（二）设立体温监测岗

在酒店入口处设立体温监测岗，对宾客进行体温测量，必要时进行复测。对有发热、干咳等症状的宾客，应建议其到就近发热门诊就医。宾客办理入住手续时应询问其14天内曾到访的地区，对来自或经停高、中风险地区的宾客要予以重点关注，为其安排单独区域，尽可能减少与其他地区宾客接触的机会。同时要为其提供医用体温计，每日询问并记录体温。对入住期间出现发热、干咳等症状的宾客要协助其及时就近就医。

（三）实行工作人员健康监测制度

工作人员实行每日健康监测制度，建立工作人员体温监测登记本，若出现发热、乏力、干咳及胸闷等症状时，不得带病上班，应佩戴一次性使用医用口罩及时就医。工作人员在为宾客提供服务时应保持个人卫生，勤洗手，并佩戴一次性使用医用口罩。工作服保持清洁卫生。

（四）加强日常健康防护工作

（1）在醒目位置张贴健康提示，并利用各种显示屏宣传新型冠状病毒感染的肺炎和冬、春季传染病防控知识。

（2）保持环境卫生清洁，及时清理垃圾。

（3）洗手间应保持清洁和干爽，提供洗手液，并保证水龙头等设施正常使用。

（4）增设有害标识垃圾桶，用于投放使用过的口罩。

（5）公用物品及公共接触物品或部位要加强清洗和消毒。

（6）应为入住宾客提供一次性使用医用口罩等防护用品。

（7）在前台和餐厅采取分流措施，减少人员聚集，取消非必需的室内外群众性活动。

（8）建议暂停宾馆酒店内其他娱乐、健身、美容（体）美发等配套设施的开放。

（五）做好宾客的健康宣传工作

（1）告知宾客服从、配合宾馆酒店在疫情流行期间采取的各项措施。

（2）要告知宾客如出现发热、乏力、干咳等症状时，应尽快联络酒店工作人员寻求帮助。

（3）在人员较多、较为密集的室内公共区域活动时，要提醒宾客佩戴一次性使用医用口罩。

（4）提醒宾客注意保持手卫生，不要触碰口、眼、鼻。接触口鼻分泌物和可能被污染的物品后，必须洗手，或用免洗手消毒剂消毒。

（5）乘坐电梯时要提醒宾客佩戴一次性使用医用口罩。

（六）日常清洁和预防性消毒措施

以通风换气为主，同时对地面、墙壁、公共用品用具等进行预防性消毒。公共用品用具严格执行一客一换一消毒。

1. 地面、墙壁

配制浓度为1 000 mg/L含氯消毒液（配制方法举例：某含氯消毒液，有效氯含量为5%～6%，配制时取1份消毒液，加入49份水）。消毒作用时间应不少于15分钟。

2. 桌面、门把手、水龙头等物体表面

配制浓度为 500 mg/L 含氯消毒液（配制方法举例：某含氯消毒液，有效氯含量为 5%，配制时取 1 份消毒液，加入 99 份水）。作用 30 分钟，然后用清水擦拭干净。

3. 餐（饮）具

煮沸或流通蒸汽消毒 15 ～ 30 分钟；也可用有效氯为 500 mg/L 含氯消毒液（例如某含氯消毒液，有效氯含量为 5%，配制时取 1 份消毒液，加入 99 份水）浸泡，作用 30 分钟后，再用清水洗净。

4. 毛巾、浴巾、床单、被罩等织物

配制浓度为 250 mg/L 的含氯消毒剂溶液（配制方法举例某含氯消毒液，有效氯含量为 5%，配制时取 1 份消毒液，加入 199 份水）浸泡 15 ～ 30 分钟，然后清洗。也可用流通蒸汽或煮沸消毒 15 分钟。

5. 卫生间

客房内卫生间每日消毒 1 次；客人退房后应及时进行清洁和消毒；公共卫生间应增加巡查频次，视情况增加消毒次数。卫生间便池及周边可用 2 000 mg/L 的含氯消毒剂擦拭消毒，作用 30 分钟。卫生间内的表面以消毒手经常接触的表面为主，如门把手、水龙头等，可用有效氯为 500 ～ 1 000 mg/L 的含氯消毒剂或其他可用于表面消毒的消毒剂，擦拭消毒，作用 30 分钟后清水擦拭干净。

6. 拖布和抹布等清洁工具

清洁工具应专区专用、专物专用，避免交叉污染。使用后以有效氯含量为 1 000 mg/L 的含氯消毒剂进行浸泡消毒，作用 30 分钟后用清水冲洗干净，晾干存放。

（七）注意事项

以清洁为主，预防性消毒为辅，应避免过度消毒。针对不同消毒对象，应按照上述使用浓度、作用时间和消毒方法进行消毒，以确保消毒效果。消毒剂具有一定的毒性、刺激性，配制和使用时应注意个人防护，应戴防护眼镜、口罩和手套等，同时消毒剂具有一定的腐蚀性，注意消毒后用清水擦拭，防止对消毒物品造成损坏，还要注意所使用消毒剂应在有效期内。

任务五　酒店紧急事件的应对与管理

酒店运营管理过程中，会遇到各种各样的意外事件，如伤害事件、火灾事件、交通事件、中毒事件、淹溺事件、触电事件等。此外，还有如洪水、台风、地震、海啸等不可抗力的自然灾害与事件，这些对酒店客人和员工的安全构成了严重的威胁。酒店紧急事件应对与管理即根据事件发生、发展的特点，找出事件发生的原因、规律，制定针对性的安全检查和事故隐患治理与整改方案，从技术、管理及教育等方面，制定预防事故的应对措施和计划，并组织、贯彻和落实。

一、酒店伤、病与死亡的处理

1. 员工反应

（1）任何接到重伤 / 垂死人员报告的员工或参与事件中的员工要立即拨打“××××”通

知监控中心，并要求救护车援助，或通知酒店值班经理，或通知酒店医务室，或拨打酒店服务热线，如实说明大体情况。

（2）留在现场，不要碰任何东西，除非需要立即救治，如急救止血、将人从掉着的绳子上放下来、移除异物来保证呼吸畅通、将人从水里拉上岸等。

（3）尽量保护现场，不要让别人碰任何东西，这可能破坏现场有价值的指纹。

（4）在酒店值班经理或保安员到达现场后，向他们描述知道的情况，并将现场交由他们处理。

（5）协助进一步的行动，并配合警方的调查工作。

2．安保部

（1）接到重伤或垂死事件报告时，当值保安员要询问：

①报告人的身份。

②事发地点及报告人现在的方位。

③重伤或垂死人员的情况。

（2）立即通知以下人员到达事发现场：

①酒店值班经理。

②保安总监或当值领班。

③如需要，通知值班工程师。

（3）电话通知医务室，并让当值医生立即前去现场。根据信息的可信度和情况的严重程度，拨打紧急救援电话。

（4）不要擅自假定人员已经死亡，除非有官方的专业医生鉴定已经死亡。在这原则基础上，在值班经理同意下，拨打110向警方报告时要使用“重伤人员”或者“垂死人员”等措辞。

（5）报警后，通知卸货平台保安或大堂保安清空酒店车道上的车辆。并提醒当值保安使用服务电梯将人员通过卸货平台转移。

（6）通知大堂经理和保安总监所采取的任何行动。

（7）将情况记录在安全日志簿上。

（8）不能回答任何关于事故的询问，除非有公关总监或大堂经理的其他指示。在没有任何指示的情况下，将所有的询问来电转到服务热线。

3．酒店值班经理或保安总监或领班

（1）接到重伤或死亡的通知后，立即到达现场。

（2）查看受伤人员情况，判断是否需要采取急救或服用药物。

（3）指示监控中心拨打110报警，并立即通知当值医生到现场。

（4）将该区域或房间隔离，避免围观。

（5）如果是公共区域，放置屏风隔离公众视线。

（6）指示其他保安员在外围设置警戒线，隔离围观人员。禁止任何人进入该区域。

（7）不得接触或移动受伤或死亡人员的身体或其周围放置的物品，除非必须移动来保护人员生命安全。

（8）禁止他人接触任何物品，以防止有价值的证据和指纹遭到破坏。

（9）如果重伤或死亡人员是住店客人，从前厅处取得与其相关的存储物品和登记记录，以备警方调查。

（10）警方到达后将现场交由警方处理，并提供协助。将知道的情况和采取的行动向警方汇报。

（11）确保使用服务电梯转移人员。

（12）如果受伤或死亡人员没有朋友或亲戚陪其去医院，安排一名保安员护送。

（13）警方调查结束后，客人留下的任何行李都要妥善保存，直到收到将其解禁的通知。

（14）如果是外国人，要立即通知相关的领事馆官员。

（15）联系公关总监制定可能关于情况的询问答复，并告知服务热线。

（16）完成内部调查报告。

4．服务热线

（1）接到有重伤或垂死人员的报告后，接线员要确认：

①报告人的身份。

②事发现场的具体地点和报告人所在方位。

③重伤或垂死人员的目前状况。

（2）将以上信息通知：

①酒店值班经理。

②监控中心。

③酒店医务室。

（3）确认情况的真实性后，立即通知：

①酒店总经理。

②副总经理。

③驻店经理。

④保安总监。

⑤公关总监。

（4）如在非办公时间，用手机拨打其家庭电话联系。

（5）遇到有关该情况的询问时，在接到公关总监或酒店值班经理的指示后才能回复。

5．前厅部和客房部

（1）如果在客房内发生上述客人病亡等类似事件，在得到警方的允许后才能清理或出租房间。

（2）在再次租售房间前要进行消毒处理。

（3）如果是和杀人有关的情况，要立即更换门锁。

6．部门负责人

（1）当上述客人病亡等类似事件发生时，各部门负责人要确保依法进行处理。

（2）所有相关信息要严格保密，不能牵涉到酒店的其他客人或在员工间讨论。

二、酒店食物中毒事件处理

1．酒店通报程序

酒店的卫生防疫管理部门在得知有客人因为在酒店内用餐而发生食物中毒情况时，应及时将相关事项通报当地卫生主管部门。

2. 总经理通报程序

酒店的员工或经理立即逐级上报到总经理处，餐饮总监、行政总厨或他们指定的代表也要被告知。

3. 搜集详细信息

总经理或指定人员完成调查表格，尽量多搜集可知的详细信息。也许这些信息表面看不是很必要的，但有时可以在这些细节的信息中发现新的线索。

4. 报告事故

总经理或指定人员在接下来的 6 小时内完成初期报告。

5. 必须做的事件

必须做：当地卫生部门要求联系当地卫生权威机构的，提供要求的相关信息给相关卫生权威机构。

必须做：如果不肯定当时的情况或希望得到另外的建议时，致电给厨房食品安全总监。

必须做：当与客人、员工或媒体讨论调查情况前，应先与酒店的卫生顾问及法律代表讨论。误传会危及事故的真相和决议。

必须做：允许根据伤亡情况赔偿有关当事人。

表 7.14 可留作学生参考学习用。

表 7.14　发生可疑食品致病问卷

<table>
<tr><td colspan="9">当事人详细资料
在后附的文件上记录当事人对问题的描述，不需要提示</td></tr>
<tr><td colspan="9">生病的人姓名</td></tr>
<tr><td colspan="6" rowspan="3">吃的食物</td><td colspan="3">吃的时间</td></tr>
<tr><td colspan="3">日期</td></tr>
<tr><td>时间</td><td colspan="2">AM
PM</td></tr>
<tr><td colspan="6">症状</td><td colspan="3">开始时间</td></tr>
<tr><td>恶心</td><td>腹泻</td><td>发烧</td><td>头痛</td><td colspan="5">日期</td></tr>
<tr><td>呕吐</td><td>腹部绞痛</td><td>发冷</td><td>其他（具体建议）</td><td colspan="4"></td><td></td></tr>
<tr><td colspan="4">医院或医师名字</td><td>医院或医师电话</td><td>时间</td><td></td><td>AM
PM</td><td></td></tr>
<tr><td colspan="9">备注（个别问题记录在单独的一页上，包括这里的细节，如果必要的话用额外的纸）</td></tr>
</table>

三、酒店涉外案件的处理

处置涉外案件应遵守实事求是，准确及时的原则，将案件报告领导和上级主管部门、公安机关，依法办案、谨慎处置。涉外案件发生后，酒店安保部实事求是的将事件发生的时间、地址、性质及涉外的人员姓名、国籍、身份及时报告酒店领导、公安机关和上级外事主管部门。依照我国法律规定的程序、方式、原则等进行调查，严肃谨慎进行处置。

1. 处置外国人在酒店失态、酗酒生事

（1）处理正常人故意进行有伤风化的袒露活动或醉酒失态的事件的，应驱散围观人员，并对其进行劝阻，让其当即停止失态。若是不听劝阻，要当即将肇事人员强行带离现场，并进行警告。对不听劝阻，造成恶劣影响的要将其交公安机关和外管部门处置。

（2）对醉酒失态者，如有相陪的清醒同伴，提示其当即遮掩后送回客房（住店者）。如为店外客人，将其带离现场后醒酒。待醒酒后，进行教育，将其送走。如有损坏物品，要让其补偿。对精神障碍患者，要采取适当方式予以约束，尽可能减少阻碍，同时将围观者疏散、离开现场，保护公共秩序。对病情严重者，可尽快送医院进行诊治，并与接待单位联系或通知其亲属将其接回。

（3）外国人醉酒后发生殴打他人，追赶侮辱妇女，砸损公共财物，扰乱公共秩序等违反治安法规行为的，要当即组织安保人员采取果断方法予以制止，并将醉酒的外国人强行带离现场。如不配合，要对其采取适当的约束方法，对肇事现场进行保护，并对有关人员进行取证调查，对遗留的各类物品要妥帖进行保管，以避免丢失。若是情形严重，要速报公安机关和外事部门，积极配合公安机关和外事主管部门做好调查取证的处置工作。

2. 处置涉外治安纠纷

（1）在酒店的公开场合，发生外国人与中国人或外国人之间的争吵、辱骂等涉外纠纷，安保部要当即组织人力及工作人员进行调解，化解矛盾，平息局势，尽可能把大事化小，小事化了，公平解决纠纷。

（2）对情绪兴奋的人员，先将两边劝解隔离开，然后耐心地晓之以理，动之以情，分别进行劝导、疏散。

（3）对不听劝阻，拒不服从治理，蓄意聚众生事者，要强行将其带离现场，通知公安机关和外事治理部门来处置。

3. 处置外国人租用会议厅，突然改变内容，从事有颠覆中国色彩的活动

（1）酒店必需严格遵守国家的法律，法规，对外国人租用会议厅，突然改变内容，从事颠覆中国色彩的活动，必须当即依法制止其在酒店进行的一切有损国家利益的活动。

（2）立即将情形向酒店领导，公安部门报告，维护现场秩序待公安机关到店后配合工作。

四、酒店重大事件处理（如断电事故）

以下描述的是在酒店紧急备用发电机启动失败或大部分房内断电的情况下的反应。

1. 部门反应

（1）断电后，受影响区域楼层的经理和主管要立即拨打电话“××××”通知监控中心，

并呼叫值班工程师。说明紧急照明是否正常工作，并确认是否部分或全部酒店区域都受影响（如果是很明显的停电，不需要确认）。

（2）小心地向员工说明情况，要求其保持冷静，并向客人保证，我们的工程部正在调查停电的原因。

（3）不要惊慌，继续照顾好房客和客人。

（4）将手电筒分发给员工，或将手电筒安置在适当的区域以提供最大限度的照明。

（5）如果房客和客人要离开酒店，要提供协助，必要的话，不收取任何费用。

（6）关闭所有机器和设备。

（7）当值经理或主管要继续观察情况的发展，对可能发生的情况做好准备。

（8）如需要从该区域紧急疏散，当值经理或主管要控制局面。离开前，要确认所有的重要记录和物品被妥善保存。

（9）当情况好转，该区域能恢复正常运作后，当值经理或主管要确保受影响区域秩序井然，所有的机器设备要能正常工作。如果有任何问题要立即报告工程部前来维修。

2. 保安部

（1）接到通知后，当值保安主管要立即通知服务热线，并随时将最新情况通知他们。

（2）向接线员确认是否有电梯事故（如电梯困人）。

（3）如果是部分断电，用对讲机通知危机管理小组有“断电”发生，并告诉其地点。如果断电只发生在有限的或非主要区域（没有客人等），只需要通知值班工程师和相关区域的主管即可。

（4）在其他部门或区域需要的情况下，通知客房部和客服部待命。

（5）取出所有的手电筒，并检查其是否正常工作，以准备好分发。

（6）检查监控中心电池的情况，如果没有电力供应，要通知工程部。

（7）所有保安员待命以应付不可知的情况。

（8）如果断电影响整个酒店，并且发电机不工作，指示大堂保安将客人留在大堂，除非他们想离开酒店，并封闭所有其他进口。

（9）在紧急日志上用醒目的标题注明“断电”，并在下面按时间顺序记录下发生的情况。

（10）在事件结束前与危机管理小组保持合作。

3. 服务热线

（1）接到报告后，向监控中心确认是否部分或全部区域都受影响。

（2）接到指示后，按以下顺序通知高层管理人员。如果他们不在办公室，拨打其家用电话或手机。

①工程总监。

②保安总监。

③酒店值班经理。

④酒店总经理。

⑤副总经理。

⑥驻店经理。

⑦餐饮总监。

⑧房务总监。

⑨前厅经理。

⑩客房服务总监。

⑪ 行政总厨。

（3）服务热线经理或当值领班和监控中心测试对讲机的通信状况，并且在酒店值班经理的指示下监视通信。

（4）等候进一步的指示。接线员必须在电话中保持冷静，向来电人保证情况正在调查，并且很快将弄清情况。回答询问时可以用以下方式："电力系统发生了小故障。我们的危机管理小组正在调查，我们会尽快将结果告诉你。"

（5）将客人的来电记录下，在调查结果出来后立即通知他们。

（6）在酒店总经理的指示下，使用公共广播系统发出群体广播或紧急疏散通知。

（7）服务热线经理或当值主管要将情况按时间顺序记录在紧急日志上。

4. 酒店值班经理

（1）一旦发生断电事故，立即向监控中心确认受影响区域。

（2）根据情况和酒店设备，向值班工程师咨询是否是以下 3 种情况造成的停电事故。

①酒店设备故障导致的部分电力供应切断。

②市电供应中断，导致全部或部分区域断电。

③市电供应中断，并且酒店发电机不能工作导致部分或全部区域断电。

（3）根据值班工程师的建议及对电力恢复周期做出估计，采取进一步的措施，如下：

①向服务热线说明情况，以回答客人的询问。

②向其他部门说明情况。

③决定是否需要招集危机管理小组并告知集合地点。

（4）估计将发生的情况，制定行动计划，需要的话，可将小组成员分配到各个负责区域。

（5）在极端情况下，决定是否需要部分或全部人员紧急疏散。按紧急疏散预案进行疏散。

（6）如果因断电而发生其他紧急情况，按相关工作流程处理。

（7）在情况恢复正常前继续观察事态发展。

5. 保安总监

（1）如有任何伤亡损失情况发生，按消防流程进行处理。

（2）搜集有用的信息，和高级保安员及值班工程师一起完成调查报告。

（3）如果酒店总经理或驻店经理要求招集危机管理小组行动，危机管理小组应立即到达集合点。

（4）协助领班询问及联系其他部门。

（5）向领班提供适当的预防和行动方面的建议。

（6）在副经理不在时，承担领班的职责。

（7）事故结束后，和领班一起完成调查报告。

6. 值班工程师

（1）如果酒店总经理或驻店经理要求招集危机管理小组行动，危机管理小组应立即到达集合点。

（2）确认电力供应设备是否正常工作。如果供应受影响，立即通知公用事业部门。

（3）如果部分电力供应受影响，检查交换机、变压器、高压电供应，确认断电类型和区域，及是否有断路器跳闸。

（4）分析断电原因，和领班讨论并制定出行动和弥补方案。向首席工程师或工程（副）总监咨询方案的可实施性。假设不能确保断电事故仅限于最小的区域或有扩散的可能性，寻求其他部门的协助，以应付人力不足的情况。

（5）让紧急发电机保持正常工作，直到接到酒店总经理的其他指示。

（6）从其他部门处了解应急照明的工作状况，尽快将损坏的区域修复。

（7）检查基本机器及设备在应急供电时正常工作。

（8）事故解决后，协同完成调查报告。

（9）如果损失已经了解清楚，协调相关部门将酒店营运恢复正常。

7. 客房部

（1）接到通知后立即提醒所有楼层负责人待命。

（2）在客房部办公室内通过电话和对讲机监视情况发展。

（3）和所有楼层保持通信直到情况恢复正常。

（4）接到紧急疏散的指示后，立即通知相关楼层按“紧急疏散单元”进行操作。

（5）情况恢复正常后，尽快和大堂经理及相关部门协调将受影响区域恢复正常。

（6）有损坏的情况下，协助客房总监制作替换和修理成本的摘要，并交到财务总监办公室。

（7）当预测到或碰到断电事故或有计划的停电情况，准备好手电筒并将走道内的所有障碍物清除。

（8）向客人保证情况正在调查中，请他们保持冷静。

（9）如果客人宁愿离开，虽然不需要紧急疏散，指示他们使用楼梯走到大堂。

（10）进行紧急疏散时，协助所有的住店客人从消防通道撤离。

8. 客服部、礼宾部

（1）当所在区域受到影响或者收到部分区域断电的通知，将手电筒分发给所有的当值行李员。

（2）安排两个行李员在底楼大堂客梯厅待命，并负责阻止客人使用电梯以避免人员被困。

（3）在酒店正门安排两个行李员，负责向返回的客人说明发生的情况，并且请客人留在大堂，直到情况明了。

（4）服从底楼大堂的副经理和保安员的指挥。当紧急疏散时，指示客人到集合点会合接受人数清点。

（5）做好客人因觉得不方便而突然要求退房的准备。

（6）如果情况导致了其他紧急情况，并且通知了相关政府部门提供协助时，要确保正门车道交通畅通无阻。按需要采取相应流程。

（7）情况恢复正常后，协同其他部门将受影响区域恢复正常营运。

项目小结

酒店安全运营管理是酒店运营管理的一个重要组成部分。本项目从酒店的安全风险管理，酒店的消防管理，酒店的治安与职业安全管理和酒店的紧急事件的应对管理等方面，全面阐述了酒店是如何从上述领域进行标准化运营管理的。

复习与思考题

一、名词解释

1. 现代酒店安全管理
2. 工作流程分析法
3. LEC 风险评价法
4. 酒店紧急事件

二、简答题

1. 酒店客人的安全需求有哪些？
2. 酒店风险控制的基本方法有哪些？
3. 简述酒店安全风险识别的构成要素。

三、论述题

1. 在处理酒店食物中毒事件中，有哪些方面是必须做的？
2. 试述酒店安全管理中钥匙控制的程序和方法。

项目八

酒店管理与数字化运营

学习导引

酒店经营管理一直在不断变化发展中，随着以计算机信息技术为代表的高新技术的快速发展和推广应用，传统酒店行业的发展受到了严峻的挑战，酒店业发展不得不转型升级。尤其是近段时期，以数字化转型驱动变革生产、生活方式正在成为引领中国未来经济发展的重要方向。许多行业利用新技术进行全方位改造，实现数字经济对发展的放大、叠加、倍增效应。数字化为代表的高新技术正在进入我们生活的各个领域，各个行业的发展应用数字化技术已经成为共识。

以教育部新专业目录变革为契机，酒店管理专业也将学习与应用数字化技术，来引领行业发展，适应酒店行业转型升级。由此，当今的酒店经营管理不仅仅是传统意义上的经典的管理模式应用，而是营销线上化、平台化，运营数字化、智慧化，工程管理远程化、智能化。学习本项目将介绍酒店数字化技术在运营中的引领作用和应用效能。

学习目标

1. 培养学生对高新技术发展趋势的高度认知和应用的判断能力。
2. 培养学生对酒店业高新技术应用与行业发展技术需求的学习能力。
3. 培养学生对数字化应用的职业素养。
4. 了解与初步掌握数字化高新技术在酒店行业应用领域与效能。
5. 了解酒店行业应用高新技术空间与发展趋势。

案例导入

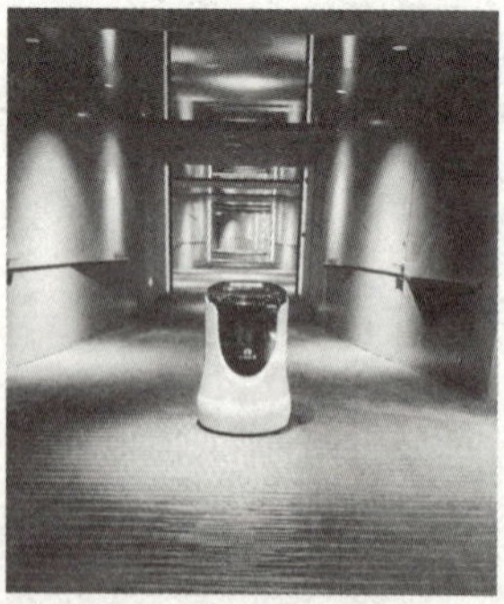

图 8.1　智能机器人在酒店为客人提供智慧服务

在杭州美丽的西湖边上的一家高星级酒店，有一个智能机器人一直非常忙碌（图 8.1），该智慧服务 AI 机器人投入运营半年的时间内共为客人提供 56 000 多次服务，运行里程超过 4 700 km，其单日最高完成服务任务 220 次。智能机器人能全天 24 小时保质保量地为酒店住房客人提供点单、送六小件等服务。酒店对智能机器人的工作安排，无须考虑三班倒、节假日、社保、工服成本、管理成本，智能机器人也没有小情绪，绝对服从。指挥机器人的是客人，客人可通过手机上的微信公众号、小程序等入口，进入机器人服务生系统商城购买商品，平台系统通过送物机器人，将物品即时送达客房门口，整个过程全自动闭环，不需要人工介入。据初步使用统计，近60%的服务订单产生在晚上8点至凌晨1点，该时段为酒店客人消费高峰期。

智能机器人在各层次酒店投入使用，标志着传统的服务行业，进入转型升级期的节奏加快。传统的、重复的和简单的服务，可以由带有智能算法的机器人不知疲倦地完成。随着数字化高新技术的快速发展和应用推进，酒店应用数字化高新技术的领域越来越多，越来越广泛。为此，本项目将和大家共同探究酒店管理与数字化运营。

任务一　旅游与酒店业数字化技术应用

一、酒店数字化高新技术应用

以互联网为代表的高新技术在21世纪伊始迅猛发展。物联网（IoT）、5G技术、云计算、大数据、电子集成、区块链、人工智能（AI）等各种技术在推进，又相互影响，发生共振效应。旅游与酒店业如何拥抱高新技术的汹涌之势，为此，需要对高新技术在行业中的应用特征加以强行地认知和加快实践。图8.2描述了旅游业应用高新技术环境与压力。

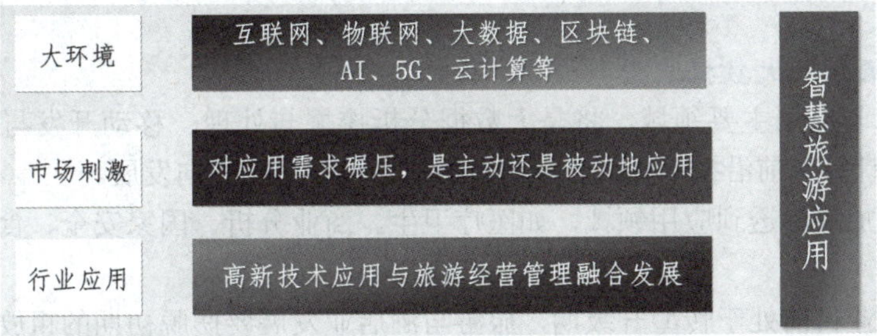

图8.2　旅游行业高新技术应用环境

随着以互联网为代表的数字化高新技术（High-tech）迅猛发展，人类跨入数字时代，在互联网与计算机技术为基础的技术生态环境下，孕育出各类数字化创新技术，如物联网、云计算、区块链等。数字技术环境与生态的变化，给科学家假说的理论设想，有了显现与创新应用的平台与机遇，如人工智能（AI）、区块链技术等。而始于21世纪之交的高新技术与前期蒸汽机和电气时代技术发展最大的区别，就是推进与应用速度空前加速。数字时代具备了高新技术跨越时空的传播快速途径和可能，和平发展与经济快速增长年代培养出大批的优秀科研人才，为以互联网为代表的高新技术推广、应用提供了前所未有的良好生态。高新技术的推进在各个行业的应用具有高势能。高新技术在旅游与酒店行业应用推广中具有引领性、碾压性、不可抵抗性，旅游与酒店行业发展要拥抱高新技术，为发展服务。

二、酒店大数据应用

计算机技术快速发展过程中，对数据的处理一直是核心技术和应用课题。2008年维克托•迈尔－舍恩伯格撰写的《大数据时代》中提出了大数据（big data）的概念。大数据是计算机行业术语，是指无法在一定时间范围内用常规软件工具进行收集、处理、储存的数据集合，是需要新处理模式才能具有更强的决策力、洞察发现力和流程优化能力的海量、高增长率和多样化的信息资讯。在许多研究和应用场景中，需要进行数据分析，但由于各类技术条件的限制，往往会应用采样空间的数据去还原真实的世界。但大数据不会采用随机分析法（抽样调查）这样无奈的方式，而采用将所有数据进行分析处理这种方式，这对技术处理提出了全面的要求。

1. 大数据几大特征

大数据本质特征：IBM 技术专家提出 5V 特点，即大量（Volume）、高速（Velocity）、多样（Variety）、低价值密度（Value）、真实性（Veracity）。

大数据处理特征：大数据的科技战略意义不仅仅在于获取庞大的数据信息，而在于对这些含有意义的数据进行专业化处理。如果把大数据比作一种产业，那么就要展现各自的“算力”。使这种产业实现盈利的关键，在于提高对数据的“加工能力”，使得“加工”实现数据的“增值”。

大数据结构特征：大数据包括结构化、半结构化和非结构化数据，非结构化数据逐渐成为数据的主要部分。据研究分析，许多实际应用场景中 80% 的数据都是非结构化数据，由此需要对数据处理新领域加以认知、实践与创新。

大数据储存特征：从技术层面应用看，大数据与云计算的关系就像孪生兄弟密不可分。大数据显然无法用个人单台计算机进行处理，必须采用分布式架构。其特色在于对海量数据进行分布式数据挖掘。由此，必须依托云计算的分布式处理、分布式数据库和云存储、虚拟化技术。

2. 旅游与酒店业大数据应用

大数据技术与应用主要领域，将是大数据分析挖掘与处理、移动开发与架构、软件开发等。大数据与云计算等前沿技术相结合，向新的前沿科技应用方向发展。

大数据技术加快渗透到应用领域，如医疗卫生、商业分析、国家安全、食品安全、金融安全等。

旅游与酒店业目前处于转型升级期，旅游与酒店业发展要摆脱初期的粗放发展，全面升级旅游服务水平、改善旅游产品体验、提高旅游效率，呈现出旅游与酒店经营管理数据化、酒店服务个性化、旅游景点智能化、旅游安全可视化等创新管理模式。目前具体应用有旅游路线的个性化定制，依据客人去的地点、日期、酒店、景区等，自定义旅游行程；旅游产品的个性化推荐，根据旅游者的偏好、个性标签、旅游行为特征等为他们推荐个性化的价格、个性化的旅游景点、个性化的酒店、个性化的餐饮服务、个性化的旅游活动等旅游产品；利用大数据对游客定位数据分析，来完善景区的用户体验，利用游客的行走体验，重新设计景区的旅游线路，为客人智慧地选择适合住宿的酒店等。在酒店已经应用数字人脸识别技术来进行入住登记和客人数据（酒店集团）管控等。

三、酒店物联网技术应用

物联网（Internet of Things）是在互联网基础与平台上发展起来的网络化基础性技术。1999 年美国麻省理工学院的 Auto-ID（自动识别中心，实验室），提出“万物皆可通过网络互联”，当时的构想是建立在物品编码、RFID 技术和互联网信息交换基础上，初步表达了物联网的基本含义。

互联网（Internet）是通过在网络中连接数不尽的计算机、终端、交换机、路由器等网络设备，各种不同的连接链路、种类繁多的服务器，应用一系列国际公认的通信协议，如 TCP/IP

（Transmission Control Protocol/Internet Protocol）等，使得互联网可以将信息瞬间发送到千万里之外，该网络是信息社会的基础。互联网解决了跨越时空地完成人与人之间的实时、即时的信息交流。在此基础上，提出"万物相连的互联网"，可以认为是互联网基础上的延伸和扩展的网络，将各种信息传感设备与互联网结合起来而形成的一个巨大网络，实现在任何时间、任何地点，人、机、物的互联互通（图 8.3）。物联网技术解决关键的人与物体、物体与物体之间的信息交换和控制。物联网（IoT）的技术应用和推广是分布式、领域式、渐进式及协议式推进。

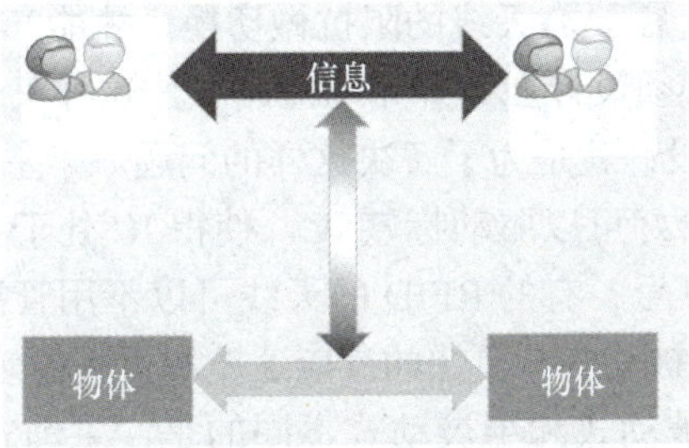

图 8.3 物联网信息交换与控制

物联网技术经过 20 多年发展，截至 2018 年年底，全球物联网连接设备达到 90 亿台（CNNIC）。物联网融合其他领域的高新技术，快速推进，应用前景越来越广，技术应用效能与价值越加显现。

（一）物联网的三大关键技术

物联网技术应用最大的特征，就是通过传感器，让各类物的数据"说话"，经过互联网传输信息，在一定预先设置的控制域下，反馈控制"物"。

1. 射频识别技术

射频识别技术（Radio Frequency Identification，RFID）。RFID 是一种简易的无线系统，由至少一个或者多组的标签和阅读器（或者询问器）组成。标签由耦合元件及芯片组成，每个标签具有扩展词条唯一的电子编码（图 8.4），对应要控制的物体上，它通过天线将射频信息传递给阅读器，阅读器就是读取信息的设备。RFID 技术让物品能够"开口说话"，在预设的状况下读取数据。这就为后续的数据计算、储存以及控制打下了基础。

图 8.4 电子标签（无源）

目前的标签技术（无线射频识别，RFID）有三种形式：

（1）被动式。被动式标签没有内部供电电源，其内部集成电路通过接收到的电磁波进行驱动，这些电磁波是由 RFID 读取器发出的。当标签接收到足够强度的信号时，可以向读取器发出数据。这些数据不仅包括 ID 号（全球唯一代码），还可以包括预先存在于标签内 EEPROM（电可擦拭可编程只读内存）中的数据。简单地说，被动式是等待外界来读它的存储信息。被动式标签具有价格低、体积小、无须电源的优点。目前市场应用的主要是 RFID 标签，为被动式。

（2）半被动式。半被动式是相对被动式而言的，它需要发出信息，由此它带有天线来接收和发送信号。被动式标签的天线有两个任务。第一，接收读取器所发出的电磁波，借以驱动标签内的 IC。标签回传信号时，需要靠天线的阻抗做切换，才能产生 0 与 1 的变化。想要有最好的回传效率的话，天线阻抗必须设计在“开路与短路”，这样又会使信号完全反射，无法被标签 IC 接收，半被动式的标签设计就是为了解决这样的问题。半主动式的规格类似被动式，不过它多了一个小型电池，电力恰好可以驱动标签 IC，使得 IC 处于工作的状态。第二，天线可以用于接收信息号，并回送信息号。有的 RFID 的天线可以不用管接收电磁波的任务，完全作回传信号之用。比起被动式，半被动式有更快的反应速度和更高的效率。

（3）主动式。主动式与被动式和半被动式不同的是，主动式标签本身具有内部电源供应器，用以供应内部 IC 所需电源以产生对外的信号。一般来说，主动式标签拥有较长的读取距离和较大的内存容量，可以用来储存读取器所传送来的一些附加的各类信息。

2. 传感器技术

传感器（Transducer or Sensor）是一种检测装置，能感受到被测量的信息，并能将感受到的信息，按一定规律变换成为电信号或其他所需形式的信息输出，以满足信息的传输、处理、存储、显示、记录和控制等要求。我国对传感器的定义：能感受规定的被测量信息并按照一定的规律（数学函数法则）将其转换成可用信号的器件或装置，通常由敏感元件和转换元件组成。

传感器的技术特征：微型化、数字化、智能化、多功能化、系统化、网络化。它是实现自动检测和自动控制的首要环节，传感器的存在和发展，让物体有了触觉、味觉和嗅觉等感官，让物体慢慢变得活起来和动起来。通常传感器主要替代人们去采集数据，包括一些危险的和人类不可测的数据。与人类的五大感觉器官相比拟的传感器有光敏传感器（视觉）；声敏传感器（听觉）、气敏传感器（嗅觉）、化学传感器（味觉）、压敏、温敏和流体传感器（触觉）。

3. 智能控制网络技术

控制网络系统 M2M（Machine-to-Machine/Man），是一种以机器终端智能交互为核心的、网络化的应用与服务。其目标就是对被控对象实现智能化的控制。M2M 技术涉及 5 个重要的技术部分：机器、M2M 硬件、通信网络、中间件、应用。基于物联网、云技术及智能控制，可以依据传感器网络获取的数据进行处理，通过算法进行决策。应用自动控制理论表述就是：改变被控对象的行为，进行控制和反馈。这些智能控制的任务完成，就是基于互联网、物联网。如果没有这些网络环境，只能局部或者在小闭环进行自动控制。从这点上可以得知：人类对物（机器）的控制，走过了人工控制、本自动（机械）控制、自动控制（电气）以及现代基于物联网的智能控制。应用互联网技术环境，使得人与人、人与物、物与物连接，依托云技术和大数据处理模式，进行智能化控制。

（二）物联网三个技术层面

物联网是基于互联网环境建立起来的。物联网的应用主要体现在三个技术层面，如图 8.5 所示，这些大的技术层构建了物联网的基本架构。

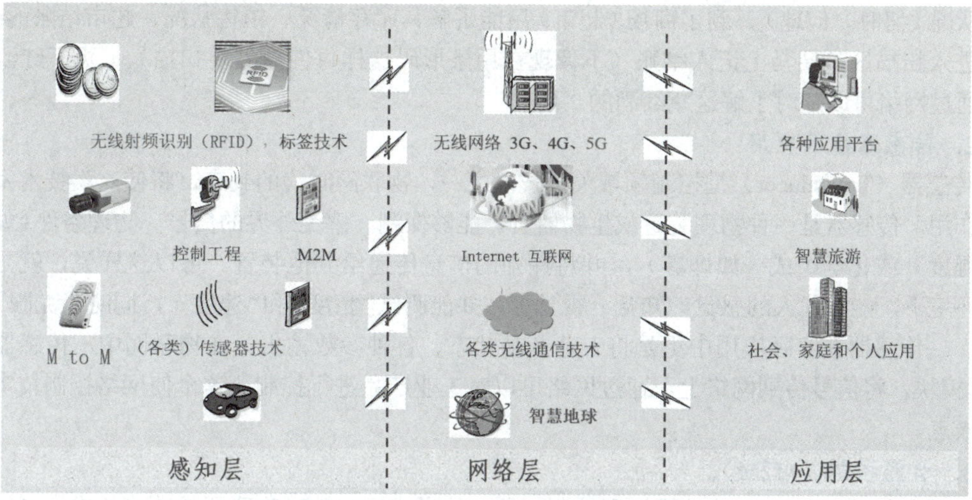

图 8.5　物联网的三层技术架构

1. 物联网应用层

物联网应用层是在计算机技术应用基础上构建的，也是平时经常应用的一个层面。这些高新技术在互联网建立之前不断地发展与推进，其中，表现为强大的计算机技术的桌面功能，如文档、图像、音频、视频的处理、数据库的发展和各种应用软件等。这个层面包括了各种的工业控制技术、新传媒技术、电子游戏等应用。应用层的迅速普及和第二层面的互联网密切相关，互联网的发展使应用层有了强大的发展空间，可以应用网络进行交换数据，这样使各类的高新技术在互联网环境下，得到充分的发展与推进应用。

2. 物联网的网络层

物联网的网络层就是以互联网为范畴的技术应用，互联网构建的有线网、无线网都为物联网的发展打下了基础。互联网的信息传递、技术标准及应用是物联网技术环境。如无线通信的移动网络，已经从 4G 迈向 5G 时代。3G、4G 解决移动通信的全覆盖等技术问题，5G 以更新的技术与更快的速度来提供技术“土壤”，信息的交换就像在区域间建造了更快的“高铁”，解决了网络的无线信息交换的速度需求。例如，自动驾驶的技术应用前提就是无线网络的处理速度与带宽。整个互联网的技术发展为物联网的应用打下技术底层架构。

3. 感知层

物联网就是在上面两个层面的基础上，融入了感知层。正如前面介绍的，感知层应用技术有：标签技术（无线射频识别，RFID）、传感器、M2M 技术模块和控制（器）技术，该层的技术核心是传感器技术的应用。

（三）物联网技术应用场景

1. 标签技术应用

目前该技术范围越来越广，例如，每当人们在商场或超市购完物时，往往被收银台前排队结账的人群拦住，大家必须非常耐心等待结账。如果采用了 RFID 技术，推着满满的购物车，只要从收银台前一过，即可完成所有的结算。再如，给每瓶红酒附上无线射频标签（RFID），这样，红酒从装瓶起就开始进行跟踪，给物流应用提供了最可靠的工具。人们就可以通过网络，了解红酒最原始的资料（何时出厂、什么品牌、原料配方等），更可以了解红酒在运输途中的状况（何时、何地），到了商场（超市）后能了解其库存情况、销售状况，超市结账的时候，可以进入扫描区，便马上记入结账（不像现在用条形码这样每件商品要扫描）。买下红酒的主人，通过网络可以随时了解这瓶红酒的“历史”。

2. 传感器技术应用

传感器（Transducer）是控制领域关键技术之一，物联网时代的到来，将使这类技术发挥关键的作用。传感器是一种物理装置或生物器官，能够探测、感受外界的信号、物理条件（如光、热、湿度）或化学组成（如烟雾），并将探知的信息传递给其他装置。可以这样说，就是在一定的环境下，能替代人的感觉、知觉、视觉等，并能测试“精度”和“速度”，同时，克服了“危险度”。传感器在实际应用中更是将工业产品状态、各种参数输出。在物联网中，传感器通过 M2M 模块，将信号传到网络上，通过网络可以对工业产品进行控制。这个使网络控制技术发挥到了极点。

3. 智能控制（M2M）

机器与机器（M2M）技术模块和控制（器）技术应用，就是物联网的衔接技术，可以认为是机器之间信息交流的桥梁。它和控制模块一起，完成了对机器的信息采集、翻译、传递、处理和控制的完整过程。在这个框架下，就能完成人们想要的做到控制任务。例如，安装在汽车上的轮胎气压传感器，把气压的数值传递给 M2M 模块，M2M 模块把它转化（翻译）为电子信号，传送到互联网上。通过互联网，我们就可以在任何地点、在我们想要看的时候进行检查，对一定数量组的汽车轮胎压力的数据，进行汇总、分析、处理。这个对大型出租车公司在管理上将带来不可估量的效益（因为汽车轮胎的压力和油耗是有关联的）。

物联网目前的发展，主要以 RFID、M2M、传感器三种技术形态为主。在我国 RFID 技术已经应用于物流、城市交通、工业生产、旅游、食品追溯等。在 M2M 领域，目前在快速地推进在智能楼宇、智能监控等方面的广泛应用。国内在传感器网络方面则处于快速发展阶段，国内传感器创新设计、应用和协议标准，处于世界领先的水平。

（四）物联网在旅游与酒店业应用

在物联网技术框架下，该技术在旅游与酒店业的应用将是广阔的，在许多领域将引领行业的发展。

旅游景区应用物联网技术，可以对景区承载量、区域性客流、景区地质地貌等全覆盖监控。景区应用无线射频识别（RFID，标签技术）将大大改善景点的管理，为检票管理提供便利。游客手持带标签技术的门票进入景区时的通过率将大大加快、旅客的安全也将在网络的控制范围内，景点的游客流分布可以实现网络监控，景点的数据统计不但正确率提高，而且游客的数据分析将实现信息化、网络化。

酒店业应用物联网技术，会逐步渗透和分布式地进行。例如，将无线射频识别（RFID，标签技术）应用到 VIP 宾客自动提醒系统、RFID 智能会议系统、楼层导航服务系统、RFID 资产管理系统、员工制服（定位）管理系统等。酒店业可以应用网络化的传感技术，对需要管理的设备、设施进行控制，再如用智能化的“物联网空调”进行该空调的网络化控制，现在许多非星级连锁酒店，往往采用分布式独立空调，宾客在总台登记（Check-in），到房间后，室温要过一段时间才能满足需求，如果应用物联网，那么在宾客登记同时，就可以控制空调开始启动工作，等宾客进房，室温已经调控了一段时间了，具有一定的舒适感。此外，通过物联网的 M2M（Machine-to-Machine）模块，实现了酒店通过互联网和人工智能等技术，应用于客房中灯光、窗帘、报警器、电视、空调、热水器等电器设备的智能控制，这样给酒店管理带来了许多变化，使服务更加在可控范围内。这些需求也是酒店应用的需求所在（图 8.6）。这样既提升了对客服务的质量又节约了能源。

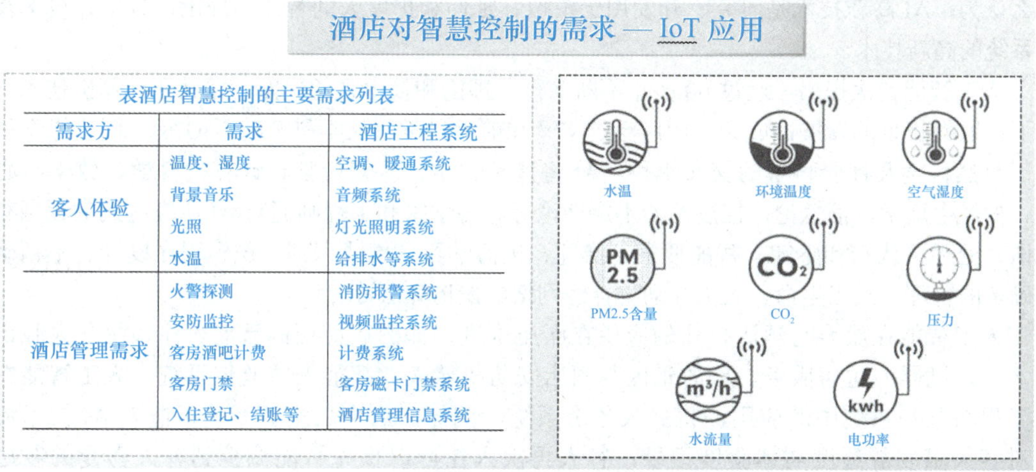

表酒店智慧控制的主要需求列表

需求方	需求	酒店工程系统
客人体验	温度、湿度	空调、暖通系统
	背景音乐	音频系统
	光照	灯光照明系统
	水温	给排水等系统
酒店管理需求	火警探测	消防报警系统
	安防监控	视频监控系统
	客房酒吧计费	计费系统
	客房门禁	客房磁卡门禁系统
	入住登记、结账等	酒店管理信息系统

图 8.6　基于物联网技术传感器数据采集需求

物联网技术在酒店其他方面的应用，更是前景广阔，也更能体现优势，如 RFID 停车管理系统、具有物联网技术的监控系统、带电子标签（RFID）的库存管理系统、具有无线射频识别的磁卡门锁系统等。物联网的应用将和酒店原来的计算机网络联网，形成新的经营管理系统。

四、酒店人工智能应用

基于互联网、计算机技术不断地发展，开辟和推进了相关高新技术的发展。1956 年以麦卡赛等为代表的科学家提出并探讨了用机器模拟智能的一系列有关问题，由此首次产生了人工智能（Artificial Intelligence）这一术语。1997 年 5 月，IBM 深蓝（Deep Blue）电脑击败了人类的世界国际象棋冠军，人工智能开始走到了科技应用的前沿。2016 年 3 月，Google AlphaGo 以高超的运算能力和缜密的逻辑判断，战胜了世界围棋冠军。人工智能最终是否能取代人类的智能，和人类共同工作、生活成为一个大家探究的课题，同时也提出了人工智能挑战和控制人类的担忧（图 8.7）。

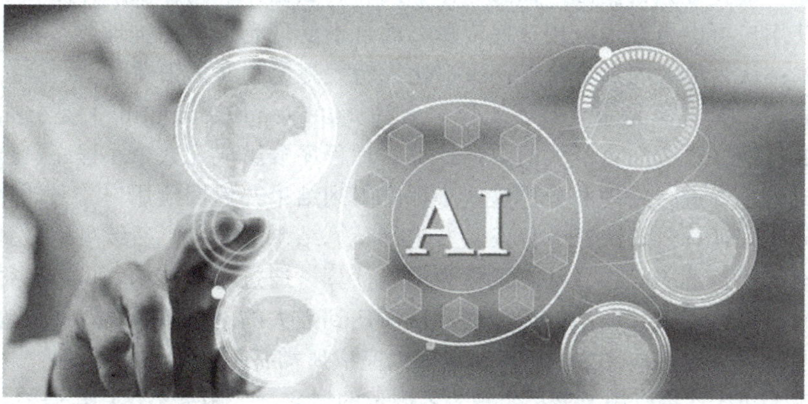

图 8.7　人工智能在不断推广应用

有学者认为，人工智能是计算机科学的一个分支，企图通过计算机技术了解智能的实质，并生产出一种新的能与人类智能相似或者模仿的方式做出反应的智能机器，从计算机科学的视角，AI 智能的领域研究包括机器人、语言识别、图像识别、自然语言处理和专家系统等。可以这么认为：AI 高新技术是研究、开发用于模拟、延伸和扩展人的智能的理论、方法、技术及应用系统的高新技术。

人工智能首次提出，经过 60 多年不断前行，理论和技术日益成熟，尤其在计算机技术的环境下，取得长足的发展，成为一门广泛的交叉和前沿科学。从学科范畴，AI 是一门边缘学科，属于自然科学和社会科学的交叉学科，AI 将涉及哲学、认知科学、计算机科学、数学、心理学、神经生理学、信息论，控制论，不定性论等。科学家和工程师们对 AI 研究应用的领域有自然语言处理、认知和感知、智能搜索、推理、机器学习、模式识别、逻辑程序设计、不精确和不确定的管理、人工生命、人类和动物神经网络、遗传算法等。

人工智能在旅游与酒店行业的应用在碾压推进，如酒店应用的智能入住系统（人脸识别技术）、机器人送房服务、旅游景区与酒店安防机器人、智能安防监控系统。人工智能在酒店工程与服务系统中的应用，将嵌入各个系统，例如酒店中央空调系统，嵌入 AI 技术后，会对客人温度舒适度与体验度记录，客人再次入住可以预先智能调控到客人喜爱的客房温度等。

五、云技术与旅游业应用

云技术（Cloud technology）是各类云处理的网络技术、信息技术、整合技术、管理平台技术、应用技术和商用技术等的总称。该技术可以分布式地应用互联网的各类计算机资源，使用方可以依托技术网络系统的后台服务，得到需要的云计算、云存储、云端数据处理技术和虚拟化技术等应用。如视频网站、图片类网站、金融服务、远程医疗和更多的门户网站。这种新的计算处理方式，可以灵活并随时组成资源池，按需所用，显现出灵活便捷的特点。

云技术的基本特征是分布式和虚拟化（Virtualization）。分布式网络存储技术将数据分散地存储于多台独立的机器设备上，利用多台存储服务器分担存储负荷。这不但解决了传统集中式存储系统中单存储服务器的瓶颈问题，还提高了系统的可靠性、可用性、易维护和拓展性。虚拟化技术将计算机资源，如服务器、网络、数据库、内存以及存储等予以抽象、转换后呈现，使用户可以更好地应用这些资源，而且不受现有资源的物理形态和地域等条件的限制。云技术被认为最大的 3 个特点：虚拟化、超大规模和高扩张性。

在云技术中，云计算是重要技术支撑。云计算（Cloud Computing）是分布式计算的一种，指的是通过网络“云”将巨大的数据计算处理程序分解成无数个小程序，然后，通过多部服务器组成的系统进行处理和分析这些小程序得到结果并返回给用户。云计算早期技术，就是简单的分布式计算，解决任务分发，并进行计算结果的合并，后续可以做到技术任务布置、危险挑战与接替解决等。云计算又称为网格计算。通过这项技术，可以在很短的时间内（几秒钟）完成对数以万计的数据的处理，从而达到强大的网络服务。对此最为突出的是使用者可以不购置服务器，应用 PC 和移动端可以完成所需任务。

随着云技术和云计算应用发展，出现了云服务的概念。云服务不仅仅是一种分布式计算，而是分布式计算、效用计算、负载均衡、任务布置、并行计算、网络存储、热备份冗杂和虚拟化等计算机技术的混合演进与跃升。云服务进入商用时代，主要体现在 3 类的服务形态，即基础设施即服务（IaaS，Infrastructure as a Service）、平台即服务（PaaS，Platform as a Service）和软件即服务（SaaS，Software as a Service）。

云技术应用于行业的发展越来越广泛，常用案例如下：

云储存，一个以数据存储和管理为核心的云计算网络。用户可以将本地的资源上传至云端，可以在任何地方连入互联网来获取云上的资源。国内使用的有百度云、阿里云等，还有熟知的谷歌、微软等大型公司提供的云存储服务。

医疗云，应用云技术、云计算，通过网络通信，包括 4G、5G 移动通信，大数据，物联网等高新技术，结合医疗专家技术，使用“云平台”来创建医疗健康服务云平台，实现了优质顶尖医疗资源的共享和医疗范围的扩大。

金融云，应用云技术，采用云计算的模型，将信息、金融和服务等功能分散到庞大分支机构构成的互联网“云”中，为银行、保险和基金等金融机构提供互联网处理和运行服务。该技术的成功案例有：2013 年年底，阿里云整合阿里巴巴旗下资源并推出阿里金融云服务。国内还有腾讯、苏宁金融等企业均推出了自己的金融云服务。

教育云，教育资源云端化，任何教育硬件资源虚拟化，使得向教育机构和学生老师提供一个方便快捷的平台。现在流行的慕课就是教育云的一种应用。在国内，中国大学 MOOC 是云端的教育平台。

旅游云，旅游业的发展需要云技术的引用，通过云端技术可以对旅游全过程进行技术支撑，这将改变景区、旅游交通和酒店等一系列的服务（图 8.8）。对于景区推广可采用云计算，结合 VR 等技术，来充分展示景区魅力，游前、游中和游后点评有全新的空间。许多酒店已经采用云的酒店管理信息系统，为此大大改善了计算机技术环境，酒店无须采购服务器，配置计算机硬件专业人员，软件优化与维护均在云端完成，效率大大提升。面向游客的服务，客人可以通过各类的云端享有旅游全过程的服务，包括旅游线路规划、交通安排、景区导游导购、酒店住宿体验与体验分享等。

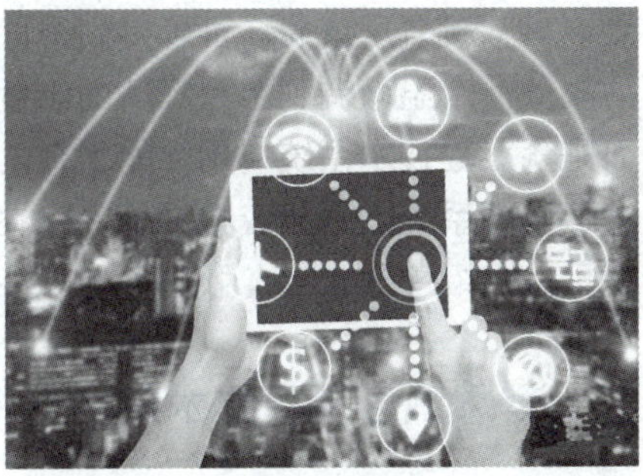

图 8.8　云技术对旅游产业链高新技术应用平台

任务二　智慧酒店高新技术应用技术空间

一、智慧酒店应用时空的想象

高新技术应用技术空间是指酒店应用这些新技术需要的基本环境，包括应用硬件基础、应用可行性、应用需求和应用目标。

智慧酒店就是充分发挥人类的聪明才智和超越时空的想象力，创新设计智慧酒店全方位聪明的服务和经营管理的空间。可以想象当客人进入酒店时，完全可以通过人脸识别系统确认客人身份，智慧酒店平台确认客人的身份后，可以控制聪明的电梯迎送客人，启动客房中聪明的空调，智能地调节到客人个人适宜的温度。客人进入客房将受到舒适柔和的灯光的欢迎，轻盈的欢迎曲迎接客人的到来。客人可以通过智能机器人得到送餐、客用六小件和酒店内部线上购物的服务。宾客得到酒店全域性的智慧服务（图 8.9）。

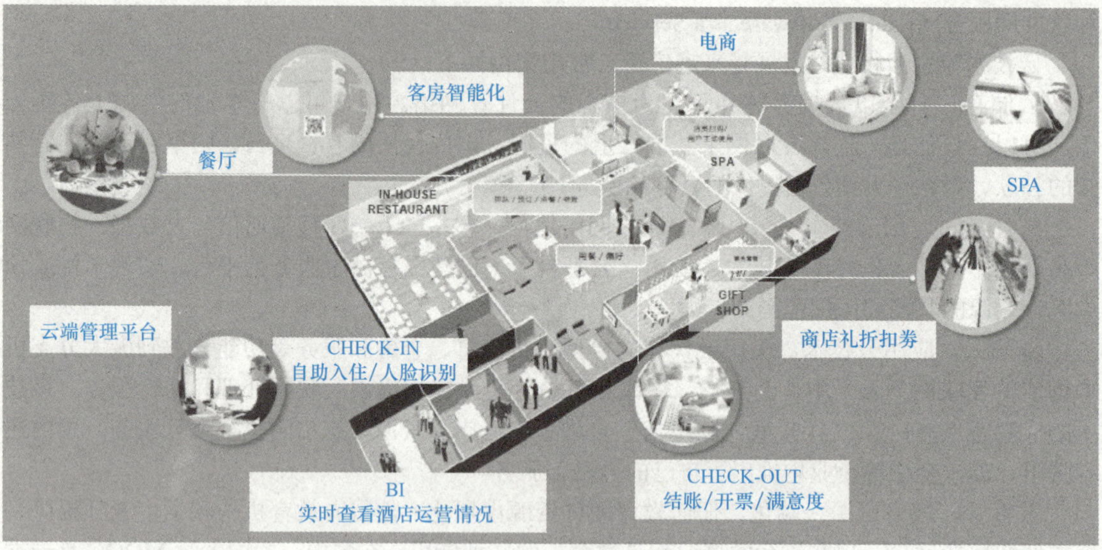

图 8.9　智慧酒店为宾客提供全方位聪明服务

客人到餐厅就餐，可以得到个性化菜单与定制化的菜品。酒店的 SPA 可以预先安排个性化的服务，水温微调到客人舒适的温度。酒店对工程系统的控制，不是原来的各个孤立的系统，而是各工程技术系统应用智能平台，统一智慧控制。酒店的消防报警系统、安防监控系统、电梯、空调系统、视频音频系统等将在酒店强大的后台智能系统得到智慧化控制。鉴于此，下文将重点介绍智慧酒店应用高新技术的架构。

二、智慧酒店应用技术架构与框架

随着社会的发展，酒店的服务也从单一住宿＋餐饮服务模式，向全方位服务转变；从酒店建筑内部空间提供服务，向旅游产业链全线服务转变；从前台提供客人服务，向前后台融合一起为客人提供服务转变；从标准化、程序化、规范化的服务，向分散化、多样化、个性化服务发展变化。这些变化是时代的需求，高科技公司提供技术应用方案，酒店需要搭建技术框架和架构。

1. 智慧酒店控制技术架构

酒店转型发展的重要基础性变革之一，就是酒店重大的工程技术系统信息化、平台化和智能化。酒店经营需要基础性和必备的工程技术系统多而复杂，传统的自动控制工程技术是各自独立的，彼此没有信息交换和反馈控制等。在高新技术快速发展环境下，一定会对这些控制技术应用进行变革，需要重新组合与技术设计，对于酒店的应用是全新的技术环境（图 8.10）。

酒店智慧控制先以企业经营和高层技术人员管理思维方式为切入点，如何打破传统的酒店前后台经营管理和高新技术应用分割局面、后台技术仅仅提供各种独自的工程技术服务，如何打造经营与技术应用融合一起为酒店经营服务的新模式，这些有待行业的转型与突破。

基于上述研究与技术方案设计，酒店的智慧控制，在物联网、云技术和人工智能等高新技术背景下，应用传感器对酒店基础性、全局性的工程系统进行技术数据变量采集、传输（无线）、存储、分析，与前台经营融合应用数学模型和人工智能对关联与高耦合的系统进行反馈与智能控制，达到提升服务质量、降低人员成本和节能减排的效用。

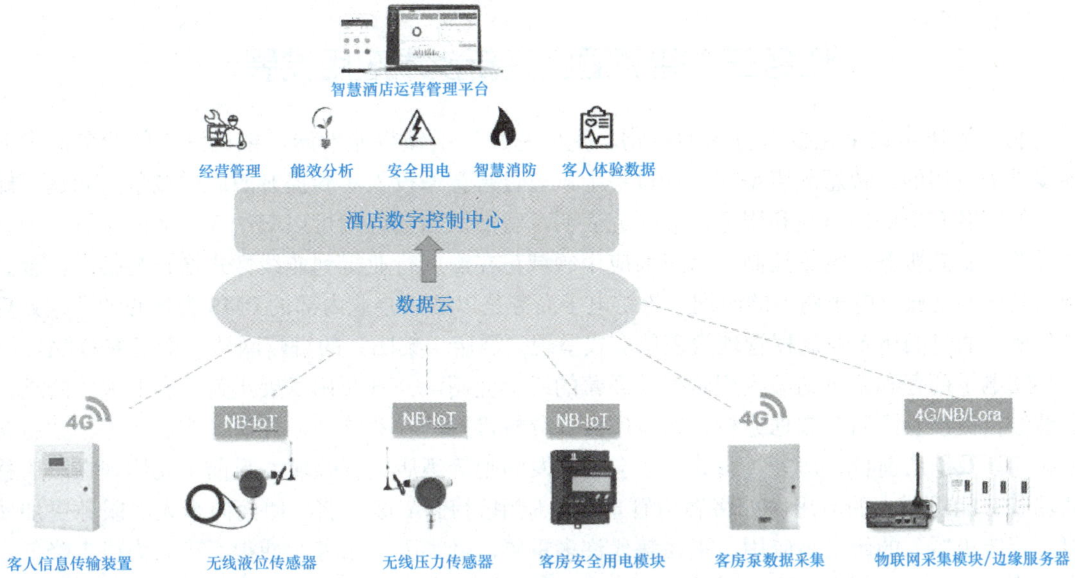

图 8.10 基于物联网与云技术的酒店智能控制平台

2. 智慧酒店运营技术架构

经营是酒店企业第一要务，酒店的营销战略和方式一直在不断的变革和推进中。现代酒店营销在不断应用新技术、新软件、新渠道和新模式，营销的外部环境也日新月异，OTA 对酒店的营销策略和销售渠道产生了根本性的变革，新生代消费的行为与增长，线上新媒体对酒店的营销途径带来了冲击，这些都可以归纳为外部市场和营销技术对酒店的碾压与不断推进的影响。在酒店内部的经营方式信息化、智慧化也积极推进，酒店应用的管理信息系统形成了与国际接轨的网络、预订平台的多元化拓展了酒店的销售渠道，收益管理系统的应用使酒店营销策略与工具进入了科学决策的时代（图 8.11）。

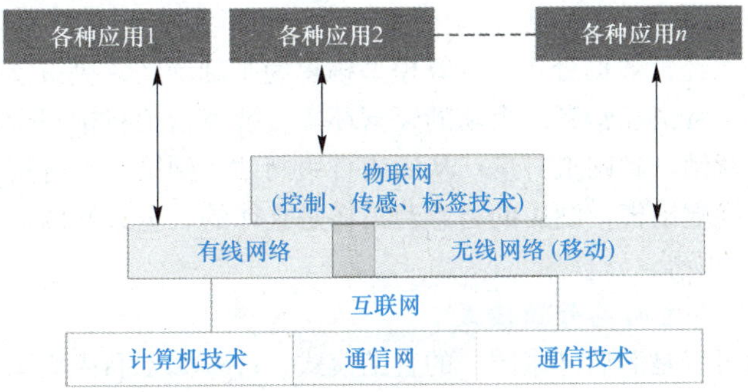

图 8.11 酒店数字化平台技术架构

进一步突破就是酒店智能控制系统与智慧营销平台的对接与融合，基于物联网、云技术和人工智能等高新技术对酒店经营营造了新的经营数据分析来源，通过智能控制数据来分析客人群体的行为，来挖掘新的需求。反之，面向客人的经营数据经过智能处理后反馈给智能平台，来智能控制酒店的工程系统，提升服务质量和降低运营成本。许多酒店工程系统或设备逐步趋向智能网络控制，做到无人值守、网络化运维管理的新模式。

任务三　智慧酒店高新技术应用发展

智慧酒店是数字化技术应用的产物，主要是为了引领行业发展，依据酒店的业务需求而逐步推进应用的。智慧酒店是在实践过程中，通过智慧型投入不断提升酒店的竞争力和运营能力，使宾客有更好的体验和服务。经研究表明，智慧酒店的应用可以归纳 3 个大的领域：即智慧经营、智慧服务、智慧控制。这三大应用领域正在酒店行业得到非线性式增长与推广。智慧经营其核心是旅游电子商务的应用，旅游电子商务是以酒店企业内部的 PMS 为核心的数据处理与分析，通过酒店企业流程管理为表象形式呈现。酒店（集团）的直营网站、第三方 OTA、酒店移动电子商务和微营销等应用是智慧经营的线上应用，并且应用发展迅速，专业人才匮乏。智慧经营更涉及酒店的数据分析：即应用数据分析进行的收益管理，控房（排房）等。智慧服务应用涉及酒店前台、房务、餐饮、宴会管理及酒吧等酒店经营领域，目前主要体现在酒店移动端和智能机器人的应用，如将客房管理服务应用到 PDA 移动端，使面向客人的服务更加便捷。智能机器人的研发与应用，正在替代许多重复，低端人工服务，使得酒店人力成本降低，服务更加快速。智慧控制是酒店的现代工程系统技术新应用，酒店工程技术的应用是比较面广，具有综合性、先进性。智慧控制是酒店应用发展空间最大的领域，其技术基础是物联网应用，核心是与原先酒店各个工程系统的结合，通过数据采集、分析与反馈控制，使酒店更好地进行实时控制的工程系统，环境更加符合客人的需求，尤其是个性要求，使得供给侧（酒店）能在应用数据分析和物联网技术的基础上，对酒店工程系统进行调控，达到控制的最优或次最优；使得需求侧（客人）体验更佳、更符合个性特质。酒店工程系统也因此可实时调整控制，可执行区域性微调控制等新型驱动。智慧控制更能使酒店创造科学的体验环境，也能为低碳运营提供科学的保障。

一、智慧酒店营销

智慧酒店营销是以经营数据分析、计算模型构建为基础的经营决策支持综合网络平台，智慧经营给酒店决策者、营销经营者一个新的经营环境。智慧营销将构建全覆盖、多渠道的营销模式。从较早的网络营销，到网上订房；从酒店直销网站，到第三方订房平台；从有线网络订房入口，到移动手机终端销售，酒店的智慧营销将是立体的、全天候的、多渠道的。智慧经营一般会应用在以下几个场景。

1. 酒店（集团）自主网站营销模式

在网络营销方面可以是酒店（集团）的直销模式，许多大型酒店集团具备了网络销售的能力，为酒店的客源市场构建起了营销平台，例如洲际酒店集团的自主网站，是酒店很好的销售渠道。自主网站配以电话预订达到了很好的效果。

2. 酒店第三方营销平台

目前的酒店第三方营销平台占市场份额很大，这是市场细分的结果。酒店企业从第三方平台得到市场份额，是渠道销售途径之一。酒店与第三方的信息交换，在网络技术架构上比较简单，只要酒店具备上网和浏览器就可以进行操作。比较典型的国内第三方酒店平台有携程、飞猪等（图 8.12）。这种营销平台在桌面端和移动端切换自如，应用普及而广泛。

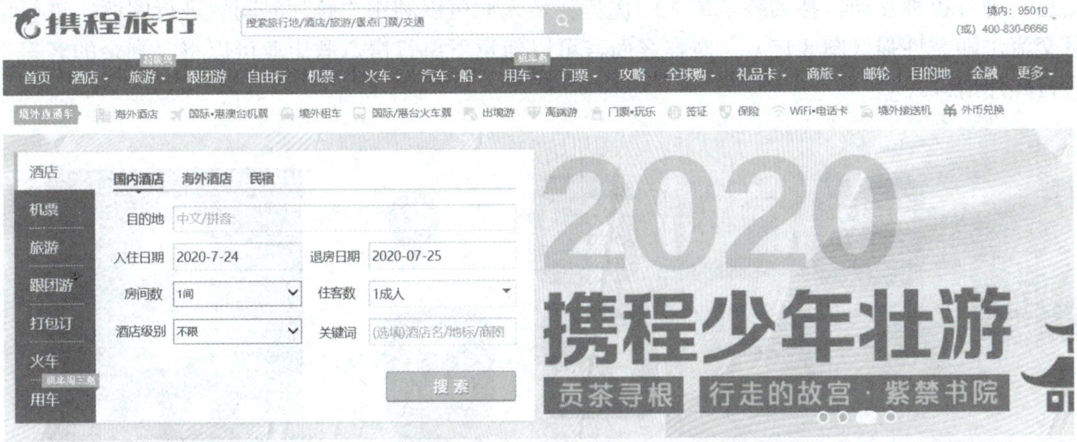

图 8.12　携程旅行网预订平台

上述几个渠道的整合形成了酒店（集团）营销渠道的领先优势，许多酒店集团会在数据和技术分析基础上，采用渠道销售分析，结合收益管理，来调配渠道销售（图 8.13），达到智慧营销的目标。

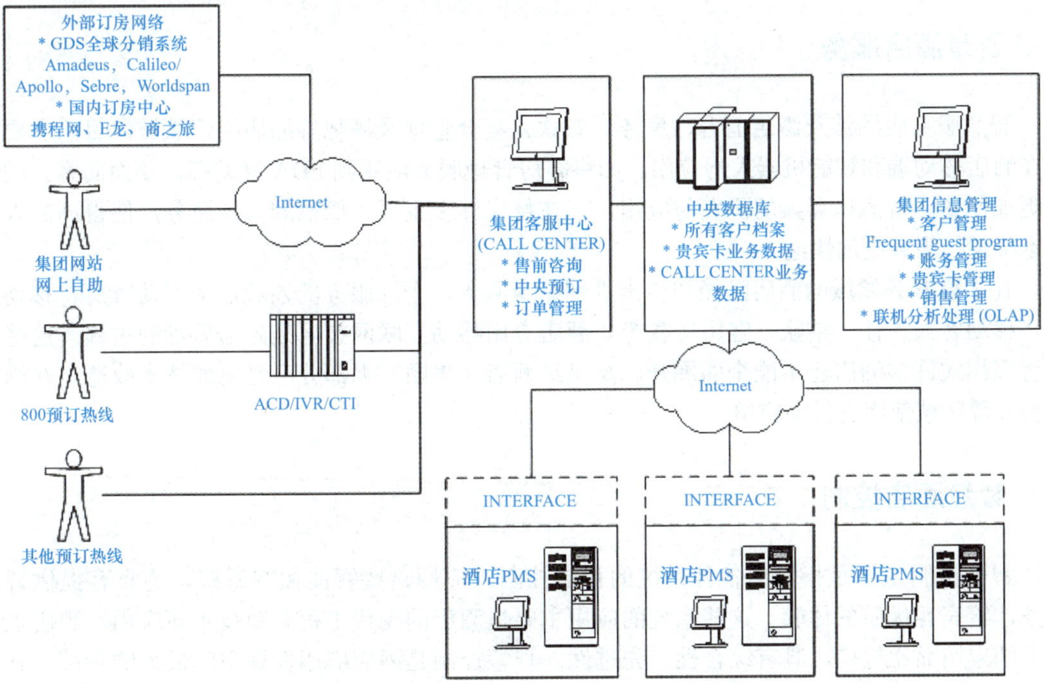

图 8.13　酒店集团销售渠道分析与配置

3．新媒体智慧酒店营销

这里的新媒体主要是移动终端的普及带来的变化，人们使用移动终端已经到了无孔不入的阶段，只要有创新想法，就能实现移动终端的应用（App），例如 App 移动服务、微信、抖音、美团等传播渠道（图 8.14）。这些新媒体的传播渠道最大的特点就是，在各种移动终端上的应用，如移动手机、平板电脑等。只要有 Wi-Fi 信号，这些移动终端就能与酒店的营销平台交流信息，进行各种互动。移动终端最大的优势就是人们可以利用“碎片时间”进行阅读，进行信息交流，随意性强（图 8.15）。对宾客而言可以随意下单订房，酒店业可以将“剩余的客房”进行碎片销售。

图 8.14　酒店营销新媒体渠道

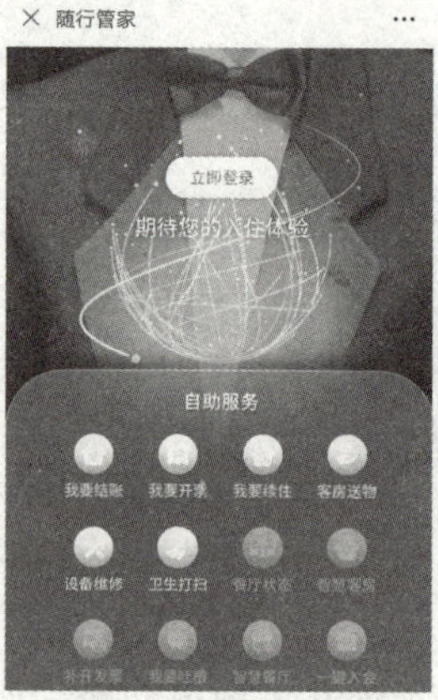

图 8.15　酒店移动端应用（App）

二、智慧酒店服务

智慧服务应用涉及酒店前台、房务、餐饮、宴会管理及酒吧等酒店经营领域，目前主要体现在酒店移动端和智能机器人的应用，如将客房管理服务应用到 PDA 移动端，使面向客人的服务更加便捷。智能机器人的研发与应用，正在替代许多重复、低端的人工服务，使得酒店人力成本降低，服务更加快速。

在智慧服务领域的酒店已经初步推进到贴身服务、个性服务的领域，如移动客房、移动点菜、移动客人入住、结账、客房送餐等。酒店应用移动互联网技术是先易后难的过程。这些智慧管理模式许多酒店还不能全面展开。高星级酒店（集团）大部分已经完成技术改造，在酒店总台开辟区域使用支付宝应用。

三、智慧酒店控制

智慧控制主要是指酒店各种系统的智能控制，应用这些智能控制系统，为宾客提供智慧服务，给宾客优质的体验。这些系统的应用主要是酒店的现代工程系统技术新应用，酒店工程技术的应用面比较广，具有综合性、先进性。智慧控制是酒店应用发展空间最大的领域，其技术基础是物联网应用，核心是与原先酒店各个工程系统的结合，通过数据采集、分析与反馈控制，使酒店更加实时控制运行的工程系统，环境更加符合客人的需求，尤其是个性要求。使得供给侧（酒店）能在应用数据分析和物联网技术应用的基础上，对酒店工程系统进行可控，达到控制的最优或次最优；使得需求侧（客人）体验更佳、更符合个性特质。酒店工程系统也因此可实时调整控制，可执行区域性微调控制等新型驱动。智慧控制更能使酒店创造科学的体验环境，也能为低碳运营提供科学的保障。

酒店智慧控制发展比较迅速，可以展现多个应用场景。

1. 客房智能控制

酒店客房智能控制可以是客服管理的智能化。这样，宾客入住酒店过程中能享受到更便捷的服务，如从客人上网或电话订房时开始，酒店就通过远程订房系统完成对该房间的定时预留，并及时地为客人的特殊喜好做好准备，等候宾客的到来。当宾客到来后，在酒店大堂，只需要出示身份证，就可以立刻入住到酒店预订好的客房；来到客房门前，用身份证或预先办理的会员卡就可以打开电子门锁；打开客房的门，房间走廊的廊灯自动亮了，客人把卡插入取电开关，房间根据客人入住的时间，因为是晚间，适时地选择了相应柔和的夜景模式，床头灯亮了，小台灯亮了，电视自动打开了，背景音乐放着柔和的音乐，客人愉快地享受着沐浴，然后轻触床头的触摸开关，选择睡眠模式，走廊的小夜灯亮，其他灯随之熄灭了。愉快的入住时光结束了，客人来到大堂，刷了一下会员卡，自动在卡中扣除了费用。有的酒店采用客房机器人服务，可以通过语音来控制客房的窗帘、灯光、背景音乐和电视播放等。也有可以进行客房送餐、送六小件服务等。

客房的智能控制应用在不断发展中。宾客在酒店停留时间最久的区域是客房，由此客房的体验是酒店产品的核心之一。目前酒店可以通过无线终端进行客房设备设施的控制，这些设备设施的控制包括客房区域的温度湿度控制、照明控制、客房视频音频的控制、服务的响应（叫醒、洗衣）等。

2. 酒店智能控制系统与联动

酒店智能化系统包括酒店安防系统（监控、消防、门禁和公安入住登记）、楼宇自动控制系统、客房智能化控制系统、智能通信系统、酒店视频音频系统、智能商务系统、酒店交通系统（电梯）、设备能源管理系统、智能会议系统和娱乐控制系统等。这些酒店工程系统在前面项目做了介绍，这里重点介绍其智能控制应用和发展趋势。

（1）酒店安防系统：酒店安防系统的智能控制主要体现在安防数据挖掘、智能识别、智能跟踪、云计算的数据比对等领域，这些新技术的应用大大提升了酒店安防的智能化程度，为酒店的安防起到积极作用。

（2）酒店楼宇自控系统：该系统用于酒店客房及公共场所的环境参数自动控制，如：温度、湿度、新风、气味、除菌等自动控制，目的是为宾客创造一个舒适、温馨的住宿环境，给宾客优质的体验环境。

（3）客房智能化控制系统：酒店客房管理系统行业内通常也称为酒店客房控制系统、酒店客房智能控制系统、酒店客房控制器等，系统主要用于房间的照明、音响、电视控制，服务请求，免打扰设置等。如当宾客进入客房，室内灯悄然开启，音乐如流水般缓缓播出，智能房卡上显示室内的二氧化碳含量，用来判断屋里的空气清新程度。

（4）智能通信系统：该系统用于客人对外通信、酒店内部通信交换。良好的通信网络使客人可以进行语言、图像、数据等多媒体信息传递，可开网络会议、视频电话、上网等，使宾客处在一个开放的、便捷的信息社会，即使旅行在外，也和在家一样，有所谓宾至如归的感觉。

（5）酒店视频、音频系统：和传统的酒店视频、音频系统不同的是，该系统将是综合信息系统的特点，可以处理各种需求，如录像、回放、编辑和数字处理等。该系统除有传统的卫星、有线节目外，更为宾客提供及时新闻和娱乐互动节目。该系统还可以向宾客提供智能商务系统，可以和酒店管理信息系统对接，宾客可以对酒店进行各种信息处理，如预订（订房、订餐）、消费查询、公众信息查询、邮件管理等。

酒店电梯设备：该系统是综合电梯控制技术和其他系统技术，对酒店交通进行控制，使宾客在酒店移动更加安全和便捷，宾客进入客房区域更加私密和通畅。酒店交通系统会和酒店的门禁系统、管理信息系统交换信息，处理好宾客的服务。

设备能源管理系统：该系统既要保障宾客的舒适度，又要做到智能节能，使酒店的综合能耗得到有效的控制。让酒店既满足宾客的需求和体验，又能使酒店做到低碳高效。

智能会议系统：该系统的特点就是提供会议声、光、像智能服务，系统可提供运用现代化的声、光、像、技术，将会议资讯资料及时传递、存储等现代一流的服务。

智慧控制正在推进和实践中，酒店企业会有许多新的思路和想法，技术厂商会不断推出新的智慧产品、系统和各种运用模式，政府部门会对新技术的应用加以扶植和推广，其目标就是推进旅游行业的发展。

项目小结

酒店业和时代发展是永远联系在一起的，在数字时代、智慧城市、智慧旅游的发展过程中，传统酒店行业的发展受到严峻的挑战，酒店业需要转型发展。以数字化转型驱动变革生产、生活方式正在成为引领中国未来经济发展的重要方向。由此本项目和同学们一起学习和探讨数字化在酒店行业的应用，在各个行业的发展应用数字化技术已经成为共识的前提下，我们新生代更应拥抱数字化带来的技术发展福利。

复习与思考题

一、名词解释

1. 物联网
2. 酒店智能机器人
3. 酒店智慧营销
4. 酒店智慧控制

二、简答题

1. 试述大数据几大特征与旅游的应用。
2. 试述酒店人工智能的应用。
3. 试述酒店信息技术应用的技术架构。

三、论述题

1. 试论物联网的三大技术层与酒店业的应用。
2. 试论酒店智能控制系统与联动。

项目九

酒店工程技术部数字化应用

学习导引

本项目介绍酒店工程技术部运营的基本任务和技术要素。在行业数字化转型发展的背景下，酒店各类工程系统运营是一个具有基础性、准入性、导向性和先进性的应用领域。该领域既有一定专业技术深度，又有与酒店日常运营融合在一起的广度。通过对本项目的学习，应把握和知晓酒店工程技术部的数字化应用，为酒店运营打下基础。

学习目标

1. 培养学生对酒店（集团）工程运维的工作要求与标准执行。
2. 理解与初步掌握酒店集团工程系统运行基本知识与技能。
3. 培养学生较高层次理解高新技术在酒店工程中的应用。
4. 培养学生应用数字化技术运营酒店的综合能力。
5. 培养学生理解和掌握酒店工程技术管理制度的建立与创新。

案例导入

在一线城市的某大型高端酒店，建筑高度达到 110 m。酒店配置了 6 台电梯。这天下午，酒店电梯突然发生故障，电梯停层在 12F 和 13F 之间不移动了。这是典型的酒店垂直交通发生了故障。酒店安保第一时间在电梯监控系统中得知险情，安保部监控中心第一时间启动紧急预案，酒店工程技术部、前厅部和安保部按照酒店原先制定的预案，在 12 分钟内，把故障电梯移动停放于对应的楼层（12F），把客人引导出电梯，前厅人员安慰客人，工程技术部排除电梯故障。整个事件处置过程有序、得当，没有发生不应该发生的事件。由此可见酒店可控和高效的运行，离不开酒店工程系统和设备设施在标准状况下运转。要使酒店所有工程系统、设备设施正常运行，必须按照科学规律和方法进行管理。而管理这些系统是酒店的工程技术部的主要职责。酒店每一个部门的运作、经营和管理都离不开制度的建设，酒店工程技术部管理制度是在酒店整体制度的框架下建立的制度，建立该管理制度是必要的。接下来我们一起学习探讨酒店工程技术部的运维。

任务一　酒店（集团）工程运维的变革与创新

酒店的运营离不开为客人提供服务的工程系统，各类工程系统是酒店运营的基础。随着酒店市场的竞争和行业国际化程度的不断提高，酒店的投资者或管理层越来越倚重对酒店的规划和设计，合理和卓越的规划设计对今后企业的经营显得越来越重要。酒店的规划、工程系统设计和设备的选择，会直接引领和影响酒店今后的经营。在酒店规划期间和酒店运营过程中，我们面临着数字化技术应用的机遇与挑战。数字化对酒店的运营具有划时代的影响，对酒店工程技术应用更是底层性的变革。由此我们不仅需要学习和掌握酒店工程系统各自运行功能，确保酒店前台的正常、高质量的运行，而且要把握酒店工程技术在数字化技术背景的转型与升级。

一、酒店工程系统产品生命周期与规划

（一）酒店工程系统生命周期

酒店是一个具有鲜明特征的行业，酒店向宾客提供的主体产品是服务。但从酒店自身的建立、运行的视角去审视和思考，酒店企业自身也具有产品的特性，即酒店是有产品生命周期的。酒店产品生命周期可以分为 3 个大阶段：营业前、营业中和营业后（图 9.1）。营业前主要是酒店建造的规划和设计。营业中主要是酒店经营过程，是酒店自身的产品生命周期中经历最久的阶段，过去讨论酒店最多的就是这个时期。营业后主要是酒店企业自身产权变更，大改造或重建等重大的变化。这些变化有可能使得酒店产品的性质发生变化，如酒店的主体改造成办公楼等，也意味着产品生命周期的结束。

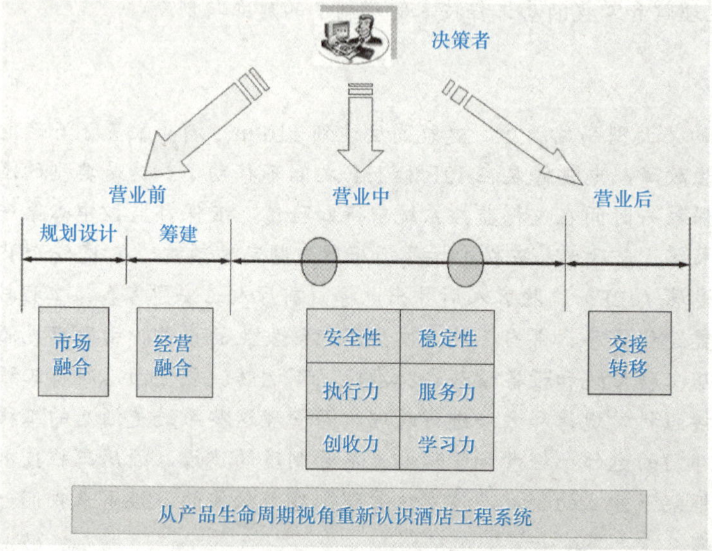

图 9.1　酒店工程产品生命周期

酒店工程系统和管理该系统的酒店工程技术部，在每个阶段的任务和使命是不一样的。过

去，讨论研究最多的是酒店营业中，其原因是该阶段时期最长，效果显现度高，这个阶段的主要使命就是对酒店所有的工程系统进行运维，在此过程中有可能进行小范围的改造，如图 9.1 中表示的小圆圈。而酒店工程系统更重要的阶段是在营业前，即酒店建造设想、规划和设计阶段，这个时期酒店的工程系统的设计和造型关系到今后酒店运行和方向性的选择，由此，这个阶段的使命就是为酒店今后发展做好规划设计，其中包括酒店的各个工程系统。营业后的阶段，工程技术部的使命就是按投资者的要求交接、提交和转移酒店的工程系统，包括各类图纸和运行状况等。

因此，要突破过去传统认知酒店工程系统的思维方式，即要探索在酒店营业中酒店工程系统使命和作用，先从时间上拓展，酒店工程系统要前沿，在酒店的规划阶段要介入，为酒店今后更好地参与市场竞争、市场融合而进行规划，使酒店工程系统更好地与经营融合。

在数字化时代，更要规划酒店高新技术的应用，使数字化高新技术为酒店更好地服务。酒店的设计规划者，要更多学习数字化技术的应用，从技术环境、技术创新的视角，不断应用数字化高新技术，来更好地提升本行业的竞争力、推动行业的转型发展。

（二）工程系统在酒店各个阶段的作用和地位

酒店工程技术部在酒店运营中的地位和作用是根据不同阶段而变化的。在此，要阐明，酒店部门应该各有作用，在运行中要各司其职。讨论工程系统或工程技术部的作用和地位，应该从酒店经营的全局和酒店产品生命周期的视角加以讨论。从酒店经营管理的角度来看，工程技术部管理的系统是酒店运营的基础，酒店工程系统必须保持其在标准状况下运行，这个就是酒店工程技术部的作用和地位的总要求。

然而，酒店工程系统或工程技术部在酒店的地位和作用不是一成不变的，从产品生命周期的观念来看，一个酒店的更新改造期为 5 ～ 6 年，主要是装潢和一些相关的设备、设施等，如酒店的客房、餐厅等。全部的大规模改造为 10 ～ 15 年（这个周期要根据酒店企业自身规划）。但不管周期的长短，酒店的工程技术部在此期间的作用和地位是动态的，下面进行分析。

1. 依据酒店企业产品生命周期

酒店企业的产品，是由经营场所（硬件）和管理团队、员工（软件）组成的，这两部分的总和就是酒店的产品。从产品的理念上讲，产品是有生命周期的，当然产品可以更新、改造，使产品更有生命力和价值。酒店自身的产品生命周期相对其他行业可以长一点，至少可以按年计算。在这个产品生命周期过程中，酒店的工程技术部，在酒店中起到的作用和地位是不同的，一般我们分成以下几个阶段：

（1）酒店规划期间。酒店行业的发展，越来越重视酒店的规划。一个好的酒店规划是酒店成功的一半。按照国际酒店集团的标准，规划为投资方和管理方共同的决策。做好酒店的科学决策，并非易事。这里要表明的是，酒店工程技术部在规划期间，应发挥科学决策的支持作用，向决策者提供科学、可行的酒店规划方案，为决策者提供支持。这些规划、设计和工程系统的选型，要符合酒店的市场环境、要符合今后酒店的发展方向、要有全局感。

（2）酒店筹建期间。在酒店筹建期间，工程技术部是最有话语权的，工程技术部应依据酒店的总体规划，执行和完成以下的任务：

①对酒店的基建进行全面的质量监控、按时间节点对工程进度验收。这里要指出的是，

这项任务是根据酒店企业的性质而有所不同的。例如，集团性质的酒店，这项任务会由集团的工程技术部门负责；有的酒店业主会请专业公司做工程的第三方监理，在这种管理模式下，工程技术部初期只是配合而已；有些单体酒店在基建的时候，依靠自己的工程技术部，这种状况下，酒店的工程技术部任务更重。

②与市政的技术配套供应服务商技术配合。酒店的运行需要市政相关部门长期提供服务，从酒店筹建起，要进行工程项目的申报、审批、立项、协调、施工（安装）、调试等，配合市政服务商按时提供正常服务。工程技术部应依据酒店的总体规划进行工作，和市政的有关部门协调。此任务是繁重的，技术协调工作内容更多。

③对酒店的设备与设施的选型、合同的技术谈判。酒店的设备、设施的选择，是关系经营管理的课题。工程技术部的管理者应根据决策层的总体思路和酒店整体建设框架，对设备和设施进行选择，制定系统的方案。此项任务是艰巨和富有挑战的，这项工作涉及技术、管理、市政、价格等要素，选择产品既要满足酒店经营管理的需求（内部需求），又要符合各种专业技术的发展方向（外部环境）；既要选择优质品牌，又要选择性价比高的产品；既要符合决策层的思路，又要满足各个职能部门的需求。由此，一个高效、有经验的工程技术部团队是在第一线“跌打滚爬”锻炼出来的，既要有技术含量，又要有工作经验；既要有对企业忠诚，又要协调好各种关系和利益。在合同谈判期间，工程技术部的有关人员主要负责合同技术部分的谈判。在酒店企业采购的设备到现场后，工程技术部要进行产品验收、产品技术档案、资料的保管和归档等系列工作。

④参与酒店设施和设备安装和调试。在选型工作完成后，工程技术部的主要工作是将参与酒店设施、设备的安装、调试工作。这项工作操作者是供应商的技术人员，但需要工程技术部各个技术小组在此期间积极参与、配合工作。这样对酒店整个工程系统今后运行有益，使工程技术部的技术人员成为酒店工程系统最“活”的技术管理者。

⑤按时间节点对工程单项或整体项目（或进度）监工和验收。在筹建期间，工程技术部要对酒店工程单项或整体工程项目进行监工和验收，如果酒店业主请监理单位，则工程技术部应该积极参与，站在酒店利益的高度，为酒店决策层管理好酒店的所有工程项目。对工程项目管理应该有自身的科学体系，这里不再赘述，请参阅相关的工程项目管理资料。

（3）在酒店准备开业和试营业期间。在酒店准备开业和试营业期间，工程技术部是最繁忙的。因为酒店在试营业期间，每个系统（设备和设施）都需要调试和试运行。无论是进口的，还是国产的；是大系统，还是相对较小系统；是前台直接为宾客服务的相关系统，还是后台的保障系统都至关重要。工程技术部应依据酒店设计的总体要求和各个系统设备的技术指标和标准，进行验收、试运行，提出整改意见，每个系统都要进行调整，以期达到设计要求。此期间酒店工程技术部要完成 3 大任务：

①对酒店的所有基建、设备、设施、装潢等进行验收，工程系统进行试运转，对每一个餐厅需要提出整改、修改意见。

②和有关营业部门（尤其是前台）进行竣工验收。这里要特别指出的是，许多系统要运行一年后才进行验收，或者按合同上时间节点进行验收。

③落实市政配套供应服务商，做好试运行的配套工作，使酒店早日进入正式运行。工程技术部在此期间责任重大，应在酒店统一协调下，各个技术部门协同工作，为酒店尽早进入正常运行而科学地工作。

（4）在酒店正常营业期间。一般情况下，酒店在试运行一年之后，会进入正常营业时期，这段时期不但时间长，更主要是酒店的系统（设备、设施）进入正常的工作状态，在这一期间工程技术部常会被“遗忘”。工程技术部进入日常化的管理阶段，酒店决策层的工作重点转移到前台经营上，由此工程技术部容易被“忽略”，只要工程系统正常运行，谁都不会打电话给工程技术部报告设备运行状况。酒店工程技术部的“失落感”油然而生，其实作为工程技术部，没有必要产生如此“情绪”，工程技术部的存在是客观的，工程技术部应该做好以下工作：

①按规范做好酒店所有设施、设备日常操作、维护、保养工作，确保酒店正常运行。

②确保市政配套系统正常工作。

③做好关键设施、设备的故障紧急预案，为酒店营业提供一流的服务。

④在酒店的营业指标框架内，做好年度维护计划，并加以落实。

⑤跟进信息化的发展方向，为酒店应用信息化技术提出技术方案，为提升酒店市场竞争力而工作。

⑥在总经理领导下，按照“产品生命周期”规律，做好周期性改造项目计划，并加以实施。

2. 依据酒店整体发展阶段

按照酒店的整体营业思路和发展要求，工程技术部在酒店运营期间的地位和作用如下：

（1）在工程技术部管理的范围内，保障酒店工程系统设施和设备高效、安全运行，协调市政服务商的工程技术关系及产品商的服务关系，其目标是给酒店的宾客带来星级要求的安全感和舒适感。

（2）对前台员工进行相关设施、设备使用的培训。监督使用人员正确操作酒店各种工程设备设施。这个方面体现了工程技术部的全局观和责任性。

（3）处置好酒店突发事件，工程技术部要做好相关的紧急预案（如电梯故障处置预案、消费预案等）。酒店工程技术部要义不容辞地做好相关的技术预案，进行年度的预案演练，一旦发生故障，确保酒店的突发事件能得到最快的处置，为酒店经营提供保障。

（4）不断关注和提出新技术的应用，尤其是数字化高新技术的应用，为企业应用高新技术出谋划策。此处最要关注的是，信息化、数字化的发展趋势和应用，为酒店的发展提出超前的技术应用方案。

3. 依据酒店年度经营计划目标

根据酒店的整体经营目标，酒店的各个部门在酒店总经理领导下，各司其职、相互支持、相互补充，完成酒店的既定任务。工程技术部作为酒店一个重要部门，必须融合酒店企业的整体经营中去，根据酒店的经营目标，制定并完成自己的工作目标。从这个理念上讲，酒店工程技术部要完成以下任务：

（1）在酒店的经营目标上，工程技术部是完成酒店整体经营目标的一个重要的部门。工程技术部在酒店经营中的目标是创利。因此，工程技术部要和其他部门一起做好全年规划、预算并参与整个酒店的经营决策，为经营目标的实现，做好科学的计划并加以实施。

（2）执行酒店的年度计划，科学和有序地完成每个阶段的经营目标。工程技术部要执行全年计划，执行期按月检查和报告。工程技术部要和其他部门一起，为完成酒店全年计划而有效工作。

（3）在依据酒店服务标准（规范）的前提下，提出整个酒店的节能减排技术方案，为绿色酒店的建设不断地进行创造性工作。低碳经济的经营模式是行业发展必由之路，工程技术部要不断提出新的节能方案，在酒店统一规划下进行工程系统的技术改造、实施、监控和监督，其目标是为企业节能减排、碳中和工作制定技术方案并落实执行。

二、酒店各类工程系统新技术的应用

酒店应用各个工程系统是非常广泛的，就学科而言涉及很多领域，许多品牌企业通过多年，有的甚至上百年，打造出自己的品牌和技术商品，这些著名的品牌企业不仅提供了优质的产品，还提供了良好的服务，一些专业公司在向酒店提供成熟产品的同时，给酒店企业带来了许多新的理念、方法、技术等。新型的数字化技术企业也为酒店行业发展做出了贡献，推出了许多新产品、新网络、新技术，例如，智能机器人、5G 技术的应用等。由此，酒店企业要积极“拥抱”高新技术，尤其是现阶段在引进和选择产品的时候，要科学地做需求分析，完成技术产品的选择：

（1）要选择适合自己企业的产品，产品要符合自己的定位。

（2）要尊重供应厂商，特别要倾听他们新技术方案的介绍和推荐。

（3）要注重新技术的应用，特别是信息化和节能减排领域新技术的应用。

（4）要注重供应厂商带来的管理理念的变革，对新的方法、新的流程要关注，但要分析是否适合自己的企业。

（5）要注重现场的考察，如果有条件可以到已经使用的酒店企业现场考察，听取使用的状况和经验，这对产品的选择是有益的。

从产品供应的角度看，酒店企业（甲方）在购买工程设备的同时，应该得到应有的回报。这些回报包括新的理念和方法。在这里必须提及，一个酒店的营业，离不开许多相关服务商的支持和帮助，特别是配套的市政设施，如电信（网络）、市政给水排水、供电、消防等。随着市场的改革，这些部门也在不断地变化，服务意识也在增强，许多市政配套部门提供了优质的服务，为此要依靠他们，一起创造酒店良好的工作环境，为宾客提供更好的服务。

三、酒店（集团）网络化与平台化运营

以数字技术为代表的高新技术的发展，已经应用到我们生活、生产各个领域。尤其是互联网的发展，进入企业的各种应用范围，酒店行业是应用互联网较多和较早的行业之一。网络的应用是一个实实在在的与人们工作生活密切相关的“网”。据中国互联网络信息中心（CNNIC）统计，截至 2021 年 3 月，我国网民数量已经达到 10 亿多人，同时网购规模增速明显。互联网就像一条路径，使这个世界瞬间变小了，互联网打破了时间和空间的限制，覆盖了整个世界。酒店通过互联网可以将自己的各种图片、文字信息迅速传送到世界各地。世界各地的客户也可以通过网站浏览，获得酒店的所有信息，给酒店管理者反馈信息，与其他人分享其住店体验，也可以与酒店进行实时交流，甚至直接完成网上购买。互联网的发展与应用使酒店与客户的沟通更自由、更及时、更直接，互联网把酒店的市场营销范围扩大到全世界，大大提高了酒店的营销能力，真正实现全球营销的梦想。智慧酒店常用的网络预订，有以下几种途径：第三方营销网站、酒店集团预订平台、酒店自营网站、酒店移动营销。

酒店的工程技术部，更要不断地应用这些新技术、新网络，来为酒店营销提供基础性、保障性的高新技术服务。酒店可以根据自己的运行特点，选择多种途径进行营销，以方便宾客的

预订操作。下面简单介绍一下各种预订途径的特点。

1. 智慧酒店第三方网络营销渠道

智慧酒店第三方网络营销渠道，是非酒店企业通过建设网站，构建一个不分区域、类别和时间限制的销售酒店服务的网站（图 9.2）。宾客可以在其网站上，预订适合自己的酒店并下单。这类网站为宾客提供了便捷，具有规模和集聚效应，使得宾客在了解和查询酒店信息时具有可比性和灵活性。在国内，典型的网站有携程、同程等；在海外，典型的网站有 E-booking 等。

图 9.2 酒店第三方营销网站预订平台

其实，仔细分析各运行模式，不难发现酒店第三方营销平台是通过对酒店前置预订渠道进行流程再造，打破由酒店自身预订的瓶颈，通过网络优化手段为宾客预订提供服务来占领市场的。这个运行平台将分解相当一部分酒店行业的利润，来得到建设网站企业的生存和发展。这个营销途径不是酒店行业能左右的，酒店行业应该认可这种模式，而不是回避，利润是给第三方营销平台拿走一部分了，但行业应该考虑，如何扩大市场，提升经营效益，才能弥补这部分流失的利润。

2. 酒店（集团）自主预订平台

酒店（集团）自主预订平台发展较早，集团预订中心的市场运行较多为国际酒店集团，如万豪集团（图 9.3）、洲际酒店集团和锦江国际等。宾客在网站上的预订，通过预订中心与酒店管理信息系统（PMS）进行同步更新，直接生成前台可以看得到的预订记录。目前，最大的问题是酒店集团如何和第三方平台抗衡，提高网站的点击率，有一定量的点击率，才有可能转化成下单率。

图 9.3 万豪酒店（集团）自主预订平台

3．酒店直接预订模式

酒店直接预订模式是发展的一种预订模式，通过专业订房网站连接酒店管理信息系统中的预订模块，通过直连模式，宾客可以在网站上直接点击客房或其他服务的预订。如把携程等第三方的订房请求直接与酒店管理信息系统（PMS）相连，实现专业订房网站订房处理的全自动操作。这种模式，既减少了酒店的工作量，保证了预订的响应速度和准确率，又无须集团订房中心这样高昂的投入。

任务二　高新技术工程运维的技术创新

一、酒店数字化工程系统框架与智慧运营

1．数字化智慧酒店的工程技术框架

智慧酒店的技术架构的建设是智慧酒店的基础，企业内部的技术框架构建是多个网络建设的结果。智慧酒店的技术框架，需要各种系统的配合，联网和功能性的对接。就技术层面而言将涉及网络技术、计算机技术、通信技术、控制技术、传感技术、视频音频技术、能源控制、交通控制及建筑等相关技术。在此技术框架上，可以推出智慧酒店的各类应用。由于酒店相关其他技术应用比较广泛，也比较成熟，因此，下面重点介绍酒店网络技术框架。

智慧酒店首先必须构建内部局域网，该网络的建设是基础，通过酒店内部网络的建设完成酒店局域网（有线、无线）、内部通信（有线、无线）构建。在这些基础网络结构上，酒店可以运行与自身业务相关的各种业务和应用（图 9.4）。具体包括酒店管理信息系统（HMIS）、酒店网络营销、酒店客房智慧控制、酒店能源系统（电力、给水排水、燃气等）控制、酒店设备控制、酒店宾客服务信息系统、酒店磁卡门禁系统、酒店安防系统（消防报警、安防监控等）、酒店视频（电视）系统、酒店音响（视频）系统、酒店经营数据分析等。当然，酒店的每个系统有各自的技术方案，但智慧酒店最大的特点就是资源整合，做到信息交换、实时控制、传感信号等技术要素的有效配置，最大限度地为酒店提供先进的服务平台，最终为宾客提供良好的体验。

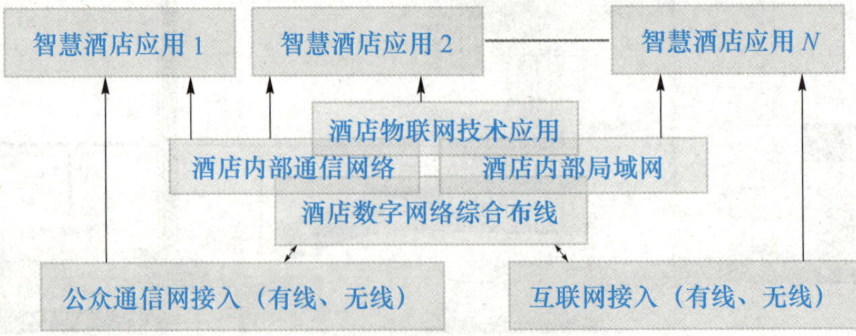

图 9.4　智慧酒店技术（网络）架构

在这个基于数字技术架构上构建的框架，需要对酒店应用的各种工程系统进行整合，形成信息交换（接口）、控制系统的构建、业务应用的设计等，来完成智慧酒店的框架建设。

2. 酒店智慧运营工程技术保障

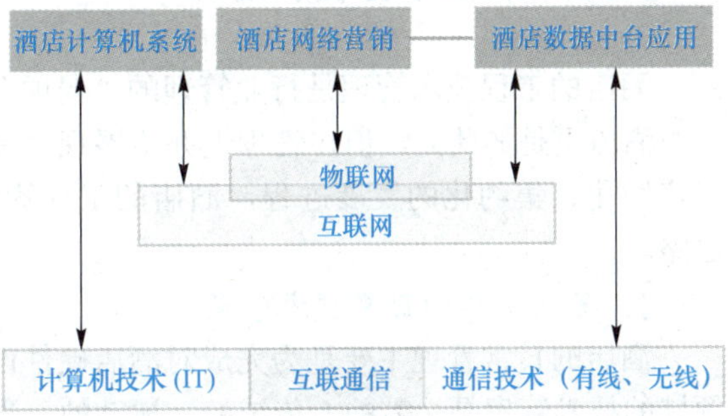

图 9.5　智慧酒店基础技术示意

智慧旅游和智慧酒店的兴起和初步发展，离不开计算机科学（IT）及其应用的大发展，离不开通信网络（有线、无线）不断发展，离不开电子商务迅速普及。智慧酒店基础技术示意如图 9.5 所示。“智慧旅游”是基础性、技术性的架构。它是以互联网、通信网、物联网三网为基础的。而这三个网络的建设是靠国家和大型运营商逐步构建的，作为旅游行业是在此基础上运行应用性业务。较早构建的通信网是以国家级的大型通信企业为基础形成的综合通信网络，这个网络是信息交换的基础，智慧旅游与智慧酒店离不开该网络。互联网的发展和普及已经使各个行业、各个应用领域在此网络上运行各类业务，如电子商务、网络营销，采用云端技术的管理运营等。物联网正在发展中，各个层面的应用在探究中，还有许多技术需要解决。这三个网络将相互融合、相互支撑、相互应用，为智慧地球、智慧城市构建技术性框架。

由于上述三个基础性网络的构成，使智慧旅游成为现实。目前，许多旅游企业提出许多新的应用和设想，这些需求是智慧旅游与酒店发展的新动力，技术厂商也在不断推出新的技术应用，各地的政府大力支持智慧旅游的拓展，游客也正逐步享用这些高科技的应用成果。图 9.6 所示是智慧旅游所展现的三个层面，其中网络层是关键，在不断发展的同时日趋成熟，这个技术层面主要是大家熟悉的互联网和现代通信技术层，其中包括开始发展的 5G 技术。感知层正在逐步形成，这就是目前逐步应用广泛的物联网（IoT）。物联网通过三大技术——传感器技术、标签技术（RFID）和自动控制技术（M2M），在现代自动控制技术、物与物数据传感技术等领域得到渗透式应用。在网络层、感知层的基础上，智慧旅游可以得到逐步推广应用。在此基础上，人们创造性地提出智慧旅游和智慧酒店的各种新的应用、经营模式更迭、服务产品的设计应用。

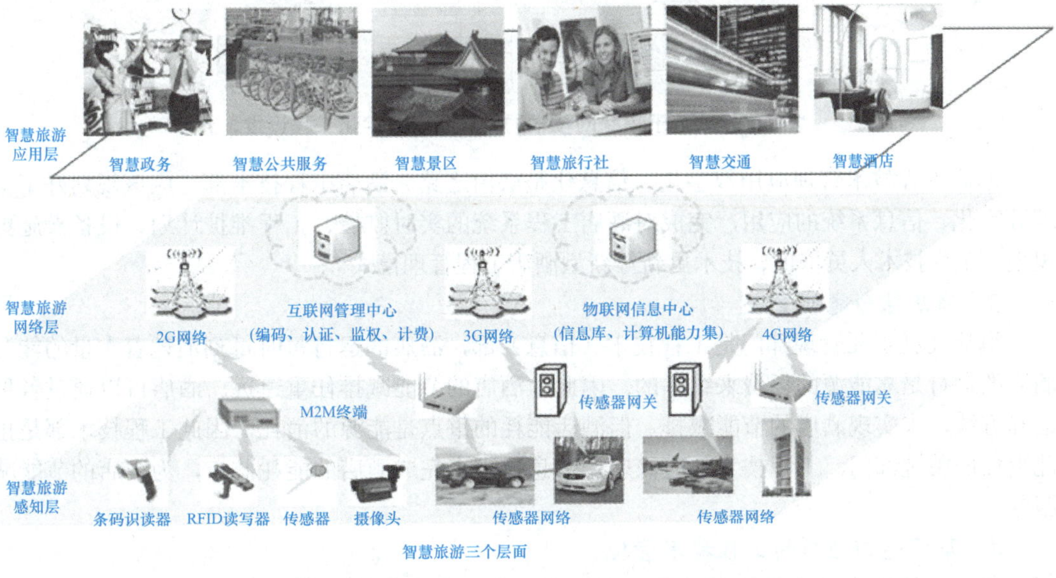

图 9.6　智慧旅游与酒店三个数字技术层面

二、酒店工程数字化智能控制

酒店的工程技术管理是行业管理的“弱项”，虽然酒店使用较高端的工程设备和系统（高星级酒店更是如此），但在管理上并不展现“高明”之处，这和酒店的经营氛围有关，随着酒店集团化、集约化的发展进程，酒店的工程管理也应该走上数字化、规模化、集约化的发展之路。

1. 酒店工程的日常技术管理

酒店的日常管理主要是为完成对酒店硬件设备设施的维护保养，确保酒店正常运行，这个领域的技术管理是必需的、传统的、被动的。当各个设备报修时，工程技术部分配相对应的技术员工进行维修。这个工作量在传统的工程技术管理中占 90%。但随着酒店行业的发展，这种被动的模式将会被更好的管理模式取代。但现场维护和维修是必需的，怎样使现场维修质量提高，速度更快，值得探究。

2. 酒店工程的运维数字化技术应用

酒店的所有设备设施和工程系统都有自身的运行规律，酒店工程技术部应该用产品生命周期、酒店营运规律、工程控制理论、项目管理等理论，来实践酒店工程技术管理的新模式。新的模式应该充分应用数字化、信息化和物联网技术（图 9.7），来管理酒店的设备设施，做好酒店年度维护保养计划，使酒店工程技术管理具有预见性、计划性、科学性和前瞻性，在酒店经营管理上具有主动权。

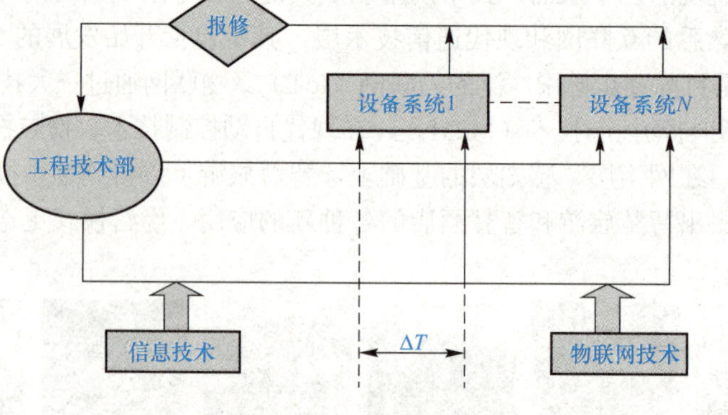

图 9.7　基于物联网技术的智慧酒店数字化工程运维

酒店工程技术管理应用数字化、信息化是必由之路。酒店工程技术部，应该规划好工程管理数字化、信息系统的应用，完成对酒店工程系统的实时监控、工程维护计划、设备设施更新规划、工程技术人员培训、技术更新等新型酒店工程管理模式。

3. 酒店综合能耗管理

酒店能耗主要管理部门是工程技术（信息）部，酒店的运行每时每刻消耗着大量的能源，酒店的运行是靠能源的耗费来维系的。因此，酒店的节能减排任重道远。酒店可以通过各种渠道和方法，来实现酒店的节能减排，但酒店能耗的重点是能源的消耗，因此工程技术部是担负此责任的关键部门。工程技术部应该应用信息技术来完成酒店的能耗监控，为酒店的节能减排服务。

4. 集团连锁酒店的工程技术管理

集团连锁酒店的工程技术管理，要靠规模化、集约化的运行模式来管理。集团层面将监控每个酒店的运维状况：第一，可以对集团酒店的重要设备进行实时监控，掌控其运行状况，做到集约化管理的效应，这里主要基于物联网技术的应用；第二，实施酒店工程系统的预警机制，做好控制点的维修和维护；第三，与酒店工程技术支持厂商联动，做到维护的及时性、预见性和可靠性的同步化管理。

任务三　酒店工程技术管理制度

酒店可控和高效的运行，离不开酒店工程系统和设备设施在标准状况下运转。要使酒店所有工程系统、设备设施正常运行，必须按照科学规律和方法进行管理。而管理这些系统是酒店工程技术部的主要职责。酒店每一个部门的运作、经营和管理都离不开制度的建设，酒店工程技术部管理制度是在酒店整体制度的框架下建立的，建立该管理制度是必要的。工程技术部的管理制度在日常工程技术运作中有着不可替代的作用。一个经营良好的企业一定是有一套好的制度作保障的，在数字化时代，工程技术运营更是如此。

一、酒店工程与前台经营融合一体

在数字化技术推进时代，酒店工程技术需要前移，许多高新技术应用将直接为客人服务，如智能机器人、自助入住、客房温度智能控制等。因此技术变化必将使工程技术部门的职责、功能、技术管理等发生变革。

酒店工程技术部在酒店经营管理中的作用和地位，一直是备受争议的，有的认为很重要，有的认为是二线部门等。其实，种种认识都是与酒店自身规模、类型和酒店自身发展周期有关联的。该书在第一个项目中对此进行了清晰的描述。本项目主要讨论酒店工程技术部和酒店前台经营的关系。

1. 相互融合和不断交叉的关系

我国酒店业从改革开放后开始，取得了高速度的发展。工程技术部作为酒店开业前的重要和必需的部门，发挥了必要的作用。但从酒店业这个业态和酒店自身发展高度看，酒店的工程技术部和酒店的各个部门是一个相互融合的关系。我们所说的融合关系，是指在酒店的规划、筹建、建设、试营业、营业、再装修改造等“产品周期”过程中，酒店工程技术部和其他各个部门是“你中有我、我中有你，谁都离不开谁”的关系。这种相互融合的关系表现为以下几个方面：

（1）工程技术部是酒店的工程技术部门，酒店的营业离不开酒店的“硬件”，是经营的基础。

（2）酒店业的发展，需要在酒店规划开始，就有市场定位、经营销售的引领元素加入，由此工程技术部的规划、设计等阶段就开始和酒店的前台经营融合了。

（3）酒店的正式营业阶段，工程技术部作为酒店的一个能源、维修管理部门，在经营管理中起到举足轻重的作用，该部门必须站在酒店企业的高度认识和处理问题，既要掌握好费用的使用，执行好年度计划，又要保障酒店的前台经营。这个过程就是和前台经营部门不断融合的过程。酒店工程技术部的费用控制，直接影响整个酒店企业的经济效益。

酒店工程技术部与前台经营是不断交叉的关系。数字时代，出现新的技术、新的管理理念、新的模式、新的业态等，这些都会影响酒店的发展，如信息化和工业化的融合，使酒店的管理、营销发生了根本的变革。工程技术部一定要起到引进新技术到酒店的“领头羊”的作用，如酒店的计算机技术引进、应用是工程技术部的重要责任。节能技术的不断应用，工程技术部应担当起当仁不让的作用。这和前台经营是不可分割的。工程技术部要不断支持前台的新技术应用。

酒店业的发展，在组织架构上也会发生变革，如现在许多酒店成立“数字化网络营销部”。网络营销部就是营销加网络技术的产物。从酒店企业的角度看，就是营销部门和工程技术部结合的产物，是融合和交叉的结晶。

2. 共同体的关系

酒店的工程技术部和酒店其他部门是共同体的关系，这个可以用“冰山效应”表述，酒店工程技术部在酒店经营中，是在海水下面的冰山。但不管是海水上面的冰山，还是海水下面的冰山，彼此不能分离，在市场竞争上是一个共同体的关系。企业之间的竞争就像“冰山的碰撞”不仅仅在海平面上（图 9.8），更多的是在海平面以下进行“竞争”。工程技术部在“海平面”以下，应担当起市场竞争的重要角色，该部门必须“托起”酒店的前台，与别的酒店企业竞争、碰撞，在市场上竞争，这个过程中酒店的所有部门是在一个“共同体”下生存、竞争和取得成就的。

图 9.8　冰山效应

二、酒店工程技术部的组织架构

工程技术部是酒店企业硬件和相关软件运行、控制和综合管理的职能部门，即工程技术部必须保障酒店每个工程系统、设备设施在正常工况下运行。随着信息时代的发展，在此建议酒店的工程技术部更名为“酒店工程技术部”，这样可以更好地适应日益增长的酒店信息化技术工作的需求，能更好地为酒店经营管理和发展服务。

酒店工程技术部的管理和运行目标：保持酒店建筑结构、设备、设施在标准状态下的运行，根据酒店的总体经营目标，在有计划和可控的状况下，为前台经营服务，从而和酒店的所有部门融合在一起为宾客服务。在数字化推进时代，更需要技术部门提出高新技术应用方案，为酒店的整体经营目标而科学地、创造性地工作。在这一前提下，许多酒店根据自身的情况配置了适合自己的工程技术部组织架构，现介绍如下。

1. 酒店组织架构简介

酒店工程技术部作为酒店一个重要的部门，起到了日常经营不可缺少的作用。要认识工程技术部的组织机构，先要认识酒店的整体组织机构，也就是，我们先要从整个酒店的组织架构认识工程技术部的作用或地位。从酒店组织结构图中可以看出许多酒店在组织架构上有以下几个特点：

（1）酒店的组织架构，一般为扁平式，这样的结构有利于酒店高效运作。

（2）在许多酒店工程技术部会由一名副总经理分管，但在一些高星级（大型）酒店，会设置工程技术部总监这一岗位。

（3）各个酒店企业根据自己的从属关系、规模和经营情况，组织架构会有所不同。如有的高星级酒店设立营销部和营销总监，有的设立营销销售部，有的设立销售部。随着网络时代的发展，许多酒店设立网络营销部或网络销售部。

（4）人力资源部和财务部往往是总经理直接管理。

（5）就个体酒店而言，随着时代发展，各个酒店在经营过程中，根据经营目标、市场情况、从属关系、领导风格、管理模式（包括流程再造 BPM、新技术应用）等情况，会对组织架构进行调整，以更加符合市场变化，使酒店管理的效率更高，以期望更高的经济效益。因此，酒店的组织结构是相对稳定的结构。

（6）工程技术部作为一个基础、重要部门，在日常运行中发挥不可或缺的作用，但随着数字时代的到来，其作用会发生变化。特别是数字时代和管理理念变化，将使其作用和地位发生改变。例如，工程技术部对计算机网络技术的掌控要求日益提高，信息化会使工程技术部对设备、设施管理的方法、手段、途径进行变革，有的会发生流程再造或管理模式的变革。

2. 酒店工程技术部组织结构

如图 9.9 所示是根据技术专业性的配置模式进行划分的工程技术部组织结构图。这种工程技术部的组织结构是我国早期酒店采用的管理模式，比较传统、专业性高、专业技术人员配置多，效率低。

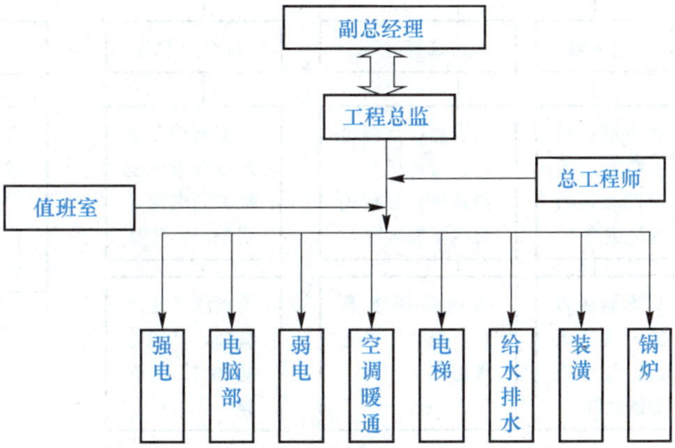

图 9.9　酒店工程技术部专业模型组织架构

随着酒店行业的发展，酒店的组织结构也随之变革。工程技术部的工作模式也发生了变化，如数字技术应用、工程领域的服务外包、远程控制、物联网的应用以及新管理模式使这种传统模式发生了变革，便产生了综合化的管理模式和组织结构（图 9.10）。

酒店工程技术部综合化的管理模式符合酒店管理发展趋势，更符合社会发展的专业化、集约化的发展趋势。许多酒店的工程设备和实施实行了服务外包，这样既做到了专业化的维护保养，又节省了人员费用。这个趋势是好的发展方向，并且不以人的意志为转移。在这里特别要提到的是，连锁酒店（集团）在工程技术上，会采用更集约化的管理模式，集团会统一配置各种专业的技术人员（服务团队），为集团下属的企业服务。有的采用新的远程控制技术，使效率更高。随着物联网技术的应用和发展，各种在互联网上的控制、监控技术会不断产生，必将会产生新的管理模式。

酒店工程技术部新的组织结构将传统过多的专业配置进行贯通，形成新的综合管理模式，如酒店弱电系统和信息技术组合并形成信息技术小组；传统冷冻小组和管道组合并形成冷冻管道组等。这样的模式是酒店适应市场和新技术应用的需要。各个专业小组的工作内容如图 9.11 所示。

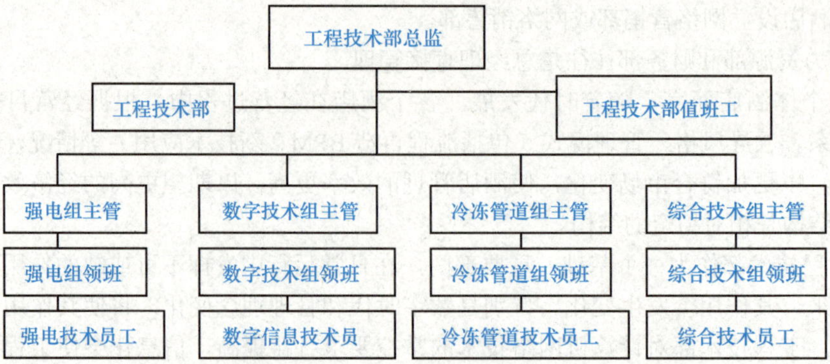

图 9.10　酒店工程技术部综合化的管理模式组织结构图

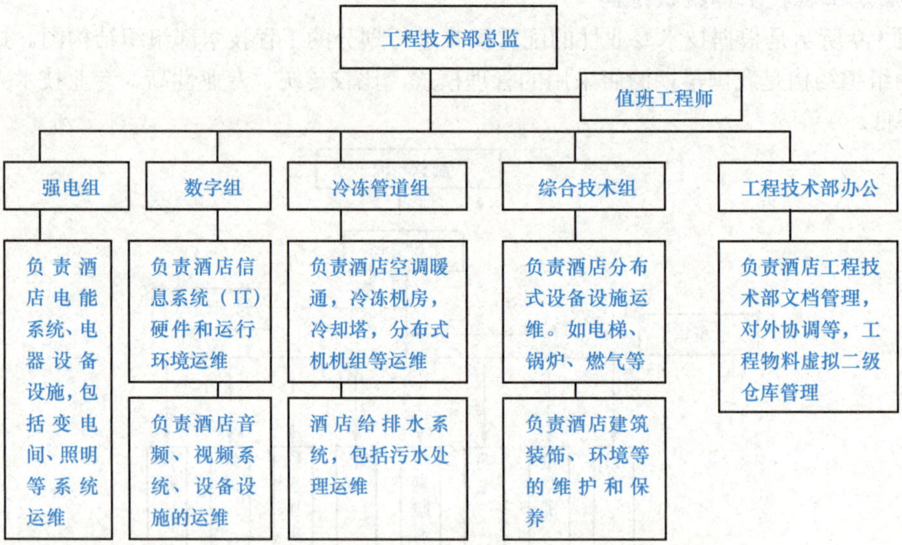

图 9.11　酒店工程技术部组织结构和工程技术分配图

3. 酒店工程技术部的管理层级

酒店工程技术部的管理层级一般设置如下：

酒店中层级：工程技术部总监（总工程师）。

酒店中层副级或者以上：工程技术部副经理或值班工程师。

酒店主管级：经理助理、强电技术主管、数字技术主管、冷冻管道主管、综合技术主管。

酒店领班级：强电技术领班、数字技术领班、冷冻管道技术领班、综合技术领班等。

酒店员工级：强电技术员工、计算机技术员工、冷冻管道技术员工、综合技术员工、工程技术部办公室文员等。

三、酒店工程技术部制度建立

（一）酒店工程技术部管理制度

酒店工程技术部是一个工程技术应用的综合部门，要使酒店工程技术部能够在酒店总经理统一领导下有效开展工作，首先，必须建立一套工程技术部的管理制度，而管理制度的建立要符合相关法律法规，如制度符合社会相关部门法规或行业相关的法规、标准等。其次，管理制度建立要通过企业的职代会讨论和通过，并由酒店的权威部门（如总经理室、人事部等）下达执行，一旦执行在其适用范围内具有强制约作用和性质，下面介绍酒店工程技术部的管理制度。

1. 酒店工程管理制度的概念

企业的管理制度（Managerial Systems）是企业管理的原则、体制和内部管理方法等规定的总称。它是企业对一系列管理机制、管理原则、管理方法以及管理机构设置等规范的总和。

酒店是企业的一种类型，酒店企业管理制度符合一般企业管理制度的规则，酒店企业管理制度，也和其他类企业一样，是以产权制度为核心，同时建立企业组织制度和企业管理制度。这里有三个基本制度（含义）：

第一是酒店企业的产权制度。它是指界定和保护参与酒店企业的个人或经济组织的财产权利的法律和规则。

第二是酒店企业的组织制度。它是指酒店企业组织形式的制度安排，它规定了酒店企业内部的权责、分工、协作和分配关系等。

第三是酒店企业的管理制度。该制度就是具体地制定酒店企业在管理酒店企业文化、管理组织机构、管理人才、管理方法、管理手段、管理途径等一系列规则。

在上面三项制度中，产权制度是决定酒店企业组织和管理的基础，酒店企业组织制度和管理制度则在一定程度上反映了酒店企业财产权利的安排，因而这三者共同构成了现代酒店企业管理制度。酒店企业管理制度的核心是解决企业与主管部门（如董事会）以及酒店企业与员工之间的利益分配等关系。随着酒店管理理论的不断丰富、生产力的发展和生产关系的调整，酒店企业的管理制度也需要不断地调整和修订。

2. 酒店岗位职责的概念

岗位职责是由岗位和职责组成，岗位是组织为完成某项任务而确立的，由工种、职务、职称和等级内容组成；职责是职务与责任的统一，由授权范围和相应的责任两部分组成。任何岗位职责都是一个责任、权利与义务的综合体，有多大的权利就应该承担多大的责任，有多大的权利和责任应该尽多大的义务，任何割裂开来的做法都会发生问题。不明确自己的岗位职责，就不明确自己的定位，就不知道应该干什么、怎么干、干到什么程度。酒店企业的岗位职责是与酒店的各个岗位匹配的。

3. 管理制度和岗位职责的区别

岗位职责是指一个岗位所要求的、需要去完成的工作内容以及应当承担的责任范围。制度是一个企业比较大的组织原则和统领性的纲要。当然酒店每个部门有自己的一些制度，制度往往带有共同性的规则。由此可以看出，管理制度和岗位职责是有区别的，许多酒店企业把管理制度和岗位职责混在一起，这样操作就比较困难。两者之间区别如下：

第一，管理制度是带有普遍性的管理法规，如考勤制度、工资薪酬、奖惩制度、安全制度等。这些适合酒店企业的所有员工，包括酒店高级管理层。

第二，岗位职责是针对某一个岗位确定具体员工的岗位职责和责任，如酒店工程技术部经理的岗位职责、酒店工程技术部电工的岗位职责等。每个岗位的员工必须做好自身岗位的工作，这样才能保障酒店企业经营目标的完成。

第三，管理制度的适用范围更大，岗位职责范围相对较小。岗位职责的制定要服从管理制度的“大法”。

第四，在岗位职责的制定过程中，对重大的、重要的岗位操作要制定相应的操作流程，如强电工的配送电操作流程、计算机管理员的数据保存操作流程等。

第五，管理制度的支撑点是法律法规、企业的董事会、职代会。岗位职责的支撑点是行业行规、技术操作规程、技术操作流程、技术规范等。岗位职责要符合国家部门的法规，如人事保障部等，许多条款无须董事会和职代会通过。

图 9.12 所示为酒店工程技术部管理制度和岗位职责关系的示意。从图中可以看出两者之间的关系和区别以及其各自的制定的依据和支撑点。

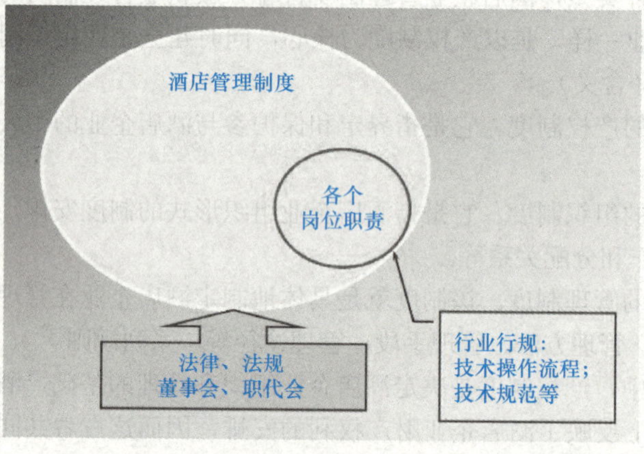

图 9.12　酒店管理制度和岗位职责的关系示意

（二）酒店工程技术部管理制度介绍

酒店工程技术部的管理制度是酒店各种管理制度的组成部分，该管理制度的制定和执行是在酒店企业统一的范畴下进行的。一般的工程技术部管理制度会有下面几种具有共性的制度：

（1）酒店工程技术部部门例会制度。酒店工程技术部部门例会制度是在总经理室领导下，协同各个部门积极开展工作，为完成各项任务，按管理要求举行的例会制度。制度对会议时间、地点、会议主持、会议记录、参加人员、列席人员、会议质量、会议档案等要素进行规范。

（2）酒店工程技术部安全操作管理制度。酒店工程技术部安全操作管理制度涉及工程技术部的全部工种，如电工（配电间）、电梯维修工（机房）、管道工、锅炉工、空调操作工、装修维修工、焊工、弱电工程师（操作）等。这个安全管理制度适用酒店其他部门，如高空作业的安全制度等。

（3）酒店（工程技术部）设备、实施管理制度。这类的管理制度更适用酒店的各个部门，如设备选购制度、设备改装、移装制度、设备使用保养制度、设备报废制度、设备事故责任制度等。

（4）酒店工程技术部能源管理制度。酒店工程技术部能源管理制度涉及酒店的各个部门，该制度从酒店企业的高度，对全酒店的能源进行管理和监控。该制度具体执行条款有以下几个方面：

第一，能源计划与用能源管理制度。各部门要制定节能降耗年度工作目标和计划，并检查和总结计划执行情况。对各部门的各种能耗进行考核，并计算出能耗成本和费用情况，并及时反馈上报。

第二，节电管理制度。实行部门用电及重要用电设备分表考核制度。照明系统应保证有合理照度，根据不同场合要求，优先选用光效高、显色性好的节能光源及高效灯具，并根据各种光源的有效寿命，制定更新周期，维持光效水平。

第三，空调暖通系统节能管理制度。根据不同负荷要求，冷冻机选用几台机组并联运行，合理控制冷冻水、冷却水温度和水质，客房和空调调温控制，提出改进加热优选方式。

第四，节水管理制度。主要用水部门实行分表考核，应有专人负责抄表，根据供水指标实行计划用水，建立供水责任制度；员工发现跑、冒、滴、漏现象应及时报修；对冷却水和锅炉凝结水应重复利用或采用二次循环用水。

第五，节油气管理制度。燃料油入库应建立收、发、盘、存台账，消耗应有分班、分炉计量数据；每班填写“锅炉运行日志”，并每月统计汇总一次。锅炉烟道、风道、炉墙、看火门等处不得有明显隙缝，排污阀、逆止阀必须开关灵活；各种蒸汽阀门、热力管道必须保温。用汽设备的凝结水出口处，必须有与之相匹配的疏水阀。

第六，能源计量管理与统计报表制度。执行电、水、煤气、油等一、二、三级检测率达到所在地技术监督局规定的计量标准；对大容量、高能耗设备实行单台消耗计量；每年统计每万元营业收入能耗比（耗电、燃油、煤气、水等）。

第七，节能培训制度。工程技术部制定酒店节能培训计划，按计划对节能管理岗位进行技术管理培训；配合人力资源部，完成酒店节能减排的培训工作。

（5）酒店工程技术部安全运行制度。根据人力资源和劳动部门有关规定，组织对电工、司炉工、电（气）焊工等特殊工种员工进行考核，持有操作证的才能上岗。制度要规定加强劳动安全教育，在进行有危险的设备检修时，管理员或经理应亲自到场。对易燃、易爆物品必须存放在危险品仓库妥善保管，并应控制最大存放量。对重要机房如配电房、锅炉房、冷冻机房、电梯机房等应设警戒牌，严禁非工作人员入内。对水箱、蓄水池的入口处，机房、技术层设施、配电房等均应上锁，钥匙应由专人保管。对外单位施工人员，必须进行安全教育，并签订安全协议书。对各配备设施的接地设施，要定期检查保养；其接地电阻值应符合规范要求。工程技术部每年应检查一次，相关部门配合检查。对酒店内进行电气焊活动、燃放烟花等必须取得动火证等。

（6）酒店工程系统日常报修制度。酒店应该按制度规定设立酒店工程技术部专门报修电话，24 小时有内勤或部门值班接听。工程技术部值班在接到报修单或接到电话报修，要问清维修内容、地点等，认真做好记录，并及时派相关技术人员到现场维修。维修结束，应请使用部门员工认可，现场如有客人，在维修前和维修后都要主动与客人适度表示礼仪。维修中要注意现场环境，不随意弄脏设施。维修结束后要处理现场废弃物，保持现场整洁。技术人员到现场进行维修，如无法解决，应及时向管理员或部门汇报。工程技术部管理员应掌握了解维修情况，如有问题，要及时提出方案，采取措施，重大问题向部门汇报。影响酒店经营的要向总经理室汇报。

（7）酒店工程技术部交、接班制度。酒店工程技术部制度要求接班人员必须提前 10 分钟到岗。交班人员在接班人员未到达之前或未完成交接班工作之前，不得离开岗位。交班人员必须按要求填写交班工作记录，并将工作情况向接班人员交代清楚；接班人员应认真阅读值班记录，听取情况介绍。交班人员应如实回答接班人员提出的问题，并共同检查系统运行状况。接班人员发现交班人员未完成应做的工作，应及时提出并要求其继续履行职责，同时向值班中心汇报。在处理重大设备故障、遇险抢修，并且部门要求限时完成的情况下，交班人员不得交班，并向接班人员讲明情况，要求配合做好工作。中、夜班值班人员对一般可处理的故障，应及时排除，难以修复的应尽力做好应急处理，并将情况详细记录在值班簿上。因维修需要而人员不足时，现场维修人员有责任组织其他班组成员协助工作，在保证系统正常运行的情况下，其他班组成员不得推诿。必要时，维修人员可向部门或酒店总值班经理汇报情况，请求支持。交班人员在工作时限已过，接班人员未到岗的情况下，应继续在岗工作，并及时向值班中心和部门负责人汇报。

（8）酒店工程突发故障或事件处置报告制度。酒店工程技术部建立重大系统、设备设施故障或事件处理紧急预案，上报总经理审批，审核后，批复执行。对酒店工程重大系统、设备设施故障或事件处理启动，需要上报工程技术部总监批准，其他相关部门配合，同时工程技术部总监上报总经理。酒店工程重大系统、设备设施故障或事件处理完毕后，需恢复现场，并由工程技术部总监或经理上报酒店总经理。酒店工程重大系统、设备设施故障或事件处理完毕后，由系统的班组写分析报告，找原因并对处置进行小结。酒店工程技术部总监对修订该系统故障和事件处置预案进行负重处置。

（9）连锁酒店计算机数据传送工作制度。连锁酒店所有相关操作者，须持有信息技术（IT）相关技术证书或上岗证。每天按规定时间节点上传和下载相关计算机数据，并做好记录，记录内容包括文件生成时间和大小。数据异常，及时与总部计算机数据中心联系，不能马上处置的，马上报告信息主管。执行酒店数据处理的保密制度，如发生数据泄露，将立即报告工程技术部总监，由酒店相关部门按有关法律和酒店制度处置。

（10）酒店日常报表报送工作制度。酒店报表报送的相关操作者，须持有数据信息技术（IT）相关技术证书或上岗证。每天按规定时间节点上传和下载相关计算机数据，并做好记录，记录内容包括文件生成时间和大小。按规程进行上传和下载数据处理，保存、复制、覆盖等。数据异常应及时与总部计算机数据中心联系，不能马上处置的，马上报告信息主管，信息主管应报总经理。执行酒店数据处理的保密制度，如发生数据泄露，将立即报告工程技术部总监，由酒店相关部门按有关法律和酒店制度处置。

上述内容是对酒店工程技术部一些制度进行了介绍，具体的酒店工程技术部制度，要根据每个酒店自身的资源要素（星级、规模、市场、技术人员、设施、设备等）进行合理配置，这个制度的建立在很大程度上，取决于酒店聘任的工程技术部经理（或总监）的技术、管理的水准。酒店工程技术部的制度建立和执行也要根据酒店集团的状况，如果是连锁酒店集团，则要重新布局。随着时代的发展，新的技术、管理方法、厂商的服务模式，无不影响着酒店的管理制度，由此该制度要及时修改，适应管理模式的发展。例如，现在酒店电梯维护保养的外包越来越多；再如，大型酒店的中央空调实行厂商远程监控等。

四、酒店工程技术部岗位职责

（一）酒店工程技术部岗位职责确定

前面已经介绍了岗位职责的概念，这里要说明岗位职责的具体内容及其确定要素。酒店工程技术部的岗位职责内容及其确定要素如下：

（1）根据工作任务的需要确立工作岗位名称及其数量。

（2）根据岗位工种确定岗位职务范围。

（3）根据工种性质确定岗位使用的设备、工具和工作质量效率等。

（4）明确岗位环境和确定岗位任职资格。

（5）确定各个岗位之间的相互关系。

（6）根据岗位的性质明确实现岗位目标的责任。

（二）实行岗位职责管理的作用和意义

实行岗位职责管理可以最大限度地实现劳动用工的科学配置，提高工作效率和工作质量，有效地防止因职务重叠而发生的工作扯皮现象。提高内部竞争活力，更好地发现和使用人才，是酒店企业考核的依据。规范操作行为，减少违章行为和违章事故的发生。

（三）制定酒店工程技术部岗位职责的原则

1. 明确岗位的性质

要求酒店工程技术部的技术人员真正明白岗位的工作性质。岗位工作的压力不是来自他人，而是由此岗位上的工作人员发自内心自觉自愿地产生，从而转变为主动工作的动力，推动此岗位员工参与设定岗位目标，并努力激励他实现这个目标。因此，岗位的目标设定、准备实施、实施后的评定工作都必须由此岗位员工承担，让岗位员工认识到这个岗位中所发生的任何问题，并自己着手解决这些问题，技术人员的主管仅仅只是起辅助的作用，技术人员的岗位工作是为自己做的，而不是为主管或者老板做的，这个岗位是个人展现能力和人生价值的舞台。在这个岗位上各阶段工作的执行，应该由岗位上的员工主动发挥创造力，靠自己的自我努力和自我协调的能力去完成。员工必须在本职岗位的工作中主动发挥自我解决、自我判断、独立解决问题的能力，以求工作成果的绩效实现最大化。因此，企业应激励各岗位工作人员除了主动承担自己必须执行的本职工作外，也应主动参加自我决策和对工作完成状况的自我评价。

2. 岗位职责的包容性

酒店企业在制定岗位职责时，要考虑尽可能一个岗位包含多项工作内容，以便发挥岗位上员工的其他才能。丰富的岗位职责内容，可以促使一个多面手的员工充分地发挥各种技能，也会收到激励员工主动积极工作的意愿的效果。

3. 岗位职责的可发展性

在企业人力资源许可的情况下，可在有些岗位职责里设定针对固定期间内出色完成既定任务之后，可以获得转换到其他岗位的工作的权利。通过工作岗位转换，丰富了企业员工整体的知识领域和操作技能，同时也营造酒店企业各岗位员工之间和谐融洽的酒店企业文化氛围。

（四）岗位职责的构建方法

1. 岗位职责构建下行法

下行法是一种基于组织战略，并以流程为依托进行工作职责分解的系统方法。具体来说，就是通过战略分解得到职责的具体内容，然后通过流程分析来界定在这些职责中，该职位应该扮演什么样的角色，应该拥有什么样的权限。利用下行法构建工作职责的具体步骤如下：

第一步，确定职位目的。根据组织的战略目标和酒店工程技术部门的职能定位，确定岗位和职位设置的目的，说明设立该职位的总体目标，即要精练地陈述出本岗位为什么存在，它对组织的特殊（或者是独一无二）贡献是什么，使酒店工程技术部人员能够通过阅读职位目的而辨析此工作与其他工作目标的不同。岗位职责的一般编写的格式：工作依据＋工作内容（职位的核心职责）＋工作成果。

第二步，分解关键成果领域。通过对酒店工程技术部岗位目的的分解得到该职位的关键成果领域。所谓关键成果领域，是指一个职位需要在哪几个方面取得成果，来实现职位的目的。利用任务分解图作为工具对工程技术部技术岗位进行职位目的的分解，得到岗位的关键成果领域。

第三步，确定职责目标。确定酒店工程技术部职责目标，即确定该职位在该岗位必须取得的成果。因为职责的描述是要说明工作持有人所负有的职责以及工作所要求的最终结果，因此，从成果导向出发，应该明确岗位要达到的目标，并确保每项目标不能偏离原来职位的标准与要求。

第四步，确定工作职责。如上所述，通过确定酒店工程技术部人员职责目标表达了该职位职责的最终结果，那么本步骤就是要在此基础上来确定任职者到底要进行什么样的活动，承担什么样的职责，才能达成这些目标。因为每一项职责都是业务流程落实到职位的一项或几项活动（任务），所以该职位在每项职责中承担的责任应根据流程而确定，也就是说，确定应负的职责即确定该职位在流程中所扮演的角色。在确定岗位职责时，职位责任点应根据信息的流入流出确定。信息传至该职位，表示流程责任转移至该职位；经此职位加工后，信息传出，表示责任传至流程中的下一个职位。该原理体现了“基于流程”“明确责任”的特点。

第五步，进行职责描述。岗位职责描述是要说明工作持有人所负有的职责以及工作所要求的最终结果，因此，通过以上步骤明确了职责目标和主要职责后，就可以将两部分结合起来，对岗位职责进行描述，即职责描述＝做什么＋工作结果。

2. 岗位职责构建上行法

上行法与下行法在分析思路上正好相反，它是一种自下而上的“归纳法”。具体来说，就是从工作要素出发，通过对基础性的工作活动进行逻辑上的归类，形成工作任务，并进一步根据工作任务的归类，得到职责描述。虽然上行法较下行法来说不是一种特别系统的分解方法，但在实际工作中更为实用、更具操作性。利用上行法撰写岗位职责的步骤如下：

第一步，罗列和归并基础性的工作活动（工作要素），并据此明确列举出必须执行的任务。

第二步，指出每项工作任务的目的或目标。

第三步，分析工作任务并归并相关任务。

第四步，简要描述各部分的主要职责。

第五步，按各项职责对应职位的工作目的，完善职责描述。

上面介绍的构建酒店工程技术部岗位职责的方法，也适用酒店其他部门的岗位职责的构建。再次强调，每个酒店一定要根据自己情况进行构建。

（五）酒店工程技术部岗位职责的设置实践样本

酒店工程技术部岗位很多，此处我们仅列举重要的岗位及其职责，以供学习参考。

1．工程技术部总监岗位与工作职责

<table>
<tr><td>岗位名称</td><td>工程技术部总监</td><td>岗位职级</td><td>总监级</td><td>岗位代码</td><td>E01</td></tr>
<tr><td>直属上级</td><td>总经理</td><td>直接下级</td><td colspan="3">经理助理、值班工程师和主管</td></tr>
<tr><td colspan="2">主要横向沟通岗位或部门</td><td colspan="4">酒店各个部门经理</td></tr>
<tr><td colspan="6">职务概述</td></tr>
<tr><td colspan="6">全面负责酒店工程技术部的经营管理和技术工作，对总经理负责，保障酒店所有工程系统、设备设施正常运行，完成总经理和集团层面下达的相关工程任务和指令，不断跟进工程新技术的应用和推广，尤其是数字、信息技术的应用，规划酒店节能减排工作，以前台经营部门为服务对象，完成酒店的经营目标</td></tr>
<tr><td colspan="6">岗位任职条件</td></tr>
<tr><td colspan="6">基本素质：1. 责任心强，善于沟通，具备组织协调能力，具有相当的管理知识和能力。
2．掌握酒店企业管理一般理论知识，具备丰富的酒店工程技术专业知识，有对现代化酒店应用的信息技术、电力、管道、空调、电梯等技术的技术应用专业知识和实际工作的技术组织和指挥能力。
3．熟悉酒店的前台经营，具备酒店客房、餐饮、厨房、娱乐等前台部门经营管理知识。
4．具备酒店基本的规划和工程项目更新、改造的规划能力、工程预算能力、部门年度计划能力。
5．具有一定外语（英语）能力。
教育背景：具有大学本科及本科以上学历。
性格要求：严谨、思维缜密、处事果敢。
持证要求：具有高级工程师专业技术职称。
培训经历：受过酒店工程管理等相关方面的培训或获得相关职业资格证书。
工作经历：5 年以上合资酒店管理经验及 3 年以上酒店工程管理经历</td></tr>
<tr><td colspan="6">岗位职责</td></tr>
<tr><td colspan="6">1．在总经理的领导下，负责部门日常运行与管理工作，主持部门工作例会，协同酒店其他部门的工作。
2．制定本部门的组织机构和管理运行模式，使其运行高效、合理，保障酒店设备、设施正常运行，保障建筑和装潢的完好，负责酒店重大工程检修与抢修工作。
3．编制部门年度工作计划，编审部门年度预算，编制酒店工程系统、项目维修预算，审核部门月度费用执行情况，审核各类系统、设备设施的维修、执行情况，报总经理审阅。
4．负责酒店能源节能减排工作，控制和管理酒店的水、电、气等的能耗，提出节能技术措施和改造计划。
5．负责酒店信息化技术应用推广工作，为酒店经营管理提出信息化新技术应用，为酒店经营提出全局性的应用技术方案。
6．参与和规划酒店重大基改工程项目的规划、组织、实施。
7．配合保安部搞好消防、技防等安全工作。
8．制定工程技术部内部员工培训计划，按计划对员工进行业务技能、服务意识、基本素质的培训。配合培训部制定酒店内部工程系统、设备实施操作培训。
9．建立完整的工程系统、设备设施技术档案和维修档案。
10．注重工程技术团队建设，关心员工思想和生活、技术水准等，创建和建设一支优秀的工程技术团队。
11．每月 30 日前应完成下列任务（以书面报告的形式上交总经理助理）：
（1）部门当月工作执行情况和部门的工作小结。
（2）会同副经理、经理助理编制的部门下月工作计划、费用调整计划。
（3）审核酒店当月的各种能源消耗数据、处理和报告。
（4）对主管以上的管理人员的工作评估。
（5）签署文员报告的部门人员出勤、奖金分配情况报告</td></tr>
</table>

2. 工程技术部经理岗位与工作职责

<table>
<tr><td>岗位名称</td><td>工程技术部经理</td><td>岗位职级</td><td>部门正职</td><td>岗位代码</td><td>E02</td></tr>
<tr><td>直属上级</td><td>工程技术部总监</td><td>直接下级</td><td colspan="3">值班工程师和各种系统主管</td></tr>
<tr><td colspan="2">主要横向沟通岗位或部门</td><td colspan="4">酒店各个部门经理、副经理等</td></tr>
<tr><td colspan="6">职务概述</td></tr>
<tr><td colspan="6">协助工程技术部总监做好酒店工程技术部的工作，执行酒店年度计划，协助酒店工程技术部总监确保酒店工程系统运行正常，确保酒店设备设施达到一定的完好率，向工程技术部总监提出合理化建议，熟悉应用信息技术，使酒店工程技术部高效运作，为前台和客人提供达标的经营环境，确保酒店的综合竞争力</td></tr>
<tr><td colspan="6">岗位任职条件</td></tr>
<tr><td colspan="6">基本素质：1. 责任心强，具有一定的酒店管理知识和能力。
2. 具有组织管理能力、沟通能力，能协调各部门的相互关系。
3. 具有丰富的酒店工程技术管理专业知识。
4. 具有现代酒店工程系统的专业知识，对酒店工程系统了解较全面，对酒店供电系统、信息技术系统、制冷和暖通、电梯、分布式设备设施等有 2～3 项特别专业专长。
5. 具有外语（英语）基础。
教育背景：具有大学本科及本科以上学历。
性格要求：认真、仔细、工程技术意识强。
持证要求：具有高级工程师专业技术职称或工程师专业技术职称。
培训经历：受过酒店工程管理相关等方面的培训或获得相关职业资格证书。
工作经历：3 年以上合资酒店管理经验及 2 年以上酒店工程管理经历。
性别要求：无</td></tr>
<tr><td colspan="6">岗位职责</td></tr>
<tr><td colspan="6">1. 协助工程技术部总监做好部门日常运行与管理工作。
2. 协助工程技术部总监制定本部门的组织机构和管理运行模式，使其操作快捷合理，并能有效地保障酒店工程系统、设备设施安全运行，使酒店建筑、装潢达到一定的完好率。
3. 协助工程技术部总监编制部门年度工作计划，编审部门年度预算，审核部门月度工作计划。
4. 按需参加酒店各类会议和活动。
5. 协助工程技术部总监编制工程技术部运维计划、预算，在工程技术部统一布置下，下达班组工作计划，按年度、季度编制或审核各类酒店工程系统、设备设施的维修、改造、更新技术计划。
6. 全面负责所分管班组工作。
7. 按指令参与酒店重大基改项目的规划、组织、实施等。
8. 负责酒店工程系统重大设备设施检修与抢修工作。
9. 配合保安部搞好酒店消防和安防技术工作。
10. 建立完整的酒店工程系统、设备设施技术档案和维修档案。
11. 协助工程技术部总监每月 30 日前完成下列任务（以书面报告的形式上交总工程技术部总监助理）：
（1）当月工程技术部工作、任务完成、执行情况和部门的工作小结。
（2）编制的工程技术部下月工作计划、费用预算，报工程技术部总监。
（3）审核酒店当月的各种能源消耗报表，如有异常，报工程技术部总监，并分析和说明原因及下阶段措施和处理结果。
（4）对主管以上的管理人员的工作评议。
（5）对部门全体人员出勤、奖金分配情况做出报告，报工程技术部总监审批。
12. 关心工程技术部员工思想和生活，协助工程技术部总监创建和谐部门，建设优秀的技术服务团队。
13. 完成工程技术部总监交办的其他工作</td></tr>
</table>

3. 工程技术部值班工程师岗位与工作职责

<table>
<tr><td>岗位名称</td><td>工程技术部值班工程师</td><td>岗位职级</td><td>部门主管</td><td>岗位代码</td><td>E03</td></tr>
<tr><td>直属上级</td><td colspan="2">工程技术部经理</td><td>直接下级</td><td colspan="2">工程技术部当班技术人员</td></tr>
<tr><td colspan="3">主要横向沟通岗位或部门</td><td colspan="3">工程技术部各个组主管和酒店各个部门当班负责人</td></tr>
<tr><td colspan="6">职务概述</td></tr>
<tr><td colspan="6">负责处理值班期间发生的一切有关酒店工程系统、设备设施的维修事务，检查并掌握酒店各系统设备运行状况，发现异常或故障，立即做出正确判断，采取有效措施及时解决，重大事件及时报告，对物联网技术熟悉，确保酒店工程系统、设施设备正常运转</td></tr>
<tr><td colspan="6">岗位任职条件</td></tr>
<tr><td colspan="6">基本素质：1. 责任心强，有一定的纪律性。
2. 工作踏实、细致，情绪稳定，有进取心。
3. 有一定的组织能力。
4. 掌握酒店工程 2～3 个及以上系统专业技术知识，接受过酒店工程技术培训，对工程技术部各个环节了解较全面，有较强的动手能力，能阅读技术图纸和说明书并加以应用。
5. 具有现代酒店工程系统的专业知识，有一定的计算机技术和英语基础。
教育背景：具有大专及大专以上学历。
性格要求：认真、仔细、工程技术意识强。
持证要求：具有工程师专业技术职称或工程技师专业技术职称。
培训经历：受过酒店工程技术等方面的培训和获得相关工程系统职业资格证书。
工作经历：2 年以上酒店工程技术管理经历。
性别要求：男</td></tr>
<tr><td colspan="6">岗位职责</td></tr>
<tr><td colspan="6">1. 协助工程技术部经理做好部门日常运行与技术管理工作。
2. 负责处理值班期间发生的一切有关工程及设备方面的维修事宜。
3. 执行岗位监督检查，按时检查所管辖范围内的设备运行状况、环境状况、安全技防，保障酒店工程系统、设备设施正常运行。
4. 检查并掌握酒店各系统设备运行状况，发现异常或故障，立即做出正确判断，采取有效措施及时解决。
5. 做好值班记录，审阅各班组设备运行报表。
6. 做好酒店报修单的登记、审阅统计工作。
7. 接收并组织实施工程技术部经理运行调度令和日常维修改造指令，并监督、检查完成情况。
8. 设备发生故障及时组织检修，发现隐患要及时处理把好技术关，保证所管辖系统设备经常处于优良状态。
9. 当酒店发生重大工程系统故障时，应启动紧急预案，并加以执行。
10. 完成工程技术部经理下达的其他工作</td></tr>
</table>

4. 工程技术部办公室文员岗位与工作职责

岗位名称	工程技术部办公室文员	岗位职级	员工级	岗位代码	E04
直属上级	工程技术部经理	直接下级			
主要横向沟通岗位或部门		酒店各个部门文员和工程技术部主管			
职务概述					
负责工程技术部文书与内勤工作，负责酒店工程技术档案管理工作，负责工程技术部二级虚拟仓库管理工作					
岗位任职条件					
基本素质：1. 工作踏实细致、办事严谨、高效、有一定的纪律性、保守秘密。 2. 了解酒店管理的一般知识。 3. 了解工程技术部在酒店中的地位和作用，具有一定信息技术与工程技术的基础知识。 4. 有较好的语言文字能力，具有处理办公室日常业务的能力。 5. 具有技术档案的基础。 6. 能熟练使用计算机办公应用软件并具有一定的英语能力。 教育背景：具有大专及大专以上学历。 性格要求：认真、仔细、工程技术意识强。 持证要求：具有工程师专业技术职称或工程技师专业技术职称。 培训经历：受过相关方面的培训或获得相关职业资格证书。 工作经历：具有 2 年以上酒店工程技术管理经历。 性别要求：无要求					
岗位职责					
1. 做好工程技术部所有文秘工作。 2. 负责工程技术部内勤工作。 3. 负责酒店工程技术档案管理工作。 4. 负责工程技术部二级虚拟仓库管理工作。 5. 记录和传达相关电话记录。 6. 做好工程技术部所有会议记录，存档并提供调用					

5. 工程技术部强电主管岗位与工作职责

<table>
<tr><td>岗位名称</td><td>工程技术部
强电主管</td><td>岗位职级</td><td>主管</td><td>岗位代码</td><td>E05</td></tr>
<tr><td>直属上级</td><td>工程技术部经理或
值班工程师</td><td>直接下级</td><td colspan="3">工程技术部强电领班和技术员工</td></tr>
<tr><td colspan="2">主要横向沟通岗位或部门</td><td colspan="4">工程技术部各个系统主管或酒店其他部门主管等</td></tr>
<tr><td colspan="6">职务概述</td></tr>
<tr><td colspan="6">负责酒店供电系统，包括所有酒店电能的输入端、中转和输出端设备，熟练应用物联网技术，确保整个酒店供电系统安全和稳定运行</td></tr>
<tr><td colspan="6">岗位任职条件</td></tr>
<tr><td colspan="6">基本素质：1. 工作认真、果敢、处事冷静。
2. 掌握酒店工程技术管理的一般知识。
3. 熟悉工程强电运维工作，熟悉强电技术标准、操作规程。
4. 具有与供电部门协调的能力。
5. 具有组织、指挥强电技术员工的能力，完成酒店供电系统运维的能力。
6. 对酒店强电系统全面了解，有较强的上岗操作能力。
7. 能熟练使用计算机办公应用软件。
教育背景：具有大专及大专以上学历。
性格要求：遇事冷静、作风硬朗。
持证要求：具有工程师专业技术职称或工程技师专业技术职称。
培训经历：受过相关方面的培训和持有有关部门颁发的高压配电上岗资格证书。
工作经历：具有 3 年以上酒店工程技术管理经历，5 年以上变电设备系统管理运行的工作经历。
性别要求：男</td></tr>
<tr><td colspan="6">岗位职责</td></tr>
<tr><td colspan="6">1. 协助工程技术部总监或工程技术部经理，做好工程技术部工作。
2. 负责整个酒店供电系统技术管理工作。
3. 负责带领酒店工程技术部强电组工作。
4. 确保酒店供电系统安全、可控运行。
5. 完成每年强电岗位复训工作。
6. 做好每年工程技术部强电组工作计划、运维预算。
7. 执行每年工程技术部工作计划、做好预算的执行工作。
8. 不断带领班组加强学习和操作练习，为完成酒店强电技术工作打下基础</td></tr>
</table>

6. 工程技术部信息技术主管岗位与工作职责

<table>
<tr><td>岗位名称</td><td>工程技术部
信息技术主管</td><td>岗位职级</td><td>主管</td><td>岗位代码</td><td>E06</td></tr>
<tr><td>直属上级</td><td>酒店总经理或工程技术部经理</td><td>直接下级</td><td colspan="3">工程技术部信息技术领班、员工</td></tr>
<tr><td colspan="2">主要横向沟通岗位或部门</td><td colspan="4">工程技术部各个系统主管或酒店其他部门主管等</td></tr>
<tr><td colspan="6">职务概述</td></tr>
<tr><td colspan="6">负责酒店所有数字、信息系统的技术管理工作，确保酒店数字、信息系统（硬件和软件）的稳定、可靠和可控运行</td></tr>
<tr><td colspan="6">岗位任职条件</td></tr>
<tr><td colspan="6">基本素质：1. 意识超前、反应灵活、思维缜密、处事冷静。
2. 掌握现代酒店管理的一般知识和流程。
3. 掌握酒店信息技术的管理知识和技能。
4. 具备与相关部门协调的能力（电信、公安、消防等）。
5. 具有组织、指挥信息技术员工的能力，完成酒店所有信息系统运维的能力。
6. 对酒店各类信息系统有全面了解，有较强技术动手能力。
7. 能熟练使用计算机办公应用软件。
8. 有较强的学习和接受新知识的愿望和能力。
教育背景：具有本科及本科以上学历。
性格要求：喜爱接受新事物和计算机操作、思维活跃。
持证要求：具有工程师专业技术职称或相关计算机职业技术资格证书。
培训经历：受过相关方面的培训和持有相关计算机技术岗位资格证书。
工作经历：具有 3 年以上酒店信息技术工作经历，2 年以上酒店信息技术管理经历。
性别要求：男（年轻）</td></tr>
<tr><td colspan="6">岗位职责</td></tr>
<tr><td colspan="6">1. 协助工程技术部总监或工程技术部经理，做好工程技术部工作。
2. 负责整个酒店信息系统技术管理工作。
3. 负责带领酒店工程技术部信息技术组工作。
4. 确保酒店信息系统安全、可靠、可控运行。
5. 组织和完成每年信息技术组新知识的学习和交流工作。
6. 配合人事培训部，做好年度酒店计算机培训计划，并加以监督。
7. 做好每年酒店所有信息系统运维的工作计划、预算。
8. 执行每年工程技术部工作计划，做好预算的执行工作。
9. 不断学习新的信息技术知识，不断向酒店领导层推荐新技术应用的方案，不断向经营部门建议新技术在经营（包括营销）中的应用，为酒店信息化而积极有效工作</td></tr>
</table>

7. 工程技术部冷冻管道主管岗位与工作职责

岗位名称	工程技术部 冷冻管道主管	岗位职级	主管	岗位代码	E07
直属上级	工程技术部经理或值班工程师	直接下级	工程技术部冷冻管道领班和技术员工		
主要横向沟通岗位或部门		工程技术部各个系统主管或酒店其他部门主管等			
职务概述					
负责酒店暖通、空调和给排水系统技术管理工作，对酒店所负责的空调系统、暖通、风机、水箱及辅件设备设施进行运维管理，对酒店分布式冰箱进行管理维护。确保各大系统在标准工况下运行					
岗位任职条件					
基本素质：1. 处事稳重、工作踏实、细致、能吃苦耐劳。 2. 掌握酒店管理的一般知识。 3. 掌握酒店工程维修技术和技能。 4. 有组织、指挥本班组技术员工的能力，完成酒店所管辖的各大系统运维能力。 5. 有较强的酒店机电维修能力。 6. 能掌控酒店空调系统运维。 7. 能掌控酒店暖通系统运维。 8. 能掌控酒店给排水系统的运维。 9. 能熟练使用计算机办公应用软件。 10. 有较强的学习能力。 教育背景：具有大专或中专及以上学历。 性格要求：稳重、仔细，喜欢观察。 持证要求：具有工程师专业技术职称或相关技师技术资格证书。 培训经历：受过相关方面的培训或获得相关职业资格证书。 工作经历：具有 2 年以上酒店工作经历，1 年以上酒店相关工作经历。 性别要求：男					
岗位职责					
1. 协助工程技术部总监或工程技术部经理，做好工程技术部工作。 2. 负责整个酒店暖通、空调和给排水系统技术管理工作。 3. 负责带领酒店冷冻管道班组工作。 4. 确保暖通、空调和给排水系统安全、可靠、可控运行。 5. 组织和完成每年相关技术复训和交流工作。 6. 制定年度酒店暖通、空调和给排水系统运维的工作计划和预算。 7. 制定年度酒店所管辖的分布式相关设备设施的运维计划和预算。 8. 执行每年工程技术部工作计划和预算的执行工作。 9. 不断学习新的技术并加以推广					

8. 工程技术部综合技术主管岗位与工作职责

<table>
<tr><td>岗位名称</td><td>工程技术部
综合技术主管</td><td>岗位职级</td><td>主管</td><td>岗位代码</td><td>E08</td></tr>
<tr><td>直属上级</td><td>工程技术部经理或
值班工程师</td><td>直接下级</td><td colspan="3">工程综合技术领班和技术员工</td></tr>
<tr><td colspan="2">主要横向沟通岗位或部门</td><td colspan="4">工程技术部各个系统主管或酒店其他部门主管等</td></tr>
<tr><td colspan="6">职务概述</td></tr>
<tr><td colspan="6">负责酒店分布式和移动式设备设施技术管理工作，即负责对酒店电梯、锅炉、燃气、酒店装潢、环境装饰、PA小型设备、餐饮厨房、洗衣房等设备进行技术管理工作。对酒店上述设备设施进行维护和保养，对上述设备设施提出使用规范，保证上述机电设备的完好和正常运行</td></tr>
<tr><td colspan="6">岗位任职条件</td></tr>
<tr><td colspan="6">基本素质：1. 工作踏实、细心、能吃苦耐劳。
2. 掌握酒店管理的一般知识。
3. 掌握酒店机电设备维修技术和技能。
4. 有组织、指挥本班组技术员工的能力，完成酒店分布式和移动式设备设施运维的能力。
5. 有较强的酒店机电维修能力。
6. 具有阅读工程设备图纸、技术使用说明书的能力。
7. 具有较强的动手能力。
8. 能协调与设备供应商的关系，使上述设备运维符合相关标准。
9. 能熟练使用计算机办公应用软件。
10. 有较强的学习能力。
教育背景：具有大专或中专及以上学历。
性格要求：吃苦耐劳、喜欢观察、善于沟通。
持证要求：具有工程师专业技术职称或相关技师技术资格证书。
培训经历：受过相关方面的培训或获得相关职业资格证书。
工作经历：具有 2 ～ 3 年酒店工作经历，3 年以上机修管理运行的工作经验。
性别要求：男</td></tr>
<tr><td colspan="6">岗位职责</td></tr>
<tr><td colspan="6">1. 协助工程技术部总监或工程技术部经理，做好工程技术部工作。
2. 负责整个酒店分布式和移动式设备设施技术管理工作。
3. 负责酒店电梯的运维工作。
4. 确保公共区域（PA）、餐饮厨房、洗衣房等区域的设备设施正常运行。
5. 组织和完成每年相关技术复训和交流工作。
6. 制定年度酒店分布式和移动式设备计划和预算。
7. 制定年度酒店分布式相关设备设施的运维计划和预算。
8. 执行每年工程技术部工作计划和预算的执行工作。
9. 不断学习新的维修技术并加以推广</td></tr>
</table>

五、酒店工程技术部的操作流程和紧急技术事件预案

酒店工程技术部负责酒店重大工程系统的运行和维护工作。要使酒店的工程系统、设施和设备安全、高效运转，除有健全的工程信息部制度和岗位职责外，还必须培训技术人员，在平时操作中，还要有一定的技术操作流程。工程信息部的操作流程，能有效提高系统的安全操作和高效运作。酒店工程技术部应该建立一整套对应高难度和突发事件的操作流程和预案。

（一）酒店工程技术部相关技术岗位的操作流程介绍

针对高难度、技术系数高、有一定操作危险性的岗位，建立操作流程是相当必要的。通过实践这类的操作流程可以提高操作的准确性和安全性。下面举例加以说明。

1. 酒店电力倒闸操作流程

（1）高压双电源用户，做倒闸操作，必须事先与供电局联系，取得同意或收到供电局通知后，按规定时间进行，不得私自随意倒闸。和当地供电局联系的电话要设立录音状态并进行完整的录音。

（2）倒闸操作必须先送合空闲的一路，再停止原来一路，以免用户受影响。

（3）发生故障未查明原因，不得进行倒闸操作。

（4）两个倒闸开关，在每次操作后均应立即上锁，同时挂警告字牌。

（5）倒闸操作必须由两人进行（一人操作、另一人监护）。

2. 酒店电力高压设备巡视流程

（1）值班技术人员必须定期参加有关部门的培训，考试合格后方可上岗工作。

（2）值班工作人员应对高压电器设备进行巡视检查，巡视周期为每 3 小时一次。

（3）巡视检查工作必须由两人同时进行，其中一人担任监护。

（4）巡视时不得进行其他操作，不得开柜拉闸断电。

（5）发现异常情况和事故时，应按规定采取相应保护措施，并及时报告主管，如危及人员和设备安全时，可按操作规程先断开有关闸刀或者采取其他现场保护措施，然后及时报告主管和变电所有关部门，不得违章操作。

（6）当高压设备发生接地时，室内不得靠近故障点 4 m 以内，必须进入时穿绝缘靴，戴绝缘手套。

（7）每次巡视情况，应及时记入在规定的记录簿。

（8）保持高压设备干净整洁，通风良好，物品摆放整齐。

3. 酒店电工检修安全操作流程

（1）工作前必须检查测量仪表和防护用具是否完好。

（2）任何电器设备未经验电，一律视为有电，不允许用手触及。

（3）电器设备不得在运行中拆卸修理，必须在停机后切断电源，取下熔断器，挂上“禁止合闸，有人工作”的警示牌，并验明无电后，方可工作。

（4）每次工作结束后，必须清点工具，以防遗失和留在设备内造成事故。

（5）设备修理完后，要履行交代手续，共同结束，方可送电。

（6）必须进行带电工作时，要有专人监督，工作时要穿工作服，戴工作帽、绝缘手套，使

用有绝缘柄的工具，并站在绝缘垫上工作，邻近带电部分和接地部分应用绝缘板隔开，严禁用锉刀、钢锯作业。

（7）动力配电箱的闸刀开关，禁止带负荷拉闸。

（8）带电装卸熔断器管时，要用绝缘夹钳，站在绝缘垫上工作。

（9）修理和替换熔断器时，要检查熔断器或空气开关的容量要与设备和线路安装容量相适应。

（10）电器设备的金属外壳必须接地（零线）并符合标准，有电不准断开外壳接地线。

4. 消防报警系统技术人员日常巡检工作流程

（1）日、夜班各到消防中心巡视两次，发现问题及时处理，并做好记录。如遇不能解决问题，及时向主管汇报。

（2）保证质量，做好每年的消防测试工作。

（3）每间隔两个月的 5 日和安保部联合做一次消防测试和联动实验，保证控制系统运转正常。

（4）周一检查消防中心监控录像，调阅硬盘数据，进行查询。

5. 酒店信息技术人员巡检机房工作流程

（1）当班人员每天交接班时，用计算机系统和程控交换机（PABX）控制终端查看计算机主机和程控交换运行情况，并做好记录。

（2）每天上午 9: 00 查看稳压电源器的电压值和电流值。

（3）每天下午 4: 00 巡检机房空调机的运转情况和电缆气压，控制机房温度。

（4）每周一检查中继线的使用情况，遇到阻塞及时处理或报修电信部门。

（5）每月 5 日检查蓄电池（48 V DC）电压，每年 12 月 5 日进行充放电操作。

（二）酒店工程技术部紧急预案案例分析

酒店工程技术部除了制定工作制度、岗位职责，还要制定紧急预案。这样可以保证酒店工程技术部人员在遇到紧急情况的时候，能沉着应对。为此还必须建立一系列的紧急预案，来处理紧急事件。下面就以电梯的紧急事件为例，说明酒店工程技术部紧急预案的建立。

案例一　酒店客人电梯困人时的解救预案

（1）当电梯因故障困人时，电梯专业人员应通过监视对讲系统，告知被困人员解救工作正在进行，以示安慰，对监控图像进行定格。

（2）迅速查清故障电梯是否平层。

①如故障电梯平层或在门区，可采用以下措施解救：迅速将键盘调出困人电梯号（如 #1、#2、#3 等）并键入开门信号“OD”，让其开门放出被困人员。如果不成功，采取下面的步骤：

a. 按动困人电梯开门接触器让其开门救出被困人员。

b. 迅速关闭门机电源，使门机处于失电状态。电梯工作人员迅速赶至现场或动员被困人员，拉开电梯门，救出被困人员。

②如故障电梯不在门区或不平层，可采用以下措施解救：

a. 如非门机故障并皮带未断情况下（门刀未张开），可临时跨接回路用电梯检修速度将轿厢移至门区或平层，去除跨接连线，选择采取上面步骤，打开电梯门，救出被困人员。

b. 如因门机故障并皮带已断（门刀张开）情况下，电梯工作人员必须赶到现场，将厅门打开，在条件允许的情况下，通知机房，转检修按下急停按钮，工作人员合拢门刀，并打开轿厢门，救出被困人员。

（3）因突发停电引起的人员被困解救方法。因突发停电使人员被困于电梯中，如电梯在门区或平层中即可采取上述方法解救。如电梯不在门区或不平层，工作人员必须快速赶至现场，打开电梯门，扎拢门刀后，通知机房，用专用工具（松闸扳手）松闸，溜车至门区或平层，也可以用上述方法操作。

上面通过客人电梯的紧急预案，来说明酒店工程的紧急预案的重要性。在酒店层面更可以建立更高层次的紧急预案，如火警紧急预案等。这些预案是酒店处置重大事件的必要保障。上面仅仅是案例，每个酒店应该根据自己的实际情况，建立必要的事件紧急预案。

案例二　酒店计算机管理系统故障紧急处置预案

酒店计算机管理系统（PMS）是酒店运营面向客人最主要的管理信息系统，承担了客人信息输入、管理、运营等重要任务。该系统硬件的稳定运行是酒店营业的保障。但系统故障是不可以避免的，尤其是系统中的服务器。一旦主服务器故障，就应该启动酒店计算机管理系统故障紧急处置预案。

（1）计算机系统技术人员得知服务器故障，先检查系统停机时间，为数据恢复做准备。

（2）检查备用服务器的运行状况，如果运行正常，检查备用服务器中的数据运行时间，核对数据的备份状况，如果数据备份完整（如果是热备份的，数据检查更容易、速度更快），准备切换数据。

（3）按照原有计算机系统技术标准，操作启动和切换到备用服务器，进行系统的运行。

（4）通知酒店各个运营部门，切换系统的操作，即退出原来的系统，再次启动计算机管理系统操作人员的登入系统。

（5）监控备用服务器系统运行状况，检查各个系统登入点的运行状况。

（6）计算机系统进入正常备用状态后，再次启动数据备份，为主服务器修复运行做准备。

（7）联系计算机技术厂商，按原先技术合同约定，进行主服务器修复。

（8）主服务器修复后，再次将备用系统切换到主系统上。

（9）在整个酒店计算机管理系统故障紧急处置过程中，数据的备份记录必须完整。

项目小结

酒店工程技术部是酒店企业运营的基础，是经营的硬件。随着数字化时代的到来，酒店工程技术部越来越和前台运营融为一体，如智能机器人、物联网、远程控制等高新技术的应用。但这些技术的应用和酒店工程系统的日常运行，离不开制度建设。通过本项目的学习，学生应掌握和知晓酒店工程技术部的日常运维，能构建酒店工程技术部门的制度、酒店运营的紧急预案，为酒店运营发展打下基础。

复习与思考题

一、名词解释

1. 酒店工程技术部岗位职责。
2. 酒店直连预订模式。
3. 智慧酒店第三方网络营销渠道。

二、简答题

1. 如何制定酒店工程技术部制度？
2. 简述酒店工程技术部组织结构。
3. 酒店岗位职责与管理制度的区别是什么？
4. 简述酒店电梯紧急预案处置。
5. 简述酒店消防联动紧急预案处置。

三、论述题

1. 酒店工程技术部制定紧急预案的意义是什么？请举例说明。
2. 论述数字化酒店工程系统运维新技术的应用。
3. 论述酒店工程技术部与前台经营的关系。
4. 论述酒店（集团）工程运维的变革与创新。

项目十

酒店的投资与建设

学习导引

酒店的投资与建设，是决定一家酒店经营管理是否成功的非常重要的因素。一家酒店筹建是否成功，决定着这家酒店开业后的经营管理是否成功。

通过本项目的学习，学生将了解一家酒店从立项申请到开门营业的整个过程；将学习如何进行一家酒店的投资可行性分析，如何进行酒店的规划与设计，酒店施工建设的步骤是怎样的，酒店的开业应该准备哪些东西，酒店的试营业又是怎样的等所有酒店筹建期间的基本工作。

学习目标

1. 了解酒店投资可行性分析。
2. 掌握酒店投资可行性研究步骤和具体内容。
3. 掌握不同酒店设计的理念和设计原则。
4. 具备酒店的空间结构、功能布局的规划与设计基础知识。
5. 了解酒店的施工建设、开业准备与试营业涵盖的工作内容。

案例导入

这样的筹建，算不算成功？

在一个迅速发展的中型城市里，有一个老板打算建一家酒店。酒店附近都是企业单位，应该说商机无限。

首先，他把自己全部家当抵押获得贷款400万元，自己也进行了考察，决定投资建一家4 000 m^2 左右的中档酒店。先花20万元贷款买辆奥迪，然后将自己多年商场上的朋友都请来，又笼络了一个建筑设计院的朋友，以朋友哥们义气感化，只交了部分管理费就完成了酒店的建筑设计，按每平方米20元计，共节省了8万元，该老板十分高兴。

然后，他选了一家知名建筑施工单位，以市场价每平方米450元的价格大包给这家单位对酒店进行施工，条件是建筑建造成一年后支付剩余40%的费用；当然要除去在施工期间由于拨款不及时工人半年没发工资等因素，一栋4 000 m^2 的建筑施工了一年多。当工程进行到8个月时，出现排风管道由于过梁太粗、层高太低无法安装等问题，第9个月时开始内装饰招标，当然又是老板自己拉关系，找朋友亲戚进行投标装饰，条件是免费设计，40% 工程款在完工一年后支付，这样，他又节省了设计费。

为了照顾亲戚朋友的面子，老板将预计投入 170 万元的装饰项目分成 4 个标段，由 4 家公司分别施工。在第 11 个月时建筑工程尚未结束的情况下，装饰公司进入工地。第 12 个月建筑工人因欠薪一度停工，导致装饰工人也无活可做，除了留下一个看门的人外，其余基本走光，同时这个老板意识到设计问题很多，请专人来做设计修改，并聘请管理公司展开招聘与培训，预计两个半月后完成施工，并开业。

由于建筑工期迟迟不能完成，一直到冬季过后装饰公司重新进入工地，此时已经是工程进度第 16 个月了，终于看见忙碌的装饰工地了，在建筑安装收尾的同时，装饰公司也在忙着拆掉不合理的墙，改不合理的门，重新布强电等浩大修改工程。这些不合理都来自酒店初期建筑设计问题，不改是不行的。因为是设计问题，老板照例请哥们帮忙，但是哥们晚了半个月才同意修改，此时建筑只剩下安装了，光废弃的无法安装的排风系统其价值就达 10 万元，更不用算那又粗又笨的过梁和柱子上浪费的钢材了。

此时，工地开始出现材料大量丢失现象，不过老板只看到商机浪费这一大项了。在这期间由于老板每隔数日要到清华大学学习管理，不能及时签字拨款，装饰公司停工 3 次，又因很多主要材料由于业主提供不及时而耽误装饰公司进度，又停工数次，当然主要材料的供应商大多是老板的亲戚朋友和在清华大学学习的同学。当工程进行到第 22 个月时，装饰公司和业主关系紧张，施工进度缓慢。第 24 个月酒店管理公司退出酒店，解除与这位老板合作，培训好的员工已经换了走、走了换，全是新面孔了。第 28 个月装饰基本进入尾声，老板招来亲信负责采购酒店用品，中间出现采购质量不合格退换数次耽误工期现象。终于在第 32 个月时，酒店开业了。当初开始建设时土建施工监理公司的小伙子刚结婚不久，等酒店完工孩子已经快 2 岁了。在这家酒店附近突然也出现了一家基本完工的 26 层的摩天大楼，也是酒店。再后来听说这家酒店内部出现了小偷，警察入酒店抓贼、水管漏水、打官司还钱等事件……

一个仅仅 4 000 m^2 的酒店，从开工到开业一共经历了近 3 年。这个老板充分利用了自己的亲戚朋友资源，把预计 400 万元的项目做到了 1 000 万元。而对手比他起步晚，基本与之同时进入市场。当他在忙碌筹建时也看到问题所在，但他看见的是局部的，再让他重新来也不一定能成功，因为这其中的奥妙可不是他一个人能参得透的。他连基本的环节都没有搞清楚，更不用说各环节的配合了。你说，这样的酒店筹建，是成功的还是不成功的？

任务一　酒店的投资

一、酒店投资的可行性研究

酒店投资的可行性研究是酒店投资建设前期工作的重要组成部分，是对酒店某一建设项目在建设必要性、技术可行性、经济合理性、实施可能性等方面进行综合研究，推荐最佳方案，为酒店建设项目的决策和设计任务书的编制、审批提供科学的依据。

（一）酒店投资可行性研究的主要内容

酒店投资可行性研究的主要内容有酒店建设项目概况；开发项目用地的现场调查及动迁安

置；酒店市场分析和确定建设规模；酒店规划设计影响和环境保护；资源供给；环境影响和环境保护；酒店项目开发组织机构、管理费用研究；酒店开发建设计划；项目经济及社会效益分析；结论及建议。

（二）酒店投资可行性研究的阶段与层次

按可行性研究的内容及深度，酒店投资可行性研究的阶段与层次可分为以下几个阶段。

1．第一阶段：酒店投资机会研究

酒店投资机会研究阶段的主要任务是对酒店投资项目或投资方向提出建议，即在一定的地区或区域内，以资源和市场的调查预测为基础，寻找最有利的投资机会。投资机会研究比较粗略，主要依靠笼统的估计而不是详细的分析。该阶段投资估算的精确度为 ±30%，研究费用一般占总投资的 0.2% ～ 0.8%。如果酒店投资机会研究认为可行，就可进行下一阶段的工作。

2．第二阶段：酒店项目初步可行性研究

初步可行性研究，也称“预可行性研究”。在酒店投资机会研究的基础上，进一步对酒店项目建设的可能性与潜在效益进行论证分析。初步可行性研究阶段投资估算的精确度可达 ±20%，研究费用占总投资的 0.25% ～ 1.25%。

3．第三阶段：酒店项目详细可行性研究

详细可行性研究，即通常所说的可行性研究。详细可行性研究是酒店开发建设项目投资决策的基础，是分析项目在技术上、财务上、经济上的可行性后做出投资与否决策的关键步骤。这一阶段对建设投资估算的精确度为 ±10%，所需研究费用，小型项目占投资的 1.0% ～ 3.0%，大型复杂的项目占投资的 0.2% ～ 1.0%。

4．第四阶段：酒店项目的评估和决策

按照国家有关规定，对大中型项目和限额以上的项目及重要的小型项目，必须经有权审批的单位委托有资格的咨询评估单位就项目可行性研究报告进行评估论证。未经评估论证的建设项目，任何单位不准审批，更不准组织实施。

（三）酒店投资可行性研究的步骤

酒店投资可行性研究按 5 个步骤进行，即接受委托、调查研究、方案选择与优化、财务评价和效益分析、编制酒店投资可行性研究报告。

（四）酒店投资经营策划与可行性论证的类型及内容

酒店投资经营策划与可行性论证有 4 种类型，类型不同，策划与分析论证的内容也不同。

1．酒店投资策划

酒店投资策划是对酒店项目的投资进行可行性分析与论证，撰写投资可行性论证书。通常业主在进行酒店投资项目决策前，都需要委托专业策划人士进行投资可行性分析。策划者通过对委托的项目的区位、市场、资金等方面的分析与论证，提交投资可行性论证书供业主做投资决策。

2．酒店筹建策划

酒店筹建策划是对拟建设的酒店项目进行策划，撰写筹建策划方案说明书，供酒店项目的设计单位进行酒店建筑设计时参照和考虑。酒店筹建策划是酒店经营管理者从酒店经营管理角度对酒店建筑设计在空间布局、功能项目设置、水电动力系统、环境氛围、装潢装饰等方面

的要求说明。建筑设计单位根据筹建策划方案说明书的这些要求说明进行酒店的建筑和装饰设计，以满足酒店经营管理者对经营管理的需要。

3. 酒店承运策划

酒店承运策划是酒店经营管理者对拟承接经营管理的酒店的各项事宜进行策划，并通过承接与开业筹划书来体现。酒店承运策划内容包括承运标的选择、承运方式选择、承运介入时段确定等承运前期的策划；承运关系策划、承运责任议案、承运合同制定等酒店承运的责任与合同策划；酒店章程拟订，证件办理计划，保险计划，组织机构议案，定岗定编和人员招聘议案、劳工制度、设备用品配备与采购计划等承运过程的策划；资金管理与运作策划、岗前培训与开业准备议案、运作程序和制度建立议案、开业前营销计划、开业典礼策划等承运后期的策划。

4. 酒店经营管理策划

酒店经营管理策划是酒店经营管理者进行酒店日常运作的经营管理方案书。此部分内容在许多酒店经营管理书籍中都有阐述，此处不再赘述。

（五）酒店投资可行性分析的具体内容

酒店投资策划就是对酒店项目的投资进行可行性分析，撰写投资可行性论证书。通常业主在进行酒店投资项目决策前，都需要委托专业人士进行投资可行性分析。

酒店投资可行性分析包括以下几个方面的分析与论证。

1. 项目概况及用地情况说明

酒店投资可行性分析首先应对业主投资的酒店项目概况及用地情况进行详细的说明。项目概况包括拟投资酒店的类型、规模、等级、地理位置等基本情况；用地情况包括用地的类型、地形地貌和地形图等。

2. 区位分析

区位对于酒店的投资决策起着决定性的作用，它是指酒店所处的位置，以及该位置所处的社会、经济、自然的环境或背景。这个位置包括宏观位置、中观位置和微观位置。宏观位置是指酒店所位于的城市或地区；中观位置是指酒店在该城市里处在什么区域方位；微观位置则是指酒店的左邻右舍，即酒店所在的社区。区位分析主要包括以下几个方面的内容：地理位置、社区环境、自然条件与气候等。

（1）地理位置。地理位置与拟投资的酒店类型关系密切。酒店是处于旅游景区、中心城市、工业区，还是处于度假地等不同的地理位置，都将影响酒店的投资类型，进而影响酒店的设施及服务项目的设置。例如，当地理位置为度假地时，则投资的酒店多为度假型酒店，那么，该类型的酒店所配备的设施和提供的服务主要是以适应度假型的旅游者为主。对于不同类型的度假地，如海边度假地、森林度假地、草原度假地的酒店，其建筑风格、建筑材料及装修风格也都会有较大的区别。

（2）社区环境。酒店的位置和周围环境的好坏对酒店的经营有极大的影响，周围环境对客人有无吸引力也将影响酒店的营业额。优美舒适的周边环境、高品质的社区氛围不仅能大大降低酒店的投资成本，还能增加酒店的市场吸引力。社区环境主要包括交通状况、社区经济、文化水平、居民素质与态度、民俗风情以及酒店周边的环保与绿化情况。

①交通状况。任何酒店都受交通的影响，交通方便与否直接影响客人对酒店的选择。商务酒店必须在市中心，机场酒店必须在机场附近，汽车酒店必须在公路旁等。因此，拟投资的酒

店一定要选择在交通发达、便利的地方，交通越发达，酒店的生意越兴旺。

②社区经济、文化水平、居民素质与态度。社区经济、文化水平对于酒店的规模、档次、等级具有重要的影响。不同经济和文化水平区域的酒店，设施设备配套、服务项目设置、规模以及档次的选择都会有所区别。例如，地处北京的四星级酒店，它的软硬件大多优于西北地区的四星级酒店；处于国际化大都市的酒店，其建筑风格大多豪华气派；而处于文化氛围浓厚的历史名城的酒店，其建筑风格则更讲究文化气息。除了社区经济、文化水平会对酒店的建筑风格、服务项目以及特色产生影响外，社区居民的素质与态度对酒店的经营以及顾客对该酒店印象的形成至关重要。当居民对新建酒店有较高的热情时，会大大减少酒店投资建设过程的难度。例如，酒店在旧房拆迁市场调查时会获得大量民众的支持，从而保证工期的顺利进行，倘若居民对新建酒店不支持，则难免会出现拆迁难、调查难的现象，更有甚者还会出现破坏建设工程的现象。

③民俗风情。社区的民俗风情对酒店的筹建与经营有着重要意义。利用社区的民俗风情来提高酒店对顾客的吸引力已成为时尚。酒店业主与经营者应将当地的民俗风情经过艺术化外理与加工引入酒店的外观设计，在装修（大堂、客房、餐厅等）与服务项目设置（如民俗歌舞表演、地方特色饮食、特色工艺品等）中，通过充分展示当地民俗风情来实现“人无我有”的投资策略和经营策略。

④环保与绿化。环保与绿化的投资对酒店业主来讲需要不少的资金，由于目前环保方面的管制还不太严格，因此，酒店业主有可能会采取不负责任的态度，花较少的资金投资于酒店的环保设备与绿化环境。社区的环保与绿化观念对酒店的环保与绿化投资有较大的影响。在环保与绿化观念强的社区里，投资酒店有利于酒店的清洁建设、清洁生产和绿色经营。酒店在投资建设时会在污水处理管道、垃圾处理设备、节水节能设施设备等方面做更大的投资，同时会对酒店范围内、外以及所属的公共场所进行绿化和美化。当社区的环保意识较薄弱，社区的绿化水平较差时，酒店的吸引力也会大大降低。

（3）自然条件与气候。自然条件与气候和酒店所处的地理位置密切相关。自然条件与气候一方面影响酒店类型的确定，另一方面影响酒店建筑材料、装饰材料的选择。例如，处于风景优美的山体度假区，该酒店在风格、材料的设计上应与周围环境相协调；海边度假区则应考虑建筑与装饰材料的防腐蚀性；处于地震多发区的酒店应考虑其抗震度。不考虑社区自然条件与气候，会大大提高酒店的投资成本，并给酒店今后的经营带来不必要的损失。

3. 市场分析与论证

市场是有维度的，市场的规模与消费水平也是有限的，市场的供给与需求规模的大小决定了拟投资酒店的营业额与利润额。因此，酒店的投资建设必须经过充分的市场分析与论证。市场分析与论证内容应包括以下几方面。

（1）竞争对手分析。酒店的竞争对手主要包括现实存在的酒店及替代性产品、新的市场进入者以及潜在市场进入者。竞争对手分析是为确定和分析竞争者与互补者的地位及优势所进行的研究。竞争对手的经营思想和理念、目标市场、住客率、日均房价、可利用率和服务的种类、设施的年限和运作状况、人力资源状况、市场份额和公司的从属关系都是竞争对手分析的内容。通过竞争对手分析，酒店投资者可找到自身的优劣势，并通过彰显优势，规避劣势做好市场定位，并在市场定位的基础上进行酒店产品设计与市场开发。每一个企业或组织都拥有一个价值网（value net）。价值网由组织的供给者、顾客以及竞争者和互补者组成。竞争观念的改变使竞争者有时会成为互补者，因此，酒店在投资时要客观地看待竞争对手，以长远的发展战略眼光，寻求能够与竞争者合力开拓市场的机遇。

（2）市场规模与消费水平分析。市场规模与消费水平对酒店规模和档次的确定至关重要。一般来说，市场规模越大、消费水平越高，则酒店的规模也就相对越大、经营档次也就越高，但这种情况也不是绝对的。市场规模与消费水平分析的考察指标主要有人流量、人均消费水平以及平均停留天数等。

①人流量。人流量的大小决定了市场规模的大小。在投资前应进行人流量的调查，通过对商务流、会议流、观光流、探亲流、当地客源流等人流量的调查来确定酒店所在区域的市场规模。

②人均消费水平。市场消费水平的高低决定了拟投资酒店的档次，酒店市场的消费水平可用人均消费水平来反映。当市场的消费水平较高时，酒店在装修设计、设施设备配置以及服务项目的设置上则要求较高，投资的酒店应主要开发中高档价位的产品；当市场的消费水平较低时，投资者在酒店档次定位时则应侧重于中低档、经济型产品，否则，会出现市场与产品的错位。目前，酒店业出现的盲目追求高星级、超豪华，导致酒店客房入住率低，经营无法维持的现象比比皆是，这与没有进行或重视市场消费水平的调查有不可分割的联系。

③平均停留天数。游客的平均停留天数决定了拟投资酒店的规模。平均停留天数多，意味着消费规模大，市场需求量大。拟投资酒店的规模就可以相对大一些。反之，应小一些。

（3）消费群体（市场）分析。酒店的消费群体根据其规模大小可分为目标消费群体、辅助消费群体和潜在消费群体。消费群体分析主要考察以下 4 个变量，即人口属性（包括年龄、性别、宗教、受教育程度、职业、家庭规模与结构等）、心理图式变量（性格、社会阶层及生活方式等）、购买行为变量（利益追求、购买动机、时机、频率、品牌忠诚度等）以及地理环境变量（区域、气候、地理环境等）。在以市场为导向的竞争年代，消费者的需求、行为特征对酒店经营的成功与否具有举足轻重的作用。因此，拟投资的酒店应对消费群体进行分析，并根据自己的经营目标和资源能力，确认自己的目标市场，即确认自己的目标消费群体、辅助消费群体和潜在的消费群体。

①目标消费群体。目标消费群体是酒店的主流消费群体，也是维持酒店经营发展最重要的群体。酒店投资者应根据自己的资源、技术、能力和特长，选择自己的主流消费群体，并为主流消费群体提供他们需要的产品或服务。目前，许多酒店在客房、餐厅、大堂的装修风格、设施设备和服务项目的设置上根据目标消费群体的需要来确定。

②辅助消费群体。辅助消费群体是指酒店必须拓展的消费群体，是酒店目标市场的重要和有益补充。由于酒店消费需求的多变性，酒店难以培养忠诚度较高的消费群体。因此，酒店在注重目标市场培育的同时，还应开拓一些辅助消费群体，作为酒店将来拓展的市场方向。随着经济的发展和人们消费观念的转变，酒店的消费群体在不同时期和阶段也会产生不断的变化。原来的辅助市场可能会变为酒店的目标市场，目标市场也会因形势的变化而成为辅助市场。

③潜在消费群体。潜在消费群体是指具有潜在消费需求的群体。酒店可通过了解潜在消费者的需求，开发适销对路的产品或采取有效的市场营销策略，引导消费来挖掘潜在消费群体，使潜在消费群体变成辅助消费群体，成为目标消费群体。

（4）市场定位。酒店市场定位是以消费者的需求和利益为出发点，充分考虑酒店目标市场的竞争形势和酒店自身的优势与特点，确定酒店在目标市场中的地位，也即酒店为使其产品在目标市场顾客心目中占据独特的地位而做出的营销策略。市场定位是在考察了竞争对手规模及主要产品，市场规模及消费需求特征等要素的基础上做出的。处于筹备期的新酒店主要依据酒店所属的地理位置及投入营业后的设施、服务、经营理念与特点等自身富有竞争力的定位要素进行市场定位。新酒店的市场定位包括以下几个步骤：

①确定酒店的目标市场，进而研究目标市场顾客的需求和愿望，以及他们的利益偏好。

②充分考虑竞争对手的优劣势，发掘自身的竞争优势，突出酒店自身与众不同的特色。

③设计酒店的市场形象。

④通过各种营销手段和宣传媒体，向目标市场有效而准确地传播酒店的市场形象，以使酒店形象深入顾客的心中，从而确立酒店的竞争地位。

4. 酒店产品规模和档次的分析与论证

酒店产品规模和档次的分析与论证，具体包括以下几个方面的内容：

（1）酒店产品类型分析。酒店产品类型分析主要分析论证酒店向市场提供何类产品，产品风格如何等产品理念问题。如同其他任何新产品一样，当市场中存在以下一个条件的话，那么投资酒店产品很可能成功。

①该产品现在不存在，但对该产品的潜在需求可能非常大。

②该产品存在，但是需求很大且竞争不太激烈。

③该产品存在，但目前需求不大，不过预计未来对它的需求会越来越大。

④该产品存在，但现存产品地处偏远且设施设备的质量较差，管理不当。

（2）酒店投资原则。酒店可根据以上产品理念来进行酒店投资，应遵循以下原则：

①主流市场（目标群体）原则。主流市场原则要求酒店应根据所要接待的主流客源市场的特点、喜好及对酒店产品的要求来进行酒店类型的确定，并决定所要提供的设施和服务的类型。例如，酒店以商务客人为目标市场，那么酒店就应在建筑风格、功能项目设置以及设施设备购置等方面体现商务特色，以满足商务客人的需要。

②竞争对手缺失原则。竞争对手缺失原则是指目前市场上该产品还不存在，只要企业能够提供这种产品，就会产生大量的消费者。采用竞争对手缺失原则进行酒店类型的确定，需要投资者具有较强的观察力、敏感度和创新精神，善于发现日益变化的市场需求。按竞争对手缺失原则确定的酒店类型能够使酒店在创办初期取得垄断地位。国外出现的“监狱”酒店、“死人”酒店、“出气”酒店等一些极富个性化的酒店经营业绩不断上升就是最好的说明。竞争对手缺失原则的实质是要投资者创造新需求，成为市场的引领者。因为创造新需求的成功机会远远大于迎合需求的机会。

③潜在市场原则。潜在市场原则是通过发掘市场上尚未出现的新市场或是某一具有发展潜力的市场来确定酒店类型。一种情况是指当酒店对竞争者的市场位置消费者的实际需求和自己的产品属性等进行评估分析后，发现有市场存在缝隙或空白，而且这一缝隙或空白有足够的消费者，则酒店可针对这一缝隙或空白的消费者来确定投资的类型。另一种情况是指虽然该产品存在且竞争很激烈，但预计未来它的需求会越来越大。酒店可通过开发满足潜在市场群体需要的产品来获得发展。这种酒店类型定位原则需要投资者具有长远和善于发现市场机会的战略眼光，通过适销对路的产品来创造需求、引导需求。

（3）酒店产品规模分析。酒店产品规模分析主要分析论证拟投资酒店的产品规模，即确定酒店的建筑面积、客房数量、餐位数以及其他设施设备的产品规模。酒店作为一种固定资产投资，应考虑一定的超前性并具有前瞻性，在产品规模确定的过程中除应考察酒店现有的客源市场外，还应分析当地的经济发展水平、客人需求的变化以及潜在客源市场的产品规模对酒店产品规模的影响。酒店产品规模对酒店的经营与发展是十分重要的，科学合理的产品规模能使酒店在今后的经营中充分利用资源，避免因淡季过淡造成的设施设备与人员闲置和因旺季过旺而造成的设施设备和人员的超负荷运转等情况发生。酒店产品规模分析主要包括以下内容：

①酒店的建筑规模。它主要考虑酒店的建筑面积、建筑布局、主体楼层高度、外围辅助建筑格局与规模、酒店建筑风格、周围环境公共区域规模以及景观设计和绿化美化环境等。酒店建设的固定投资较大，且一旦确定就较难更改，因此，酒店规模的确定必须具有一定的预见性和前瞻性。在建筑风格的选择上，应充分与当地文化、地域特点、民俗风情相结合，为了节省开支应主要采用当地建筑原料。

②酒店的功能项目规模。酒店的功能项目规模主要包括客房规模、餐厅规模以及娱乐项目与设施规模。

a. 客房规模：包括楼层设置（标准楼层、豪华楼层、行政商务楼层等），客房类别（标准客房、商务客房、无烟客房、豪华套房、度假套房等），房间数量等方面的确定。

b. 餐厅规模：包括餐厅的种类（中餐厅、大堂酒廊、咖啡厅、宴会厅、会议室、包厢以及西式餐厅等），餐厅与厨房的数量和面积以及餐饮设施等方面的确定。

c. 娱乐项目与设施规模：包括 KTV/RTV 包厢、夜总会、健身中心、游泳池、棋牌室、桑拿、室内网球场、高尔夫球场以及保龄球馆等娱乐项目与设施的确定。酒店娱乐项目与设施规模应根据酒店的类型来确定，不同类型酒店的娱乐项目与设施的规模档次也不同。

③酒店的主要设备规模。酒店的主要设备规模包括供配电系统、给水排水系统、供热系统、制冷系统、通风系统、空调系统、通信系统、共用天线电视接收系统、音响系统、计算机管理控制系统、消防报警系统、闭路电视监视系统、垂直运送系统、厨房系统、洗衣系统、清洁清扫系统、办公系统等方面的设备规模。现代酒店设备投资量大，一般要占全部固定资产投资的 35% ～ 55%。酒店设备前期规划的好坏将决定 90% 以上的设备寿命周期费用，决定设备装置的技术水平和系统功能，决定设备的实用性、可靠性和未来维修量。因此，酒店设备配置规划方案应从酒店的整体利益出发，根据酒店的规模、档次来规划。规划方案应包括设备的市场状况和前景、设备与所需能源和原料的关系、设备的环境条件、技术方案、环境保护、对运行操作人员和管理人员的要求、设备投资方案的经济评价、不确定分析、方案的实施计划以及可行性研究报告等。设备选择应遵循适应性、安全可靠性、方便性、节能性、环保性、配套性的原则。

（4）酒店产品档次分析。拟投资酒店档次主要根据现实和潜在目标市场的消费水平并结合投资者的经济实力来确定。目前，酒店的档次大多以国家制定的《旅游饭店星级的划分与评定》（GB/T 14308—2010）以及酒店服务行业的《餐饮企业的等级划分和评定》（GB/T 13391—2009）为标准，在投资可行性分析中，酒店档次的确定可采取一次到位原则或阶段性到位原则。

①一次到位原则。一次到位原则是指酒店在投资筹建时，业主根据酒店档次的定位，按星级划分与评定标准要求一次性投资到位。一次到位原则虽初期投资成本高、风险较大，但能够避免因多次投资产生的时间成本以及其他有形与无形成本而被许多投资者采用。

②阶段性到位原则。阶段性到位原则是指酒店业主通过分阶段投资而使酒店最后达到所要达到的档次。例如，酒店的一期投资只能达到准四星级档次，通过二期和三期的投资建设才能达到四星级档次。阶段性投资能够分散酒店初期投资的压力，但也会带来一些

不必要的成本损失，如因二、三期工程施工引起的顾客投诉以及由此造成的客源流失等问题。

5. 投资回报分析

投资回报分析也称为收益分析，是投入与产出的分析，这是酒店投资者最为关心的问题。投资回报分析包括投资额估算、投资回收期计划、年营业额预算、效益分析等内容。分析方法有保守分析法与乐观分析法两种。

（1）投资额估算。投资额即投资建设酒店所需支付的成本，主要是初期开发成本（包括建造酒店购买设施设备以及进行酒店装修等）和酒店的经营成本。其中，初期开发成本还包括向所在社区提供基础设施所需的设备，诸如公用事业设备、建设停车场和车库、建设围墙等方面所需的成本。酒店类型、规模、档次、地理位置不同，投资成本也不同。一般而言，投资者会花费总预算成本中的 10% ～ 30% 用于购买土地，50% ～ 53% 用于建设，13% ～ 14% 用于购买家具，13% ～ 18% 用于杂项费用。

（2）投资回收期计划。投资回收期又称还本期，是指某一个新建酒店方案，其投资总额以该酒店开业后的利润来补偿的时间。投资回收期的值越小，酒店投资的经济效益就越大。其计算公式如下

$$\text{投资回收期}=\frac{\text{投资额}}{\text{每年的盈利}+\text{税金}}$$

酒店应根据收益、费用分析来预测酒店的投资回收期，并制定相应的实现计划。投资回收期计划为酒店确定了利润目标和还本期限，对酒店日后的经营具有较大的参考价值和指导意义。

（3）年营业额预算。年营业额预算必须包括客房收入、餐饮收入及其他部门的收益，这些预算只有在对每年的住客率和客房价格进行正确估计之后才能进行。

（4）效益分析。效益分析又称经济评估，也就是酒店投资的可行性分析，分析投资者从所投资的酒店经营活动中获得的总收入与投入总成本相比是否有盈余。目前，酒店大多数采用内在收益率的方法来分析项目的可行性。收益率是一种根据投资所产生的回收率对资本预算决策进行评估的方法。

二、酒店投资决策流程

（一）酒店投资决策准则

现代酒店的经营决策适宜以美国管理学家西蒙创立的现代决策理论作为决策的理论准则。现代决策理论的主要论点如下：

（1）决策是管理的核心与基础，是事关企业和全局的事。任何人，无论其职务高低，在工作中都要遇到决策问题。

（2）合理的决策不一定是最优的决策。决策的效果应从经济、社会、心理 3 个方面来进行综合评价，有限合理性原则是决策的标准。

（3）影响决策的因素是多方面的。决策者的情绪、需要、思想、性格、学识及联想力是不可忽视的因素。

（4）企业经营管理的活动可划分为常规化和非常规化两类。前者是可以程序化的，是不必

经过决策过程选择的活动；后者则是不可程序化的。因此，非常规化的经营管理活动是决策的主要对象。

（5）涉及创新的决策过程应先确定总目标，通过手段—目的分析，找出完成总目标的手段和措施，然后将这些手段和措施当作新的次级目标，再寻找一套详细的完成方法。

（二）酒店投资决策流程

按照现代决策理论，酒店投资决策的全过程如图 10.1 所示。

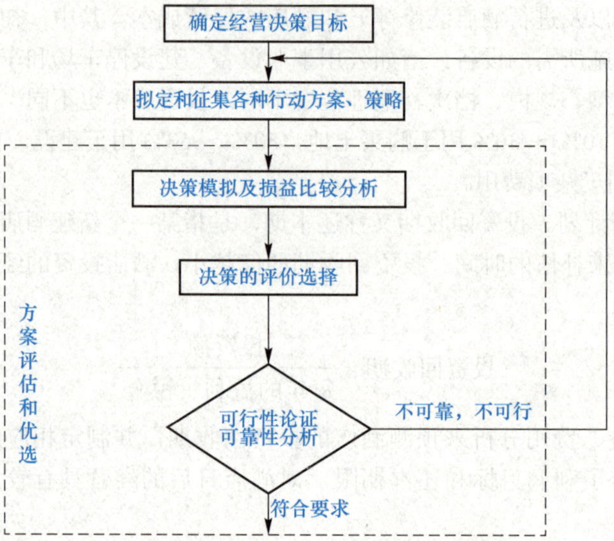

图 10.1　酒店投资决策的全过程

一般来说，酒店投资决策的全过程应包括以下 3 个步骤。

1. 确定经营决策目标

决策的目的是达到一定的经营目标，确定明确的决策目标才能使所做出的决策将经营管理引向预定的目标。决策理论注重定量分析与定性分析相结合，因此，确定目标应力求做到定量化。例如，某项新的酒店产品的投资获利指数、回收年限等。确定决策目标时应注意目标实现的可能性，必须将目标建立在确实有可能实现的基础上。目标确定后要有一定的稳定性和持久性，不能因个别原因更换或放弃。

2. 拟订实现目标的行动方案

拟订行动方案是进行科学决策的关键和基础工作。酒店经营决策所要解决的问题客观上都存在着多种途径和方法，所以应拟订出几种可行的行动方案以供选择，没有选择的方案就不存在决策问题。

行动方案的拟订应充分鼓励酒店各级管理人员和全体员工参加，应向全体员工征求方案，以便从众多的方案、想法中概括、提炼出若干个可供选择的方案。

拟订方案时，应注意考虑各种可能存在的、对方案有影响的因素，并对这些因素进行定量分析，使之量化、具体化。

3. 方案评估和优选

方案的评估是对所拟订的方案内容、实施条件、效率和问题 3 项进行分析论证，衡量利弊，为选择最优方案提供各种定量数据。

任务二　酒店的设计

设计是一门涉及科学、技术、经济和方针政策等多方面的综合性艺术，是基建程序中必不可少的一个重要组成部分。它对项目建设中的经济性和建筑使用时能否发挥生产能力或效益起着举足轻重的作用。

酒店的设计绝不仅仅是布局和装饰的问题，而是包含多项新理念、新技术的综合性系统工程。优秀的酒店规划设计能为酒店整体系统的科学性、环保性、舒适性和良性经营运行打下完好的基础，有利于将来酒店营业时增加营业收入和降低营业成本，会使酒店未来的经营和管理更加得心应手。

一、酒店设计概述

（一）酒店设计的概念

酒店设计包括整体规划设计、建筑设计、功能设计、景观设计、室内装修与装饰设计、配套设计等，也可扩大概念至酒店特色设计、文化设计等。简单地说，酒店设计包括功能规划、建筑装修、文化定位 3 项主要内容。

从酒店筹建的流程来看，酒店设计包括酒店概念设计、图纸深化（扩出）设计、图纸优化设计等。

从酒店筹建的设计内容来看，酒店设计可分为主设计和辅设计两大类。主设计包括建筑设计（地基设计、结构设计、抗震设计等）和内部装潢设计（室内设计）等。其中，结构设计包括混凝土结构设计、钢结构设计、砌体结构设计、木结构设计等。辅设计包括灯光设计、家具设计、艺术及附属设施设计、服务流程设计、超高结构设计、综合机电设计、室内外园景设计、特别灯光与声学设计、后勤区设计及品牌标识设计等。

从酒店设计的基础对象来看，酒店设计可分为新建酒店设计、翻新改造设计两大类。从酒店设计的工作类别来看，可分为综合设计、分项设计、局部设计、细节设计。

酒店设计是理性设计与感性设计的高度统一，它的第一个切入点就是为经济效益这一目标服务。酒店设计的目的是为投资者和经营者实现持久利润服务，要实现经营利润就需要满足顾客的需求。

酒店可以为顾客创造多种文化，包括建筑文化、服务文化、管理文化、产品文化等，如建筑文化，可以体现在建筑设计的个性美，“内方外圆”“几何斜面”“旋转球体”“自然曲线”，设计的独特文化体现，能大大加深顾客对酒店的印象。

（二）酒店设计的理念

1. 适度性设计

为了迎合消费行为越来越理智的消费者，酒店普遍采用更加完善的设施设备来应对同类产品和市场产生的竞争，以便保持竞争实力，但这样做容易出现“过度设计”。因此，酒店的设计无须过分华丽，功能舒适才是首要任务。

2. 与时俱进创新设计

当前世界酒店设计的潮流是在注重本土文化的同时，风格日趋现代、简约和时尚，形式上去繁从简，以清洁现代的手法隐含复杂精巧的结构，在简约明快，干净的建筑空间里发展精美绝伦的家具、灯具和艺术陈设。要让酒店保持时尚，酒店设计师就要独立创新和标新立异。设计师要有新思想、新创意，追求新技术和时尚。新设计要与国际接轨，具有一定的超前性。不能做一些过时的、老套的设计，如前台已经不用封闭式高台了，而改用独立式、开放式的更为人性化的柜台。

3. 精益性设计

精益性设计力求精品。其中，文化定位、环境塑造、空间营造是精益设计的关键。

4. 低成本高效果

设计一开始就要努力体现以比较低的成本达到最好的效果，如城市中的酒店就可以减少仓库面积和数量，充分利用社会上的物资配送力量和资源。

5. 注重客房设计

客房是酒店的主体，客房的入住率将直接影响酒店的经济效益。客房是客人使用效率最高、停留时间最长的地方。因此，客房的艺术效果、硬件设施、装修材料、家具、艺术品的配置将影响酒店的规模和档次。客房也是最能体现酒店对客人的关照和态度的地方，客人入住以后，这种感觉会给客人留下深刻的印象，这一印象决定其是否再次入住该酒店。在酒店产业链中，先进的卧室和浴室的设计所带来的营业收入是最高的。因此，新建或改扩建的高星级酒店的设计主要关注床铺的舒适性，以及房内的装修水平和浴室设施的完善程度，以求在客房设计和改善宾客感受上略胜一筹。但是，一流的装修和华丽的外表并不能保证能够获得较高的消费者满意度。

6. 绿色环保设计

绿色环保设计要通过绿色设计建成绿色建筑，进而建造绿色酒店。

绿色设计也称为生态设计（Ecological Design）、环境设计（Design for Environment）等。其基本思想是在设计阶段就将环境因素和预防污染的措施纳入设计全过程，将环墙性能作为设计目标和出发点，力求使设计结果对环境的影响最小。绿色设计的核心是“3R”，即减少原料（Reduce）、物品回收（Recycle）、新利用（Reuse），不仅要减少物质和能源的消耗，减少有害物质的排放，而且要求相关产品及材料能够被方便地分类回收并再生循环或重新利用。

绿色建筑又称生态建筑、可持续建筑，是指建筑设计、建造、使用中充分考虑环境保护的要求，把建筑物与种植业、养殖业、能源、环保、美学、高新技术等紧密地结合起来，为人们提供健康、舒适、安全的居住、工作和活动的空间同时在建筑安全寿命周期内（物料生产、建筑规划，设计、施工、营运维护及拆除过程中）实现高效率地利用资源（能源、地下水资源材料等），最低限度地影响环境的建筑物。绿色建筑是一种理念，它运用于酒店的设计、施工、运行管理、改造等各个环节，使酒店获得最大的经济效益和环境效益。

绿色酒店（Green Hotel）是指运用环保、健康、安全的理念倡导绿色消费，保护生态和合理使用资源的酒店。其核心是为顾客提供舒适、安全、有利于人体健康要求的绿色客房和绿色餐饮，并且在生产经营过程中加强对环境的保护和资源的合理利用。其内容除遵守国家法律法规和标准、证照外，还有节约用水、能源管理、环境保护、垃圾处理、绿色客房、绿色餐饮和绿色管理等方面的内容。

7. 人性化设计

酒店是消费者的食、宿、娱、商等方面的主要活动场所，其设计均要以满足消费者的正当需求为目标。对特殊客人的需求也要重视。

8. 文化性设计

成功的酒店设计不仅要设计新颖，要满足其使用功能的需要，更重要的是要具备独特的地域性和文化性。酒店的设计在功能上要满足使用，这是必须与国际接轨的，也是须具有同国际相同规范、相同标准的，以满足不同国度及不同民族的消费权及使用权，而酒店的精神取向及文化品位要考虑地域性及文化性的区别。这是现代酒店的一个成功所在。酒店设计师要研究新酒店项目所在地“文化”，包括地域文化、民族文化、历史文化，在最初方案设计中如能准确、合理地定位好酒店的文化内涵，酒店就具有了深厚的文化底蕴和无穷的魅力，从而带给客人不仅仅是生理上和情绪上的，并且是心灵上的享受。

9. 主题设计

新酒店的所有设计都要围绕一个主题进行，从风格、用材到细节等都要统一协调。多方面的设计不能各自为政、各搞各的，否则最后就成了“大杂烩”“四不像”，如海滨度假酒店可围绕海洋这个主题进行设计。

10. 前后台并重

总体设计时要正确处理好酒店前台（即对客服务）部分和后台（即后台生产、加工、仓储、办公、安全管理等保障）部分的空间关系、总体比例、面积大小等。要改变过分重视前台而忽视后台的习惯性错误做法。

（三）酒店设计的原则

1. 围绕和迎合满足客人的心理需求

每一位客人来到酒店之前，心里会对酒店有一种潜在的期待，渴望酒店能够具备温馨、安全的环境，甚至渴望这个酒店会给他留下深刻印象，最好有点惊喜，并使这一次经历成为其生活的一部分。营造一种温暖、松弛、舒适和备受欢迎的氛围，实现客人心理需求就是酒店设计者的天职。

2. 服务和服从于市场定位的设计原则

市场定位是设计的基础，目标营销市场决定设计形式和经营方式。市场决定设计，设计反过来影响市场。

3. 总体设计应遵循分区明确、关系密切、前后台分开的原则

现代酒店不论类型、规模、档次、外观如何，其内部功能均应遵循分区明确、关系密切、前后台分开的原则。

4. 绿色环保的设计原则

现在，生态价值观越来越规范着人们的社会行为，酒店设计中更多的是积极提倡人文环境与自然环境的融合与共生，室内空间再创造的同时也应是人类生态环境的继续和延伸。酒店设计要对生态系统和生物圈内不可再生资源建立循环资源系统，充分考虑气候与建筑方位、昼光的利用、建筑外表面与体系的选择、经济准则及居住者的活动等诸多因素彼此之间的相互作用，积极利用再生资源，充分利用自然光、太阳能，节约能源，加强天然资源的利用和保护，积极开发和使用真正环保型的装饰材料，建设绿色酒店。

5．轻装修重装饰原则

（1）慎用反光材料：不锈钢、玻璃、壁画、水晶灯。

（2）酒店室内装饰的几个重要观点：要有凹和凸的空间；整体比例设计要合适。

（3）酒店室内装饰的两种趋向：选用真品和仿制品；会议室色彩不应太乱。

（4）酒店建议要有一个主题墙。

6．要便于服务和维修的原则

设计需考虑能便于服务人员和工程维修人员完成工作，如管口的检修口安排也不能干扰客人的生活，而且不能破坏酒店室内建筑的整体性。凿开墙壁来维修管井是非常愚蠢的行为。

（四）酒店设计的关键点

1．酒店总体设计的关键点

（1）建筑外观的亲和感。进出路线、出入口等要方便客人；虚（如窗户）实（如柱子、墙体）结合；比例适中，三段式——裙楼、主体、顶部要注意符合黄金比例 0.618：1，与周边环境相融合。设计要充分考虑酒店的文化底蕴等。

（2）建筑内部的人居感。建筑内部要减少中间回廊，注意垂直交通、电梯选择（包括客梯和货梯）。电梯尽量设计在一起，方便客人选择。电梯和客房的配比为 1 ： 70，群楼建议选择扶梯，防火梯（货梯）要与主梯分开。要合理设计内部交通与各类活动流线、各个功能面积的配比、卫生间的布局和面积。

2．酒店结构设计应注意的问题

（1）星级对建筑净尺寸要求。

（2）客房面积和柱距的关系。五星级酒店客房开间和进深以 4.2 m×8 m 的尺寸为宜，这样设计客人感觉比较舒适，也有利于地下车位的布置。

（3）电梯井道的尺寸。

（4）投物井道的考虑。

（5）管道井的安排要分开，有一定空间。

（6）多功能厅活动隔断的承重。

（7）电梯门出口的高度要求。

（8）厨房地面不做沉降，因排水沟无法做。

（9）考虑安装振动设备时对服务区域的影响等。

3．酒店水、电、空调的初步设计

酒店水、电、空调的二次设计一般为水电装修设计，应请相关专业设计院进行。

酒店供水为经过净化、软化消毒，稳压的直饮水。酒店内管网的材料要优先选用铜材（包括上水主管），其次考虑选用 PPR 管（利用率高，接头较贵），下水管不宜采用铸铁管。水平管道每 70 m 要有一补偿装置（减少水锤），供水设计时要有两路为好（建议进行环网设计）。有必要进行净化、软化（去碱）和消毒处理，以避免人们的高血压、肾结石等病出现，可采用在管道中间有一段透明外加紫外线灯（消毒）办法；供水系统须设计合理的稳压装置。采用中水处理系统，做好水的二次利用，如浇花和冲马桶。

电气部分要选用可行的双路供电，须设计有备用发电机组。客房控制的配电盘安装位置要以方便客人为中心，方便维修次之（应考虑）。客房开关面板的选择要求：省力、手感好、简单、明快、不宜过多（两只为宜）。客房部分不集中控制电源，如手机充电（包括计算机上网）插座、冰箱电源插座、空调风机盘管电源等。清洁（扫）电源的合理布局。客用电源的设计高度要以超过桌面 10 cm 为好。布线与弱电管线的距离要注意，但按照目前的技术手段，不必刻意要求；设备启动电流与变压器选择的关系，80% 的变压器符合配置效率最高。变频器设备的合理选用，以有效节能为目的进行考虑。各功能供电系统的有效分离，重视分区电量（包括水量、汽量、油量等）计量，区分以各系统为单位和以各部分为单位的两种情况。

4. 酒店的二次设计要点

（1）确认主题是前提。确认二次设计主题的前提是要注重文化内涵，考虑本土特色与旋律性的表现（设计的始末都要突出中心主题）。设计的作品由后来人进行评判。

（2）二次结构设计是重点。二次结构设计材料的选用应考虑其寿命等。对于预埋件应在前期考虑。厨房设计单向通道以分离客用和服务通道，避免服务人员和客人接触，但厨房的服务通道距离不能过长，应把后厨加工制作和客人消费区域尽量设计在同一层面上。

（3）公共区域的二次设计是关键。附属功能区要有合理的缓冲面积，相同功能、相互有联系的功能区尽量设计在一起；客用走廊宽度不小于 1.8 m，管道间门的位置应予以重视；随属通道（服务通道）要与客用通道分开；公共区域卫生间要重视大堂、餐厅等区域，不同区域内的卫生间面积设计应不同；店内水景的设计应慎重，尽量不采用固定式，因为水景增加了大堂区域的湿度，对装修物不利，也增加了大堂区域的噪声，且循环水的异味需要进行处理，还需考虑水面以下灯具、连接线路的影响等；平面布局的调整要以客人为本，要注意人流、噪声、功能、空气污染等与平面布局的关系。

（4）酒店艺术品的设计。酒店艺术品的设计要与酒店的文化内涵相协调。要正确对待个人的爱好与客人欣赏角度的关系。艺术品的种类不宜繁杂。艺术品要体现“重装饰、轻装修”原则。酒店的色彩数量要有所控制。

（5）酒店背景音乐的作用。不同场合的音乐选择不同，民族音乐与西洋音乐应合理使用。

二、酒店的空间结构与功能布局的规划与设计

酒店的设计不但要新颖，有吸引力，更要有实用价值。除客房外，还要有足够的空间，即供客人活动的公共场所，使客人能在工作、旅游之余有休息和娱乐的地方。恰当的空间结构和合理的功能布局，既能给客人带来舒适愉悦的享受和体验，又能充分利用空间，节约酒店建设投资和运营费用，为酒店创造良好效益，也为酒店的“可持续发展”奠定良好基础。

（一）有关建筑—人—空间的理念

空间感是建筑体面的虚实围合给人的心理感受。

人和空间环境有着奇妙的互动关系，人对空间与环境的感受和体验直接影响人的心理状态。酒店是给离开家的客人提供住宿及其他辅助性产品的地方。酒店服务的无形性、不可分割性、易逝性、易变性决定了服务产品的体验本质。因此，酒店从规划设计开始就要处理好建筑、空间与人的关系，最佳境界是天地人合一。

客人购买的酒店产品主要是对一定的空间（如客房、会议室、餐厅包房等）在一定的时间内拥有了相对所有权。客人在此空间活动的过程中舒适的消费体验在很大程度上源于酒店空间

的合理性，即符合人体工程学。建筑的舒适空间是通过对景物、声音、方向、表面、高度、光线和行走的地面有所变化所造成的，如有过渡空间的房屋比直通户外空间的房屋要宁静得多，而且它具备私密的领域感。人通过建筑空间所产生的实体变化而产生了心理变化，“最重要的是景物的变化”，从而达到了舒适的感觉体验。同时注意形成空间视觉观察的层次，外空间成为内空间的“天然背景”，而透过天然的背景可看到更好的远景，如花园、露台、街道、公园、公共户外空间、庭院、绿荫街道都必须使其具备分明的层次，这样才能够使舒适生活具备可能性。

建筑的有效空间也在于建筑与空地之间进行的规划同构，而往往过多的建筑忽视空地与建筑的关系而导致空间失效。

土地有其区位价值，也有其自身价值以及组成价值的各种成分，其中生态价值是一个稀有的成分。

建筑内部的有效空间必然接纳阳光，空间天然光是室内空间必不可少的。循环不已的阳光对维持人体生理节奏有着决定性的作用，太多的光线会扰乱人的生理机能。同时，建筑的形状对于内部清净或拥挤有着很大的影响，对人们的舒适与安宁有着决定性的作用。建筑物室内方形形态的彼此干扰使得室内空间模糊，舒适的室内空间是安静与喧嚣的结合体。而狭长形态却能够解决这个矛盾，其长条形状扩大了建筑内部点到点之间的距离（房与房之间的距离），增加了人们在一定的区域内获得相对安静的舒适性居住条件，人也只有逃离了某种限制方能追求这种对舒适空间的享受。

针对酒店项目，要特别重视对项目的人性、自然和文化内涵的关注和挖掘，正确处理好人与酒店建筑空间的关系，努力让人（包括客人和员工）与自然环境、建筑本身和谐统一。在规划设计酒店、空间处理、环境设计时都要进行系统的思考，努力使酒店不仅具有完善的物理功能，同时还具有体验、激励等心理功能。目前有一种错误的做法就是孤立地看待酒店建筑，过分关注视觉的冲击（如外立面的强势与华丽、内装饰的过分奢华等）与概念的渲染，而忽视对人的活动及其规律的研究，急功近利、重表轻里。

（二）酒店的空间结构

酒店的空间结构包括 6 个方面的因素：空间形象因素、空间环境因素、空间尺度因素、空间风格因素、空间功能因素、空间应用相关规范因素。其中，空间形象因素包括建筑物外形、内部空间形象两个方面；空间尺度因素主要指酒店建筑结构，如占地面积、长宽比例、楼高层数与层高、进深、柱网等；空间功能因素主要指酒店的功能布局、空间分割与组合、功能配套等。

理性与感性的完美结合状态应该是将酒店设计的建筑规划与室内空间融合为一体。装修设计都是在已有建筑构架之上进行的，需要处理好空间的互融性（室内与室外空间的融合、室内空间的融合），建造空间结构和谐的酒店。

和谐的酒店空间结构分为两个方面：一方面是酒店作为一个整体，与周边环境、景色、建筑物等之间的结构关系，即酒店建筑和周围环境的协调、酒店功能与周边建筑和所在社区功能的配套，这是大结构；另一方面是酒店内部各功能区的设置、分布、面积、形状等之间的结构关系，即酒店建筑内外环境的和谐，这是小结构。通过预先设计和科学划分，力求功能与布局合理，材料与档次匹配，格调与色调吻合，立体与平面协调，酒店建设与环境保护平衡，节能、节约资源与节地结合，以达到生态平衡和可持续发展。

此外，酒店的空间盈利率要占到总建筑面积的85%，这是个最佳的状态。现在很多酒店因为规划和设计不合理，出现大堂过大、走道过宽、无效面积过多等现象，导致空间盈利率低于60%，造成投资很大，但未收到实际效果。

1. 外部大空间结构

广东省番禺的长隆酒店是正确处理酒店大空间结构的一个成功的现例。酒店与整个野生动物园融为一体，气势磅礴，环境优美，坐拥6 000亩热带植物翠景，酒店、客人、野生动物、热带丛林相得益彰，和谐互动共生，使得酒店具有浓厚的自然生态、特色文化。其设计将富有特色的自然景观移植进酒店，与酒店建筑融为一体。建筑外形没有在高度上做文章，也没有采取垂直单体的形式，而是采用几个互相独立又互相连通的建筑组群，每个单体又有独特的设计风格，形成了一种磅礴的气势。

需要强调的是，平面布局从立体看，要正确处理平面和立体不同的视觉效果关系，如酒店室外的景色、游泳池等，不能单看平面布局图，要多从楼顶去俯视以感受空间比例关系是否合理，还有建筑物中间的中庭与自然采光的关系。

2. 内部空间小结构

（1）视觉空间。一个建筑、一个室内空间给人最直接的印象就是尺度感。

酒店建筑物部分与整体之间、局部与局部之间、主体与背景之间的搭配关系应能给客人一种美感。最关键的就是要注意选择最好的比例感。此外，还要考虑平衡（对称平衡、不对称平衡）、和谐等。

比例与美有着密切的联系。公元前古希腊就知道把比例用在建筑上来取得建筑造型的美。造型如果没有优美的比例，往往不易表现出匀称的形态。相等的比例没有主次，感觉平淡；过于悬殊的比例又产生不稳定感。比例是造型上的一大难题，不仅要追求美感还要讲究实用。室内空间中，各种空间、高度与长度等都要注重比例问题，一般采用黄金法则1 ：1.618或0.618 ：1。

酒店大堂、中西餐厅、宴会厅内应尽量控制柱网的数量，尽量缩小柱子尺寸，还要控制吊顶高度，以扩大视觉空间效果。会议室、歌舞厅、多功能厅等应无柱网。

（2）楼层高度。楼层高度包括两个方面的内容：一是理论设计高度，即层高；二是实际应用高度，即吊顶高度。

客房标准楼层的高度，简称层高，受3个因素的影响：一是吊顶高度（各室内公共走廊、电梯间等）的设定；二是结构体、梁高及设备系统（空调、配管、消防喷淋头、音响、感应器等）所需空间的高度；三是地板、耐火层（钢骨结构）等表面材料的尺寸及施工方法。楼层高低应为2.7～3.0 m。

客房吊顶的高度以2.4 m为最低高度，太低了容易让人产生压迫感。也要防止出现房间狭小、吊顶太高的空间，让人产生恐惧感。公共走廊的吊顶高度最低以2.1 m为限度。

（3）面积比例。在酒店设计中，各类设施的面积是有一定的比例配套要求的。这个比例越科学，越能符合经营需要，在经营中平方米产出就越大。这个比例也要与酒店的定位、目标市场相匹配。酒店类型越不同，比例差距就越明显。

酒店常用两组面积数据来描述规模和状况：一是占地面积和建筑面积；二是对客服务区面积（又称为公共区面积）和后台工作区面积。第一组数据涉及建筑容积率、建筑密度等技术指标，也关系到酒店客人的舒适度；第二组数据涉及酒店的可经营面积、盈利能力等经济指标，既关系到酒店客人消费过程中的舒适度，也关系到酒店的收益与寿命。

这两组数据也都关系到酒店建设成本的合理性和投资人的利益，因此需要认真对待。目前酒店设计中出现的过分豪华、好看但不实用的设计错误现象需要引起重视并加以纠正。

酒店的各类面积比例决定了将来酒店收入的比例。面积构成分为营业面积及非营业面积，计算时可考虑以两者各占总楼地板面积的 1/2 为一般原则。

（4）室内区域布局。酒店内的所有区域，包括一个小间房内或一小块区域的布局都要精心设计、合理布局，如客房卫生间靠窗还是靠门、家具的位置布局、客房的功能区域划分等，都要事先设计好，因为其涉及灯具、开关、插座、管道等的相应位置与分布。

（5）空间的专用属性。谈起酒店空间，还有一个属性概念，根据其用途可分为专用空间和混用空间。专用空间的用途单一，空间的属性内涵小，如总统套房、VIP 专用电梯、传菜电梯、消防电梯、机电设备用房等；混用空间的用途较多，空间的属性内涵大，如多功能厅、公共卫生间、男女共用的盥洗台、会议中心的休息区等。

3. 土建设计

土建设计、结构设计主要由建筑设计师来牵头完成，解决酒店建筑的布局、空间结构、造型、避难层、安全疏散等问题。

土建设计与机电设计、装修设计是息息相关的，三者的设计应在确定酒店功能布局以及主要设备选定后进行。例如，高层的酒店建筑必须设有设备转换层，而土建设计就须处理好转换层的层高；高层酒店一般要考虑裙楼的设计，没有裙楼的酒店很难合理地布局；厨房和设备用房究竟需要多少面积；多功能厅是否可以减少立柱避免影响使用效果。再如，功能布局未敲定前，厨房和客房卫生间设计就不能降板，以免造成返工。别墅型酒店在选择空调主机时应区别于高层酒店，否则浪费能耗，管理麻烦，因而在土建设计时要充分考虑不同空调机房的设置和面积；另外，若墙体采用轻质材料，在土建结构上可考虑减少钢材和水泥用量，大大节省土建造价等。

（三）酒店的功能布局

室内设计师在酒店方案设计阶段要与业主、酒店筹备人员、酒店专家顾问等充分沟通，充分地进行市场调查，根据不同的酒店类型，恰当地进行功能布局与流程的合理设计，以最大限度地发挥酒店的经济效益和社会效益。

1. 功能布局概述

酒店的诸多功能在布局上分为两个方面：一方面是平面布局；另一方面是立体布局（包括楼层分区、室内立体布局）。酒店布局的另一种分类是酒店外部布局和内部布局。在设计和考虑布局方面要注意 4 个要素，即位置、功能、面积及流程。

商务型酒店多属高（多）层建筑，其建筑结构形式常由主楼和裙楼（或附楼）组成。度假型酒店的建筑结构形式多样，常见别墅或多层分散建筑。主楼分为地下（一般为 1 ～ 3 层）部分和地上部分。地下部分多用于设备机房、后台设施（如员工更衣室、员工餐厅、员工活动室、洗衣房、库房等）和辅助对客服务区（如停车场、康乐中心等）。地上部分为主要对客服务区域。

酒店内部空间的使用一般分成 3 个主要功能区域：客房功能区（50% ～ 70%）、公共功能区（20% ～ 30%）、内部管理功能区（10% ～ 15%）。酒店外部布局包括运动区、温泉区、观景区、停车区等。度假型酒店布局包括度假区、休闲娱乐区、行政区、配套设施（宿舍、设备房等）4 个分区。

功能布局合理包含3层含义：首先，服务区域的划分要合理。酒店一般分为客房区、餐饮区、公共活动区、会议和展览区、健身娱乐区、行政后勤区。其次，这些区域既要划分明确，又要有机联系。最后，空间比例要恰当。除功能区域的面积比例外，还有产品系列的比例，如房型（标准间、套房、单人房、豪华单人间等）比例、餐厅包房的比例（数量比例、面积比例、种类比例）等也要合理，符合酒店定位和目标客源市场的需求。

2. 功能的确定

在设计之前，最好根据不同的市场定位、各种空间在整个酒店所占位置及面积比例，绘出一份流程示意图。功能划分既要满足客人食、宿、娱、购、行的各种行为，还要保证酒店管理方（包括各个工种作业）的各种行为顺利进行（避免交叉作业）。对此，建筑设计人员需要与酒店投资人、筹备方、顾问方等进行认真的研究与探讨，最后确定“酒店功能流程图”，以此作为酒店空间结构与功能布局设计的重要依据。

3. 客房功能区

在现代酒店总建筑面积中，客房的总面积应占到酒店总面积的70%～75%，这是一个比较合理的比率，否则就降低了酒店的盈利空间。但也有特例，如广东的酒店的客房比率可以略低些，而餐厅的比率稍高些，这是因为广东人对饮食的要求远远大于对住宿的要求。全国酒店平均下来，餐饮收入仅占总收入的20%，但广东的酒店可超过50%。

酒店的主要收益来自客房，客房功能区面积占酒店总面积的50%～75%，客房有效面积占客房功能区面积的70%以上。设计师要在每层客房的设计中尽量节省空间，增加数量尽可能解决垂直、水平交通的问题和保证客房的基本支持面积。

从建筑设计提供的基础条件来分析，最经济的客房空间通常是一个建筑柱距间分割成两个自然间。20世纪80年代时，客房的柱距间多采用7.2 m×7.2 m、7.5 m×7.5 m，到90年代多采用7.8 m×7.8 m。近几年，五星级酒店多采用8 m×8 m、9 m×9 m的柱距间，这使客房越做越大，标准越来越高，其空间尺度（客房开间尺寸、客房面积）越来越接近美国标准，当然舒适性也越来越好。客房部分的通道净宽度，单面客房排列时至少1.3 m，双面客房排列时至少1.8 m。

分析客人在客房中的各种活动、停留的时间等因素，从建筑成本的经济核算与客房的舒适度的关系来看，设计时可将客房的长度延伸一些，客人在其中就会感到舒适很多。因为将客房加宽所需的建筑成本要高一些，而对客房舒适度的影响却可能会小一些。

客房有4个使用功能区域：睡眠区间、工作起居区间、储存及走廊区间、卫生间。一般来说，房间内各区域的净面积：睡眠区间为6～8 m^2，工作起居区间为10～16 m^2，储存及走廊区间为3～5 m^2，卫生间为4～7 m^2，客房净面积（不包括浴厕）每间最低面积为单人房13 m^2、双人房19 m^2、套房32 m^2，客房卫生间净面积最低为3.5 m^2。

酒店设计除要处理好客房与餐饮区面积的比例关系外，还要处理好客房类型的比例关系，即单人房、双人房、套房、特色客房等在客房总间数中的分配比例。目前商务型酒店的单人房需求量较大。

4. 餐饮功能区

餐厅的规模在一般情况下以客房的床位数作为计算依据，标准餐位为1位/床，会议和度假型酒店为1.2～1.6位/床，商务和休闲型酒店为0.6～0.8位/床。餐饮面积以餐位为标准，每一个餐位平均为1.5～2 m^2（不包括多功能厅或大宴会厅），以此推算出餐厅项目群的面积。根据地理环境，如需要对店外餐饮消费者开放，则按照市场需要增加餐饮面积。按照《中华人民共和国星级酒店评定标准》的规定，四星级、五星级酒店一定要有一个快餐厅，位置与大堂相连，方便客人用餐，并烘托大堂气氛；要有中餐厅和宴会单间或小宴会厅，较大的酒店最好还能有 1 ～ 2 个风味餐厅；在外国客人较多的大城市的酒店里最好有一个规模适当的西餐厅，有装饰高雅、具有特色的酒吧。各色餐厅最好集中一个餐饮区，餐饮区除特殊需要外，一般放在裙房的一层或二层为宜。

厨房面积一般为餐厅面积的 70% 左右，西餐占 50%，厨房与餐厅要紧密相连。从厨房把饭菜送到客人的桌上，在没有保温设备的条件下，距离最好不超过 20 m。厨房与餐厅要放在一个层面上，不到万不得已不要错层。

5. 会议功能区

随着我国现代化建设的发展和加入 WTO 以后国际经济交往的增多，会议旅游已成为不可忽视的客源市场。目前，各地除有少量的专业化会议型酒店外，大部分是商务型酒店、观光型酒店和部分设有会议设施的度假型酒店。

会议设施包括大型多功能厅、贵宾厅和接见厅以及若干中小会议厅。会议室要根据酒店功能定位分别按照课堂式、剧院式、U 形桌、回形桌、宴会、酒会进行大、中、小 3 种类型的设计。会议可移动设备有各类麦克风、计算机投影仪、普通胶片投影仪、幻灯机、电视机、摄 / 录像机、白板、碎纸机等。会议服务内容要能提供冰水 / 茶、文具、毛巾，同时提供背影板、指示牌制作及文件打印 / 装订、请柬制作、专业摄影等服务。会议室的配套空间有盥洗室、储藏间、衣帽间、化妆间等。

多功能厅要豪华大气，拥有专业灯光、音响设备，可接待最高级别的各式宴会酒会、各类会议及展览、时装表演、演出、网络视频会议活动，集会议室、宴会厅、表演厅、展览厅等多种功能于一体。多功能厅在使用时应能灵活分隔为可独立使用的空间，且应有相应的设施和储藏间。

多功能厅要有良好的隔声功能和充足的灯光，除固定灯光外还要有活动灯光，以供各种表演和展览使用。多功能厅可用折叠的活动家具，根据不同的需要随时可以拼装成各种类型的台面。多功能厅一般不设固定舞台，需要时采用拼装式的活动舞台，舞池也用活动地板拼装而成。多功能厅的面积要根据市场需要和酒店的规模而定。在一般情况下，最好不少于 400 m^2，大的可以到 1 000 m^2 或更大一些，或另外具有 500 m^2 的展厅。与多功能厅紧密相连的部位要设有贵宾厅和接见厅，要有适量面积的厨房或备餐间及一个家具周转库房。

大型专业会议厅要具有同声传译、放映、灯光、音响、转播、控制等功能，有音响设备、投影设备、宽带网设备、电话会议设施、现场视音频转播系统等，如召开国际会议和多民族的国内会议，还要有同声传译设备（至少 4 种语言）。

各类会议室的数量应有两间以上，小会议室至少能容纳 30 人。这些会议室空间可以多功能使用，可以开会也可以作小宴会厅和宴会单间。有条件的酒店能够有一个相当于大型多功能厅 1/2 面积的中型多功能厅就更加完善了。

会议室的位置、出入口应避免外部使用时的人流路线与店内客流路线相互干扰。各类会议空间及设施应组成一个会议区，最好能放在一层或一个区域，可设在裙房的一层或二层，以方便会议客人，并避免服务设施、人员等的浪费。会议厅要有足够的公共卫生间，包括残疾人卫生间和清洁用具储藏室。

6. 康乐功能区

不同类型的酒店对健身娱乐设施有不同的要求。休闲度假型酒店和会议型酒店的健身娱乐设施需求量大。商务型酒店和观光型酒店则以健身设施为主，如游泳池（北方寒冷的时间长，最好是室内游泳池）、健身房、桑拿房和按摩室、台球室和棋牌室等。设有国内会议设施的酒店可根据需要设保龄球室。这些设施一方面可以组合成一个康乐区或称康乐中心，康乐区与客房相通，便于客人直接到康乐区健身；另一方面康乐区又要与客房区分离，以免影响客房区的安静环境。

7. 公共功能区

公共功能区有众多的功能，其面积指标的规划要由市场分析、投资规模、经营方式和客房数量来综合确定。公共区域设计应具有独特性、文化性、舒适性、亲和力和服务至上的特点，公共功能区的设置一般在裙房或低层，这样便于酒店内外的宾客使用，也便于大量的人流、物流的调度安排和公众性与私密性空间的处理。当然，有的酒店也将顶层设置为餐厅，这主要是经营者想制造出一个更优美的用餐环境来吸引客人，而且垂直交通得到很好的解决时才可采用这种处理方式。

无论是酒店业主、酒店经营者，还是设计师，对酒店公共功能区的重视已到了无以复加的程度。酒店公共功能区直接展现出酒店的级别和豪华档次。公共功能区包括大堂、服务、餐饮中心、娱乐中心、会议中心等，而大堂和共享空间历来被视为重中之重。

8. 后台区设计原则

酒店能否正常经营，在很大程度上取决于酒店行政管理与后场区域的设计是否合理。其设计原则如下：

（1）为员工安排专用通道，以便他们的其他工作活动不影响客人。酒店员工分为两类：一类是员工面对客人提供直接服务，如前厅部、管家部、管饮部；另一类是员工间接为客人提供服务，他们保证酒店的各种设备正常运行，很少与客人见面，如工程部、厨房部。酒店设计要为这些部门的员工安排好工作环境。

（2）总服务台是所有办公部门中最直接面对客人的部门，其布局分为前台和后面工作区。前台长度与客房数量的多少相关，一般以 200 间客房数为基点，也就是 10 m 左右，客房增加，前台也相应要加长，客房减少，前台可短一些。前台与后面工作区的面积计算公式：客房数 ×（0.3 ～ 0.5）m^2。

（3）行政管理办公区主要由 7 大部门构成：人力资源部、销售部、公关部、餐饮部、管家部、财务部、秘书室。这 7 大部门常常合在一起办公（也有分开办公的），行政管理办公区的装修与酒店的其他两个功能区一样重要，它对提高员工士气、管理效率、酒店档次具有不可低估的作用。现代酒店总经理办公室多数设在便于与客人接触的地方，而不是设在客人不易找到的地方。财务部最好设在与营业部门相近的地方。党团工会和人事部门的办公室最好设在便于与酒店员工联系的地方。员工用房包括员工食堂和厨房、员工更衣室、洗浴室、员工培训室、文体活动室、倒班宿舍等。这些员工用房最好集中在一个区域内，一般设在地下一层和地上与主楼相通的裙楼或配楼中。行政用房和员工用房的面积一般控制在总建筑面积的 4% ～ 6%。

9. 楼层功能分区

划分楼层功能区域也是一个重要的工作。具体的正确的楼层分区要点如下：

（1）区分消费群。物以类聚，人以群分。要把一些相同的消费者、相同的功能区尽可能地设置在同一个楼层或同一个区域。例如，喜欢喝咖啡、喜欢阅读的人总的来说需要静谧的环境氛围，与喜欢热闹的夜总会消费者恰恰相反，因此，不能把咖啡厅、阅览室与夜总会设置在同一个区域，不能把商务中心设在娱乐区域。大型及中型会议室也不应设在客房楼层。

（2）考虑消费客人的感受和体验。客房要尽量位于高楼层，这样视野好、户外干扰小，能满足客人私密性要求。西餐厅、封闭酒吧、风味餐厅要与桑拿健身房、游泳池分别在不同楼层安排，不要相隔太近，也不要安排在同一个楼层，否则，不同味道的混杂也会破坏客人的美好消费感受和体验。

（3）考虑客人需求的连续性。如将健身房安排在与游泳池较近的地方；西餐厅安排在与封闭酒吧、咖啡厅较近的地方；零点餐厅安排在一楼，与中餐厅、风味餐厅靠近；多功能厅与会议室安排在同一楼层。这些安排就是考虑了客人需求的连续性。

（4）尽可能集中同类项，以减少相应的物料流转、人员流动等。如将后台类空间、设施等相对集中，设立行政服务楼层、女士专用楼层，将残疾人房放在低层等。一种常见的错误做法是在功能安排上没有相互照应，只是根据面积大小来安排，结果造成同类功能过于分散不便于客人使用。此外，餐厅、会议室宜设置于低楼层以方便人流进出。

（四）专业设施设备的布局

以上主要从酒店服务产品功能方面阐述了空间和布局问题，还有一类布局问题常常被设计人员和筹建人员忽视，即酒店专用设施设备的合理布局问题，它直接影响酒店的正常运行成本。

1. 设备用房的位置和联合修建

酒店设备用房包括两类：一类是机房（给水排水、空调、冷冻、锅炉、热力、煤气、备用发电、变配电、防灾中心等）；另一类是维修用房（机修、木工、电工等）。各种设备用房的位置应接近服务负荷中心。运行、管理、维修应安全、方便，并避免其噪声和震动对公共区和客房区造成干扰，还应考虑安装和检修大型设备的水平通道和垂直通道。

从设计上来说，应考虑利用酒店附近已建成的各种有关设施或与附近建筑联合修建，但从酒店运营管理上来说不方便，将来容易受制于人，产生过高成本且影响服务品质。消防控制室应设置在便于维修和管线布置最短的地方，并应设直通室外的出口。

2. 专业设施设备布局的合理创新

在通常情况下，电话总机、计算机局域网、消防监控系统、VOD 电影点播、卫星及有线电视等系统往往分设在几个房间，这样的空间布局就不合理。在满足功能需要的前提下，要合理利用政策法规并结合酒店实际，合理布局，合并同类项，大量压缩不盈利的机电用房面积，同时可将多工种岗位合二为一、合三为一，为酒店经营留出更多的面积。例如，将自控热能锅炉的操作管理与制冷设备操作合理地布局，利用一个操作技工进行现场管理；利用场地合理地布局将消防控制设备、治安监控设备、电视频道监视设备合三为一，统一到一个岗位进行管理操作；利用安全员巡视的机会把管辖区内部和工程部能耗管理的职责统一到人等。一般来说，中央空调、新风机组、热交换系统、全部楼宇强电控制柜、污水泵等设施的布置至少需要 300 m^2。例如，某公司突破原有思路，大胆创新，先进行机电一体化整体设计，计算出各功能区域人流密度及荷载量和安全系数，再将能选定的机电设备在室内三维空间进行最优化布局，计算出管钳等维修工具的长度、旋转半径，维修人员的弯腰角度、臂长等尺寸，精确至厘米，然后加 8% ～ 10% 的活动余量，保证设备主体和维修环境功能实际所必需的三维空间高度、宽度、深度，以科学计算数据为依据，计算出设备机房的实际尺寸，然后再挖地，建设备用机房，使整个动力机房压缩至 60 m^2 以内，是常规机房面积的 1/5。

3. 发挥专业筹备人员的作用

设计单位往往对酒店设施设备运行、维护的边界性、运行成本等因素考虑不够，因此，需发挥好酒店运营专家、顾问、职业经理人等的作用。他们能根据自身的管理经验，合理利用建筑的格局，充分发挥专业知识，在酒店设施设备的布局和选型方面发挥“一锤定音”的作用，达到“场地节约、人员节约、管理简化、维修方便”的目的。

（五）酒店空间布局设计的注意要点

1. 要根据定位符合酒店星级规范要求，不能漏项

既要满足主要功能，也要满足配套功能。如有的酒店设计了多功能厅，能摆65桌，容纳700多人开会或就餐，但没有设计用来放置桌椅等物品的杂物间，每次布台和撤台特别费事。有的酒店在客房楼层没有设置专用的洗消间和布草间。

不同类型的酒店，餐饮、娱乐、客房的设计与功能布局均有所区别。例如，入住商务型酒店的团体客人，他们常以会议、专业联系、销售、培训为主，一般留宿2～4晚，大多为男性，客人对单床、双床无过多要求；而入住的单个客人一般留宿1～2晚，这种客人从事的商务活动较多，而且喜欢客房是单人床且有浴室和工作区。入住休闲度假型酒店的客人，大多以夫妻或家庭为主，多以度假、观光、旅游、运动为主，客房除有双人床以外，还要有露台、进餐区、储藏间和大浴室。总体来说，商务客人喜欢单人间，团体客人喜欢双人间，休闲旅游客人可以多人住一个房间。同样，酒店中餐厅的规划布局也至关重要，设计前一定要制定好具体的经营方案，如会议型酒店早餐需要量大，酒店通常都设一个大餐厅提供三餐服务，同时至少设一个特色餐厅。而较偏远的度假型酒店，游客在酒店停留时间较长，一般在酒店用三餐，除了有两三个餐厅外，还应设一些室外休息室，像早餐露台、泳池房的快餐店，还可设烧烤等休闲餐饮。因此，需按照酒店的类型、结账方式以及需要的娱乐设施等设计出不同酒店餐厅的氛围、功能和布局。

2. 空间布局要考虑流线的合理性

酒店的运营过程中，存在“四流”：人流（客人、员工、供货商等相关人员的进出、活动、办公等）、物流（物品的进出、内部的运转、库房的出入、厨房的进出、产品的加工等）、车流、信息流。这些“动线”流程是酒店运转的动脉。分明顺畅的“动线”流程能使酒店的各项功能协调有序地运转，充满活力；反之，则对客人满意度、服务质量、运营成本、酒店形象、经营效益等都有着巨大的、十分重要的影响。从建筑设计开始（不能等到室内设计时），就应高度重视流线设计的合理性问题。

例如，广东某酒店建筑面积为5万多平方米，整个建筑现代时尚、气度恢宏，但由于设计师缺少酒店专业知识，导致中餐厅的包房与厨房的距离超过了150 m，营业时，上菜速度极慢；多功能中餐厅面积为1 600 m^2，但进出厨房仅有一个通道，整个服务流程很不流畅。又如，北京某酒店是单体楼，原设计中漏了仓库位置，后加在设备夹层，货物入库出库很是费时费力。

规划时要注意：客流、员工流、物流要有专用路线和线道（如残疾人线道、员工线道、服务流线等），流线要分开（不仅仅是要求员工与客人分开，就是员工通道也要注意把人与物分开，不要人物混杂，不然既影响工作，又容易出事故；车流通道通畅，与人行道分开）。门厅里的停车点要距离大门2 m以上。

3. 要注意整体布局与局部布局的和谐性与统一性

要综合考虑酒店内外的景观、功能、流程等，不能只注重店内的装潢设计，而忽略了店外景观的设计与布局。

4. 酒店功能新的调整方向

（1）商场商品：减少。

（2）酒店餐饮：萎缩。

（3）酒店会议室：加强。

（4）健身设施：增加。

（5）娱乐设施：部分增加，如羽毛球场地、健身操场地等，减少保龄球设施。

（6）外协服务：计算机维护、电梯维护、空调系统维护等。

5. 局部布局的特色或特殊性

在重视和做好大的布局后，局部布局也不容忽视。否则，也容易出现一些让经营者感到遗憾的地方，如酒店中的餐厅通常无法与酒店以外的餐厅竞争，这里面有前期设计和空间布局不当的原因，可将餐厅安排在酒店中临街的位置，使客人容易看到，而且不必穿过酒店大堂就可进入该餐厅。餐厅的设计也很重要，一个好的设计会让客人在此用餐后留下深刻的印象，并很有可能向自己的朋友亲戚提起，这就是餐厅设计的宣传效应，后天的良好经营就会形成“好酒不怕巷子深”的局面。如果是度假型酒店，餐厅的布局要求更高。但在酒店的空间布局上没有注意到酒店的局部布局特色或其特殊性，而给酒店造成不小损失的案例也不胜枚举。

广东某酒店的会议中心旁设计有露天小花园，便于会议客人会间休息时片刻小憩。设计本意不错，但距离厨房的烟道过近，花草全被热烟烤枯了，需要不断地更换。

北京某酒店靠近环城路，而设计者偏偏将大堂大门、多功能厅（高层）等放在了酒店的西北角，秋冬北风劲吹时酒店大堂、多功能厅温度很低，中央空调根本起不了作用，工作人员和客人都很不舒服，而且大堂的灰尘也较多。

6. 其他需要特别注意之处

对一般规模的度假型酒店来说，要对体育类运动场馆和设施的种类规模数量认真研究和分析。建议室内的、小型化的场地设施可以有一些，不主张设户外足球场。

（1）仓库的数量、种类、面积与位置。城市中的酒店因供应充足便利，可减少仓库数量和面积，减少库存，充分利用供货商的仓库和供应能力。景区的酒店则相反。在店内，仓库的位置很重要，既要距离厨房很近，又要方便装卸，尽量减少多次装卸和长距离搬运。

（2）洗衣房的设计。酒店规模不大则建议取消，充分利用社会资源，以减少投资、减少人员、减少排污、减少能耗、减少管理。但要考虑急件洗涤问题。规模较大且客人洗衣需求大的酒店可考虑配套洗衣房，如果放在地下室，就要考虑物料运输问题。

（3）备品库要足够。备品库应包括家具、器皿、纺织品、日用品及消耗物品等库房，备品库的位置应考虑收运、贮存、发放等管理工作的安全与方便。库房的面积应根据市场供应、消费贮存周期等实际需要确定。

（4）员工用房。员工用房包括行政办公室、员工食堂、男女更衣室、男女浴室、厕所、医务室、自行车存放处、值夜班宿舍等类别，应根据酒店的实际需要设置。员工用房的位置及出入口应避免职工人流路线与旅客人流路线互相交叉。浴室淋浴头按每 30 人至少要有一个来设置。

（5）干式垃圾应设置密闭式垃圾箱，湿式垃圾应考虑设置冷藏密闭式的垃圾储藏室，并设有清水冲洗设备。

（6）每层应设服务员工作间、贮藏间、开水间、消毒间、服务人员厕所，可根据需要设置固定或移动式服务台。

任务三　酒店的施工建设、开业准备与试营业

酒店在做完前期的投资可行性分析和酒店设计后，主要的筹建工作就是酒店主体建筑的施工建设和酒店的经营定位及开业准备工作。

一、酒店的施工建设

在酒店筹建过程中，涉及大量的招标投标工作。招标投标工作，不仅是在选择设施设备、用品用具、项目承担等，还是在选择筹建的伙伴，就工程质量和水准而言，酒店工程承建商的选择至关重要，而很多单位对此不够重视，实际操作上也多有失误。在此，着重强调招标投标的重要性。

（一）招标投标的必要性和重要性

酒店筹建招标，主要包括设计招标、工程招标、设备招标、用品招标、管理招标等形式，也可分为审查性招标、采购性招标等。

在酒店筹建过程中，加强招标投标管理十分必要，也十分重要。在酒店筹建或改扩建过程中，无论是设计与施工力量选择、设施设备及各种物品的采购还是其他方面，无一不是通过招标投标来进行选择的。

在酒店筹建过程中，工程负责人（或筹备负责人）如何巧妙地处理各种“关系”，既能避免与复杂的社会关系网发生正面碰撞，又能有效避免滥竽充数，淘汰劣质产品和没有实力的单位，有效地控制投资成本和控制工程质量，公开进行招标投标是一个常用的好办法。

采用招标投标方式进行交易活动的最显著特征是将竞争机制引入交易过程，与采用供求双方“一对一”直接交易等非竞争性的采购方式相比，这种方法具有明显的优越性，招标方通过对各投标竞争者的报价和其他条件进行综合比较，从中选择报价低、技术力量强、质量保障体系可靠，具有良好信誉的供货商、承包商作为中标者，与其签订采购或工程施工合同，这显然有利于节省和合理使用采购资金，保证采购或工程项目的质量。招标投标活动要求依照法定程序公开进行，有利于堵住采购活动中行贿受贿等腐败和不正当竞争行为的“黑洞”。

招标投标也是酒店筹建办正确行使业主权利的一个最重要的体现。招标投标的质量直接影响项目的工程质量、工期、工程投资等。因此，筹建办的全体人员，特别是总负责人都要高度重视招标投标工作的组织和落实。

（二）酒店施工建设合同

标准的施工建设合同是一笔总付的合同，它包括所要完成工作的完备描述（建筑文件被用于此目的）；酒店管理人员、承包商以及设计公司责任和义务的描述；工程费用及付费方式；开始日期和完成日期；明确承包人工作的最后完成和验收的条件。

在签订合同之前，酒店管理人员通常会从若干个承包人那里获得投标。在私人企业中，可

以挑选允许参加投标的承包人。明智的做法是预先选定有资格的承包人，列出有能力投标的公司。这个工作通过会面和评价各公司的技术及资金能力就可完成。

每个预先确定资格的投标人会收到投标材料包，其中包括建筑文件、计划的建筑合同复印件和投标表格。投标表格要求承包人提供完成建筑文件中工程的费用和时间。承包人递交签字表格，证明本身能够并愿意在规定的时间内按报价进行施工，并遵守合同条款。

在签署合同时，酒店应听取相关的法律建议。合同中应包括惩罚和奖励条款以防止承包人窝工。另外还应商定相关的保险条款。这些条款可能会增加一些费用，但如果没有这些条款，开发商会很弱势，并可能遭受严重的损失。保险条款还应包括争议解决条款，并在需要时指定一个仲裁人。使用罚款或奖金条款来鼓励承包人按时完工。这些条款以及好的设计文件可以确保工程及时完成并避免纠纷或诉讼。

（三）酒店建设施工管理

1. 依法管理

依法管理的灵魂是施工质量管理，没有对施工质量的管理和监督，就没有合格的项目。国家颁布了《建筑装饰装修工程质量验收标准》（GB 50210—2018）和《建筑内部装修设计防火规范》（GB 50222—2017）等有关施工的政策法规。而酒店委托设计单位编制的各种设计、施工图纸及说明，与施工单位签订的施工合同和施工方案等也都是具有法律约束力的文件。在施工现场管理中，必须以有关政策法规和法律文件作为管理的基本依据，确保工程达到设计和合同规定的质量标准。

2. 专项检查

酒店应强化对施工单位进行各种专项检查和监督，按施工图、工艺要求、用料标准等进行专项核查，杜绝施工单位偷工减料、以次充好、私自改变设计方案和施工工艺等。对在专项检查中发现的问题，应及时提出，责令施工单位立即纠正。对于施工工程的各个环节，如建筑面积、门窗、玻璃、墙面楼层、涂料刷浆等要进行专项检查，完成一项预验收一项，在整体工程完成前，应对各个单项工程的质量进行检查，并和有关部门专家、设计人员、施工单位进行会审，为最后的验收打下基础。酒店应对施工单位的施工调度和质量检测进行全方位的控制和监督，以保证各施工单位按施工程序有条不紊地进行施工。

3. 工程协调管理

酒店应成立专门的施工办公室，统筹管理和协调工程项目。每天下班后，施工办公室应召开由项目参与各方代表参加的全体会议，由当天值班巡视人员通报工程进度、质量和工程协调等情况。然后共同研究，甚至可到现场处理亟待解决和协调的问题，使第二天值班巡视人员了解工程中已发生的情况、发现的问题及采取的措施，使工程项目保质保量按时完成。

4. 安全管理

施工队进驻施工现场前，酒店应与各施工单位负责人签订安全责任书，保证施工现场禁止吸烟，禁止施工人员袒胸露背或穿拖鞋或不戴安全帽等进入施工现场，施工人员不得进入非施工区域等。同时，要求施工队把施工人员的照片和姓名等有关资料交送酒店，由酒店制作并发给每个施工人员带照片的胸卡。施工人员必须佩戴胸卡按指定通道出入施工现场。易燃易爆施工材料必须集中管理，由专人看管，并配备消防器材。施工单位动用明火必须提前申报。

施工期间，酒店应制定现场巡视制度，加强对施工现场的防火防盗工作。

（四）酒店施工建设中的注意点

施工图纸总是会发生变化的，所有变化都应记录下来，并由每一位参与者签字。这样的程序可以将冲突减到最小。

施工中有一些矛盾是不可避免的。对于设计师来说，预见所有可能出现的意外并说明施工的每个细节是人力所不及的。业主、项目经理和承包人必须明白，施工图纸虽然表达了设计师的意图，但不可能展示每一个微小的细节。设计图纸和技术规范中的任何疏漏或错误都要依靠项目的具体负责人来合理、恰当地解决。一般工程的不可预见费用为在编人员费用的 5% ～ 10%。

如果在酒店施工中的各方都能理解自己的角色并完全懂得所要完成工作的范围，那么大部分的矛盾是可以避免的。酒店管理人员必须明白，他们不能告诉承包人和分包商要做什么，除非通过指挥系统。施工人员必须懂得，他们不能为减少费用或追赶进度而任意地改变设计。如果在项目中工作的各方互相信任和理解，团结成一支队伍，那么酒店的施工工作一定可以在预算内按时、高质量地完成。

二、酒店的开业准备

酒店筹建完成后，就进入开业阶段。在筹备施工直至竣工和试营业前，通过有计划、有步骤地将酒店开业时所需要的文件证照、组织架构、管理制度、资金设备以及各类员工都安排到位，打下一个良好的资源基础，是酒店能够成功试营业的前提。按照时间的推移，前期基础工作重点是要抓好工作启动阶段、工作规划阶段和工作行动阶段的工作。

（一）酒店开业准备工作启动阶段

酒店开业准备工作启动阶段的任务主要是报批各类证照、确定管理模式和设计酒店组织架构。

1．报批各类证照

每一个企业在开业前都必须经过主管部门的批准同意，办理一系列不同的证照。酒店因其经营管理的特殊性，证照的办理比较复杂，缴投的险种也不同于一般企业。

（1）酒店开业所需的各类证照。为保证顺利、合法的经营，酒店在申请开业登记时，需向有关主管单位和审批机关申办 20 多种经营许可证照，有关证照的名称和批准部门如下：

①营业执照（工商局）；

②外商投资企业批准书（外商投资工作委员会 / 工商局）；

③税务登记许可证（税务局）；

④企业法人代码（技术监督局）；

⑤外商投资企业税务证（税务局）；

⑥外汇登记证（外汇管理局）；

⑦外汇兑换许可证（外汇管理局）；

⑧烟草专卖许可证（烟草专卖局）；

⑨卫星收视许可证（文化厅 / 局）；

⑩电梯使用许可证（劳动厅 / 局）；

⑪环保排污批准书（环保局）；

⑫ 消防验收许可证（消防队）；

⑬ 消防安全许可证（消防队）；
⑭ 锅炉使用许可证（劳动厅 / 局）；
⑮ 文化许可证（文化厅 / 局）；
⑯ 卫生许可证（卫生防疫站）；
⑰ 食品许可证（卫生防疫站）；
⑱ 从业人员健康许可证（卫生防疫站）；
⑲ 特种行业许可证、公共场所合格证、公共场所安全许可证（公安局）；
⑳ 涉外许可证（旅游局）；
㉑ 排烟合格证（环保局）；
㉒ 物价许可证（物价局）。

为减轻酒店开业前的负担，部分许可证或审批手续可由施工单位申请办理，但须在合同中明确，如电梯使用许可证、锅炉使用许可证、环保排污批准证书等。

（2）酒店经营所需的保险。酒店投保的保险通常有社会保险、财产保险和公众责任保险。社会保险属于员工法定福利范畴，包括养老保险、医疗保险、失业保险、工伤保险和生育保险。财产保险是酒店开业伊始为保障日常经营，确保酒店财产安全，向保险公司缴投的保险。公众责任保险则是酒店为保障社区公众、客人的人身安全而向保险公司缴投的保险，是酒店管理者在筹备阶段就必须考虑的。

2．确定管理模式

由于酒店投资耗费庞大，通常拥有多个股东，加上旅游市场的国际化，有财力的业主不一定有经营能力，于是出现所有权和经营权的分离，在不同程度上产生了并购经营管理、委托经营管理、特许经营管理等多种经营管理模式（详见项目十一酒店战略管理与国际酒店的连锁经营管理模式）。

确定管理模式后就可以开始按酒店筹建进度来组建其经营班子。通常，总工程师、行政管家等经营管理人员最先介入酒店筹建过程，及早介入不仅使经营者在酒店的用途功能布局、平面概念设计等方面贯彻其经营思想，还能使经营者在酒店筹建中提出的建设性意见得到采纳，避免不必要的设计更改和资金浪费。

3．设计酒店的组织架构（详见项目四酒店营销部门的运营管理）

总体战略确立了酒店的目标和行动方案，管理模式决定了酒店的组织形式，接下来在筹建启动阶段还应形成酒店的组织架构。酒店的组织架构必须要有利于提高酒店组织的工作效率，保证各项工作能协调有序地进行。

（二）酒店开业准备工作规划阶段

酒店开业准备工作规划阶段的任务是组建以管理班子为骨干的酒店筹备小组，提交开业工作计划书和费用预算；建立各级管理制度及规范运作程序；详细调查研究市场情况和定位，制定开业前的营销总体规划；制定酒店人力资源规划；制定开业前资金使用计划（含采购清单）；确定首年度总体经营预算。

1．开业工作计划书和费用预算

制定酒店开业工作计划书和费用预算，是保证酒店各部门开业前工作正常进行的关键。开业工作计划书有多种形式，酒店通常采用倒计时法来保证开业准备工作的正常进行。倒计时法既可用类似甘特图的表格形式也可用文字的形式表述，见表 10.1。

表 10.1 酒店开业准备工作进度表

工作项目	开业前周数 30 29 28 27 26 25 24 23 22 21 20 19 18 17 16 15 14 13 12 11 10 9 8 7 6 5 4 3 2 1
1. 设立临时办公室；	
2. 制定饭店行政架构表、人员编制；	
3. 制定人员招募日程；	
⋮	
38. 制定房价方案；	
39. 落实宣传文字资料和印刷品；	
40. 修正各部门的岗位职责和工作程序；	
⋮	
104. 全面开展培训工作；	
105. 各部门向财务部提交首年经营预算；	
106. 接收电动机、动力设备并进行测试；	
107. 检查饭店大楼的消防、防盗等设备系统的安装	

2. 建立各级管理制度及规范运作程序

结合酒店的实际情况和特点修订人事架构，并以此为基础建立营运制度，编写酒店各部门工作手册，提供系统全面的酒店各部门政策与程序，编制完善的工作职责和工作规范，指导员工的招聘、培训和考核工作，为日后酒店管理的标准化和规范化提供依据和基础。

3. 制定开业前的营销总体规划

在这一阶段需要详细调查研究市场情况和定位，制定开业前的营销总体规划。规划应包括形象策划、产品设计、价格制定及市场推广的具体计划和行动步骤（具体内容可参见项目四酒店营销部门的运营管理）。

4. 制定酒店人力资源规划

“人无远虑，必有近忧”，如今科学技术的发展、产业结构的调整、酒店间竞争的加剧使人力资源的转移加速，而人力资源规划能够加强酒店对环境变化的适应能力，避免职业的盲目转移；能够优化内部人力资源配置，改变人力分配不合理状态；能够帮助满足员工需求，调动员工积极性，为酒店的经营和发展提供人力保证；还有利于有效地控制人力成本。因此在酒店的筹备规划阶段就对未来人力资源供需状况准确预测并制定一个 3 ～ 5 年的应对措施，无疑会使酒店和员工都得到长期的利益。

人力资源规划的内容通常包括 3 ～ 5 年总体规划、配备计划、补充计划、培训开发计划、绩效与薪酬方案、职业计划、劳动关系计划等主要内容。

5. 制定开业前的资金使用计划和采购清单

根据酒店的经营决策和开业预算，结合市场的最新情况，准备详细的物资采购清单和说明，提交开业前资金使用计划，并得到业主的批准。

在制定酒店各部门采购清单时，应考虑以下一些问题：

（1）本酒店的建筑特点。采购的物品种类和数量与建筑的特点有着密切的关系，例如，清洁设备的配置数量要考虑楼层的客房数量，餐饮部收餐车的规格要考虑能直接进入洗碗间，按摩床的尺寸要能进入按摩间的门口等。

（2）行业标准。国家旅游局发布了《星级饭店客房客用品质量与配备要求》（LB/T 003—1996）的行业标准，是客房部经理们制定采购清单的主要依据。

（3）本酒店的设计标准及目标市场定位。酒店管理人员还应考虑目标客源市场对客房用品的需求，对就餐环境的偏爱，以及在消费时的一些行为习惯。

（4）行业发展趋势。酒店管理人员应密切关注本行业的发展趋势，在物品配备方面应有一定的超前意识，不能过于传统和保守。例如，酒店根据客人的需要在客房内适当减少不必要的客用物品就是一种有益的尝试。

（5）其他情况。在制定物资采购清单时，有关部门和人员还应考虑其他相关因素，如出租率、酒店的资金状况等。采购清单的设计必须规范，通常应包括下列栏目：部门、编号、物品名称、规格、单位、数量、参考供货单位、备注等。此外，部门在制定采购清单的同时，必须确定有关物品的配备标准。

在开业计划书、人力资源规划和资金使用计划都得到确认后，制定首年度总体经营预算。

（三）酒店开业准备工作行动阶段

酒店开业准备工作行动阶段是对规划阶段各项计划的落实，是决定能否成功开业的关键阶段。这个阶段的主要任务是人员的招聘和培训、设备用品的采购安装以及前期市场营销，以保证开业所需的人力资源、设备资源、市场资源和公众资源充足。

1. 人员招聘和开业前培训

招聘和培训是酒店的一项经常性的工作，对新建酒店尤其如此，只有拥有足够数量和质量的员工才能开张营业。

（1）招聘。酒店工作行动阶段的招聘工作应有计划、有目标、有步骤地展开，具体程序如下：

①制定招聘计划。它包括部门、工种、所需员工人数、职业要求、人员来源渠道和对应的招聘方式、招聘实施的具体方案（地点、参与人员规模、经费预算等）。新开业的酒店往往倾向于选择旅游职业学校、职介所和报纸等招聘渠道。

②制定并公布招聘启事或简章。通常选择介绍会、报纸广告或专业网站进行宣传，效果比较显著。

③对报名者进行初选。通过对大量个人资料的评价或约定时间的目测后，确定初次面试人员，经过简短的面试筛选和笔试淘汰，向用人部门提供初选名单。现在酒店用人比以往更加谨慎和严格，表现在不仅重视知识和经验的考量，还重视应聘者心理素质的测评，在选拔过程中也开始使用各种心理测验方法、评价中心技术等。

④进行部门考核。录用部门与初选合格者进行广泛而详细的面谈，并做最后鉴定。

⑤人力资源部对部门考核合格者进行背景调查。合格者安排身体检查，通过者签订劳动合

同进入培训阶段。

（2）培训。酒店筹备期间的培训对开业后服务质量的提高和业务的发展都起着至关重要的作用，它要为即将开业的酒店培养一支专业知识、服务技能和工作态度均符合经营要求的员工队伍。这期间的培训按内容分为两大部分：一是迎新培训，旨在灌输酒店行业知识、企业文化理念、酒店工作人员的素质要求和职业道德、团队合作精神等，以增进员工对酒店的归属感和对工作的信心。二是专业培训，通常分部门进行，要求员工在上岗前掌握业务的原则、程序、标准、技术和方法，以便立即适应并胜任开业后的工作。

2. 设备用品的采购安装

设备用品从规划选型、订购、安装调试到完全投入试运行，这些前期管理工作将为日后设备的运行、维修和更新改造奠定基础。在规划阶段经过诸多方案的论证和筛选后，就进入行动阶段，即购置设备的实质性阶段，工作程序如下：

（1）成立购置班子。酒店筹备阶段的采购工作量是巨大的，早年广州白天鹅酒店开业时，霍英东先生曾统计出需要采购的大小设备物品不下 10 万种，这就要求购置班子要包括各相关部门经理，他们应密切关注并适当参与采购工作，确保所购物品符合要求。

（2）深入调研。直接采购人员应广泛收集货源信息，如产品目录、产品样本、产品说明书、电视广告、国内外报刊广告、展销会、订货会、产品用户、制造厂家等，并利用计算机对收集的货源信息进行整理，详细了解设备的各种性能参数、效率等是否符合酒店经营需要。

（3）订货。订货通常要遵循 3 个步骤：订货申请、询价和报价、签订订货合同。

（4）设备验收。验收前做好对安装、操作人员的培训，通常由设备供应商负责培训，这一点可在订货合同中注明；设备用品到店时，购置班子要进行外观及开箱检查验收，进口设备用品还须由海关开箱，按合同、报关单、品名、规格、数量进行检查，由商检局出具检验报告。对开箱检验中发现的质量缺陷和问题，应当场由买卖双方查看和确认，并如实记录，随后提出索赔。

（5）设备安装。设备安装质量直接关系到日后的运行效果，因此，从做好安装准备工作、安装地点的找平到安装后填写设备安装验收交接报告单，每一道工序都要认真对待。

（6）设备的调试和验收。设备安装完毕后必须进行调试，这也是对设备安装质量的检查。调试合格、试运转成功后，即可进行安装设备的最后验收。验收合格后，填写“设备移交验收单”，将设备移交使用部门，将所有技术文件、图纸签收归档。固定资产记账，备件入库建账，使用设备编号归口责任管理。

3. 前期市场营销

前期市场营销工作在很大程度上决定了酒店试营业和开业后的营业收入，这部分内容已在项目四中详述。

三、酒店的试营业

酒店试营业的目的在于经过一段时间（半年到一年）的调试磨合，使酒店各部门达到正常的、有效的、步调一致的科学运转，初步实现内部管理科学化，并形成自己的个性化特色，成功的试营业能为酒店的顺利开业和稳健经营奠定基础，所以，大部分酒店在正式开业前都会有一个试营业阶段。

酒店前期资源准备工作和市场营销工作的质量和效率对酒店的试营业有着重要的意义，由于这两项工作范围广、时间长，因此，有必要在临近确定的试营业日期之前，再次集中核查各项准备工作，确保酒店顺利进入试营业阶段。

（一）酒店试营业前的工作重点

1. 确定酒店各部门的管辖区域及责任范围

试营业前，酒店各部门经理都应到岗，并根据实际情况，最后书面确定酒店的管辖区域及各部门的主要责任范围。特别是酒店的清洁工作，要按专业化的分工要求归口管理，这有利于标准的统一、效率的提高、设备投入的减少、设备的维护和保养及人员的管理。

2. 确保试营业所需的各项设备、物品到位

酒店各部门经理要定期对照采购清单，检查各项物品的到位情况，而且检查的频率应随着试营业的临近而逐渐增多。

3. 确保员工的数量和质量达到要求

不仅员工的数量要满足试营业的需要，而且员工的培训工作也必须要达到预期的效果。否则，走形式的工作程序和服务标准极易令刚刚营业的酒店陷入混乱。

4. 建立各部门财产档案

试营业就开始建立酒店各部门的财产档案，这对日后酒店各部门的管理具有特别重要的意义。很多酒店就因在此期间忽视该项工作而失去了掌握第一手资料的机会。

5. 酒店装饰工程验收合格

酒店各部门的验收一般由基建部（业主方）、工程部和相关部门共同参加。这样能在很大程度上确保装潢的质量达到酒店所要求的标准。在参与验收前，应根据本酒店的情况设计一份各部门验收检查表，并对参与的部门人员进行相应的培训。验收后部门要留存一份检查表，以便日后的跟踪检查。

6. 酒店开荒工作完成

酒店开荒工作即基建清洁工作，包括酒店所有对客区域和后台区域的清洁卫生。试营业前的开荒工作，直接影响对酒店成品的保护，忽视这项工作将会留下永久的遗憾。各部门应与酒店最高管理层及管家部和客房部共同制定基建清洁计划，然后由客房部的公共区域卫生组对各部门员工进行清洁知识和技能的培训，为各部门配备所需的器具及清洁剂，并对清洁过程进行检查和指导。

7. 部门的模拟运转合格

客房部的开业准备工作进度见表 10.2。酒店各部门准备工作基本到位后，即可进行部门模拟运转。这既是对准备工作的检验，又能为正式的运营打下坚实的基础。

表 10.2　客房部的开业准备工作进度表

试营业前 1 个月
1. 按照酒店的设计要求，确定客房的布置标准； 2. 制定部门的物品库存等一系列标准和制度； 3. 制定客房部工作钥匙的使用和管理计划；

续表

4．制定客房部的安全管理制度； 5．制定清洁剂等化学物品的领发和使用程序； 6．制定客房设备的检查、报修程序； 7．制定制服管理制度； 8．建立客房质量检查制度； 9．制定遗失物品处理程序； 10．制定待修房的有关规定； 11．建立 VIP 房的服务标准； 12．制定客房的清扫程序； 13．确定客衣洗涤的价格并设计好相应的表格； 14．确定客衣洗涤的有关服务规程； 15．设计部门运转表格； 16．制定开业前员工的培训计划
试营业前 20 天
1．审查洗衣房的设计方案； 2．与清洁用品供应商联系，使其至少能在开业前一个月将所有必需品供应到位，以确保酒店“开荒”工作的正常进行； 3．准备一份客房检查验收单，供客房验收时使用； 4．核定本部门员工的工资报酬及福利待遇； 5．核定所有部件及物品的配备标准； 6．实施开业前员工培训计划
开业前 15 天
1．对大理石和其他特殊面层材料的清洁保养计划和程序进行复审； 2．制定客用物品和清洁用品的供应程序； 3．制定其他地面清洗方法和保养计划； 4．建立 OK 房的检查与报告程序； 5．确定前厅部与客房部的联系渠道； 6．制定员工激励方案（奖惩条例）； 7．制定有关客房计划卫生等工作的周期和工作程序（如翻床垫）； 8．制定所有前、后台的清洁保养计划，明确各相关部门的清洁保养责任

复习与思考题

一、名词解释

1. 酒店投资回报分析。
2. 酒店人性化设计。
3. 酒店适度性设计。

二、简答题

1. 酒店施工建设的步骤有哪些？
2. 酒店的开业准备应该准备哪些东西？
3. 酒店设计的理念是什么？

三、论述题

1. 如何进行一家酒店的投资的可行性分析？
2. 如何进行酒店的规划与设计？
3. 试述酒店筹建期间的基本工作。

项目十一

酒店战略管理与国际酒店的连锁经营管理模式

学习导引

酒店的战略管理，就是根据酒店所处的实际情况，在宏观层面，对酒店经营管理模式、酒店的中长期发展目标，制定符合实际而又切实可行的发展计划并加以实施的全过程。

学习目标

1. 了解酒店基本战略的内容与特点。
2. 了解酒店如何进行战略选择与运用。
3. 了解国际酒店主要的连锁经营模式。
4. 熟悉国际酒店连锁经营的主要优势。

案例导入

旧上海酒店业的经典之作，新上海老酒店涅槃重生的典范——上海和平饭店的发展历程

上海和平饭店，位于上海市南京东路20号，处于上海具有百年历史的著名的金融、商业中心——外滩。历史悠久，声誉日盛，欧式建筑风格的大楼风姿绰约，犹如镶嵌在外滩万国建筑博览群中的明珠，熠熠生辉。

上海和平饭店分为南楼和北楼，北楼原名华懋饭店，也称“沙逊大厦”，建于1929年，由当时富甲一方的英籍犹太人爱丽斯•维克多•沙逊建造。南楼原名汇中饭店，1908年竣工，由玛礼逊洋行的建筑设计师司高脱设计。上海和平饭店整个建筑属芝加哥学派哥特式建筑，楼高77 m，共12层。外墙采用花岗岩石块砌成，由旋转厅门而入，大堂地面用乳白色意大利理石铺成，顶端古铜镂花吊灯，豪华典雅，有“远东第一楼”的美誉。

饭店落成以后，名噪上海，以豪华著称。华懋饭店的经营特点是以豪华饭店身份自居，无论建筑设计还是装潢艺术，在当时都是无与伦比的。它那摄人心魄的魅力，表现在它所营造的那种无时无刻不在散发着的、欧洲古典宫廷艺术的气韵。最令人叫绝的是在几个餐厅和会客室里镶嵌着若干块尺半见方的拉利克艺术玻璃饰品，有花鸟屏风、飞鸽展翅、鱼翔浅底，站在边上，恍若置身于一个水晶世界。

当时华懋饭店主要接待金融界、商贸界和各国社会名流，如美国的马歇尔将军和国民党时期美国最后一任驻华大使司徒雷登先生等，剧作家诺埃尔·科沃德（Noel Coward）的名著《私人生活》就是在华懋饭店写成的。20世纪三四十年代，鲁迅、宋庆龄曾来饭店会见外国友人卓别林、萧伯纳等。改革开放后，华懋饭店曾接待过英国女王伊丽莎白二世、法国前总统密特朗、美国前总统克林顿等政要。

中华人民共和国成立后，饭店于1956年重新开业，取名为和平饭店。近年来，和平饭店和国际知名高端酒店品牌费尔蒙特（Fairmont）合作，对客房、餐厅等进行了更新改造，内部焕然一新，而建筑风格仍保持了当年的面貌，使下榻于此的宾客仿佛置身于时间隧道，在现代与传统、新潮与复古的融合、交错中浮想万千。和平饭店已成为上海老酒店中的杰出代表。百年老店，犹如凤凰涅槃，再获新生。

任务一　酒店战略管理概述

一、酒店企业战略管理的概念

战略管理是伴随着企业的管理理论和实践发展而逐渐形成的。战略管理的发展大致走过3个阶段，分别是早期战略管理阶段（20世纪50年代前）、古典战略管理阶段（20世纪60—80年代）以及现代竞争战略理论阶段（20世纪80年代至今）。在不同阶段，学者们对战略管理的定义各有不同侧重。

企业战略首先于美国产生，巴纳德（1938年）首次将战略的概念引入管理领域，认为管理和战略是企业管理者的两个重要工作。随着经济的高速发展，企业间的竞争更加激烈，复杂多变的环境需要有新的管理理念，企业战略管理登上了历史舞台。钱德勒（1962年）出版了《战略与结构：美国工业企业的历史的篇章》，他认为企业经营战略应当适应环境，满足市场需要，而组织结构又必须适应企业战略，随着战略变化而变化。安索夫（1965年）则在前人的基础上提出了战略管理的概念，他将战略管理定义为将企业的日常业务决策同长期计划决策相结合而形成的一系列经营管理业务。在这之后，大批研究者涌入企业战略研究领域，迈克尔·波特（1980年）提出了著名的五力模型，斯坦纳（1982年）将战略管理视为动态过程，亨利·明茨伯格（1989年）则通过对诸多学者的研究总结，将战略管理定义概括为“5P”，即策略（Ploy）、计划（Plan）、模式（Pattern）、定位（Position）和观念（Perspective）。

结合上述战略管理的经典定义，我们将酒店企业的战略管理定义为：酒店企业在分析外部环境和内部条件的现状及变化趋势的基础上，为了求得酒店企业的长期成长与发展所做的整体性、长远性的谋划。战略又可以分为基本层次、发展层次和竞争层次三个层次。

二、酒店战略的主要特征

1. 全局性

酒店企业的经营战略是以全局为对象，根据酒店总体发展目标的需要而制定的。它所规定的是酒店的总体行动，寻求的是酒店企业发展的总体效果。虽然经营战略也必然包括一些局部的活动，但这些局部活动是作为总体行动的有机组成部分在战略中出现的，这样也就使经营战略具有综合性和系统性。因此，经营战略的全局性要求在制定酒店战略时局部利益服从全局利益。具体来说，酒店企业经营战略不是强调酒店中某一事业部或某一职能部门的重要性，而是通过制定酒店的使命、目标和总体战略来协调各部门自身的目标，明确它们对实现组织使命、目标、战略的贡献大小，以全局的眼光统筹各部门和业务单元，以全局的视野去制定各层级战略。

2. 长远性

酒店企业的经营战略，既是酒店谋取长远发展要求的反映，又是酒店对未来较长时期（通常 5 年以上）内如何生存和发展的通盘筹划。经营战略的制定往往是以组织长期生存和发展为出发点，关注更长远的利益而非短期利益，这要求战略制定必须面向未来，具有一定的稳定性。因此，经营战略的长远性体现在两大方面：

（1）酒店所处的外界市场环境不断变化，需要不断调试自身以适应环境的变化。因此，对于企业而言，战略管理“永无止境”。

（2）动态环境促使企业进行必要的战略调整，但经营战略又不能“朝令夕改”，仍需保持战略体系的相对稳定性。

3. 抗争性

酒店经营战略是关于酒店在激烈的市场竞争中如何与竞争对手抗衡的行动方案，同时也是针对来自各方面的许多冲击、压力、威胁和困难，迎接诸多挑战的行动方案。战略是企业适应市场竞争的需要而产生的，是为增强企业竞争力而制定的。经营战略是酒店企业主动适应外部环境变化，迎接挑战的一种行为。在优胜劣汰的市场环境中，酒店企业需要设计适宜的业务模式以不断增强适应市场竞争的能力。因此，酒店企业的经营战略是企业积极主动的抗争行为。

4. 纲领性

经营战略规定的是酒店企业总体的长远目标、发展方向和重点，以及所采取的基本行动方针、重大措施和基本步骤，这些都是原则性、概括性的规定，具有行动纲领性的意义。它必须通过展开、分解和落实一系列过程，才能变为具体的行动计划。企业的经营战略只是确定企业所要取得的目的和发展方向，仅仅是一种原则性和概括性的规划，是对企业未来的总体谋划。因此，酒店企业的经营战略对其经营活动起着核心导向作用，是经营活动的指导纲领。

5. 创新性

酒店要想生存，在众多竞争者厮杀的市场中生存和发展壮大，势必要打造、培育自己的稀缺资源，实施创新性的战略，创造有别于其他竞争者的独特优势。因此，酒店企业的经营战略要促进其在技术、组织、管理等方面的创新，并充分利用这些创新成果，增强企业的竞争优势，巩固自身的竞争地位。只有将创新性贯穿酒店企业的经营战略，才能帮助企业在激烈的市场竞争中获得最大收益。

三、酒店基本层次战略的制定过程

酒店基本层次战略的制定过程，就是在正确的战略思想的指导下，在对酒店企业所面临的特定环境和内部条件进行分析的基础上，确定酒店的战略目标，明确酒店的经营领域以及酒店对所从事的经营领域确定经营方针和策略的过程。它一般包括以下几个步骤。

1. 确定酒店企业的使命

酒店企业的使命确定实际上是为了回答战略的核心定位问题，即“我们的酒店应该是什么样的酒店”。只有那些能够正确认识到自己使命的酒店，才能制定出行之有效的战略规划。正如希尔顿酒店集团在《希尔顿公司使命书》中倡导的：“我们的使命：被认定为世界上最好的一流酒店组织，持续不断地改进我们的工作，并使为我们的宾客、员工、股东利益服务的事业繁荣昌盛”。

2. 研究经营环境和经营能力

在明确现代酒店企业的使命之后，就需要进行经营环境和经营能力的分析，把握其现状和未来发展趋势，以便为确定企业的战略目标收集各种有关的经济信息，为确定基本战略提供必要的资料和依据。

3. 确定战略目标

将酒店企业面临的经营环境和自身的经营能力结合起来，把酒店企业的使命化为一系列具体的经营目标，如击败竞争对手、扩大市场占有率等。酒店使命是内在的、永恒的、原则性的，酒店目标则是外在的、阶段性的、具体化的。酒店目标是在酒店使命的指导下设定的。

4. 确定战略行动

当酒店企业的使命、战略目标确定以后，就要考虑如何来实现这些目标。战略行动的确定要依靠酒店企业全体成员的共同努力。首先，要进行广泛讨论，让酒店各级员工畅所欲言，提出自己的见解，使战略行动方案具有群众性、民主性；其次，由酒店的“智囊团”运用现代科学方法进行系统综合、论证，提出可行的战略行动方案；最后，由酒店领导抉择，确定酒店的战略行动。

5. 总结、评价与修正战略

酒店企业的基本战略是主观思维活动的产物，它在实践中会或多或少地与客观现实产生一些差距。因此，在基本战略的实施过程中，酒店企业必须对基本战略进行总结、评价，并加以修正，使基本战略始终保持适宜性，保证基本战略对酒店经营活动的指导作用。

四、酒店发展层次战略的选择

发展战略是酒店企业第二层次的战略，包括酒店业务是采取快速发展战略还是采取稳定或紧缩的发展战略，是采取单一业务还是多元化发展等。现代酒店在实施经营活动时，首先必须明确酒店企业的发展战略，它是酒店发展的路径，也是酒店在复杂多变的环境中求得生存的保证。

（一）酒店发展层次战略的基本模式

根据酒店战略行为的特点，酒店发展战略可划分为以下 4 种基本模式。

1. 发展型战略

发展型战略就是酒店企业对经营范围从广度和深度上进行全面渗透和扩大的一种战略模式。具体来讲，有以下 3 种类型：

（1）市场渗透战略。市场渗透战略是指酒店企业利用自己在市场上的优势，扩大经营业务，向纵深发展，在竞争中把更多的顾客吸引到自己这里来，以提高市场占有率。

（2）产品发展战略。产品发展战略是指酒店企业通过扩大经营品种、保证产品质量，以适应市场变化和消费者需要，不断扩大产品销售。

（3）市场开拓战略。酒店企业经营不断发展，市场却受到很大的限制，因此，必须选择和发展新市场，如建立连锁经营网点、拓展经营渠道等。

2. 稳定型战略

稳定型战略具体可分为稳定防御战略和先稳定后发展战略。稳定防御战略是指酒店企业在现有经营条件下，采取以守为攻，以安全经营为宗旨，不冒大风险的一种战略。先稳定后发展战略则是先采取措施扭转内部劣势，伺机而动，在改善内部经营管理的基础上向外发展。

3. 紧缩型战略

紧缩型战略是指酒店企业采取缩小经营规模，减少企业投入，以谋求摆脱困境的战略。酒店企业在经济不景气时期常采用这一战略，但在实行紧缩措施的同时，应加强预测，对经营业务做出调整，积极做好迎接新增长的准备工作。

4. 多元化战略

多元化战略是指酒店企业利用现有资源和优势，向不同行业的其他业务发展的一种战略。这种战略可以分散经营风险，具有“东方不亮西方亮”的特点。这种战略的产生是市场扩大化和竞争复杂化的结果，但在给企业创造新机会和提高资源利用率的同时，也会给企业带来很大的经营风险。

（二）酒店发展层次战略的选择方法

酒店经营者可以采用“SWOT”分析法来确定酒店企业的发展战略。“SW”是指企业内部的优势与劣势（Strengths and Weaknesses），“OT”是指企业外部的机会与威胁（Opportunities and Threats）。酒店经营者通过对经营环境进行系统的、有目的的诊断，在明确本酒店的优势（S）、劣势（W）、机会（O）和威胁（T）的基础上，确定自身的发展战略。

1. 酒店优势与劣势的分析

酒店的经营管理活动受到来自酒店内部和外部众多因素的影响。其中，有利于酒店经营活动顺利、有效开展的酒店内部因素，如酒店优良的组织机构及现代化经营思想，优秀的酒店文化及雄厚的酒店资源等，称为酒店经营的优势；不利于酒店经营活动开展的酒店内部因素，如低劣的员工素质、紊乱的管理制度、不称职的管理人员、低品位的酒店文化等，称为酒店经营的劣势。

2. 酒店机会与威胁的分析

酒店经营的机会是指有利于酒店开拓市场、有效地开展经营活动的外部环境因素，如良好的国家经济政策、高速增长的市场等。不利于酒店开展经营活动的外部环境因素称为酒店经营的威胁，如竞争对手越来越多、竞争对手实力增强、经营的目标市场萎缩等。

3. 酒店发展战略的选择

如果酒店企业外部有众多机会，内部又具有强大优势，可采用发展型战略；如果外部有机会，而内部条件不佳，宜采用稳定型战略；如果外部有威胁，内部状况又不佳，应设法避开威胁，消除劣势，可采用紧缩型战略；而当酒店企业拥有内部优势而外部存在威胁时，宜采用多元化战略，以分散风险，寻求新的机会（图 11.1）。

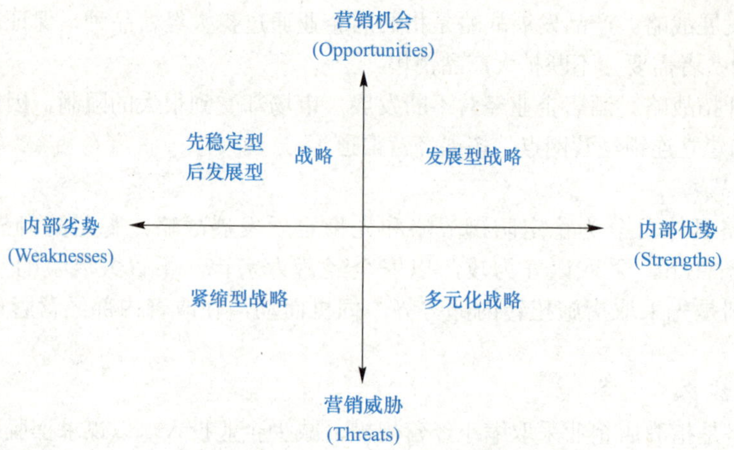

图 11.1　酒店 SWOT 发展战略选择

五、酒店竞争层次战略的运用

竞争战略是酒店企业第三层次的战略。竞争战略关心的是相对于竞争者而言，企业在市场上的竞争地位。当选择竞争战略时，酒店企业通常从两个方面评估竞争优势：企业经营成本低于竞争对手；产品具有某种特殊性能，并且能够以高价出售来弥补成本。

根据企业参与市场竞争的范围以及企业的竞争优势，战略管理大师迈克尔•波特在《竞争战略》一书中区分了 3 大通用竞争战略，即成本领先战略、差异化战略和专一化战略。

（一）成本领先战略

成本领先战略也称价格竞争战略。由于酒店产品价格的基础是经营成本，因而该战略的核心是努力降低自己产品的成本。它要求酒店企业建立达到有效规模的生产与服务设施，抓紧成本与管理费用的控制，最大限度地减少研究开发、服务、推销和广告方面的成本费用。虽然创造性的设计、产品质量、售后服务及其他方面也不容忽视，但是该战略主要是使产品成本低于竞争对手。

1. 成本领先战略的竞争优势

成本领先战略的竞争优势主要表现在以下方面：

（1）酒店企业的低成本地位有利于在强大的买方威胁中保护自己，抵抗竞争对手的价格压力，并使效率居于其次的竞争对手逐渐退出市场，从而使酒店企业处于市场垄断地位。

（2）较低的成本与价格水平也可以形成有效的市场进入壁垒，使新进入者举步维艰。

（3）在不断致力于将产品成本降至竞争对手之下的过程中，酒店企业的管理效率也得到提高。

2. 成本领先战略的经营风险

成本领先战略并不是完美的。其经营风险主要表现在 3 个方面：

（1）低成本战略竞争易于被对手模仿，竞争对手有时能够很成功地学会并实施这种战略。

（2）竞争对手很可能凭借技术革新获得更低的经营成本。

（3）由于酒店企业集中精力研究如何降低成本，很有可能忽视消费者需求发生的变化。

（二）差异化战略

差异化战略是指将企业提供的产品或服务与竞争对手区别开来，形成企业在产业范围中具有的独特品质。它主要是利用需求者对品牌的信任，以及由此产生的对价格敏感度的下降，使企业避开竞争。企业的产品或服务可以在许多方面别具一格，如品牌形象、客户服务、技术特点、产品更新、营销网络等。差异化战略实施的关键在于特色的选择必须有别于竞争对手，并且足以使溢价超过企业追求差异化的成本。

1. 差异化战略的竞争优势

差异化战略的竞争优势主要体现在以下方面：

（1）产品差别使购买者选择范围缩小，削弱了购买者砍价的能力，能够给酒店企业带来较高的收益。

（2）消费者对符合自己偏好的产品会形成一种忠诚心理，这种顾客的忠诚度使酒店企业避开了竞争。

（3）对产品的忠诚还会形成坚强的市场进入壁垒，从而有效地阻止潜在竞争者的进入威胁。

2. 差异化战略的经营风险

差异化战略也会使企业面临下列经营风险：

（1）如果酒店企业提供的产品或服务的独特性并未给消费者带来期望的价值，消费者将不会为该产品支付高价。

（2）如果产品的差别未能降低消费者对价格的敏感度，消费者可能会放弃购买具有特性的产品，而选择节省费用。

（3）如果产品创新缺乏必要的制度保护，竞争者的模仿也将使产品差异减小。

（三）专一化战略

虽然成本领先战略与差异化战略各自的出发点不同，前者希望通过以低成本为基础的低价格吸引客人，后者依赖自己产品与他人产品的差别来赢得消费者青睐，但是两者有一点是共同的，即这两种战略都是面向整个市场。然而，实践又告诉我们，在通常情况下，任何一家企业不可能也没有必要为所有消费者提供理想的服务，每家企业只能以其中的一部分人作为自己的服务对象，这些消费者在企业的经营活动中应该占有重要的地位。企业应该正确选择这些特定的消费群体，为他们提供行之有效的各项服务。

专一化战略就是上述经营思想的产物。专一化战略是指企业将自己的经营目标集中在特定的细分市场，并且在这一细分市场上建立自己的产品差别与价格优势。采用专一化战略的基础是企业能够以更高的效率、更好的效果为某一狭窄的顾客群服务，从而超过在更广范围内的竞争对手。企业选择一个或一组细分市场，实行成本专一化或差别专一化战略，向此细分市场提供与众不同的服务，期望在该市场上获得较高的占有率。

1. 专一化战略的竞争优势

酒店企业采用专一化战略的优势如下：

（1）专业化服务与专业化分工导致相对较低的成本、较低的价格敏感度，可以给酒店企业带来较高的经营利润。

（2）以消费者偏好为基础提供的专业化服务，增加了目标市场顾客的满意度，由忠诚顾客形成的细分市场构成了潜在竞争者的进入壁垒。

（3）针对目标市场设计的专业服务及其经验，使替代品威胁降到最低水平。

2．专一化战略的经营风险

当然，酒店企业实施专一化战略同样面临各种经营风险：

（1）专一化经营使得企业的市场范围缩小，经营风险增大。

（2）在与面向广泛市场的竞争对手竞争时，酒店企业选择的细分市场必须是有吸引力的，但这通常是不易确定的。

（3）被酒店企业选定的目标市场的消费者需求可能会与整个市场上的消费者需求相似，在这种情况下，专一化战略的优势就会丧失。

任务二　国际酒店的连锁经营管理模式

酒店，以大类来划分，其实就是单体酒店和连锁经营酒店两大类。单体酒店（Independent Hotel）通常是指业主自己拥有单个酒店并管理酒店。连锁经营酒店（Chain operation Hotel）是指在本国或国际间直接或间接地控制两个以上的酒店，以品牌或资产为纽带形成酒店联号(Hotel Chain），以先进和成熟的经营管理模式和服务技术，进行规模化的联合经营。

实行连锁经营的现代酒店集团（公司）产生于第二次世界大战后，国际旅游业迅速发展，国际酒店业的竞争日趋激烈，酒店企业主意识到单一酒店独立经营的形式难以应付竞争局势，而扩大经济规模、联合经营则容易在竞争中获胜，因而产生了酒店企业的兼并或产权转让。同时，其他行业，特别是航空公司以购买酒店股份的方式介入酒店业并逐步扩大股权，形成了对酒店企业的控制。例如，泛美航空公司通过购买洲际酒店的产权，控制了洲际酒店而进入酒店业。此后，许多酒店以及介入酒店业的企业为了本身的发展和开辟新的市场，纷纷在各地建造酒店、购买酒店或以其他形式控制酒店。这样，以美国为发源地的酒店集团在短时期内迅速地发展起来。

在半个世纪以来，酒店集团化连锁经营的形式得到迅速的推广，国际性的酒店联号已达200多个，著名的酒店联号的品牌也层出不穷。随着酒店业竞争的日益激烈，通过收购、兼并和资产重组，不少酒店联号公司已发展成规模庞大、购买力雄厚的跨国集团公司，在世界酒店行业中起着支配性的作用，如曾经作为地产投资信托商的喜达屋（Starwood）集团兼并了威斯汀、喜来登等6个酒店集团后，成为全球第三大酒店连锁集团。而在2016年，喜达屋酒店集团又被当时全球规模第二的万豪（Marriott）酒店集团所兼并，完成兼并后，万豪酒店集团就超越当年全球规模第一的洲际国际酒店集团，成为全球酒店业规模之首。

一、酒店连锁经营的主要模式

（一）并购经营

并购是酒店企业取得外部经营资源、寻求对外发展的战略。酒店企业实施扩张策略时，可以并购方式来实现。首先，并购方式能使酒店企业迅速进入新的区域。其次，通过并购方式，酒店企业能拥有被并购酒店的营销网络、知名度与商誉等无形资产，这些无形资产对酒店集团在新市场构建竞争优势具有重大意义。最后，并购方式不仅能使酒店集团规模迅速得以壮大，而且对酒店整体的资产重组、业务优化具有重要作用。

随着酒店业的全球化发展，业内的主要品牌成为酒店业主和投资者追逐的目标。大批酒店集团采用兼并与收购策略，使酒店业成为当代世界最具影响力与竞争性的产业之一，如法国雅高集团对 Club 6 的收购，英国福特集团并购 Travelodge 与 Viscount 等。当前，世界主要的酒店联号都将目标投向了欧洲、北美与亚太地区，作为其追求事多利益与扩大发展的渠道。由于产品过剩和某些酒店集团无止境的扩张欲望，酒店企业之间的竞争日趋白热化，结果是一些大型国内或国际性企业及超级集团在市场上占主导地位。通过并购的方式，一些主要的酒店巨头往往能够拥有提供不同价位产品及服务的不同品牌，这使小型竞争者难以与其进行竞争。由于强势酒店集团的竞争力明显，一些小型酒店开始考虑相互合作，以此与大型酒店集团抗衡。

1. 酒店集团成功并购的原则

根据美国著名管理学家彼特•德鲁克（Peter Drucker）在《管理的前沿》一书中提出的成功并购的原则，结合酒店产业的特点，酒店集团并购时应特别注意以下几点：

（1）酒店并购方只有全盘考虑了其能够为被并购方做出什么贡献，而不是被并购方能为并购方做出什么贡献时，并购才有成功的可能。

（2）并购与被并购酒店之间需要有团结的内核，有共同语言，从而结合成一个整体，或者说双方在企业文化上有一定的联系。

（3）并购必须得到双方的认同。并购方需尊重被并购方的产品、员工与顾客。

（4）酒店并购方必须能向被并购方提供高层管理人员，帮助对方改善管理。

（5）在并购的第一年内要让双方企业中的大批管理人员得到晋升，使双方的管理人员相信并购为他们提供了更多的发展机会。

（6）并购涉及文化、流程、制度、业务等方面，其中文化与流程的整合是关键。

（7）以集团扩张为目的的并购，要强化被并购方对并购方的品牌形象与品牌塑造方式的认同，确保被并购方的理念与行为不会对并购方的品牌造成损害。

2. 国际酒店业并购的特点

国际酒店集团频繁的并购活动对酒店业的发展必然产生深远的影响。分析当前国外酒店集团的并购活动，可发现以下特点：

（1）频次多，价值大。如马里奥特集团在以 10 亿美元并购了 Renaissance 品牌后，又以约 130 亿美元，收购了喜达屋集团，成为全球酒店业的规模之首。

（2）中高档品牌的酒店并购案多于低档酒店。

（3）强强联合。大多数并购活动发生在全球酒店集团排行榜的前 40 名。

（4）并购形式多样化，如现金并购、杠杆并购等。

并购方式的不足，在于酒店企业在并购过程中往往会遭到被并购方高层管理人员的强烈反抗，因而并购经常伴随有很高的交易成本。同时，并购后的整合工作十分复杂，对酒店企业经营层的管理能力要求是非常高的。为了使集团扩张获得成功，酒店并购方就必须对被并购方的发展前景、经营风险、获利能力、资产负债等方面进行系统的评估，并采取科学的取舍原则。

（二）特许经营

特许经营是指企业附属于某一业已经营成功的连锁集团并同时保持一定水平的所有权。特许经营的核心是特许经营和受特许人之间的特许权转让。在特许经营中，双方的关系是合同契

20世纪90年代末以来，采用管理合同进行酒店经营管理的情况发生了显著的变化，合同已从有利于经营者向有利于业主转化。这是因为酒店管理合同市场竞争更加激烈，业主对该行业具有越来越多的知识和了解，对酒店管理集团的依赖越来越低。这一结果导致酒店经营者必须更多地分担经营风险，更强调提取收益奖励。

（四）战略联盟

战略联盟是指企业为了保持和加强自身的竞争力自愿与其他企业在某些领域进行合作的一种经营形式。这是一种契约性的战略合作，不必进行一揽子的资源互换或股权置换，也不必形成法律约束的经营实体，仅仅依托契约关系进行合作。

战略联盟分为竞争对手联盟、顾客伙伴联盟和供应商伙伴联盟。竞争对手联盟是指竞争对手之间为了减少无谓竞争并促进共同发展而自愿形成的联盟，以实现资源、市场和技术共享。在酒店集团化经营发展过程中，传统的“收购”方式逐步退出，以市场营销为基础的战略联盟形式越来越多，包括许多小的酒店集团希望加入大集团，利用其全球预订系统扩大客源市场。顾客伙伴联盟则是企业与顾客之间的一种契约以实现顾客的忠诚。供应商伙伴联盟是指企业与供应商企业（含上下游产品）之间的联合，如酒店与航空、旅行社的联合促销，与各类物资供应企业的联合等。

酒店业实行战略联盟的范围涉及营销联合、新技术研究开发联合、技术交换联合、供应联合、单项技术转让等领域。采用战略联盟形式对我国酒店业集团化具有重要的现实意义，尤其适合我国酒店业的产权交易相对困难、资产并购又需要大量资金的窘况。

二、酒店连锁经营的优势

西方发达国家的酒店集团化连锁经营来源于工业时代的大生产思想，即以标准化、专业化的手段进行规模化的生产，可以有效地降低成本；以成熟的产品及在市场上有号召力的品牌进行扩张，求得更大的规模；以规模取得分散经营所不能达到的规模效益。在其发展的几十年过程中又不断融入新的经营管理理念，如营销网络的建立、人力资源的开发、品牌经营、集团化的形象策划、跨国经营等，逐步形成了完整、有效的集团化经营优势。归纳起来，酒店的集团化连锁经营优势主要表现在以下几个方面。

1. 经营管理和技术优势

酒店集团一般多具有较为先进、完善的经营管理模式，因而能为所属酒店制定统一的经营管理方法和程序，为酒店的建筑设计、内部装饰和硬件设施规定严格的标准，为服务和管理订立统一的操作规程，这些标准和规范被编写成经营手册分发给各所属酒店，以使各企业的经营管理达到所要求的水平。同时，根据经营环境的变化确保酒店集团经营管理的先进性。

酒店集团总部定期派遣巡视人员到所属酒店去指导和检查，他们的主要责任是监督所属酒店是否达到各项经营指标，在检查过程中对酒店经营中的问题、不合格的服务提出建议和指导。

酒店集团有能力向所属酒店提供各种技术上的服务和帮助，这些服务和帮助通常是根据所属酒店的需要有偿提供的。例如，集团性经营能为所属酒店提供集中采购服务。由于酒店集团要求所属酒店实现设备、设施和经营用品标准化、规格化，因而，一些大酒店集团专门设立负责酒店物资供应的分公司或总部采购部，向各酒店提供统一规格和标准的设备和经营用品，如家具、地毯、厨房用具、棉织品、灯具、文具、食品饮料等，从而形成比较完善的集团物资供应系统。而集中大批量购买又能获得较大的折扣，使酒店经营成本降低。

酒店集团性经营也为生产和技术的专业化及部门化提供了条件，如在食品生产加工、设备维修改造、棉织品洗涤等方面都可进行集中管理，以达到降低酒店经营成本的目的。技术上的帮助还包括酒店开发阶段或更新改造所需的可行性研究等服务，如原假日集团拥有自己的专业建筑师和内部装饰设计专家，专门为所属酒店提供这方面的技术服务。

2. 品牌优势

经过几十年的经营和积淀，进行连锁经营的国际酒店集团公司往往都拥有一个或多个国际知名度高、市场占有率高的品牌，这是酒店连锁化运作一个非常关键的因素。酒店的品牌不仅包含酒店产品的档次、水平和质量的实用价值，还包含酒店对顾客的精神感召力及顾客对酒店的忠诚度和信赖度。不少国际酒店管理集团公司十分注重品牌的经营，在跨国扩张中实施输出品牌的经营战略。输出品牌是成本最低、手段最隐蔽、作用和影响最久远的经营战略。因此，它们十分注重培育品牌、经营品牌，在发展中整合品牌。近几年，还出现了品牌向多样化、系列化发展的趋势。当年巴斯公司（Bass Hotels & Resorts）在收购兼并假日酒店集团后，将假日（Holiday Inn）作为一个中档酒店的品牌保留下来，还保留了假日酒店原先的皇冠（Crown Plaza）作为高档酒店的品牌，又收购了洲际酒店集团的洲际（Inter-Continental）品牌作为豪华酒店的品牌。喜达屋（Starwood）在兼并喜来登后，喜来登（Sheraton）也作为一个品牌被保留下来，还拥有包括圣瑞吉（St.Regis）、威斯汀（Westin）、福朋（Four Point）、至尊精选（Luxury Collection）、W 酒店（W Hotel）等著名品牌的品牌系列。万豪酒店集团则拥有 23 个品牌，形成了从豪华到中档等各具特色的品牌系列。品牌的高知名度及其良好的声誉和形象是酒店集团化连锁经营的最大优势。

3. 市场营销优势

单一酒店通常缺乏足够的资金大力进行广告，尤其是国际性广告。而酒店集团可以集合各酒店的资金进行世界范围的大规模广告，有能力每年派代表到世界各地参加旅游交易会、展览会，并与旅游经营商直接交易，推销各所属酒店的产品。这种联合广告可使集团中的每一家酒店的知名度得到大大提高。

同时，酒店集团在国际互联网上设有网站和进行网上预订的界面，有较为先进的中央预订系统（CRS），配备高效率的计算机中心和直通订房电话，为集团成员酒店处理客房预订业务，并在各酒店间互荐客源。酒店集团在各地区的销售办公室和精明的销售队伍，不仅向各酒店及时提供市场信息，还在各大市场为各酒店招揽团队和会议业务，这大大有利于酒店开发国际市场。

4. 人力资源优势

酒店管理集团往往是以自身的品牌、文化及声望在世界范围内，通过市场，广罗酒店职业经理人才，并在培训和使用过程中，对其不断灌输自身的企业文化、经营理念、管理模式等，使其尽快融入本集团，形成一支推进集团化发展的职业经理队伍，并以此为骨干力量，组成管理团队进入集团直接管理酒店。

近年来，国际性酒店管理集团在人力资源开发上采取本土化的方针，在所属酒店的所在地区，以优厚的待遇以及提供培训和事业发展的机会，来吸引本土的优秀职业人才，并启用本土的优秀人才任职于重要的管理岗位。

酒店集团还为所属酒店进行员工培训。大的酒店集团有自己的培训基地和培训系统。例如，假日酒店集团在其总部所在地美国孟菲斯有一所假日大学，希尔顿集团在美国休斯敦大学设立了自己的酒店管理学院。酒店集团内部还设有培训部门，负责拟订培训计划并提供酒店经营管理专家，如工程技术、内部装饰、财务会计、市场营销、计算机等方面的专业人员，对所属酒店在职员工进行培训，同时也接受所属酒店派遣员工到集团的总部酒店或培训基地实习。

5. 资金和财务优势

一般来说，独立的酒店企业不易得到金融机构的信任，在筹措资金时有可能遇到困难。加入酒店集团则可使金融机构对其经营成功的信任度增加，从而愿意为其提供贷款，因为酒店集团以其庞大的规模、雄厚的资本和可靠的信誉提高了所属酒店的可信度。同时，酒店集团还能为所属酒店提供金融机构的信息，并为其推荐贷款机构。

酒店管理集团往往能凭借自身的品牌及声誉得到大财团的资金支持。有了较雄厚的资金作后盾，有时在接受委托管理项目时，可应业主要求注入一定的资金；也可在业主资金困难时，对有良好发展前景的酒店注入资金，成为其股东，甚至处于控股地位；也可收购、兼并和投资建造有发展潜力的酒店，以扩大连锁经营的规模。

项目小结

本项目主要介绍了酒店企业的战略管理和国际酒店集团的连锁经营管理模式。酒店企业的战略管理是指酒店企业在分析外部环境和内部条件的现状及变化趋势的基础上，为了求得酒店企业的长期成长与发展所作的整体性、长远性的谋划。战略又可以分为基本层次、发展层次和竞争层次3个层次。相比较于单体酒店，国际酒店集团通常皆采用连锁管理的经营管理模式。连锁经营通常有委托经营管理、特许权经营管理、兼并并购和战略联盟这几种形式，并拥有更多的竞争优势。

复习与思考题

一、名词解释

1. 酒店战略管理
2. 委托管理
3. 特许经营

二、简答题

1. 酒店战略具有哪些特征？
2. 什么是酒店企业的使命？
3. 酒店连锁经营管理模式有哪些？

三、论述题

1. 试述酒店连锁经营的优势。
2. 试述发展型战略。
3. 分析比较委托管理和特许经营两种连锁经营管理模式的利弊。

参考文献

[1] 李伟清，陈思. 酒店经营管理原理与实务［M］. 北京：中国旅游出版社，2012.

[2] 李伟清，贺学良，李菊霞. 酒店市场营销管理与实务［M］. 上海：上海交通大学出版社，2010.

[3] 李伟清. 酒店运营管理［M］. 重庆：重庆大学出版社，2018.

[4] 朱承强，杨瑜. 酒店管理概论［M］. 北京：中国人民大学出版社，2014.

[5] 魏卫. 酒店管理概论［M］. 武汉：华中科技大学出版社，2019.

[6] 李雯. 酒店营销部精细化管理与服务规范［M］. 2 版. 北京：人民邮电出版社，2011.

[7] 李翔迅. 酒店经营与管理［M］. 北京：对外经济贸易大学出版社，2009.

[8] 李勇平. 酒店餐饮业务管理［M］. 北京：旅游教育出版社，2011.

[9] 林志扬. 管理学原理［M］. 4 版. 厦门：厦门大学出版社，2009.

[10] 祁欣. 酒店经营与管理［M］. 北京：对外经济贸易大学出版社，2010.

[11] 盛鹏. 饭店开业筹备管理实务——如何开第一家饭店［M］. 北京：旅游教育出版社，2008.

[12] 梭伦. 宾馆酒店营销［M］. 北京：中国纺织出版社，2009.

[13] 孙佳成. 酒店设计与策划［M］. 北京：中国建筑工业出版社，2010.

[14] 叶鹏. 现代酒店经营管理实务［M］. 北京：清华大学出版社，2010.

[15] 叶秀霜，董颖蓉. 客房服务与管理［M］. 北京：旅游教育出版社，2002.

[16] 余炳炎，朱承强. 饭店前厅与客房管理［M］. 天津：南开大学出版社，2001.

[17] 袁继荣. 饭店人力资源管理［M］. 北京：北京大学出版社，2006.

[18] 王起静. 现代酒店成本控制［M］. 广州：广东旅游出版社，2009.

[19] 王群. 酒店管理与经营［M］. 杭州：浙江大学出版社，2012.

[20] 王利平. 管理学原理［M］. 3 版. 北京：中国人民大学出版社，2000.

[21] 吴文学，梁晔. 旅游饭店投资与管理［M］. 北京：中国旅游出版社，2006.

[22] 赵嘉骏. 现代饭店人力资源管理［M］. 北京：中国物资出版社，2012.

[23] 赵英林，李梦娟. 酒店财务管理实务［M］. 广州：广东经济出版社，2006.

[24] 朱承强，童俊. 现代饭店管理［M］. 4 版. 北京：高等教育出版社，2021.